电子产品维修技能速成丛书

彩色图解

液晶电视机维修技能速成

数码维修工程师鉴定指导中心 组织编写

韩雪涛 主编

吴瑛 韩广兴 副主编

看视频

化学工业出版社

·北京·

内容简介

本书采用彩色图解的形式，根据家电维修相关职业标准和规范，结合家电维修的实际要求，全面系统地介绍了液晶电视机的维修基础和技能，通过内容的学习引导读者完成对液晶电视机故障的分析、诊断及维修，最终变成一位合格的液晶电视机维修师。

本书内容包括：液晶电视机的基础知识、液晶电视机维修基础、液晶电视机电视信号接收电路的故障检修、液晶电视机数字信号处理电路的故障检修、液晶电视机系统控制电路的故障检修、液晶电视机音频信号处理电路的故障检修、液晶电视机开关电源电路的故障检修、液晶电视机接口电路的故障检修、液晶电视机逆变器电路的故障检修、液晶电视机的综合维修技能等。本书内容实用、资料新颖全面，包含了大量的实用维修数据和维修案例，这些内容的安排，使读者能够身临其境般地感受到现场的实际维修，更加容易理解并掌握维修技能。

为了方便读者的学习，本书还对重要的知识和技能专门配置了视频资源，读者只需要用手机扫描二维码就可以进行视频学习，不仅方便学习，而且还大大提高了本书内容的附加值。

本书可供家电维修人员学习使用，也可供职业学校、培训学校作为教材使用。

图书在版编目（CIP）数据

彩色图解液晶电视机维修技能速成/韩雪涛主编；数码维修工程师鉴定指导中心组织编写．--北京：化学工业出版社，2017.6 (2023.4重印)
（电子产品维修技能速成丛书）
ISBN 978-7-122-29487-6

Ⅰ．①彩… Ⅱ．①韩… ②数… Ⅲ．①液晶电视机-维修-图解 Ⅳ．①TN949.192-64

中国版本图书馆CIP数据核字（2017）第075633号

责任编辑：李军亮 万忻欣　　装帧设计：刘丽华
责任校对：吴　静

出版发行：化学工业出版社（北京市东城区青年湖南街13号 邮政编码 100011）
印　　装：北京建宏印刷有限公司
787mm×1092mm　1/16　印张14　字数350千字　2023年4月北京第1版第8次印刷

购书咨询：010-64518888　　售后服务：010-64518899
网　　址：http://www.cip.com.cn
凡购买本书，如有缺损质量问题，本社销售中心负责调换。

定　　价：68.00元

前言

目前，对于电子电工及家电维修技术而言，最困难也是学习者最关注的莫过于如何在短时间内掌握实用的技能并真正应用于实际的工作。

为了实现这个目标，我们特别策划了“电子产品维修技能速成丛书”。

本丛书共6种，分别为《彩色图解空调器维修技能速成》、《彩色图解液晶电视机维修技能速成》、《彩色图解电动自行车维修技能速成》、《彩色图解智能手机维修技能速成》、《彩色图解电磁炉维修技能速成》和《彩色图解中央空调安装、维修技能速成》。

本书是专门介绍液晶电视机维修技能的图书。液晶电视机维修是一项专业性很强的实用技能，其社会需求强烈，有很大的就业空间。本书最大的特色就是通过学习可以将液晶电视机维修的专业知识、实操技能在短时间内“技能速成”。

为了能够编写好这本书，我们专门依托数码维修工程师鉴定指导中心进行了大量的市场调研和资料汇总。然后根据读者的学习习惯和行业的培训特点对液晶电视机维修所需的知识和技能进行系统的编排，并引入了大量实际案例和维修资料辅助教学。力求达到专业学习与岗位实践的“无缝对接”。

为了确保专业品质，本书由数码维修工程师鉴定指导中心组织编写，由全国电子行业资深专家韩广兴教授亲自指导。编写人员有行业资深工程师、高级技师和一线教师，使读者在学习过程中如同有一群专家在身边指导，将学习和实践中需要注意的重点、难点一一化解，大大提升学习效果。

另外，本书充分结合多媒体教学的特点，首先，图书在内容的制作上大胆进行多媒体教学模式的创新，将传统的“读文”学习变为“读图”学习。其次，图书还开创了数字媒体与传统纸质载体交互的全新教学方式。学习者可以通过书中的二维码进入数字媒体资源学习的全新体验。数字媒体教学资源与图书的图文资源相互衔接，相互补充，充分调动学习者的主观能动性，确保学习者在短时间内获得最佳的学习效果。

本丛书得到了数码维修工程师鉴定指导中心的大力支持。读者可登录数码维修工程师的官方网站（www.chinadse.org）获得超值技术服务。

读者通过学习与实践还可参加相关资质的国家职业资格或工程师资格认证，可获得相应等级的国家职业资格或数码维修工程师资格证书。如果读者在学习和考核认证方面有什么问题，可通过以下方式与我们联系：

数码维修工程师鉴定指导中心　　网址：http://www.chinadse.org

联系电话：022-83718162/83715667/13114807267

E-mail:chinadse@163.com

地址：天津市南开区榕苑路4号天发科技园8-1-401 邮编300384

本书由数码维修工程师鉴定指导中心组织编写，由韩雪涛任主编，吴瑛、韩广兴任副主编，参加本书内容整理工作的还有张丽梅、宋明芳、朱勇、吴玮、吴惠英、张湘萍、高瑞征、韩雪冬、周文静、吴鹏飞、唐秀鸯、王新霞、马梦霞、张义伟。

编　者

目 录

目录

第6章

第7章

第8章

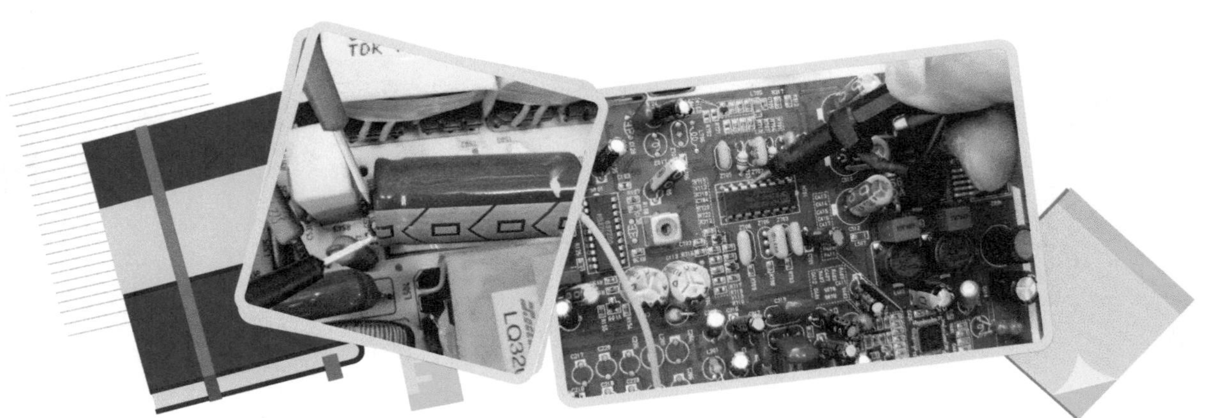

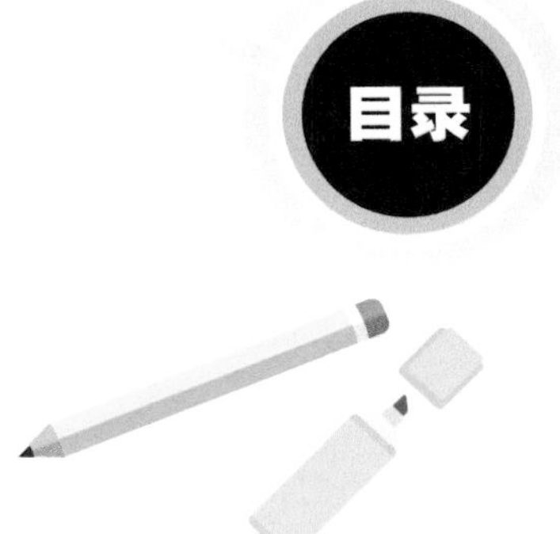

目录

第1章 液晶电视机的基础知识

1.1 液晶电视机的结构

1.1.1 液晶电视机的整机结构

液晶电视机是一种采用液晶显示屏作为显示器件的视听设备，用于欣赏电视节目或播放影音信息。

从外观来看，液晶电视机主要是由外壳、液晶显示屏、操作面板、扬声器、各种接口和支撑底座等构成，打开外壳，便可以看到内部包括几块电路板，分别是模拟信号电路板、数字信号电路板、电源电路板、逆变器电路板、操作显示及遥控接收电路板、接口电路板等，它们之间通过线缆互相连接。

❶ 液晶电视机的外部结构

图1-1 液晶电视机的外部结构

如图1-1所示，从液晶电视机外观来看，一般可看到液晶显示屏、操作面板、扬声器、各种接口和支撑底座等部分。

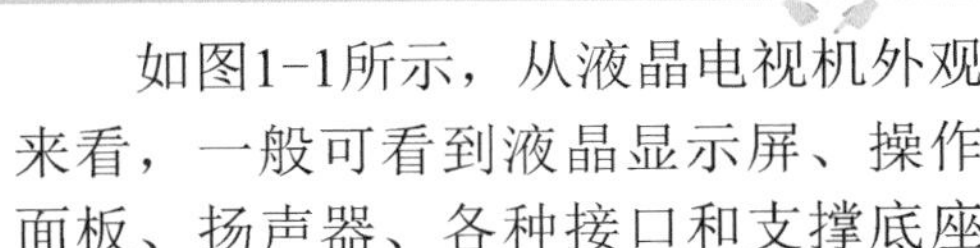

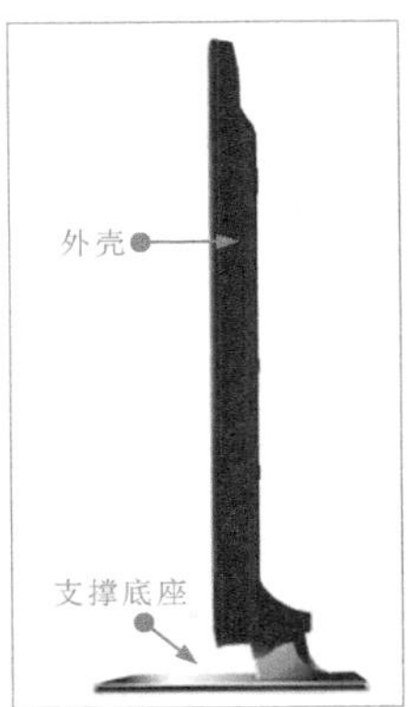

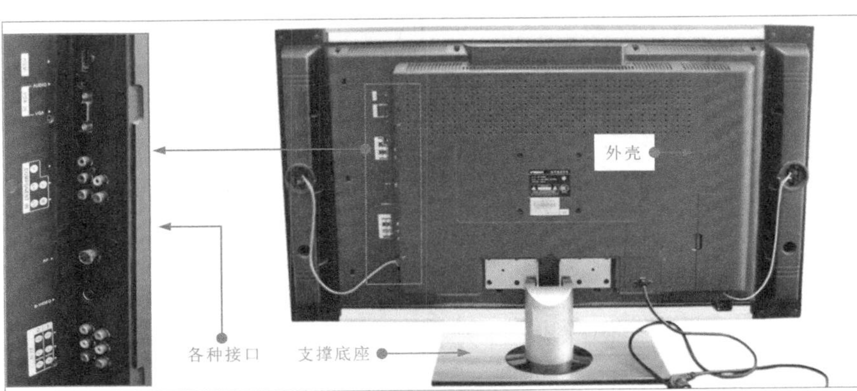

图1-2 液晶电视机的液晶显示屏的实物外形和结构示意图

液晶电视机上类似玻璃材质的器件就是显示屏，它是用来显示电视节目的重要器件，该显示屏采用液晶材料制作而成，是液晶电视机特有的显示部件。图1-2为典型液晶电视机液晶显示屏的实物外形和结构示意图。

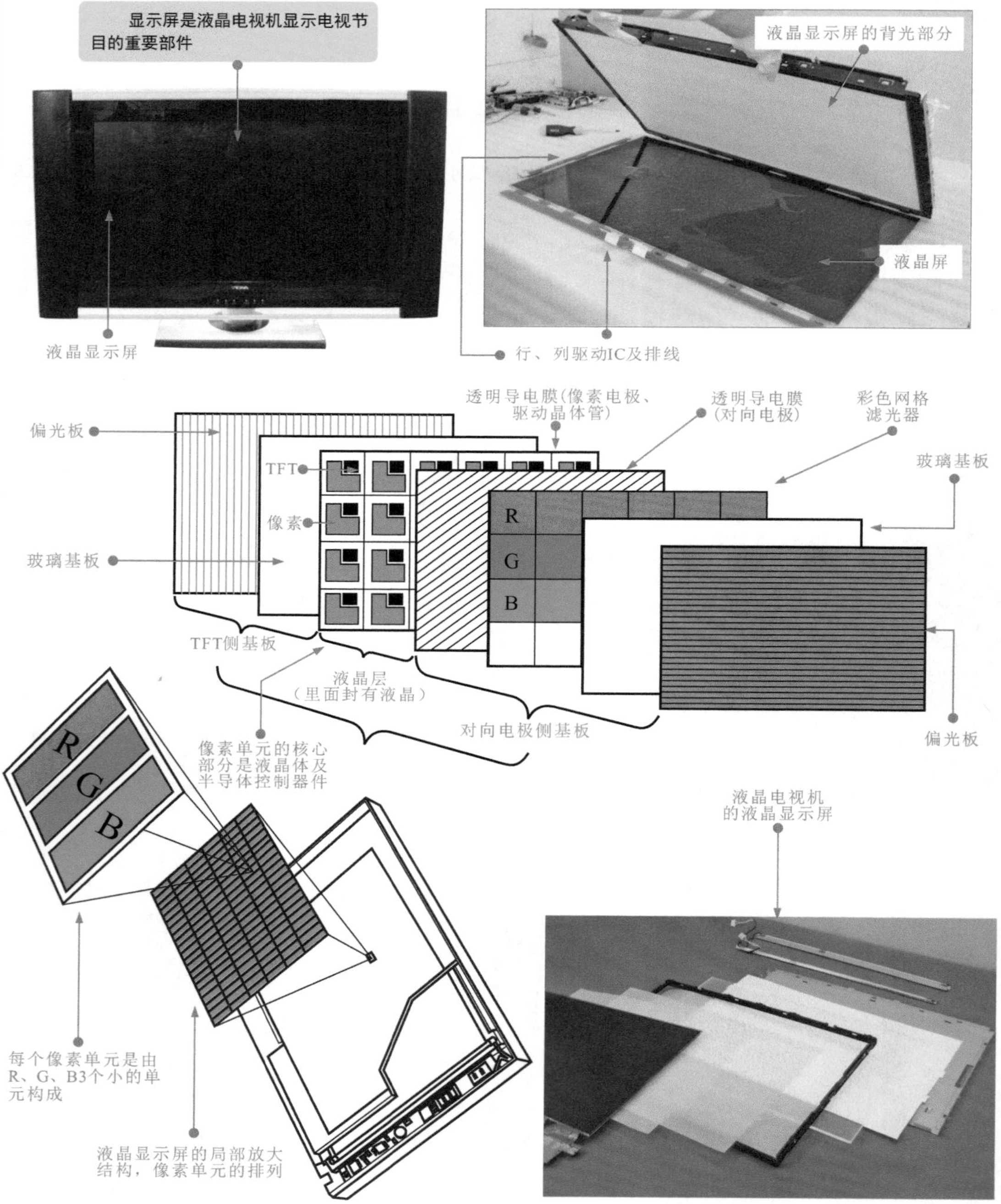

如图1-3所示为操作显示面板。其主要包括操作按键和指示灯，通常位于显示屏的下方，操作按键通常包括菜单键、频道切换键、音量调节键和模式切换键（AV、TV、VGA、HDMI等），通过指示灯颜色观察电视机的工作状态。

图1-3 液晶电视机的控制面板

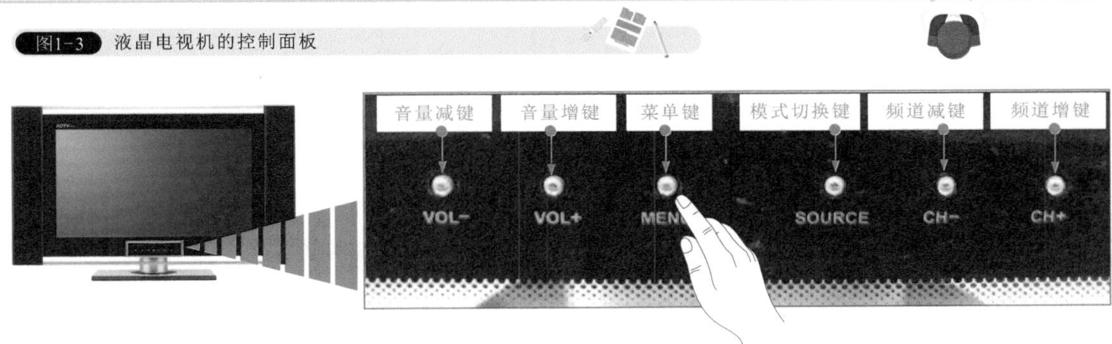

如图1-4所示为液晶电视机的扬声器。其位于液晶显示器两侧，用以播放声音。打开后盖即可看到扬声器。

图1-4 液晶电视机的扬声器

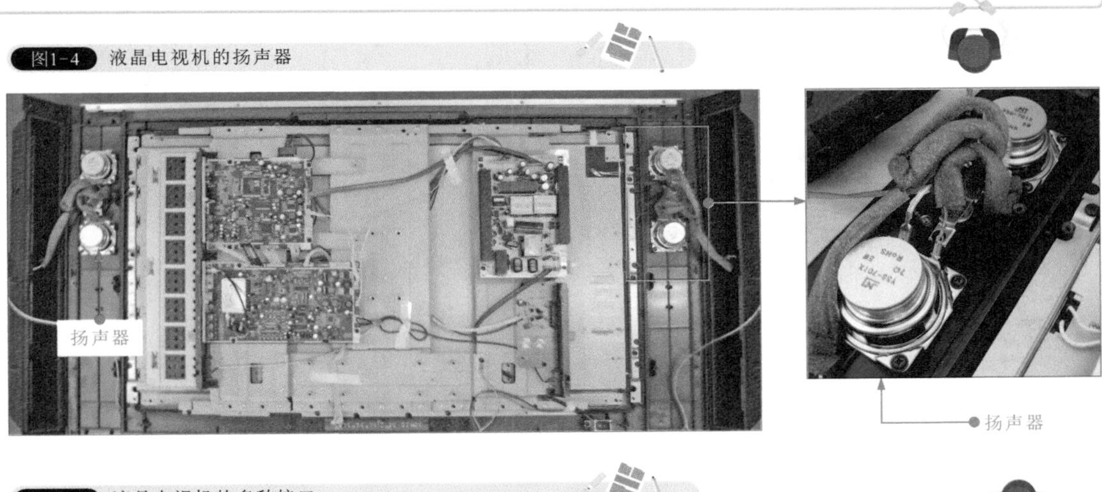

图1-5 液晶电视机的多种接口

如图1-5所示为液晶电视机的多种接口。其接口用于与外部设备信号的传输，通常位于液晶电视机的背部。根据液晶电视机的型号、功能不同，接口种类和数量也不同，常见有天线接口、AV接口、VGA接口、HDMI接口、S端子、分量视频等接口。

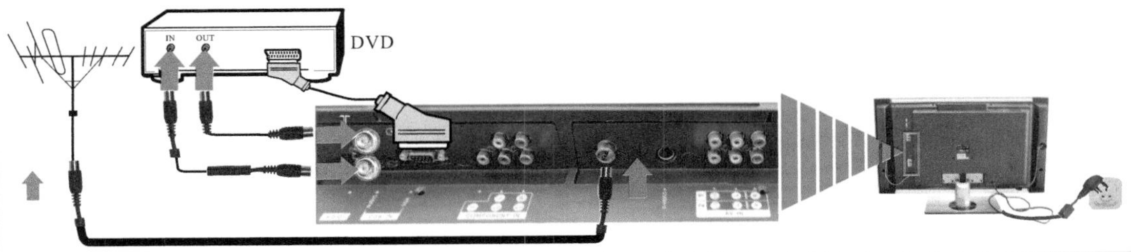

❷ 液晶电视机的内部结构

如图1-6所示为液晶电视机的内部结构。拆开后机壳后，首先会看到数字信号处理电路板、模拟信号处理电路板、电源电路板、操作和遥控信号接收电路板以及位于散热片下方的逆变器电路板。在这些电路板和支架的下方，可找到显示屏驱动电路和液晶显示板。扬声器位于左右两侧，通过两根线缆与电路板连接。

图1-6 液晶电视机的内部结构

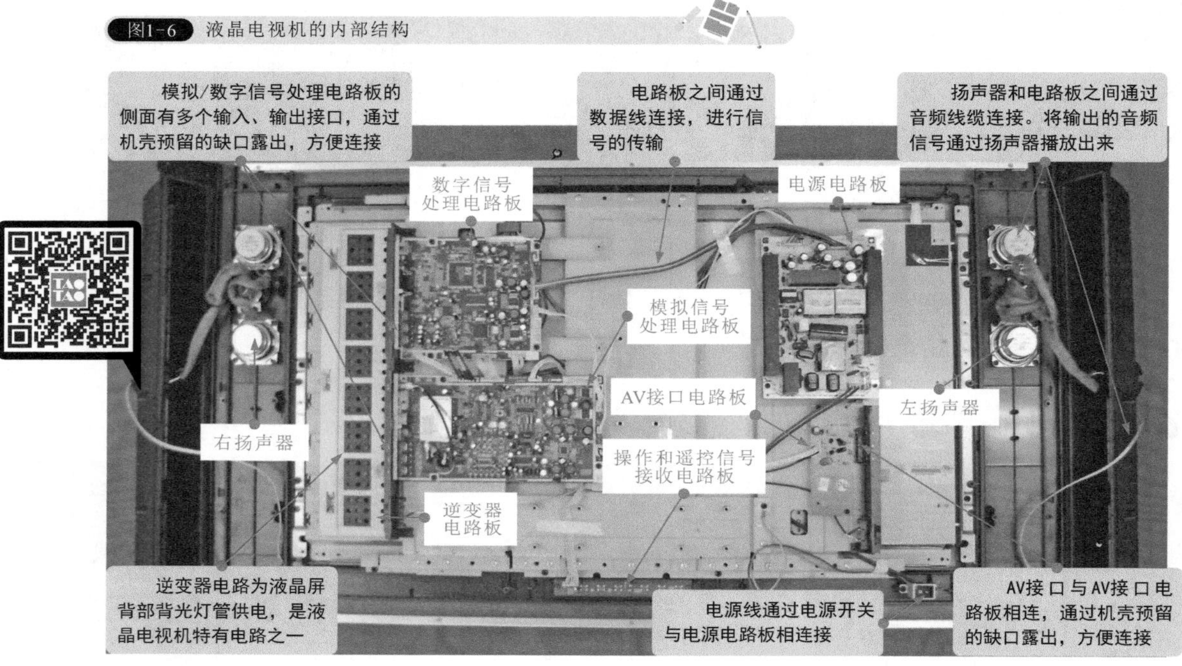

图1-7 长虹LT3788液晶电视机的内部结构

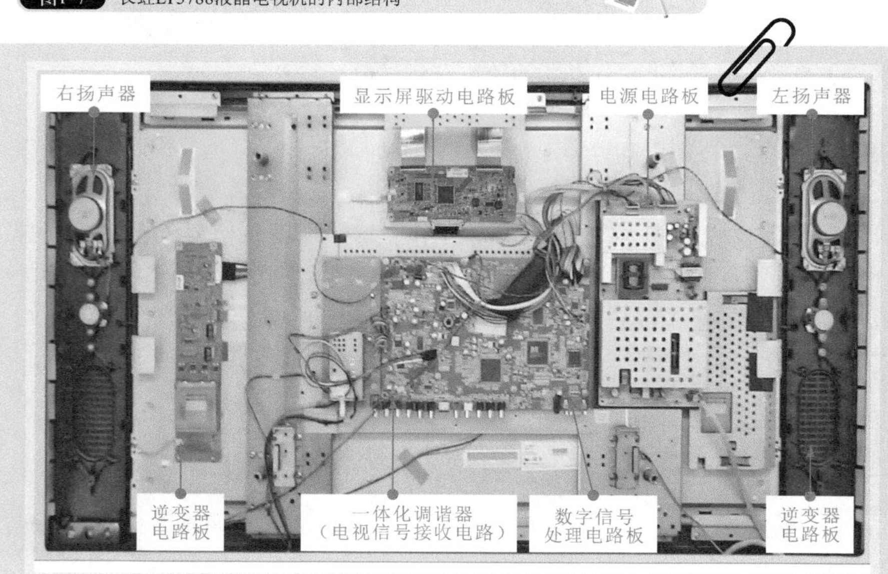

如图1-7所示为长虹LT3788液晶电视机内部结构。不同型号的液晶电视机，其内部电路布局也不尽相同。可以看到，拆下机壳后，液晶电视机的内部主要是由数字信号处理电路板、电源电路板、逆变器电路板、显示屏驱动电路板和扬声器等构成。

1.1.2 液晶电视机的电路结构

我们通常将液晶电视机的电路划分成电视信号接收电路、音频信号处理电路、数字信号处理电路、系统控制电路、电源电路、逆变器电路、显示屏驱动电路和接口电路这几个单元电路。

1 液晶电视机的电视信号接收电路

图1-8为液晶电视机的电视信号接收电路。该电路主要由调谐器和中频电路等构成。从外形上看，调谐器是一个带有天线接口的金属盒，外形特征十分明显。电视信号接收电路用来接收电视信号，并对其进行处理，输出视频图像信号和音频信号，送往后级电路中。

图1-8 液晶电视机的电视信号接收电路

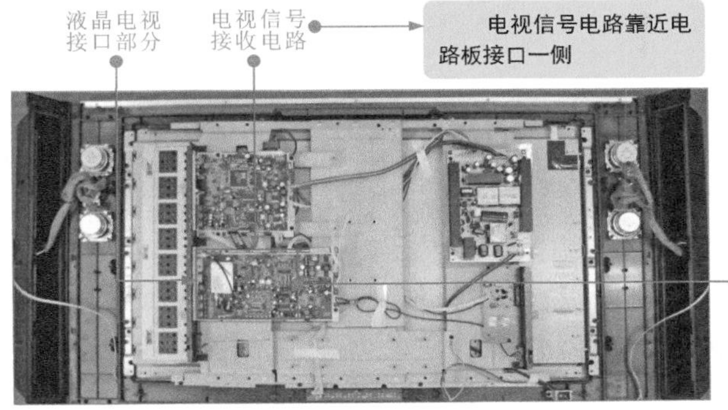

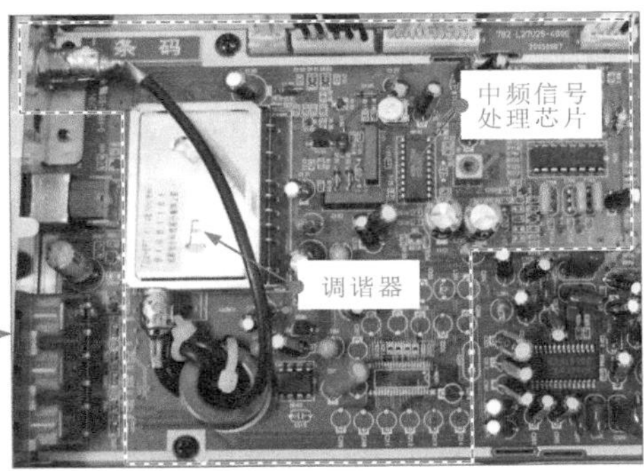

2 液晶电视机的音频信号处理电路

图1-9为液晶电视机的音频信号处理电路。该电路主要由音频信号处理电路和音频功率放大器等构成，电路中可找到与扬声器相连的接口。该电路主要用来处理来自中频通道的伴音信号和AV接口输入的音频信号，并驱动扬声器发声。

图1-9 液晶电视机的音频信号处理电路

电视音频处理电路
音频处理芯片
功率放大器

❸ 液晶电视机的数字信号处理电路

图1-10为液晶电视机的数字信号处理电路。其主要由各种集成电路构成。该电路主要用来对输入的模拟、数字视频信号进行数字处理，输出LVDS数字信号送到显示屏驱动电路中。

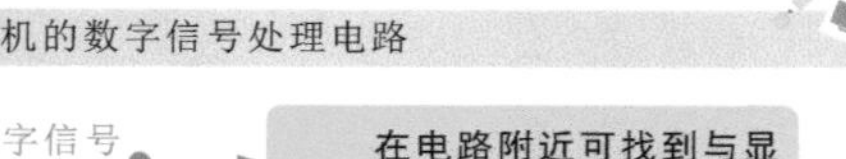
图1-10 液晶电视机的数字信号处理电路

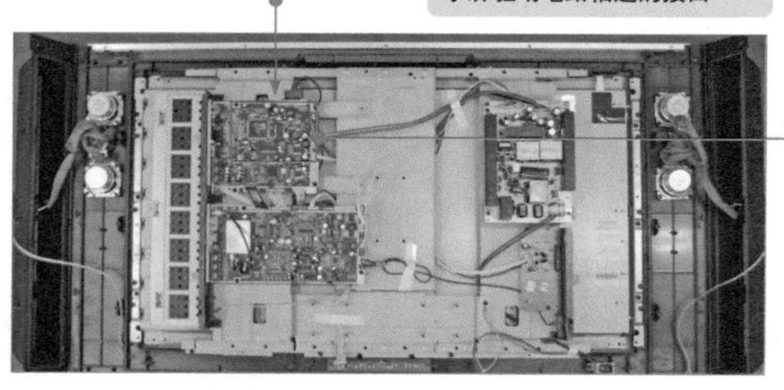

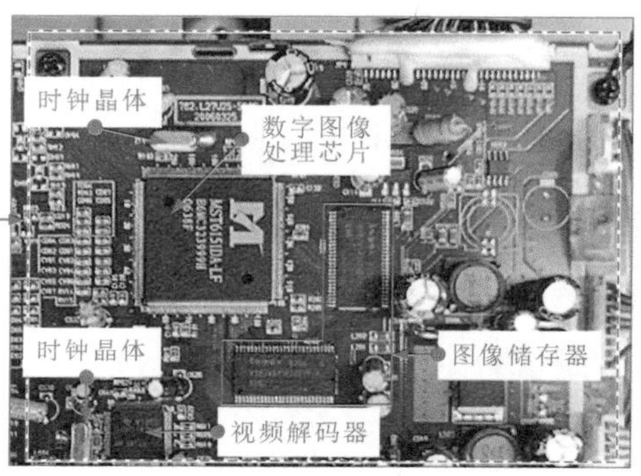

❹ 液晶电视机的系统控制电路

图1-11 液晶电视机的系统控制电路

图1-11为液晶电视机的系统控制电路。该电路是对液晶电视机的整机进行控制的电路，它的核心部分是微处理器。通常，在微处理器附近还可找到晶体以及小型程序存储器。

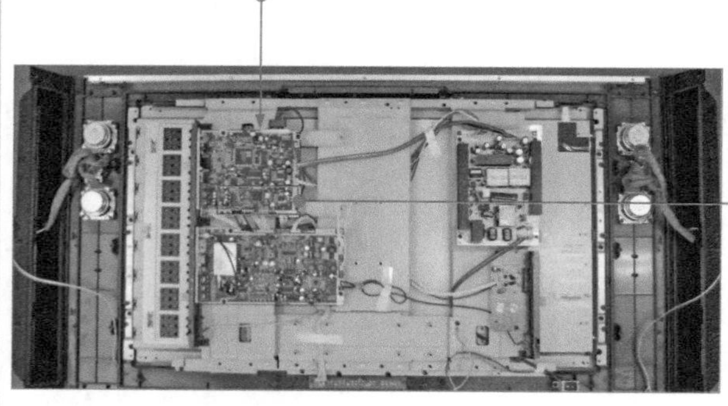

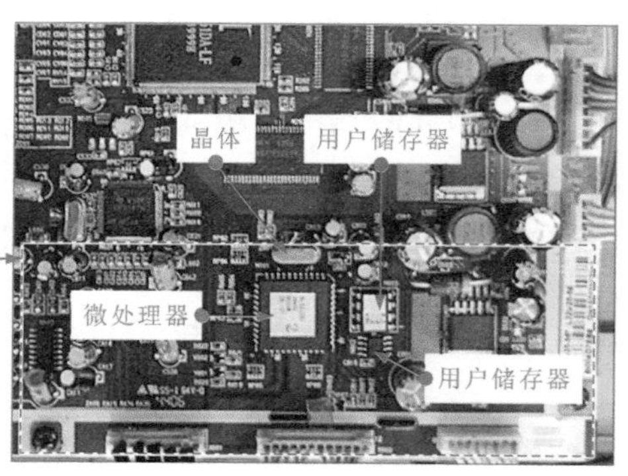

❺ 液晶电视机的电源电路

图1-12为液晶电视机的电源电路。电源电路用来为整机提供工作电压，电路中有许多外形特征十分明显的元件，比如熔断器、滤波电容（体积很大）、开关变压器等。

图1-12 液晶电视机的电源电路

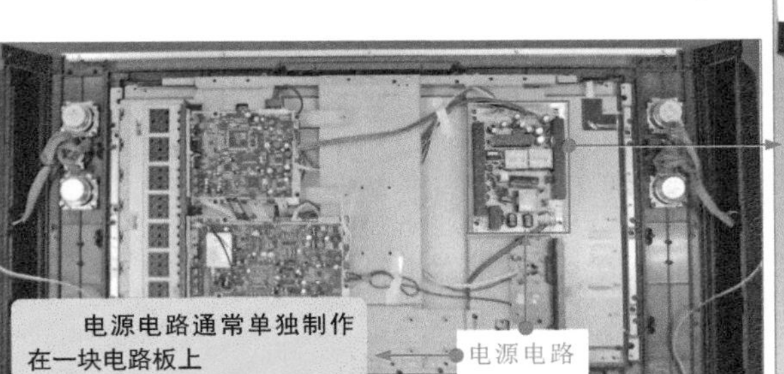

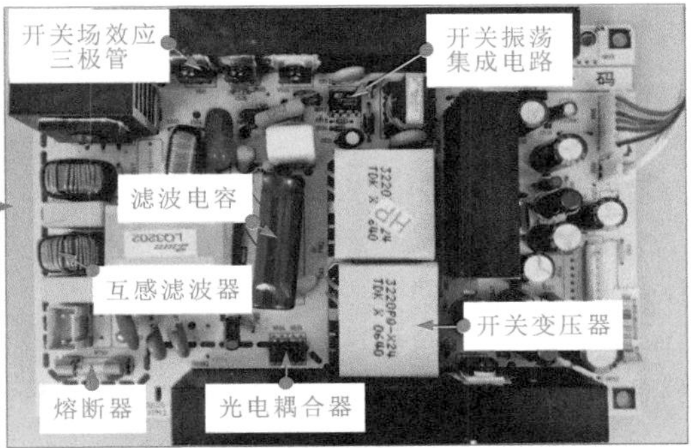

6 液晶电视机的逆变器电路

图1-13为液晶电视机的逆变器电路。该电路是液晶电视机特有的电路之一，主要为冷阴极荧光灯管供电，由于液晶电视机的背光灯管较多，因此在逆变器电路上可找到多个升压变压器。

图1-13 液晶电视机的逆变器电路

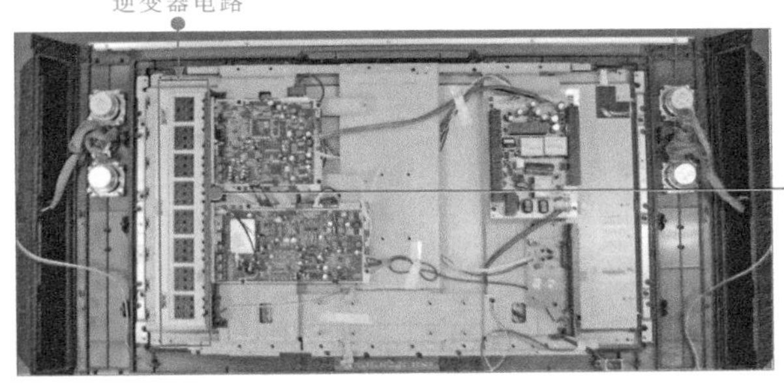

7 液晶电视机的显示屏驱动电路

图1-14为液晶电视机的显示屏驱动电路。显示屏驱动电路通常固定在显示屏背面，通过软排线与显示屏相连。主要用来处理由数字信号处理电路送来的图像数据信号，驱动显示屏显示图像。

图1-14 液晶电视机的显示屏驱动电路

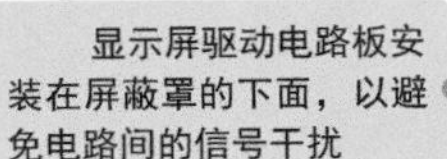

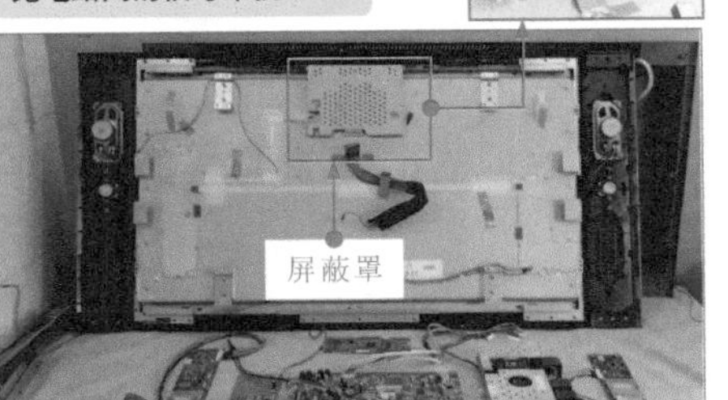

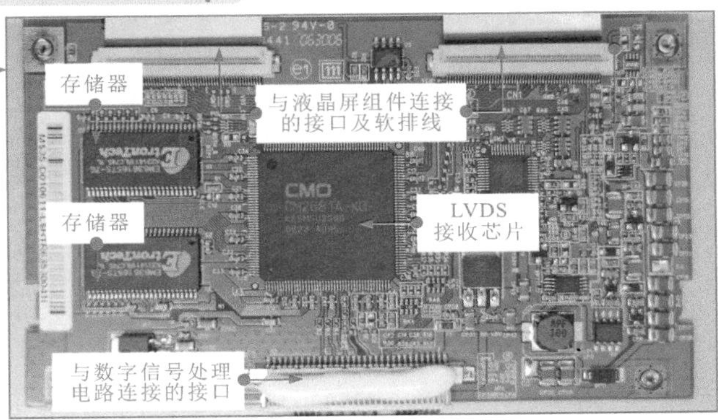

8 液晶电视机的接口电路

图1-15为液晶电视机的接口电路。该电路用于连接外部设备，将设备中的信号送到液晶电视机的各个电路中。

图1-15 液晶电视机的接口电路

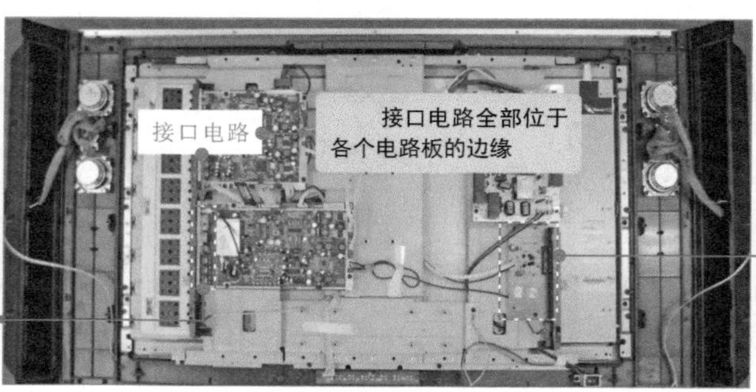

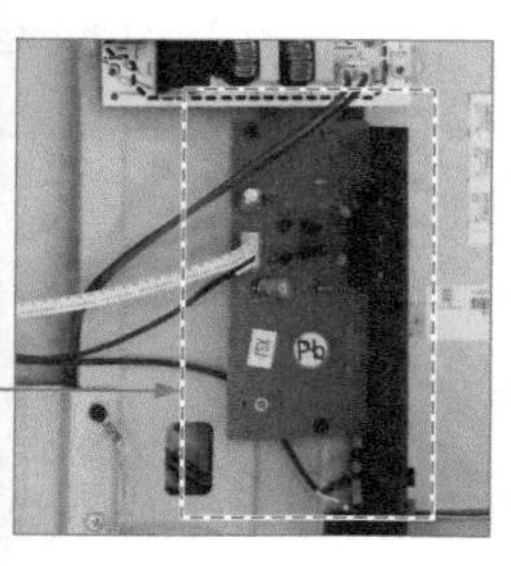

图1-16 典型液晶电视机的电路关系

如图1-16所示为液晶电视机的电路关系。初学者通过电路关系图可以更好地理解液晶电视机各单元电路的工作特点和信号处理关系。

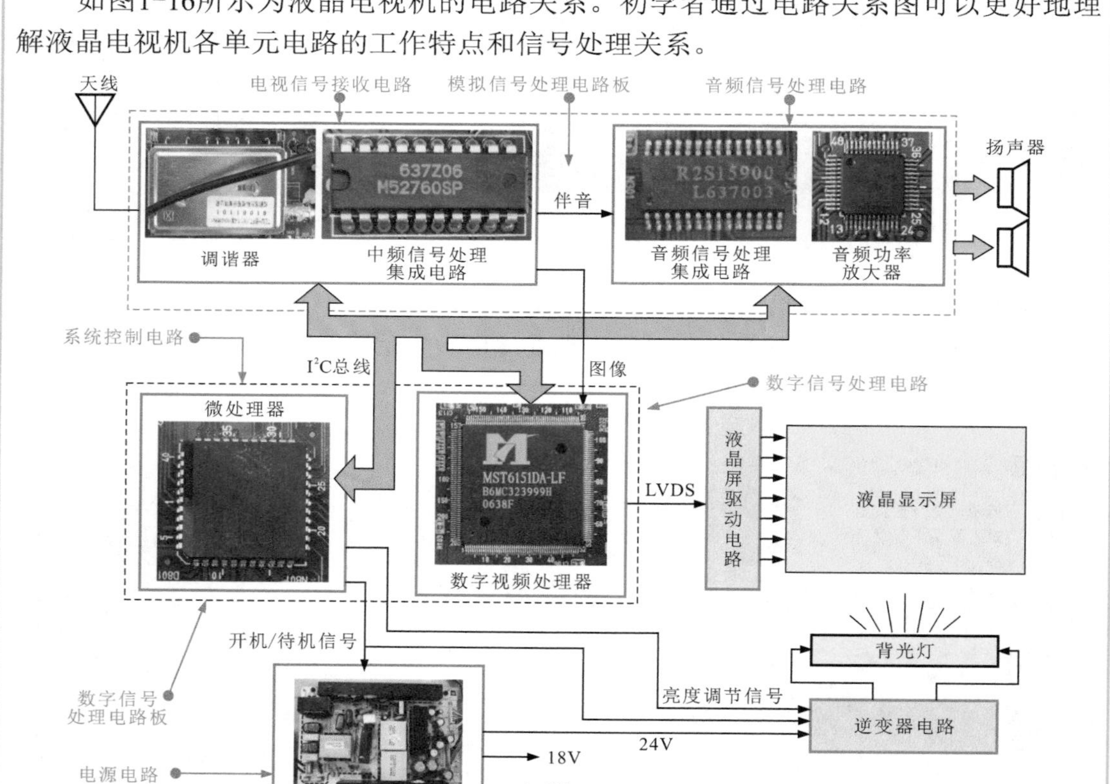

1.2 液晶电视机的工作原理

1.2.1 液晶电视机的成像原理

液晶显示屏是液晶电视机上特有的显示部件，常见的液晶显示屏驱动方式，是采用有源开关的方式来对各个像素进行独立的精确控制，以实现更精细的显示效果。

图1-17 液晶显示板的剖面图

图1-17为液晶显示板的剖面图。在液晶板的背部设有光源，光透过液晶层形成光图像，液晶层的不同部位的透光性随图像信号的规律变化，从而可以看到活动的图像。

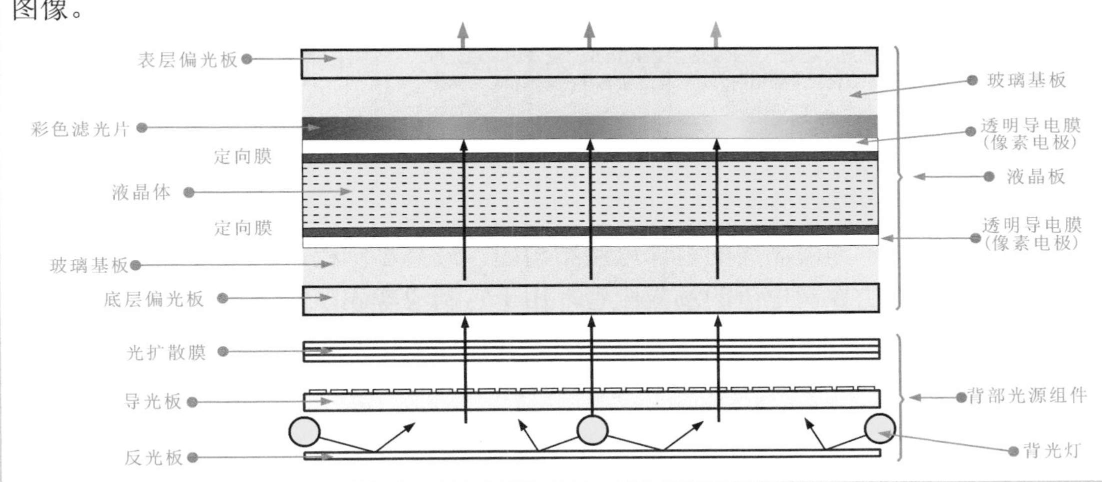

❶ 液晶显示板的透光原理

图1-18 液晶显示板的透光原理

液晶显示板中所使用的偏光板，仅可以沿着特定的平面过滤光波

透过液晶层的光

偏光板

一束光是由沿着不同平面振动的光波组成

光线振动传播

光线传播方向

当入射光的振动方向与偏光板的方向一致时，光可以穿过偏光板，如果偏光板的方向与入射光的方向不同时，会阻断光的通过

如图1-18所示为液晶显示板的透光板原理。它是由多个不同功能的板状材料叠压制成的，而液晶层中每个像素都是由R、G、B三基色组成。液晶分子在外部电场的作用下改变排列状态，来改变每个像素单元的透光性，从而使每个像素单元显示的颜色不同。

2 液晶显示板的显色原理

图1-19 液晶显示板的显色原理

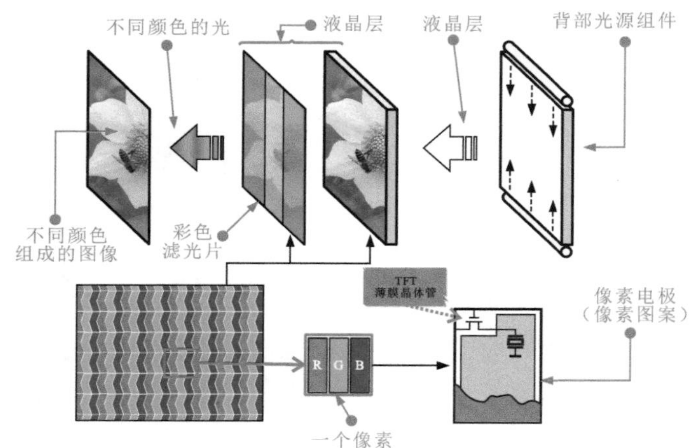

由于每个像素单元的尺寸很小，从远处看就是由R、G、B合成的颜色，与显像管R、G、B栅条合成的彩色效果是相同的。这样液晶层设在光源和彩色滤光片之间，每秒液晶层的变化与图像画面同步

如图1-19所示为液晶显示板的显色原理。在液晶层的前面，设计有R、G、B栅条组成的彩色滤光片，光穿过R、G、B栅条，就可以看到彩色光，在每个像素单元中，都是由TFT（薄膜晶体管）对液晶分子的排列进行控制，从而改变透光性，使每个像素都显示不同的颜色。

图1-20 液晶层的内部电路结构图

如图1-20所示为液晶层的内部电路结构图。液晶显示板每个像素单元中设有一个为像素单元提供控制电压的场效应管，由于它制成薄膜型紧贴在下面的基板上，因而被称之为薄膜晶体管，简称TFT。每个像素单元薄膜晶体管栅极的控制信号是由横向设置的X轴提供的，X轴提供的是扫描信号，Y轴为薄膜晶体管提供驱动信号，驱动信号是数字图像信号经处理后形成的。

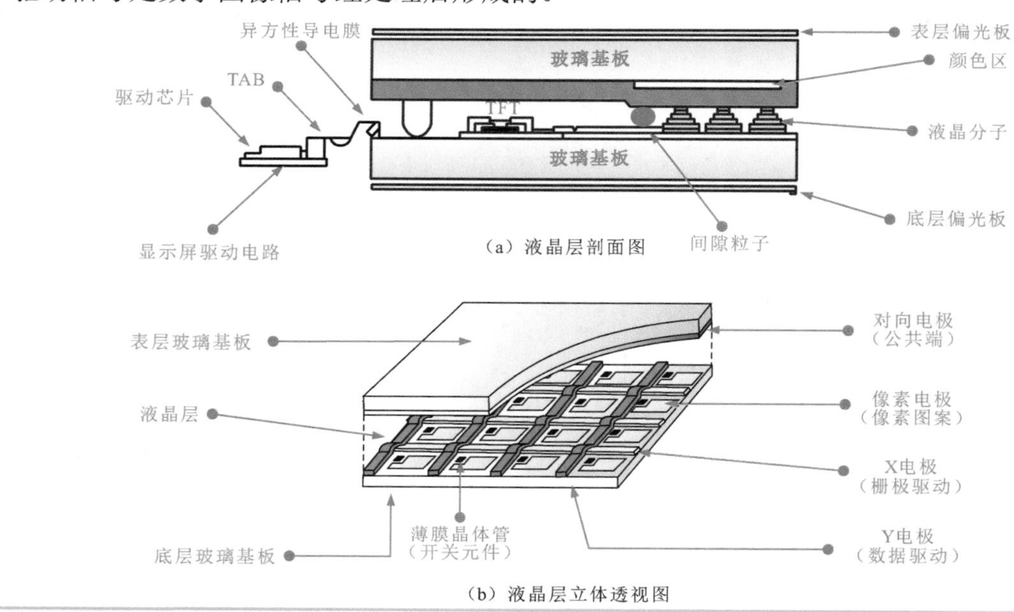

（a）液晶层剖面图

（b）液晶层立体透视图

图1-21 单个像素的驱动原理

如图1-21所示为单个像素的驱动原理。驱动信号的电压加到场效应管的源极，扫描脉冲加到栅极，当栅极上有正极性脉冲时，场效应管导通，源极的图像数据电压便通过场效应管加到与漏极相连的像素电极上，于是像素电极与公共电极之间的液晶体便会受到Y轴图像电压的控制。如果栅极无脉冲，则场效应晶体管便是截止的，像素电极上无电压。

公共电极（公共端）

液晶

公共端

漏极

薄膜晶体管（开关元件）

Y_0 Y电极 Y_1

X_1

X电极

X_2

驱动信号 X_1

TFT

栅极 Y_0

源极

像素电极（像素图案）

当栅极上有正极性脉冲信号时，场效应管导通，图像数据控制电压加到像素电极上

图像数据控制电压加到场效应管的源极

❸ 液晶屏的背部光源组件的工作原理

图1-22 液晶屏的背部光源组件的工作原理

如图1-22所示为液晶屏的背部光源组件的工作原理，背光灯灯管所发的光是发散的，而反光板将光线全部反射到液晶屏一侧，光线经导光板后变成均匀的平行光线，再经过多层光扩散膜使光线更均匀更柔和，最后照射到液晶中。

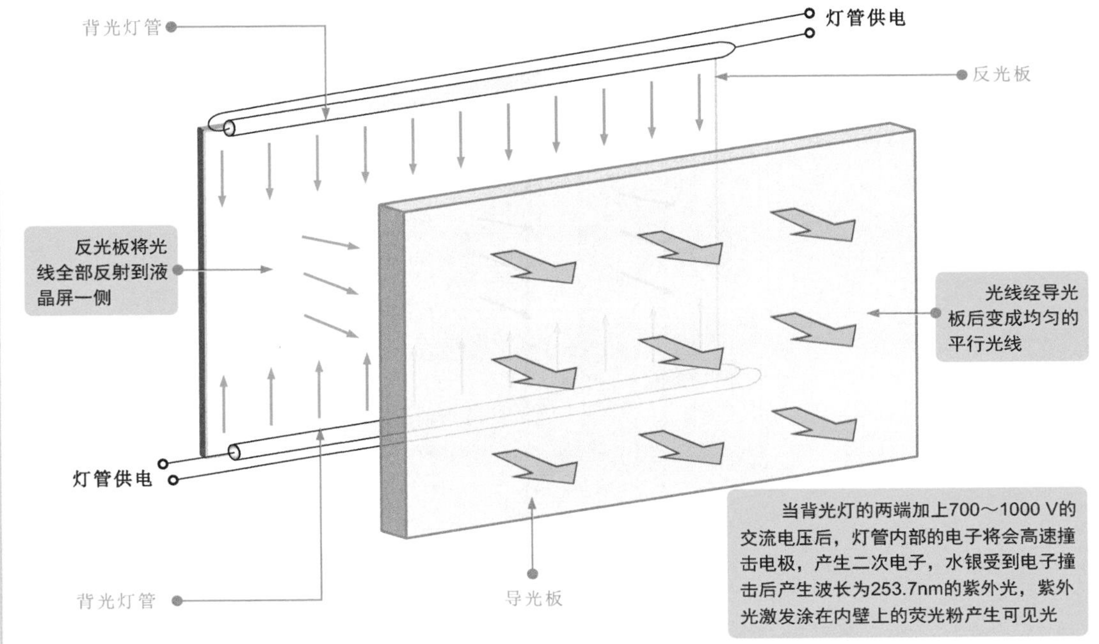

1.2.2 液晶电视机的工作过程

液晶电视机中各种单元电路都不是独立存在的。在正常工作时，它们之间因相互传输各种信号而存在一定联系，也正是这种关联实现了信号的传递，从而实现液晶电视机显示图像、发出声音的功能。

图1-23 长虹LT3788型液晶电视机各电路板之间的信号传输关系

直流电压
控制及数据信号
逆变器电路
+24V
背光灯
+24V
+12V
+5V
直流电压输出
交流220V
开关电源电路
液晶屏驱动电路
模拟图像信号
液晶显示屏
LVDS
YPbPr分量视频信号
音频/视频信号
主电路板（系统控制、音频、数字信号处理）
+5V
天线、有线电视信号
电视信号接收电路
+24V
逆变器电路
背光灯

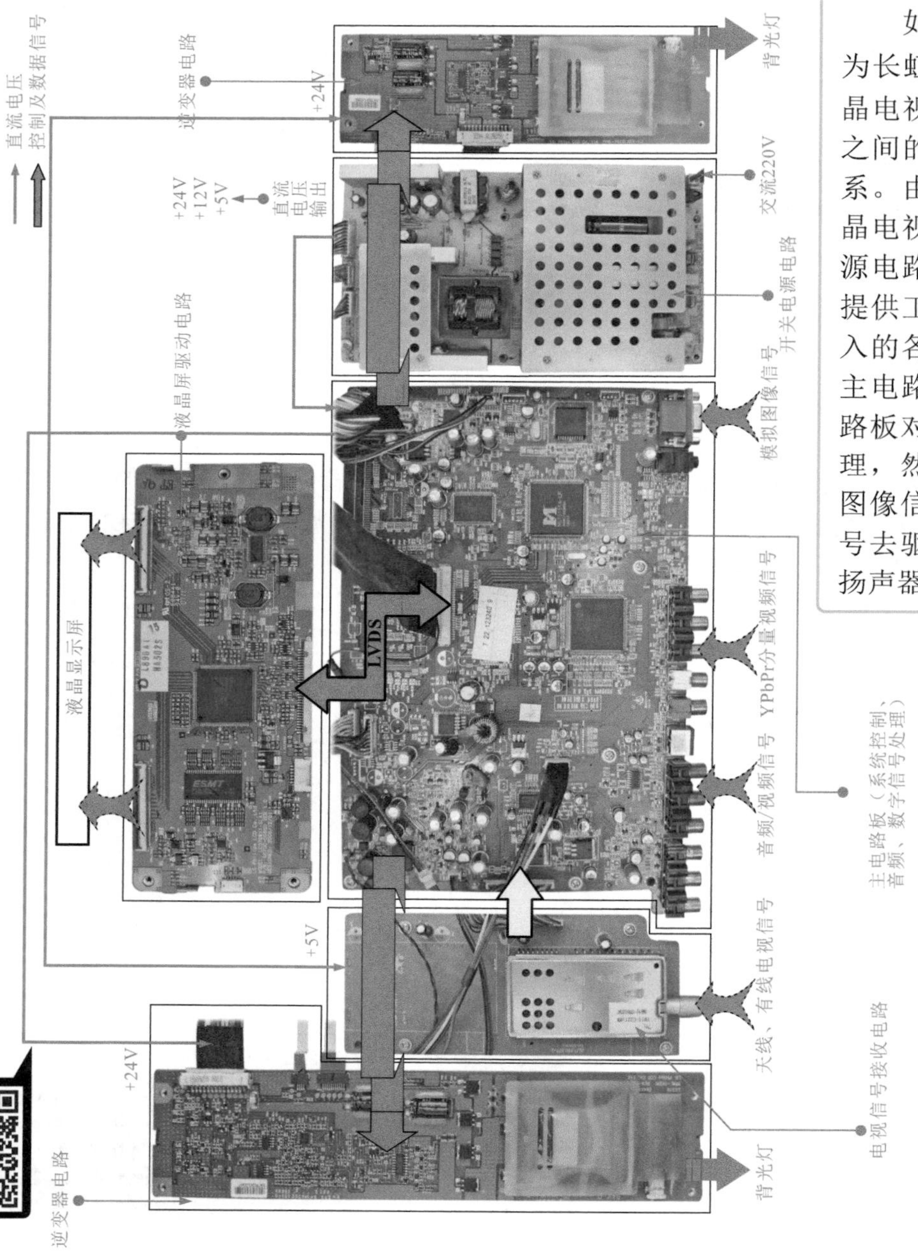

如图1-23所示为长虹LT3788型液晶电视机各电路板之间的信号传输关系。由图可知，液晶电视机的开关电源电路为各电路板提供工作电压，输入的各种信号送入主电路板中，主电路板对信号进行处理，然后输出数字图像信号和音频信号去驱动液晶屏和扬声器工作。

图1-24 长虹LT3788型液晶电视机的整机方框图

如图1-24所示为长虹LT3788型液晶电视机整机电路方框图。通常，我们可以将液晶电视的整机工作过程分为四条线路：第一条是图像信号的处理过程，第二条是音频信号的处理过程，第三条是整机的控制过程，第四条是整机的供电过程。

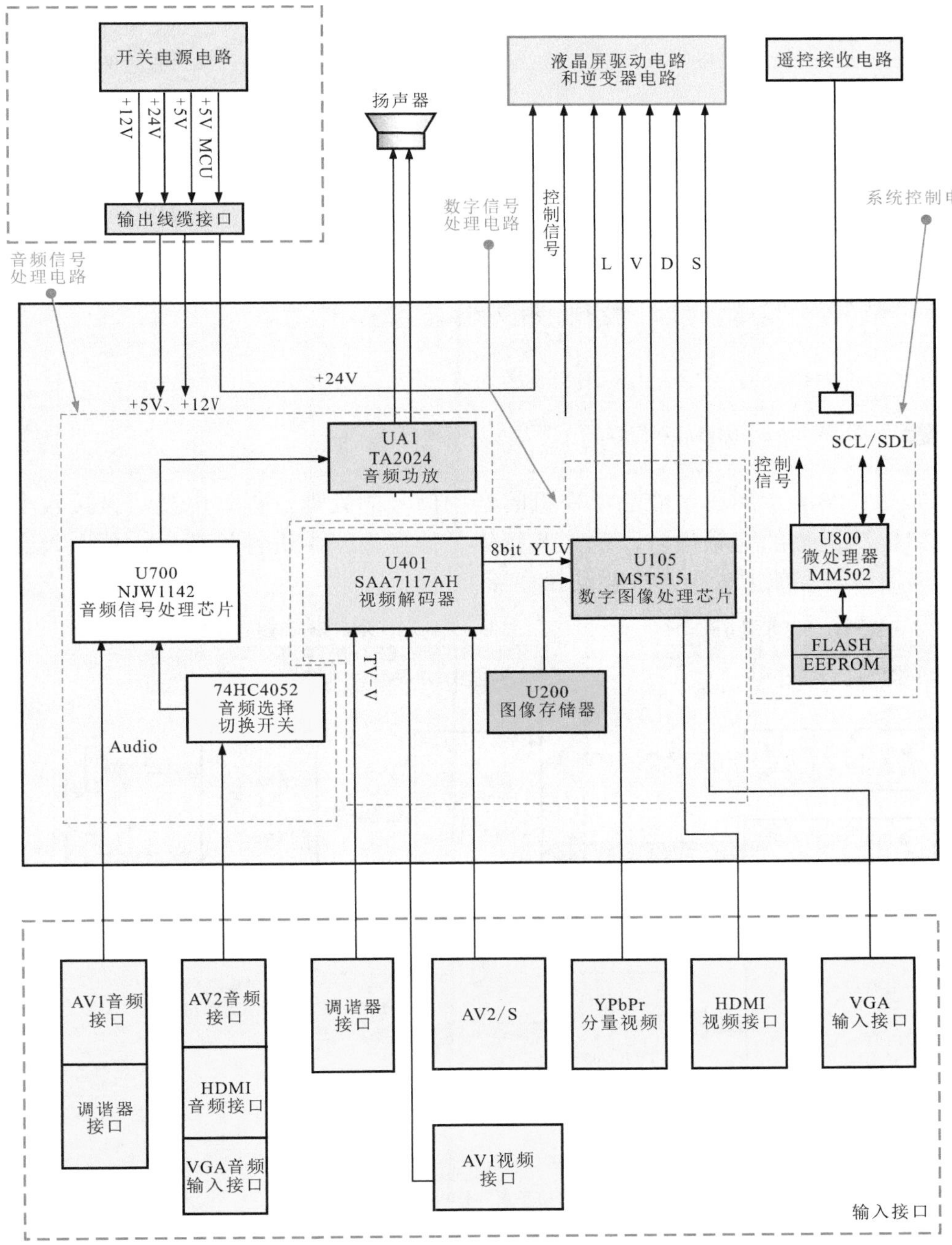

开关电源电路
+12V
+24V
+5V
+5V MCU
输出线缆接口
扬声器
液晶屏驱动电路
和逆变器电路
遥控接收电路
数字信号
处理电路
控制信号
L V D S
系统控制电路
音频信号
处理电路
+24V
+5V、+12V
UA1
TA2024
音频功放
SCL/SDL
控制信号
U800
微处理器
MM502
FLASH
EEPROM
U700
NJW1142
音频信号处理芯片
U401
SAA7117AH
视频解码器
8bit YUV
U105
MST5151
数字图像处理芯片
74HC4052
音频选择
切换开关
TV-V
U200
图像存储器
Audio
AV1音频
接口
调谐器
接口
AV2音频
接口
HDMI
音频接口
VGA音频
输入接口
调谐器
接口
AV2/S
YPbPr
分量视频
HDMI
视频接口
VGA
输入接口
AV1视频
接口
输入接口

❶ 液晶电视机的图像信号的处理过程

图1-25 液晶电视机的图像信号的处理过程

由YPbPr接口、VGA接口或HDMI接口送来的视频信号直接送入数字信号处理电路中

由电视信号接收电路以及外部接口送来的视频信号，在数字信号处理芯片中进行处理，处理后输出LVDS信号

由显示屏驱动电路驱动液晶显示屏显示图像

● 由YPbPr接口输入的分量视频信号
● 由VGA接口输入的主板图像信号
● 由HDMI接口输入的数字视频信号

数字信号处理芯片 U105 MST5151

LVDS

显示屏驱动电路

液晶显示屏

○ 由AV1接口输入的视频信号
○ 由AV2接口输入的视频信号
○ 由S端子输入的亮度色度等视频信号

视频解码器 U401 SAA7117AH

○ 由调谐器选频分离输出的视频信号

由AV1、AV2、S端子等接口送来的视频信号以及调谐器送来的视频信号首先送入视频解码器中

视频信号经视频解码电路进行解码处理后送入数字视频处理芯片中

LVDS信号送往显示屏驱动电路中

如图1-25所示为典型液晶电视机的图像信号的处理过程。电视信号接收电路中和接口电路送来的视频图像信号，送入数字信号处理电路中进行处理后，输出LVDS信号，经屏线驱动液晶显示屏显示图像。

❷ 液晶电视机的音频信号的处理过程

图1-26 液晶电视机的音频信号的处理过程

如图1-26所示为典型液晶电视机的音频信号的处理过程。电视信号接收电路中和接口电路送来的音频信号，送入音频信号处理电路中进行处理后，再送入音频功率放大器中进行放大处理，去驱动扬声器发声。

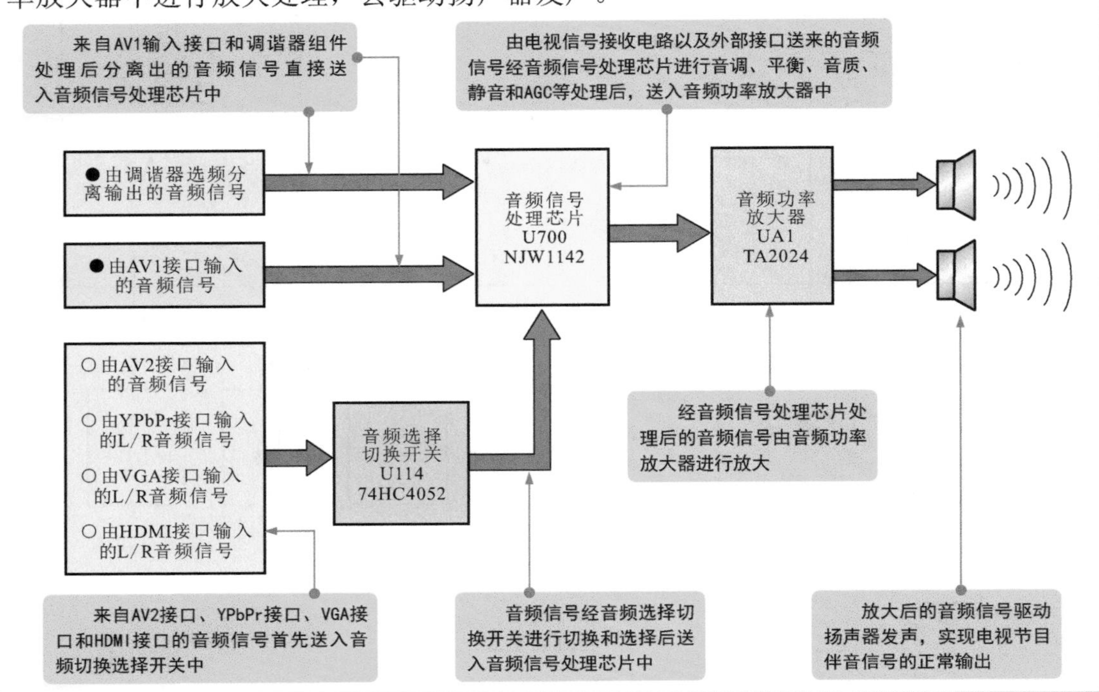

③ 液晶电视机的整机的控制过程

图1-27 液晶电视机的整机的控制过程

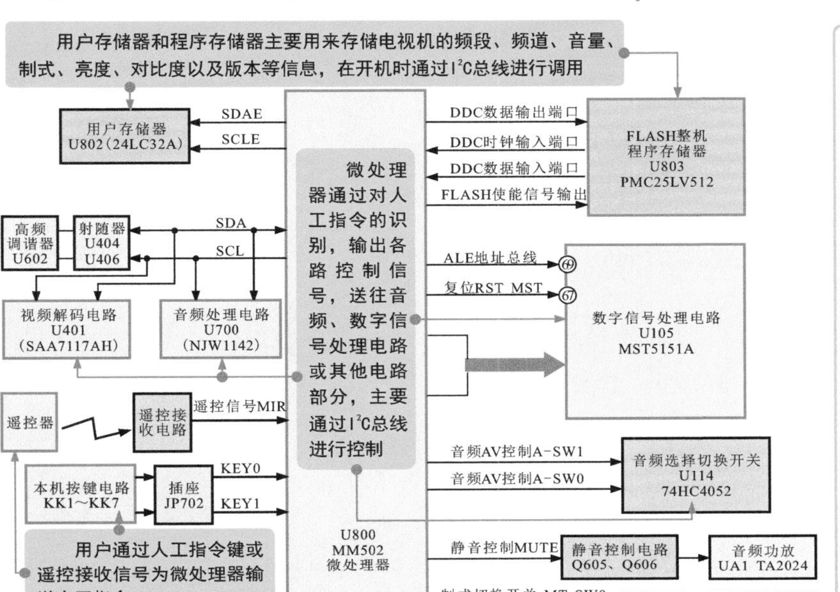

如图1-27所示为典型液晶电视机的整机的控制过程。系统控制电路是整个液晶电视机的控制核心，主要用来接收人工指令信号（遥控信号，操作按键的信号），并输出控制信号，送往各个电路中，协调各电路的工作，实现对液晶电视机的频道、频段、音量、声道以及亮度等的控制功能。

④ 液晶电视机的整机的供电过程

图1-28 液晶电视机的整机的供电过程

如图1-28所示为典型液晶电视机的整机的供电过程。开关电源电路是液晶电视机的供电部分，为液晶电视机的各单元电路和元器件提供工作电压，保证液晶电视机可以正常开机、显示图像和播放声音。

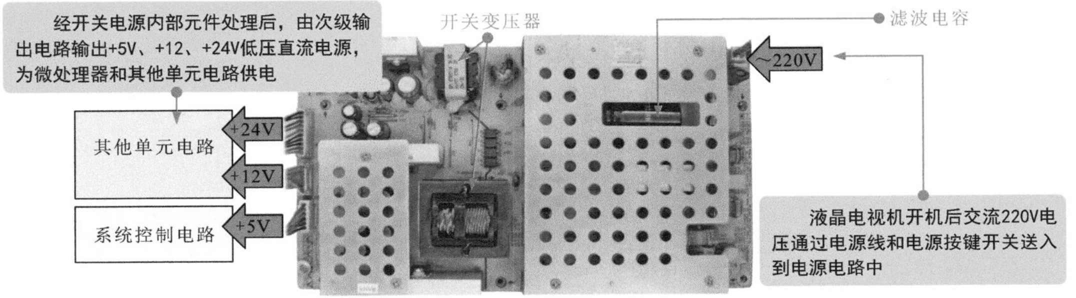

第2章
液晶电视机维修基础

2.1 液晶电视机的故障特点

2.1.1 液晶电视机的故障表现

根据维修经验，液晶电视机的故障主要表现在“图像显示不良”、“显示屏本身异常”、“声音播放不良”和“部分功能失常”四个方面。

❶ 图像显示不良的故障表现

图2-1 图像显示不良的常见故障表现

图2-1所示为图像显示不良的常见故障表现。液晶电视机的许多常见故障都与图像显示有关。图像显示不良方面，常见的故障表现有：图像颜色异常（偏色、无色）、无图像、暗屏、图像有干扰、花屏、白屏等。

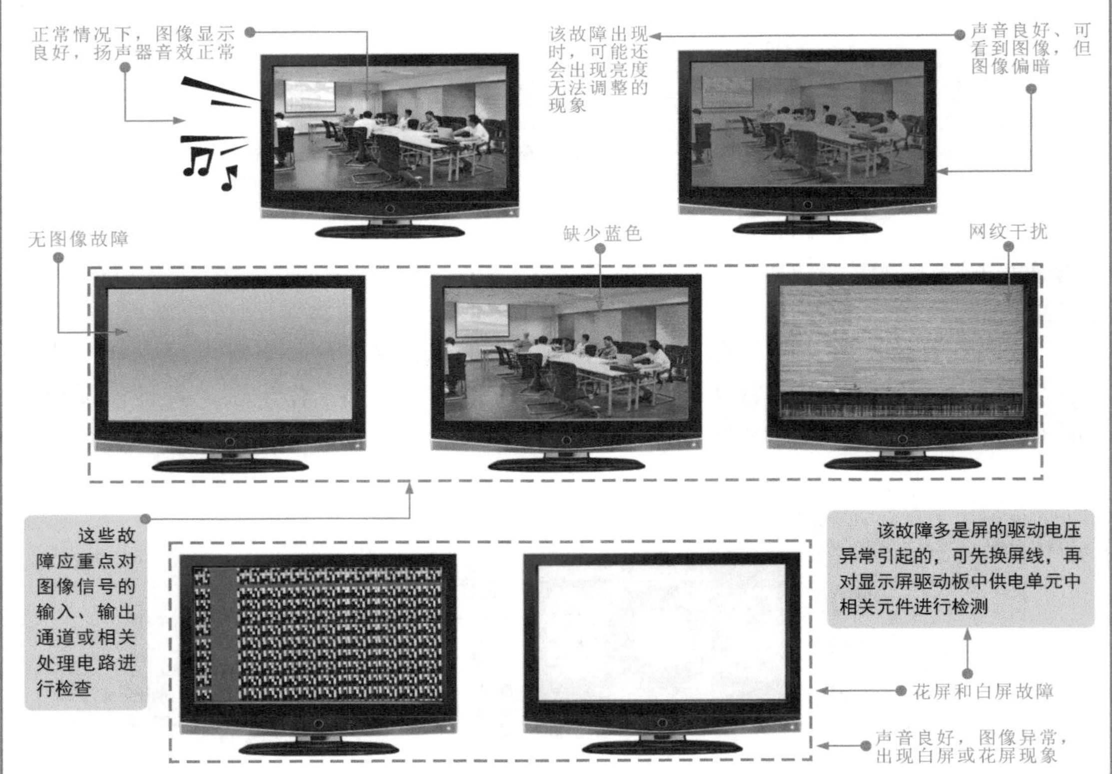

❷ 显示屏本身异常的故障表现

图2-2 显示屏本身异常的故障表现

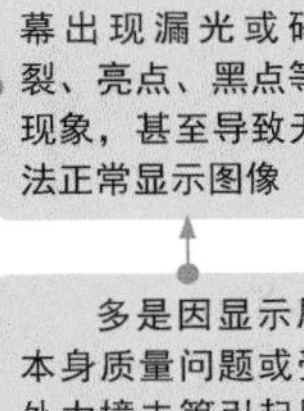
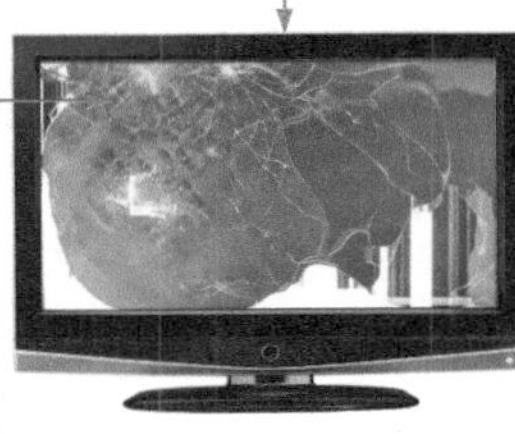

图2-2所示为显示屏本身异常的故障表现。液晶电视机中有专门对液晶屏进行驱动的电路，该部分电路与液晶屏的制作工艺非常特殊，容易发生损坏，所引起的故障也是通过显示的图像表现出来，但与图像显示不良的故障表现有明显的区别。显示屏不良，常见的故障表现有：屏幕有水平垂直的亮线或暗带、裂痕、漏光、坏点（白点、黑点）等。

❸ 声音播放不良的故障表现

图2-3 声音播放不良的常见故障表现

如图2-3所示为声音播放不良的常见故障表现。在液晶电视机中，声音播放不良的故障表现很明显，当听不到声音或听到的声音异常时，说明液晶电视机音频信号相关电路出现故障。

❹ 部分功能失常的故障表现

图2-4 操作控制失常的常见故障表现

如图2-4所示为操作控制失常的常见故障表现。操作控制失常也是液晶电视机中的常见故障之一。

2.1.2 液晶电视机的故障分析

液晶电视机功能的实现，是靠各种功能电路和主要部件配合工作完成的，因此当某一电路或部件出现故障时，便会引起相应的故障现象。下面就从电路和主要部件入手，对液晶电视的相关故障进行分析。

❶ 视频信号处理部分的故障分析

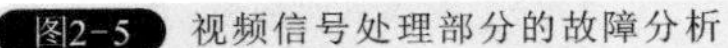

图2-5 视频信号处理部分的故障分析

如图2-5所示为视频信号处理部分的故障分析。视频信号处理部分主要对送入液晶电视的视频信号进行数字处理，通过显示屏驱动电路使液晶屏显示彩色图像。该部分主要由电视信号接收电路的视频通道部分、部分接口电路、数字信号处理电路等组成。该部分电路损坏，液晶电视机常出现颜色异常、无图像、图像有干扰、花屏等故障现象。

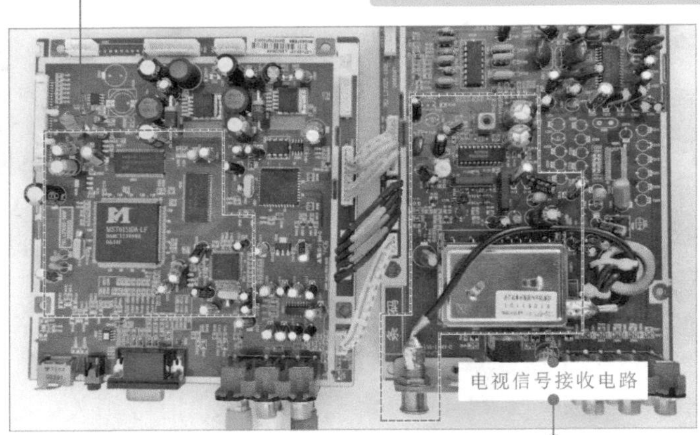

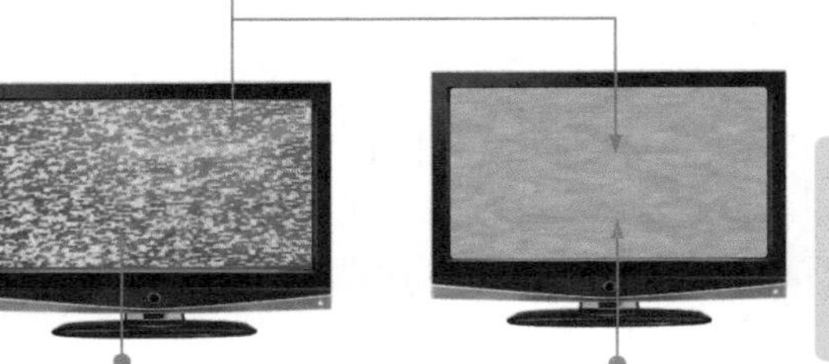

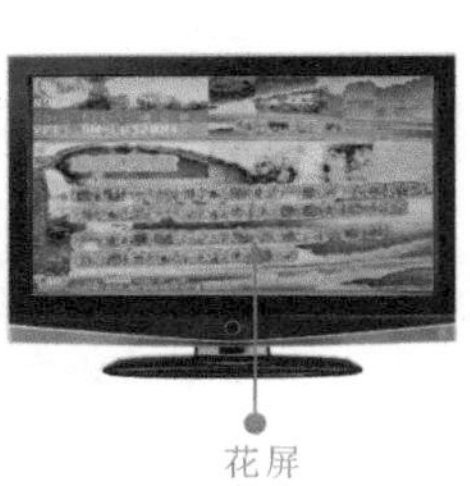

② 显示屏部分的故障分析

图2-6 显示屏部分的故障分析

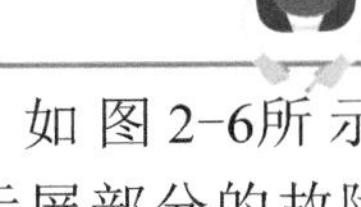

故障发生的同时，图像也存在异常，还需要检查LVDS信号输出插座、存储器以及信号排阻焊接是否良好

垂直/水平亮线或暗带的故障应重点检查软排线以及行、列驱动IC、贴片电容器等

显示屏驱动电路

显示屏部分异常可能会出现垂直/水平亮线或暗带、花屏或白屏故障

行、列驱动IC及屏线

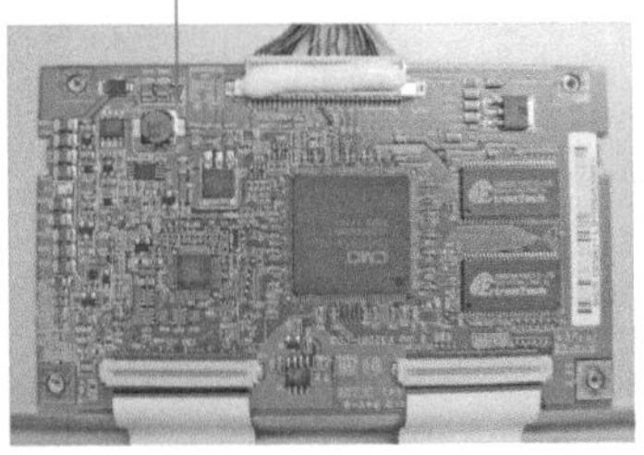

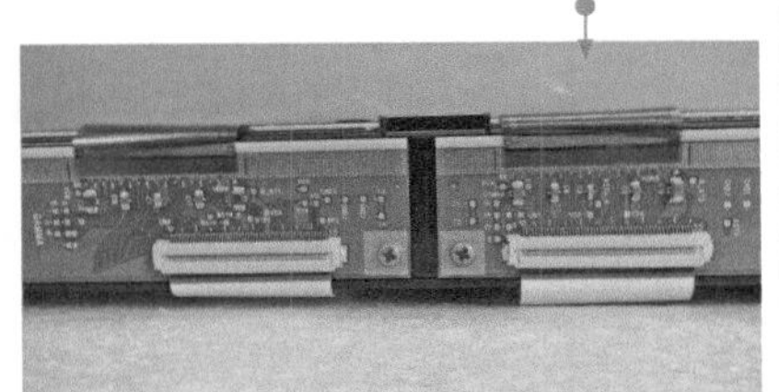

如图2-6所示为显示屏部分的故障分析。显示屏部分是指显示屏驱动电路以及液晶屏外围的软排线，该部分控制显示屏形成图像。若电路出现异常，液晶电视机会出现花屏、白屏、水平/垂直的亮线或暗带等故障现象。

花屏或白屏的故障多是屏的驱动电压异常引起的，检修时可先换屏线，再对显示屏驱动电路中供电部分相关元件进行检测

白屏

花屏

③ 音频信号处理部分的故障分析

如图2-7所示为音频信号处理部分的故障分析。音频信号处理部分主要对送入液晶电视的音频信号进行处理，驱动扬声器发声。该部分主要由电视信号接收电路的音频通道部分、音频信号处理电路等组成。该部分电路损坏，液晶电视机常出现无声音、声音异常等故障现象。

图2-7 音频信号处理部分的故障分析

在调谐器和中频通道中，伴音信号和图像信号是在一起的，如果图像良好而伴音不良或无声，这表明故障多是在与图像信号分开后的伴音电路中

音频信号处理电路异常可能会引起无声音、声音失真、杂声干扰、声音有嗡声等故障

声音沙哑，可能是扬声器破损或滤波元件损坏

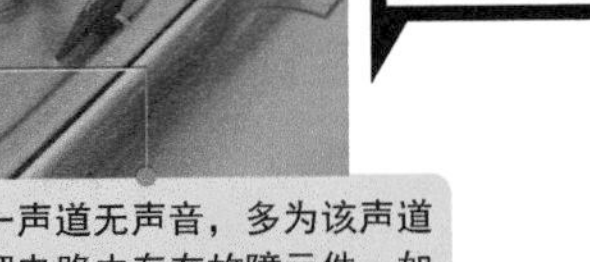

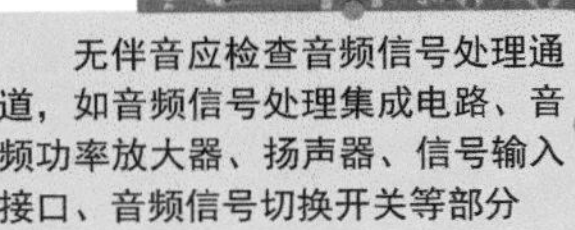

无伴音应检查音频信号处理通道，如音频信号处理集成电路、音频功率放大器、扬声器、信号输入接口、音频信号切换开关等部分

检修音频信号处理通道时，可采用干扰法快速有效地辨别故障部位，即通过人为外加干扰信号触碰被测电路的输入脚，查看喇叭是否有反应

某一声道无声音，多为该声道信号处理电路中存在故障元件，如扬声器、耦合电容、音频功率放大器内部部分损坏等

4 整机控制部分的故障分析

图2-8 整机控制部分的故障分析

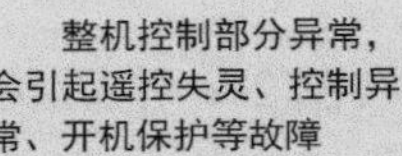

如图2-8所示为整机控制部分的故障分析。显示屏部分是指显示屏驱动电路以及液晶屏外围的软排线，该部分控制显示屏形成图像。若电路出现异常，液晶电视机会出现花屏、白屏、水平/垂直的亮线或暗带等故障现象。

2.2 液晶电视机的检修工具和仪表

2.2.1 液晶电视机的常用检修工具

液晶电视机的常用检修工具和仪表可分为拆装工具、焊接工具、清洁工具、辅助工具和检测仪表五大类，下面分别对这些工具和仪表进行介绍。

1 拆装工具

图2-9 螺钉旋具的实物外形和使用

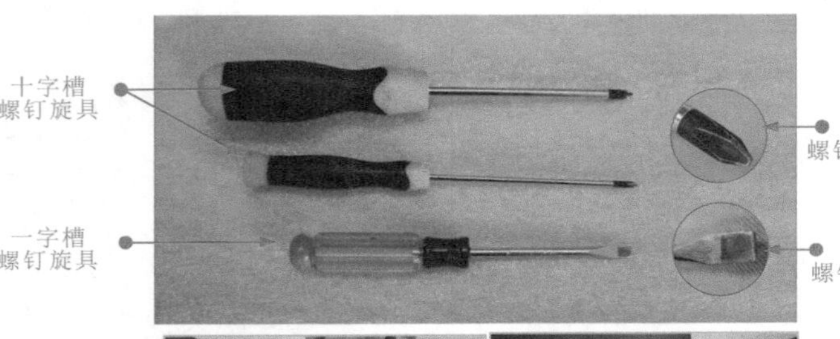

如图2-9所示为螺钉旋具。其主要用来拆卸液晶电视机外壳、电路板以及液晶屏上的固定螺钉，其大小尺寸有多种规格，拆卸时，尽量使用合适规格的螺钉旋具来拆卸螺钉。

图2-10 偏口钳的实物外形和使用

钳柄 偏口钳 钳口 连接引线

维修液晶电视机时需要使用偏口钳剪断连接引线

如图2-10所示为偏口钳的实物外形和使用。偏口钳主要用来剪断液晶电视机内部连接引线上的线束以及需要断开的引线等。

❷ 焊接工具

图2-11 电烙铁、吸锡器及焊接辅料的实物外形

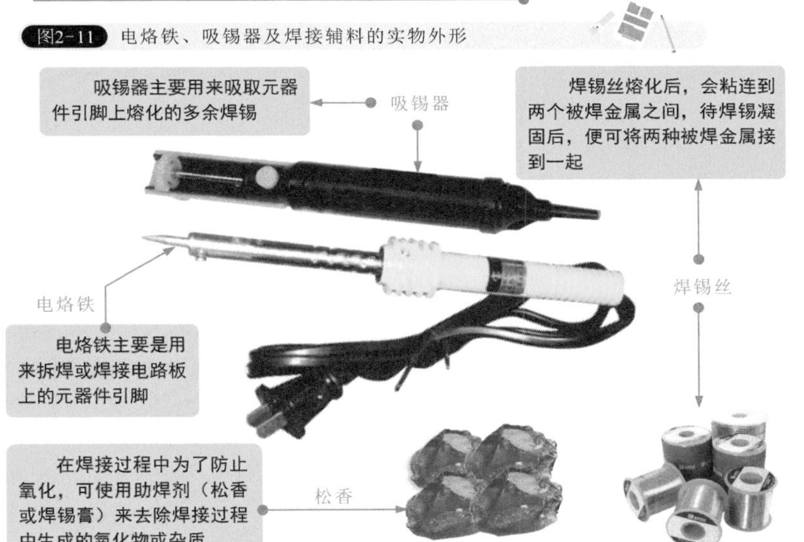

如图2-11所示为电烙铁、吸锡器及焊接辅料的实物外形。电烙铁、吸锡器和焊接辅料是维修液晶电视机时必备的焊装工具。

如图2-12所示为电烙铁、吸锡器及焊接辅料的使用。使用电烙铁拆焊或代换液晶电视机中的分立式元器件时，需先将元器件的焊点进行熔化，然后再与吸锡器配合使用。

图2-12 电烙铁、吸锡器及焊接辅料的使用

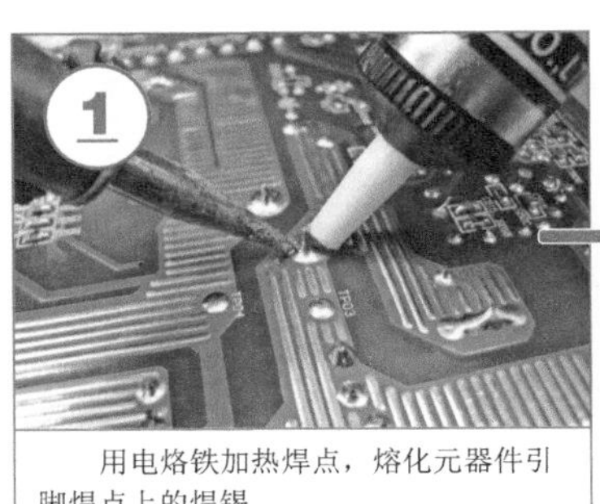

用电烙铁加热焊点，熔化元器件引脚焊点上的焊锡。

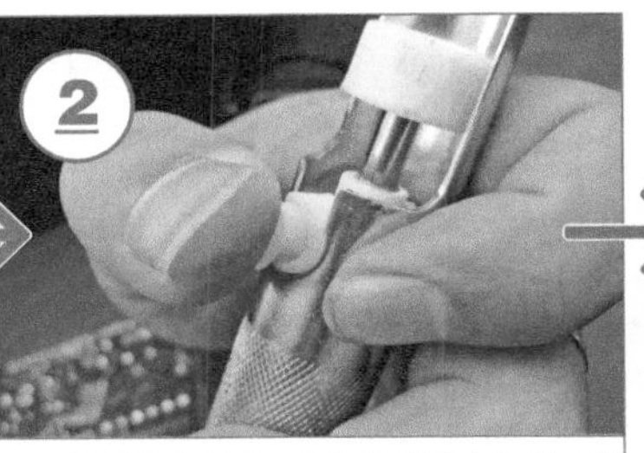

压下活塞杆后，将吸锡器吸嘴放到已熔化的焊锡上，按下按钮即可将焊锡吸除。

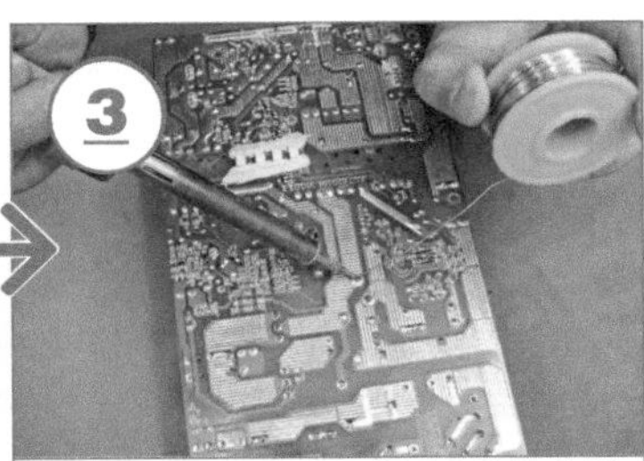

焊接元器件时，使用电烙铁将焊锡丝熔化在引脚上，然后移开焊锡丝和电烙铁，即可完成焊接。

图2-13 电烙铁架的实物外形

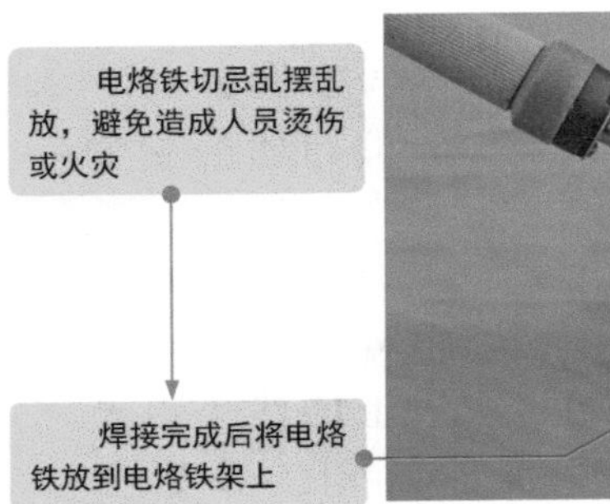

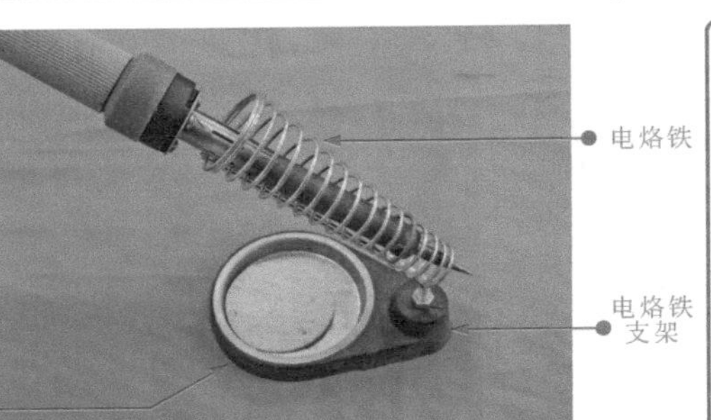

如图2-13为电烙铁架的实物外形。使用电烙铁对电路板元器件进行拆装后，烙铁头的温度很高，冷却时间较长，此时需将其放置到专用的支架上，自然降温。

除上述的电烙铁外，维修液晶电视机时还会用到热风焊机。

图2-14 热风焊机的实物外形

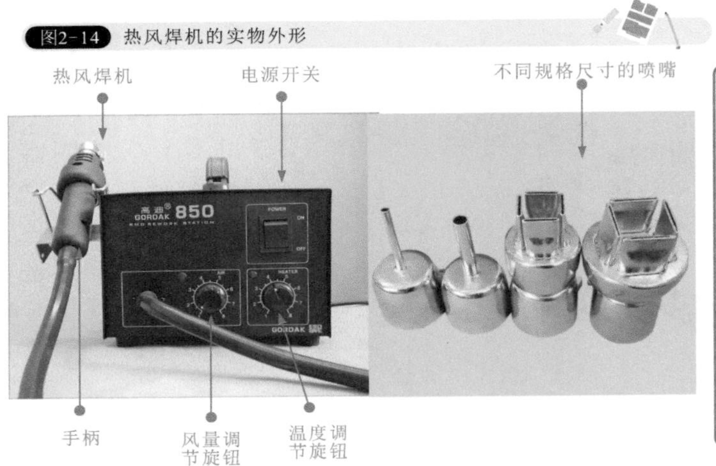

如图2-14所示为热风焊机的实物外形。热风焊机是专门用来拆焊、焊接贴片元件和贴片集成电路的焊接工具，它主要由主机和风枪等部分构成，热风焊机配有不同形状的喷嘴，在进行元件的拆卸时根据焊接部位的大小选择适合的喷嘴即可。

图2-15 拆卸贴片元件时温度及风量的设定

如图2-15所示为拆卸贴片元件时温度及风量的设定。使用热风焊机拆卸/焊接元件时，不同类型的元件，需设置不同的风量及温度挡位，如拆卸/焊接贴片电阻时，一般将温度调节钮调至5～6挡，风量调节钮调至1～2挡。

拆卸/焊接小型贴片元件时，将温度调节钮调至5～6挡，风量调节旋钮调至1～2挡

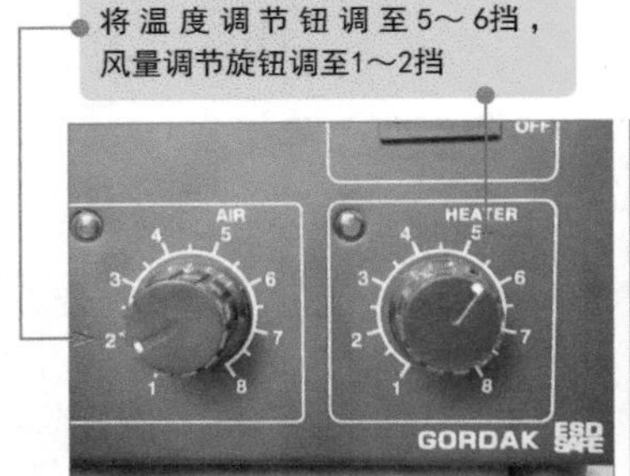

拆卸/焊接双列贴装集成电路时，将温度调节钮调至5～6挡，风量调节旋钮调至4～5挡

拆卸/焊接四面贴装集成电路时，将温度调节钮调至5～6挡，风量调节旋钮调至3～4挡

如果热风焊机暂时不使用时，可将风量调节旋钮调至1挡，温度调节旋钮调至4挡，使加热器处在保温状态

如图2-16为拆卸四面贴片式集成电路的操作方法。在使用热风焊机时，首先要进行喷嘴的选择安装及通电等使用前的准备，然后才能使用热风焊机进行拆卸。

图2-16 拆卸四面贴片式集成电路的操作方法

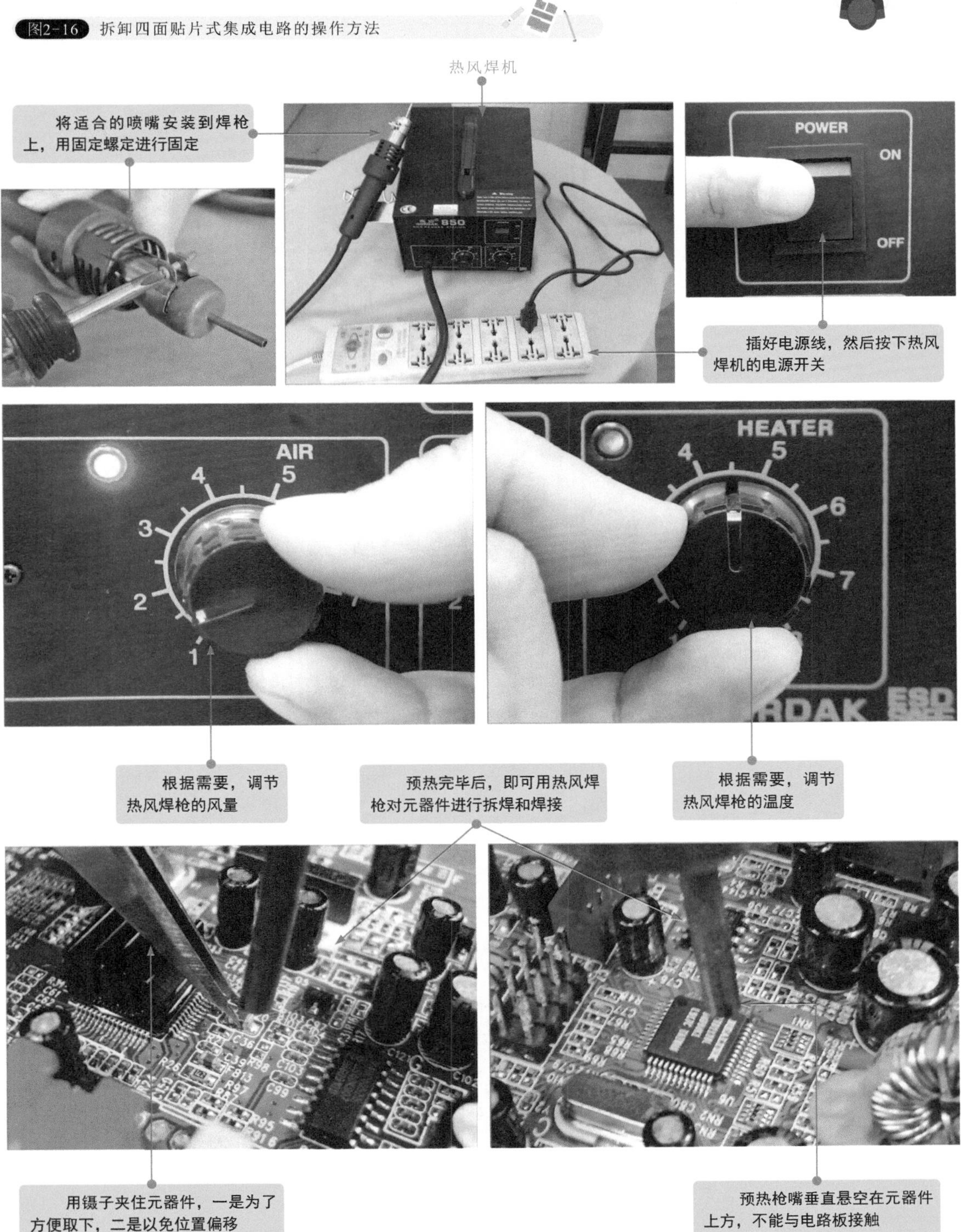

③ 清洁工具

如图2-17所示清洁刷和吹气皮囊的实物外形及使用。清洁刷和吹气皮囊主要用于清理液晶电视机电路板上的灰尘，便于对电路板进行检修。

图2-17 清洁刷和吹气皮囊的实物外形及使用

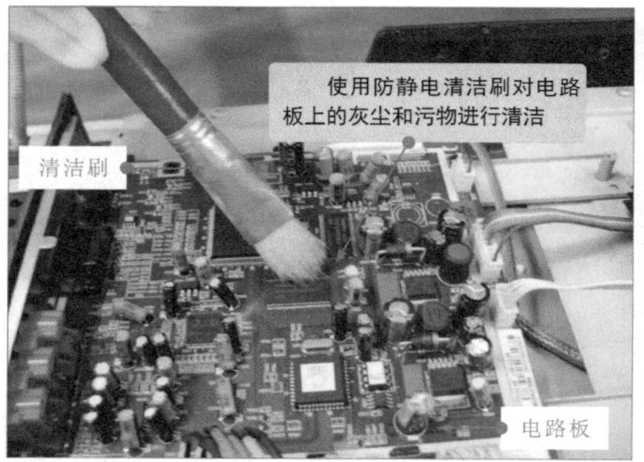

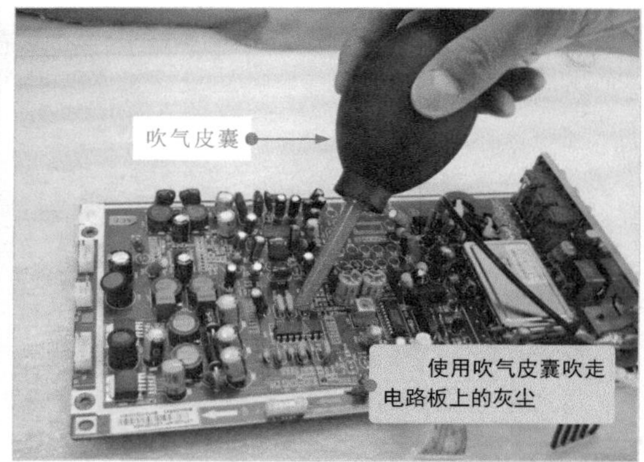

图2-18 清洁剂的使用

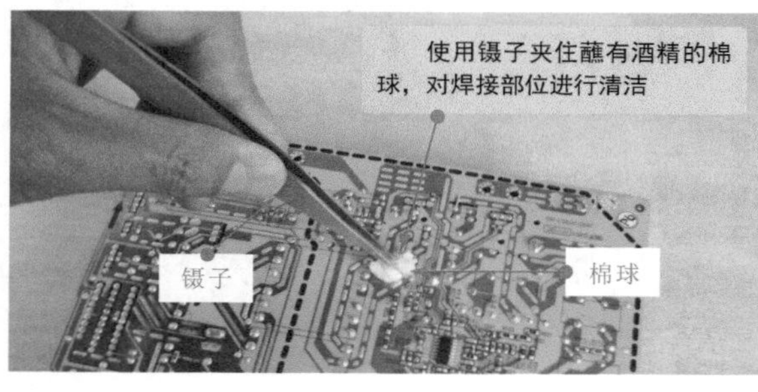

如图2-18所示为清洁剂的使用。对液晶电视机进行检修时，除了要对显示屏上的污物进行清洁操作之外，还需要使用清洁剂（无水酒精或专用清洁剂）对维修后的电路板焊接处上残留的助焊剂等污物进行清洁。

④ 辅助工具

图2-19 防静电工具（防静电手套和防静电腕带）的使用

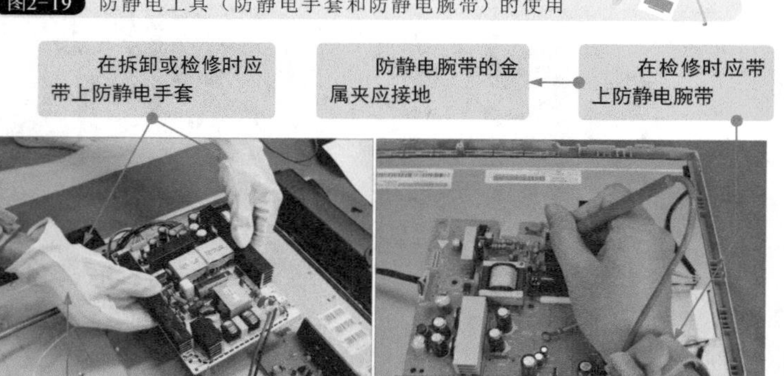

如图2-19所示为防静电工具的使用。由于液晶电视机中的元件多为贴片式元件，其防静电能力较弱，因此维修人员需采取一定的防静电措施，以避免人体所带静电对电路板上的元件造成伤害。常用的防静电设备主要有防静电手套、防静电腕带等。

如图2-20所示为镊子和放大器的实物外形及使用。在进行液晶电视机检修时，还会用到镊子、放大镜等辅助工具。通常，在拆卸和焊装元器件时，常使用镊子来夹取元器件，或者夹住蘸有酒精的棉球对焊接部位进行清洁。利用放大镜可对焊点、针脚、标识等看不清楚的地方进行放大，便于维修人员观察。

图2-20 镊子和放大器的实物外形及使用

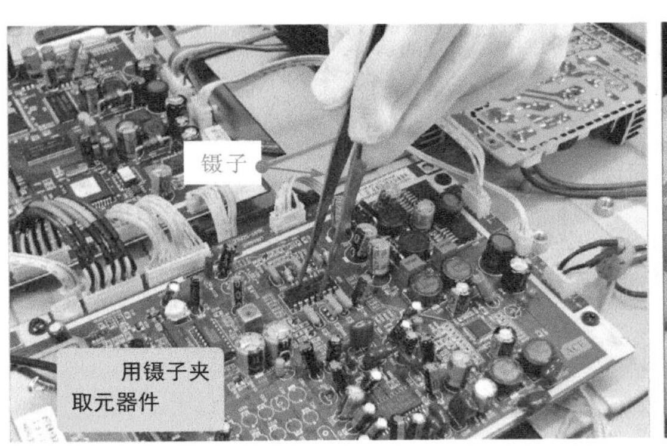

2.2.2 液晶电视机的常用检测仪表

1 万用表

图2-21 万用表的实物外形

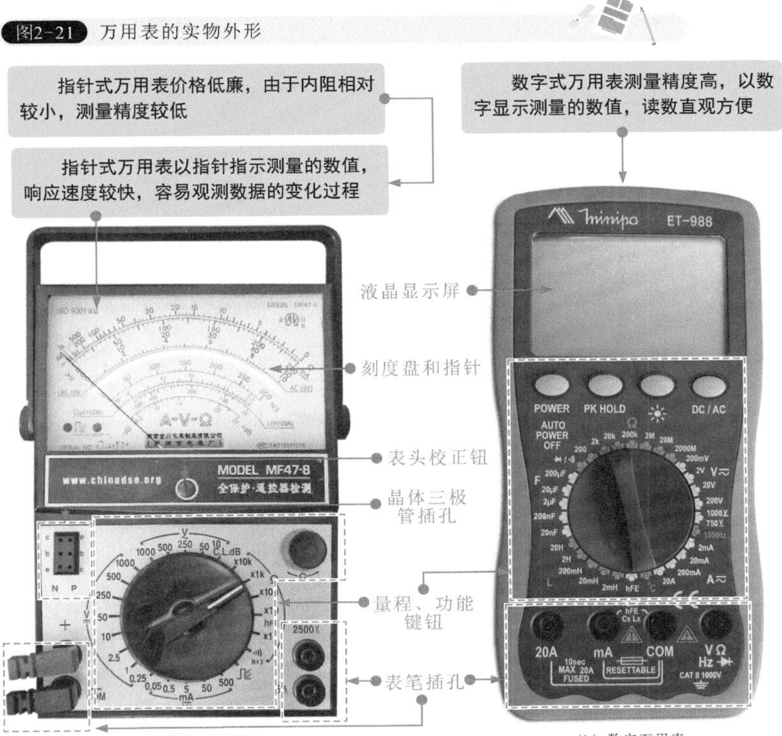

（a）指针万用表　（b）数字万用表

如图2-21所示为万用表的实物外形。万用表是维修液晶电视机的必备仪表，主要用来检测电路的电压值，元器件以及零部件的电阻值，用来确定元器件的好坏，常用的万用表主要有指针式万用表和数字式万用表。

图2-22 万用表的使用

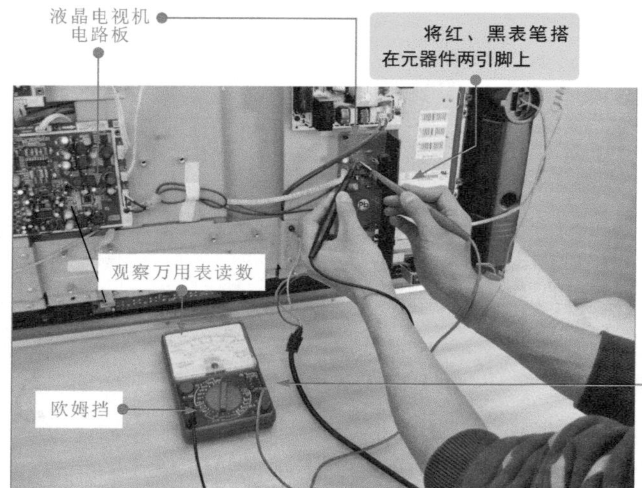

如图2-22所示为万用表的使用。万用表是维修液晶电视机的必备仪表工具，它可测量电视机中电子元器件的电阻值以及关键检测点的电流或电压值。

2 示波器

图2-23 示波器的实物外形

如图2-23所示为示波器的实物外形。在检修中，使用示波器可以方便、快捷、准确地检测出各关键测试点的相关信号并以波形的形式显示在示波器的荧光屏上。通过观测各种信号的波形即可判断出故障点或故障范围，这也是检修液晶电视机时最常用最便捷的检修方法之一。常用的示波器主要有模拟示波器和数字示波器两种。

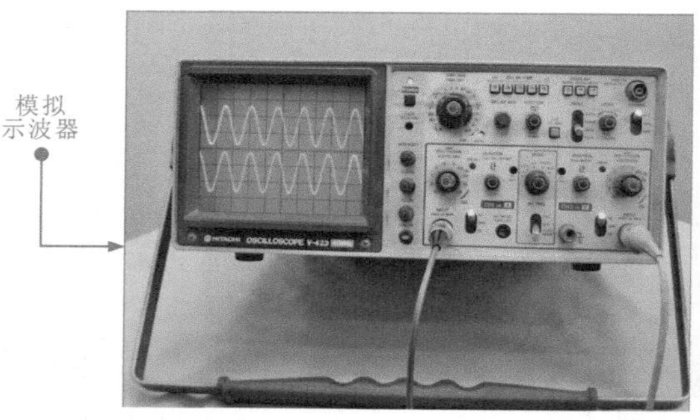

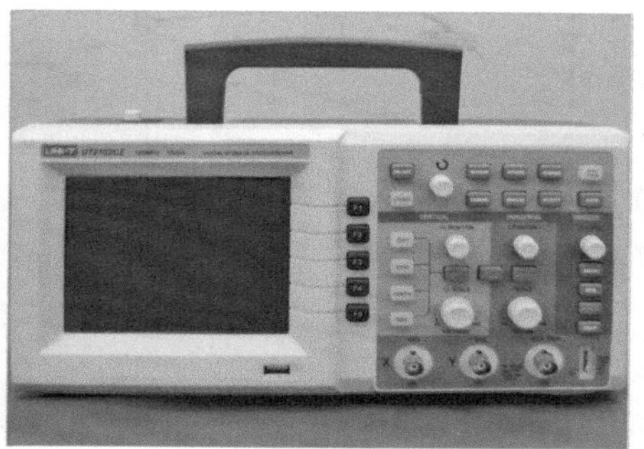

图2-24 示波器的使用

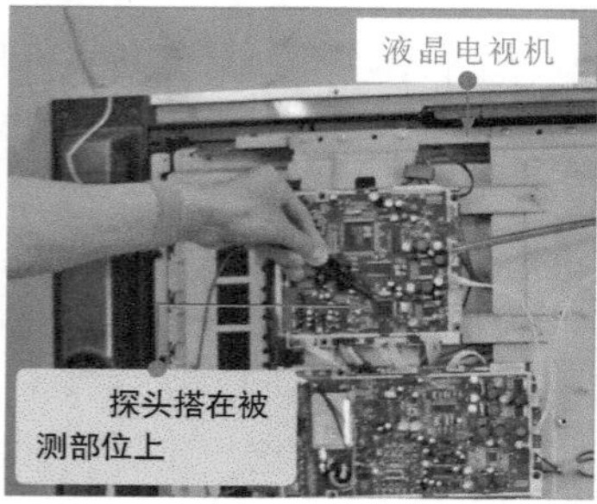

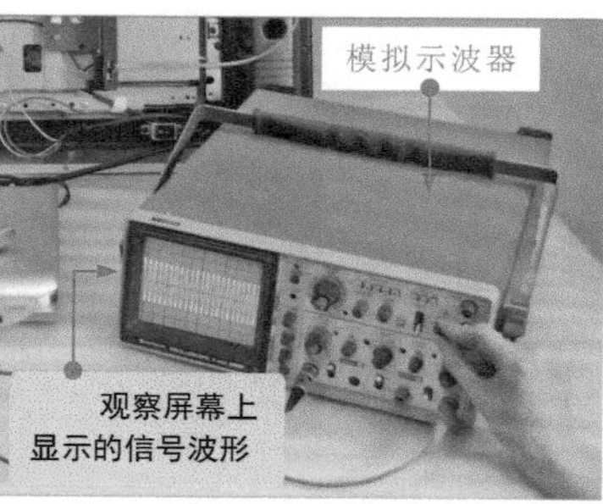

如图2-24所示为示波器的使用。示波器可以将电路中的电压波形、电流波形在示波器上直接显示出来，使检修者提高维修效率，尽快找到故障点。

图2-25 简单改制示波器探头

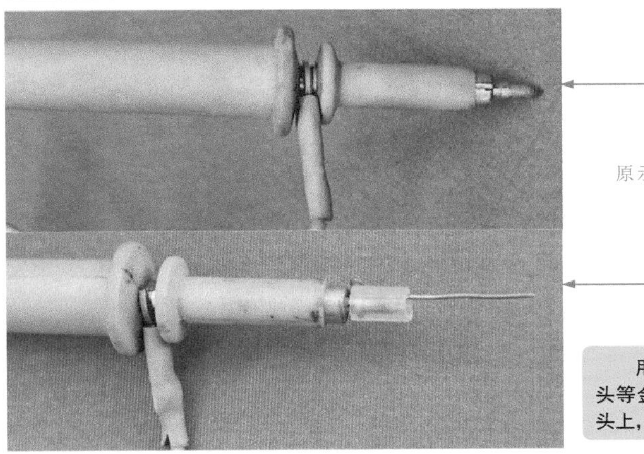

如图2-25所示为简单改制示波器探头。在液晶电视机电路板中，有些集成电路的引脚较多且较细，测量表笔的探头通常偏粗，很难精准定位在某一指定引脚，此时可将示波器探头进行简单的改制。

3 信号源

如图2-26所示为信号源及连接方法。在检测过程中，为了使液晶电视机进入工作状态，便于示波器等仪表对信号处理部分进行检测，通常使用视盘机（播放测试信号光盘）作为信号源，为液晶电视机输入标准音频和视频信号。

图2-26 信号源及其连接方法

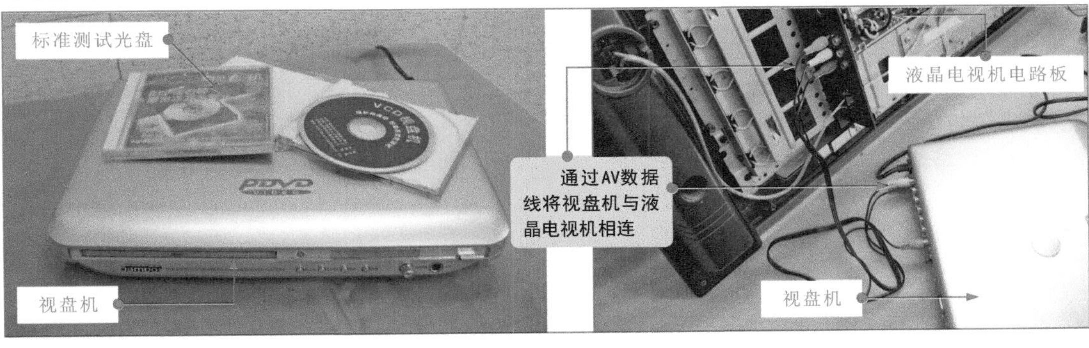

图2-27 隔离变压器的实物外形和连接方法

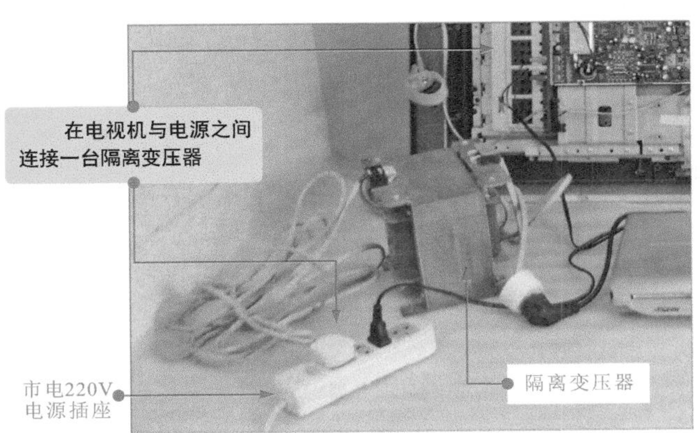

如图2-27所示为隔离变压器的实物外形和连接方法。检测液晶电视机时为防止触电，最好在电源与电视机之间连接一台隔离变压器。隔离变压器能够将电视的220V供电与市电安全隔离，在选用隔离变压器时，隔离变压器的功率一定要大于所维修的液晶电视机的功率。

2.3 液晶电视机的拆卸

一般来说，对于平板电视机的拆卸可以拆分成3步：第1步先拆除底座；第2步拆除后盖；第3步是将电路板拆除。

2.3.1 底座的拆卸

在拆卸平板电视机底座前，用软布垫好操作台，然后要对平板电视机的底座进行仔细的观察，确定平板电视机底座之间的固定螺钉的位置和数量。

图2-28 厦华型LC-32U25平板（液晶）电视机底座的固定方式

如图2-28所示为厦华型LC-32U25液晶电视机底座的固定方式。一般情况下，液晶电视机的底座都是通过固定螺钉固定的。

图2-29 底座固定螺钉的拆卸

如图2-29所示为底座固定螺钉的拆卸。用螺钉旋具将液晶电视机底座的固定螺钉拧下。注意，拆卸下的螺钉应妥善保管，以防丢失。

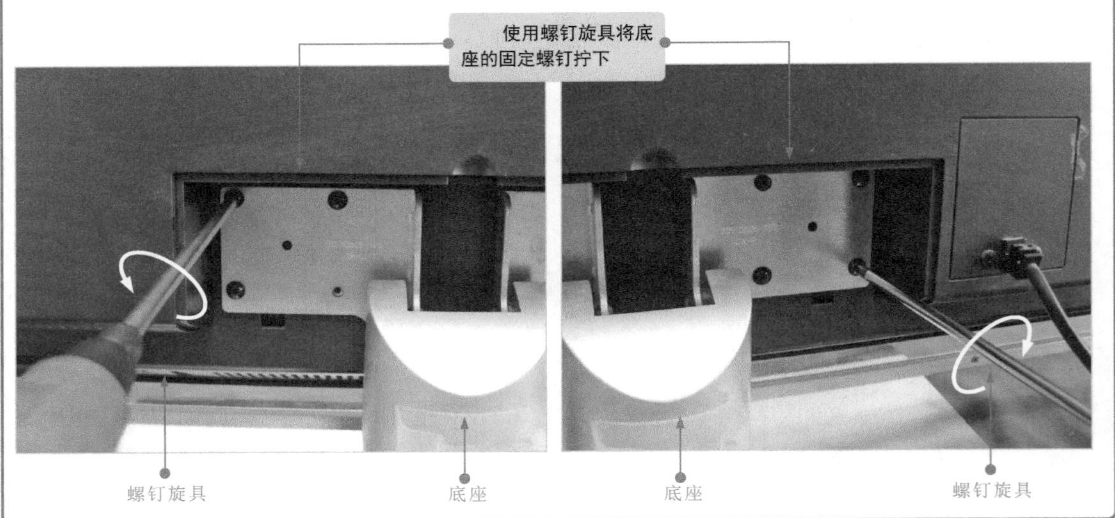

图2-30 取下底座的方法

如图2-30所示为取下底座的方法。拧下底座的固定螺钉后，便可将底座分离下来了。

并不是所有液晶电视机拆卸时都需要拆下底座，有些小尺寸液晶电视机的底座和后壳是连在一起的整体，拆卸时都不需要将底座拆掉

2.3.2 后盖的拆卸

在拆卸液晶电视机的后盖前，首先要仔细观察固定方式，确定液晶电视机后盖和后机体之间的固定螺钉和卡扣的位置和数量。因为，一般情况下，液晶电视机后盖都是通过固定螺钉和卡扣固定的。

图2-31 液晶电视机后盖的固定方式

扬声器
连接引线
后盖
固定螺钉
扬声器
连接引线

如图2-31所示为液晶电视机后盖的固定方式，它是由十多颗固定螺钉固定在后盖上。

❶ 拔下扬声器连接引线

图2-32 拔下扬声器连接引线的方法

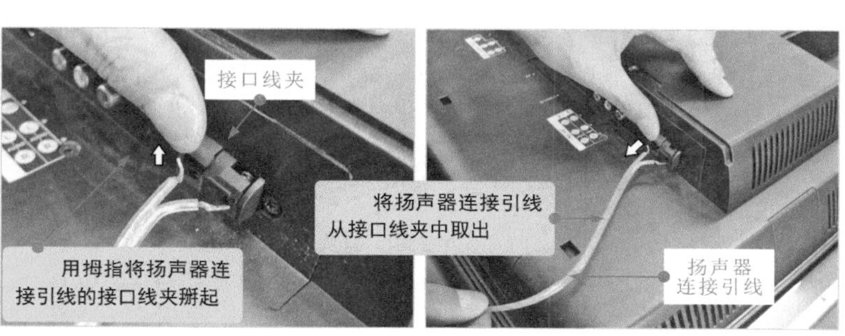

如图2-32所示为拔下扬声器连接引线的方法。在拆卸外壳时，首先将左、右扬声器的连接引线从接口线夹中拔出。拔下时用力不要过猛，以免导致扬声器连接引线被扯坏。

图2-33 取下电源线的后盖的方法

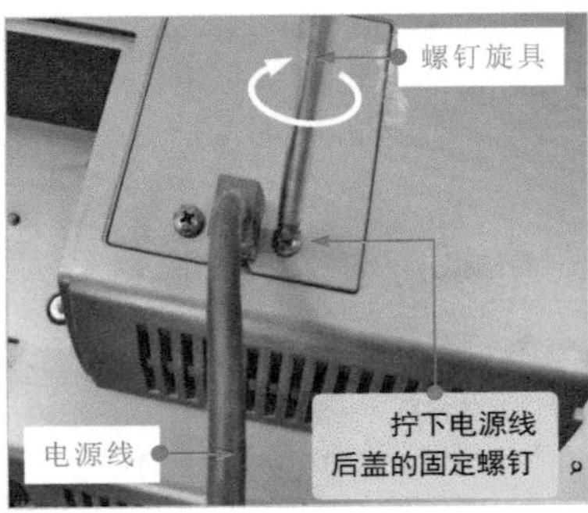

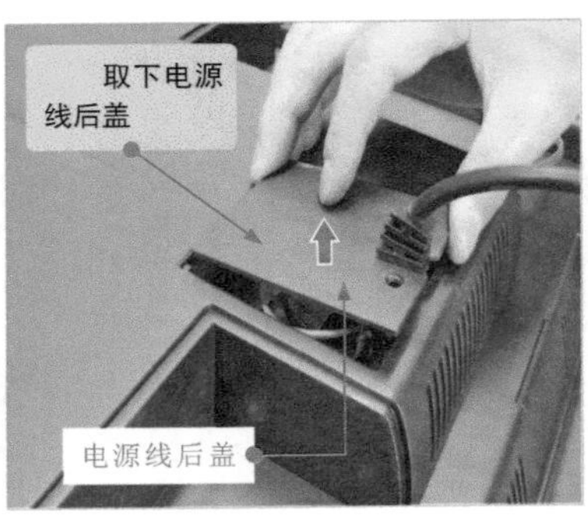

如图2-33所示为取下电源线的后盖的方法。电源线后盖是采用两颗固定螺钉固定在机体上，拧下固定螺钉后便可将电源线后盖取下。

❷ 拆卸平板电视机后盖

如图2-34所示为拆卸后盖固定螺钉的方法。用螺钉旋具拧下固定电视机后盖四周的螺钉。在拆卸时应对角拆卸，注意螺钉应妥善放置，防止丢失。

图2-34 拆卸后盖固定螺钉的方法

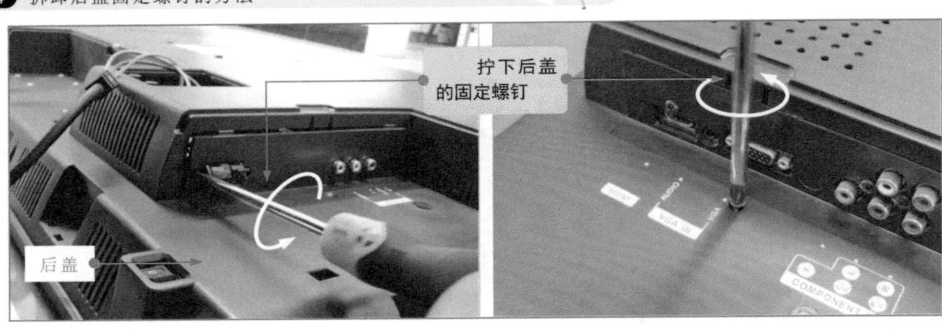

图2-35 取下后盖的方法

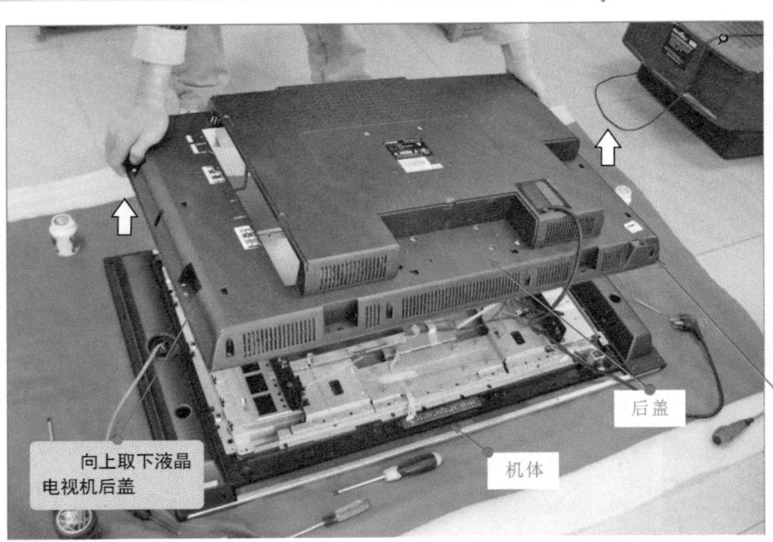

如图2-35所示为取下后盖的方法。后盖的固定螺钉拆卸完后，便可将液晶电视机的后盖轻松取下。

如图2-36所示为取下后壳时应注意内部的连接引线的方法。

图2-36 取下后壳时应注意内部的连接引线

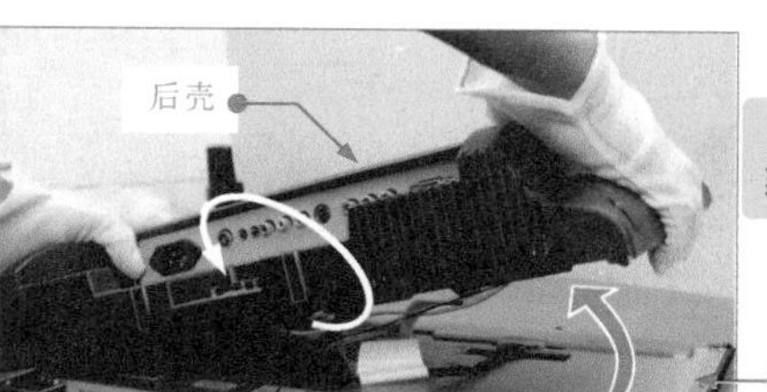

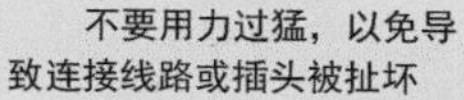

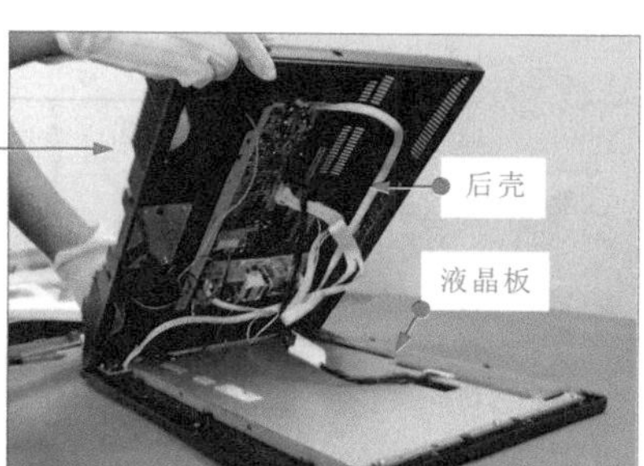

❸ 拆卸扬声器后盖

图2-37 液晶电视机扬声器后盖的固定方式

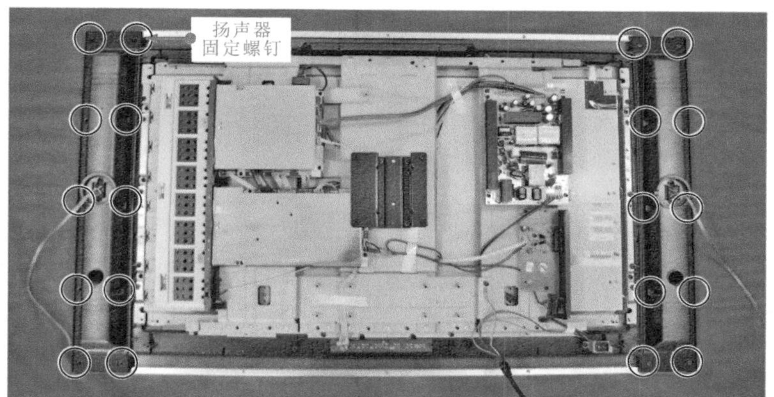

如图2-37所示为液晶电视机扬声器后盖的固定方式，它是由二十颗固定螺钉固定在扬声器后盖上。

如图2-38所示为拧下扬声器后盖的固定螺钉。用螺钉旋具拧下固定扬声器后盖四周的螺钉，在拆卸时，应对角拆卸，拆下的固定螺钉应妥善放置，防止丢失。

图2-38 拧下扬声器后盖的固定螺钉

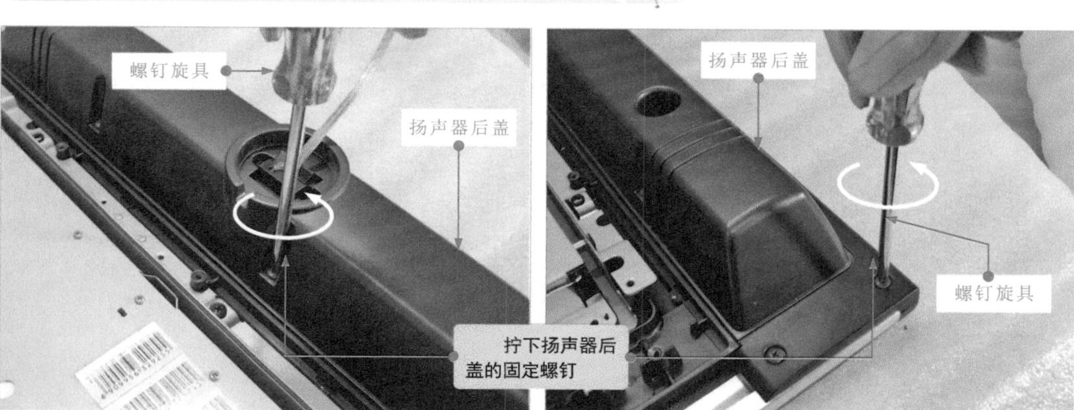

图2-39 取下左、右两边的扬声器后盖的方法

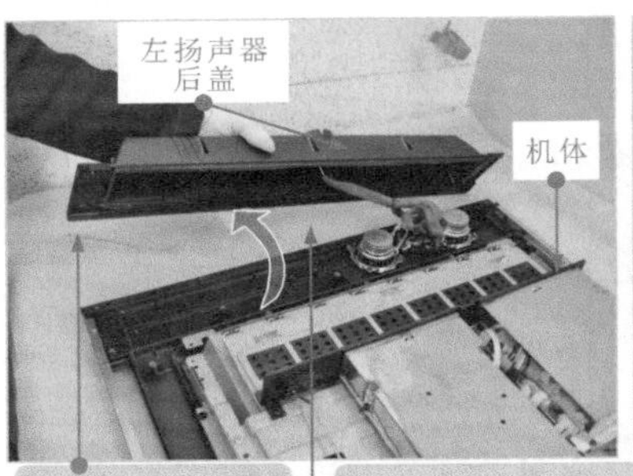

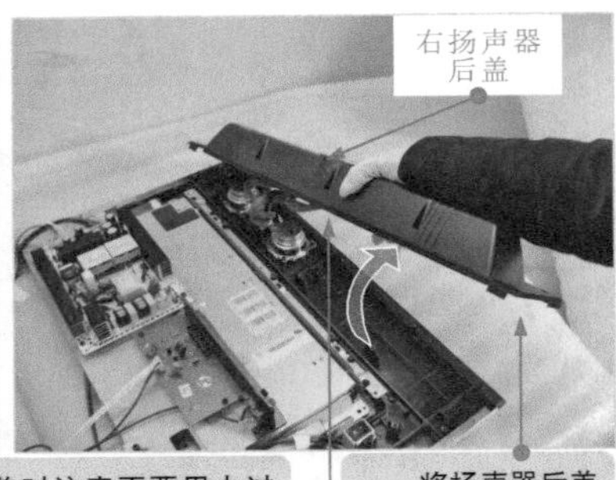

如图2-39所示为取下左、右两边的扬声器后盖的方法。拆卸完扬声器后盖的固定螺钉后，便可将左、右两边的扬声器后盖轻松取下。

2.3.3 电路板的拆卸

液晶电视机电路板安装于电路支撑板上方。它与液晶屏周边功能部件都有连接关系，在拆卸电路板时要仔细查看电路板之间和其他部件之间的连接关系，切不可鲁莽操作。

图2-40 取下电路板支撑架的方法

如图2-40所示为取下电路板支撑架的方法。在拆卸电路之前，需要将电路支撑板上的支撑架取下，使用螺钉旋具将支持架四周的固定螺钉拧下。

图2-41 液晶电视机电路板之间的连接关系

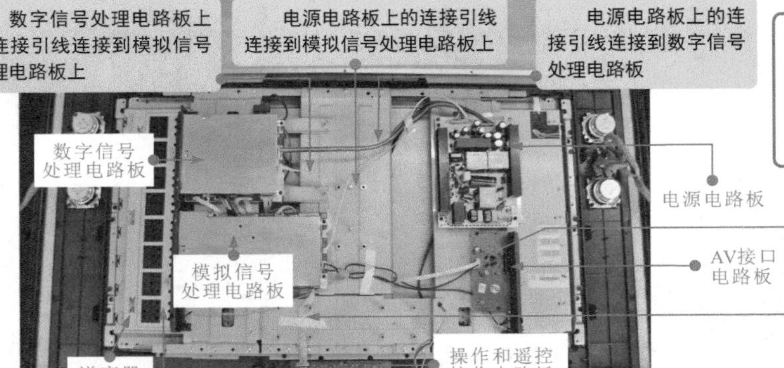

如图2-41所示为液晶电视机电路板之间的连接关系。

❶ 拆卸开关电源电路板

如图2-42所示为拔下电源电路板上的连接引线。通常，开关电源电路板是由几颗固定螺钉固定在液晶电视机电路支撑板上的，在拆卸之前需要将开关电源电路板上的连接插件拔下。

图2-42 拔下电源电路板上的连接引线

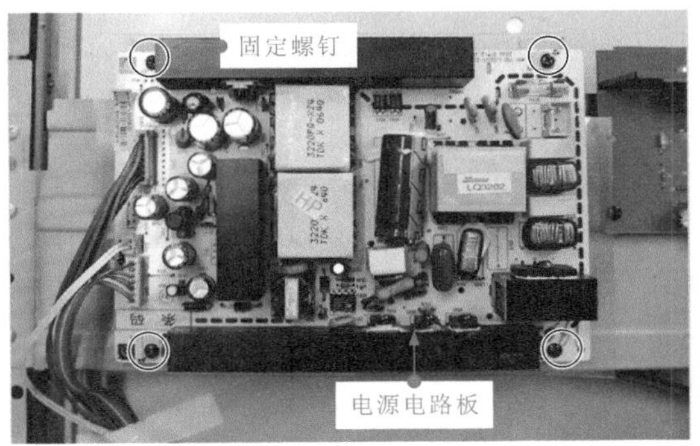

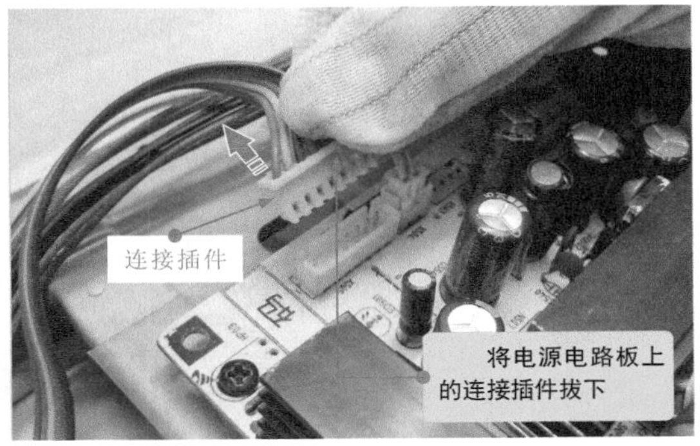

图2-43 取下电源电路板

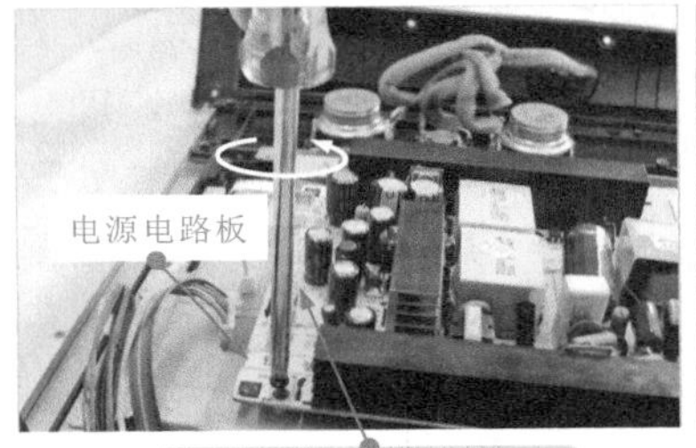

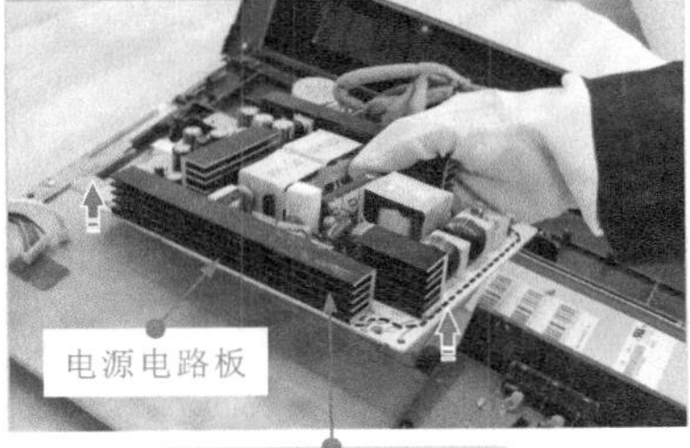

如图2-43所示为取下电源电路板的方法。使用螺钉旋具拧下开关电源电路板四周的固定螺钉后即可将开关电源电路从电路支撑板上取下。

❷ 拆卸数字信号处理电路板

图2-44 拔下数字信号处理电路板中的连接引线并取下金属屏蔽罩

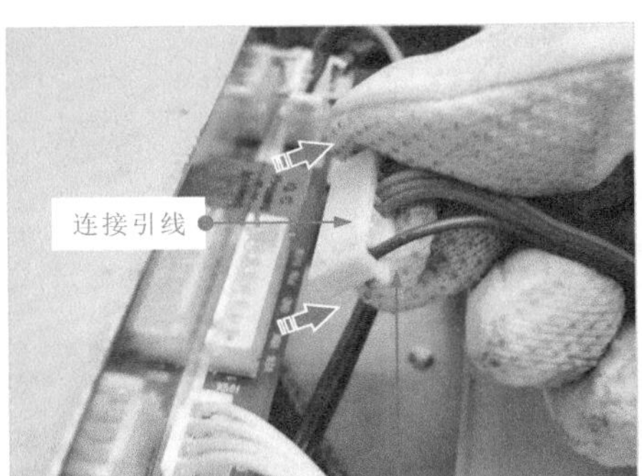

如图2-44所示为拔下数字信号处理电路板中的连接引线并取下金属屏蔽罩。

如图2-45所示为拧下数字信号处理电路板四周的固定螺钉并取下数字信号处理电路板。

图2-45 拧下数字信号处理电路板四周的固定螺钉并取下数字信号处理电路板

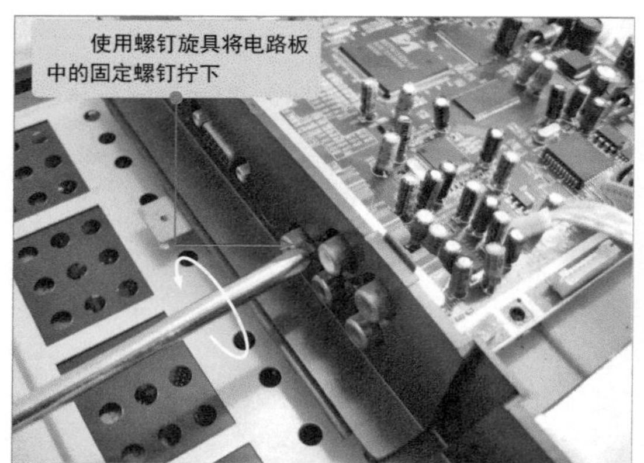

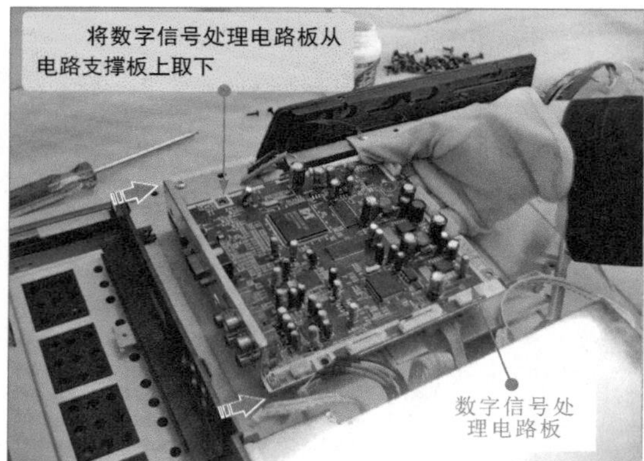

③ 拆卸模拟信号处理电路板

图2-46 拆卸模拟信号处理电路板

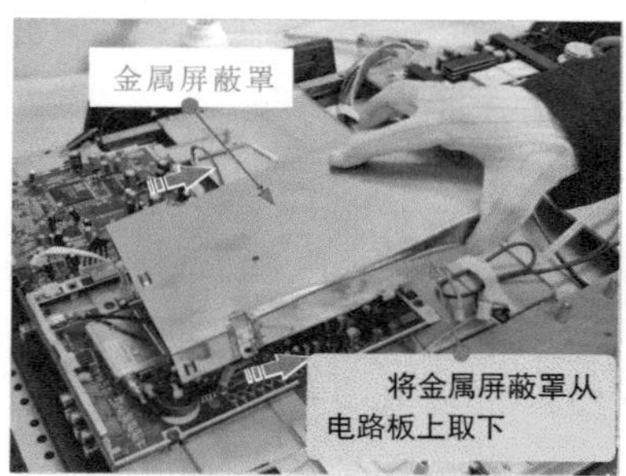

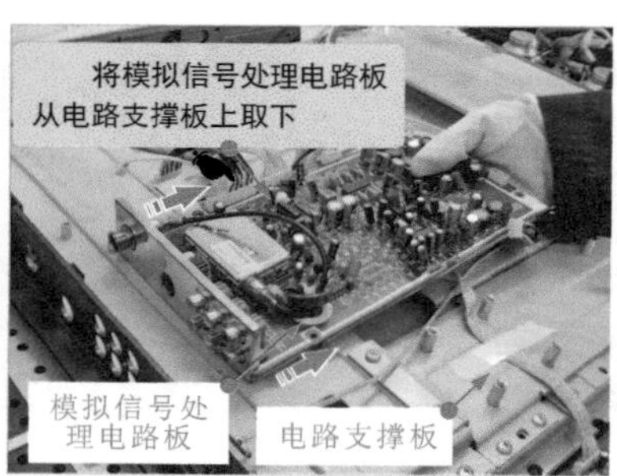

如图2-46所示为拆卸模拟信号处理电路板。模拟信号处理电路板也固定在液晶屏组件后部的金属屏蔽罩内，拆卸方法与数字信号处理电路板的拆卸基本相同。

④ 拆卸AV接口电路板

如图2-47所示为取下AV接口电路板。该电路板是由几颗固定螺钉固定在液晶电视机电路支撑板上的，在拆卸之前需要将AV接口电路板上的连接引线拔下，再使用螺钉旋具拧下AV接口电路板四周的固定螺钉，即可将AV接口电路板取下。

图2-47 取下AV接口电路板

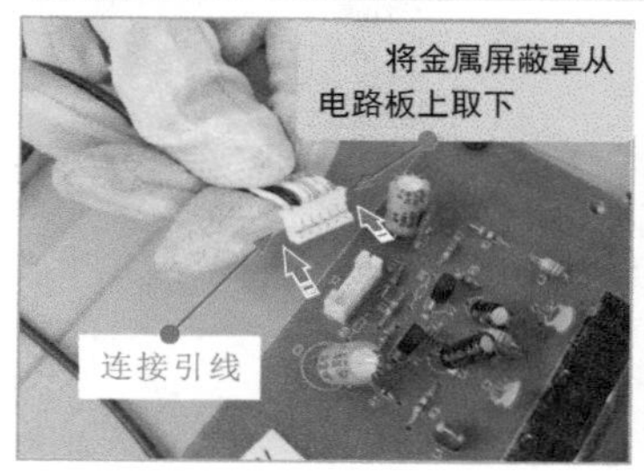

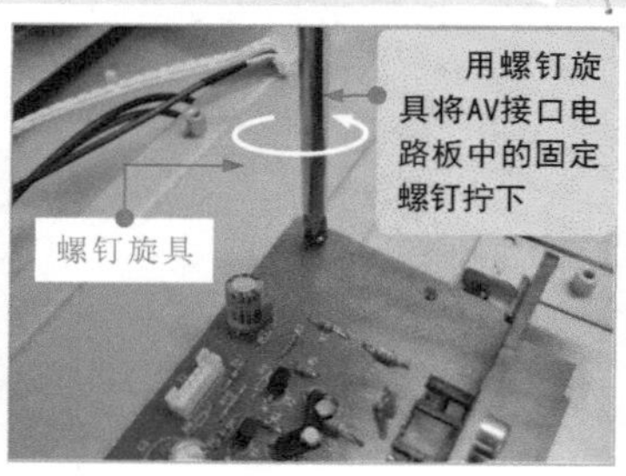

⑤ 拆卸操作和遥控接收电路板

如图2-48所示为取下操作和遥控接收电路板。操作和遥控接收电路板是由几颗固定螺钉固定在液晶电视机电路支撑板上的，在拆卸之前需要将操作和遥控接收电路板上的连接引线拔下，再使用螺钉旋具拧下操作和遥控接收电路板四周的固定螺钉，即可将操作和遥控接收电路板取下。

图2-48 取下操作和遥控接收电路板

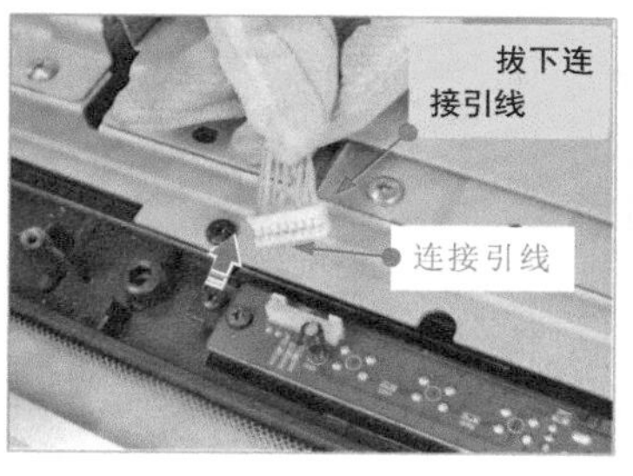

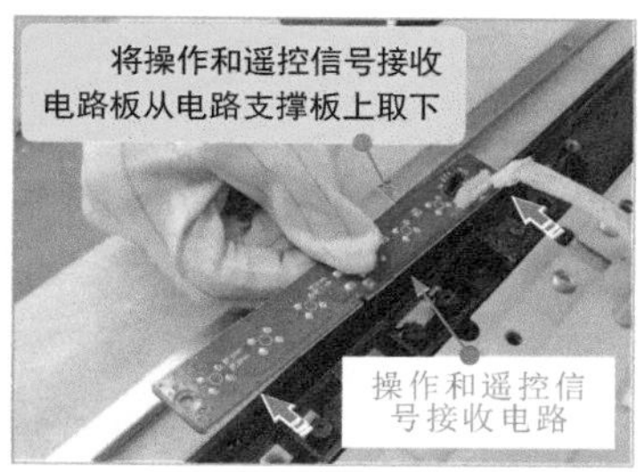

⑥ 拆卸逆变器电路板

图2-49 取下电路支撑板

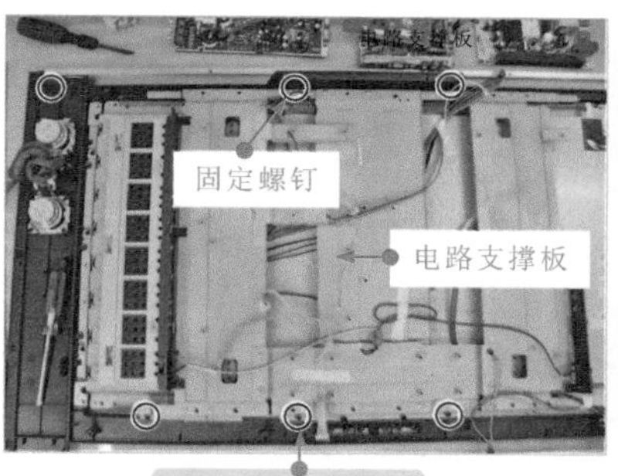

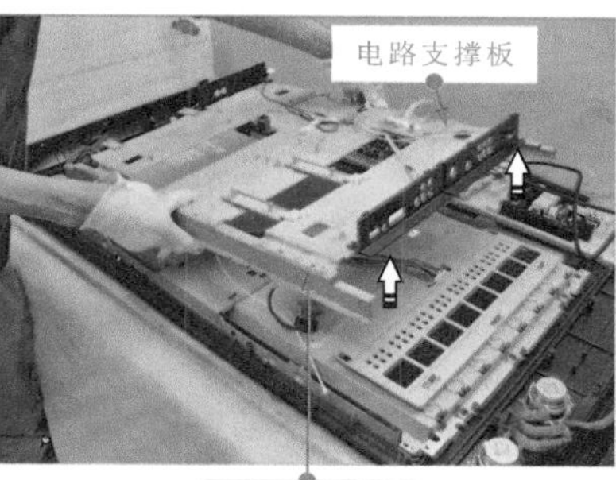

如图2-49所示为取下电路支撑板。在拆卸逆变器电路板之前需要将电路支撑板取下，将电路支撑板四周的固定螺钉拧下后即可将电路支撑板取下。

图2-50 拧下金属屏蔽罩的固定螺钉

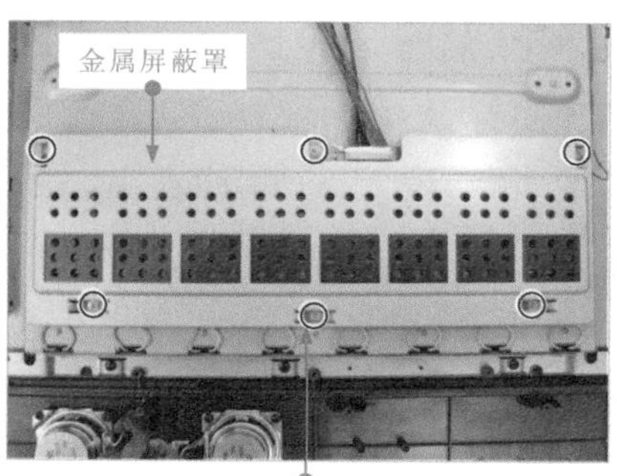

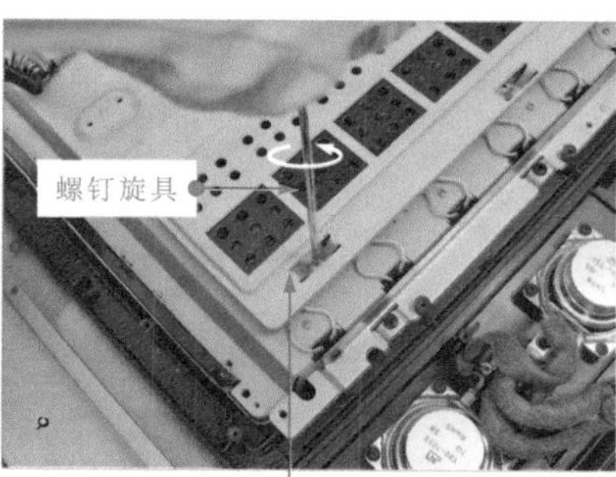

如图2-50所示为拧下金属屏蔽罩的固定螺钉。逆变器电路板一般固定在液晶屏组件的金属屏蔽罩内，在检修逆变器电路板时，应先拆下金属屏蔽盒。

如图2-51所示为取下金属屏蔽罩。金属屏蔽罩的固定螺钉拧下后，即可将金属屏蔽罩取下，取下后即可看到逆变器电路板。

图2-51 取下金属屏蔽罩

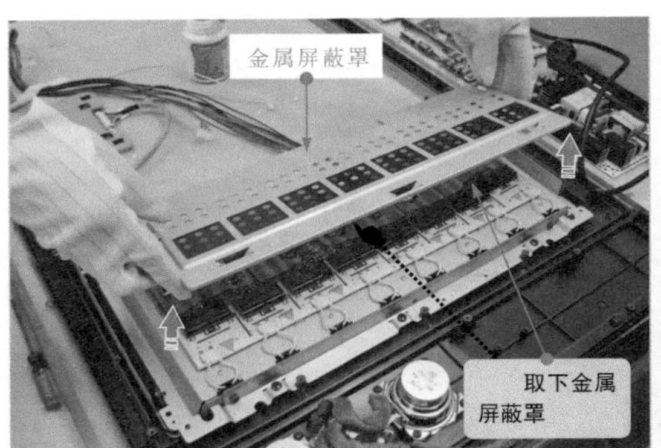

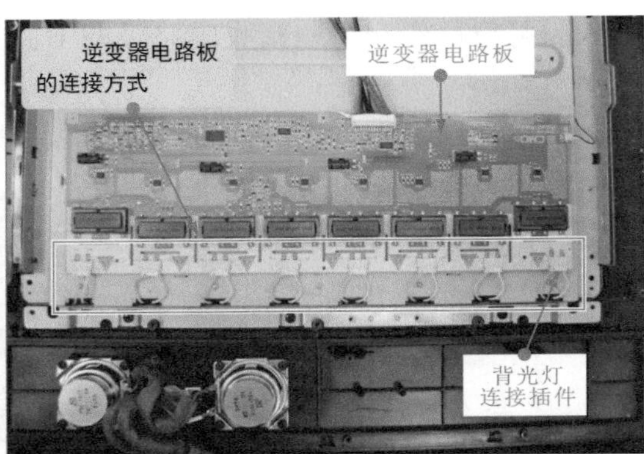

如图2-52所示为取下电路支撑板。将逆变器电路板中的背光灯连接插件一一拔下，即可将逆变器电路板取下。

图2-52 取下电路支撑板

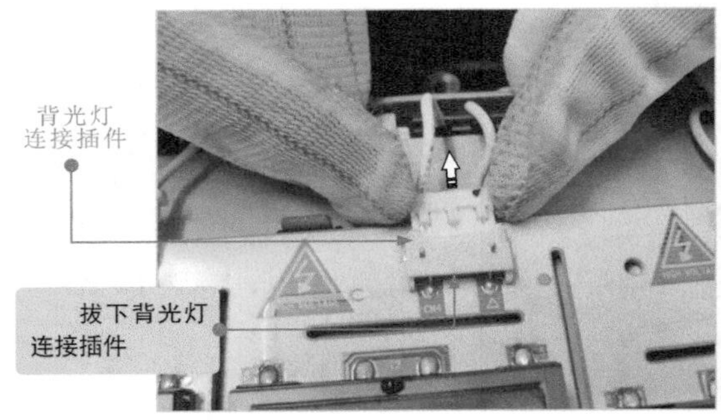

图2-53 液晶电视机的拆卸完成图

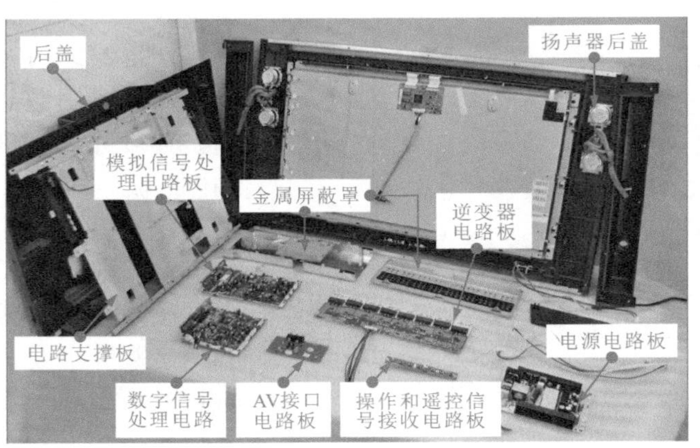

如图2-53所示为液晶电视机的拆卸完成图。至此，液晶电视机的拆卸基本完成，拆下来的液晶电视机电路板要妥善保管，最好选择干净、平整、防静电的平台存放，尤其注意不要在电路板上放置杂物，并确保放置平台的干燥整洁。

2.4 液晶电视机基本的检测手段

图2-54 搭建典型液晶电视机测试环境的指导示意图

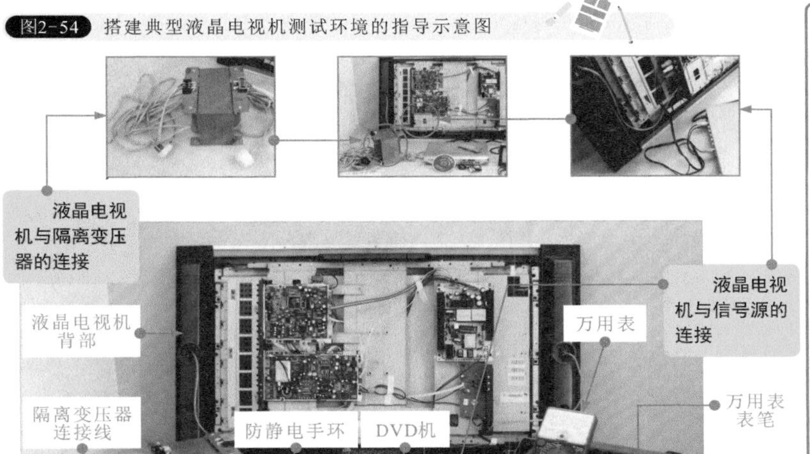

如图2-54所示为搭建典型液晶电视机测试环境的指导示意图。液晶电视机的检修主要是围绕液晶电视机的电路展开。因此，液晶电视机测试环境的搭建既要考虑电路检测的复杂性、多样性，同时也要特别注意检测的安全性。

2.4.1 液晶电视机检修环境的搭建

❶ 液晶电视机与隔离变压器的连接

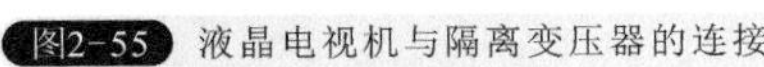

图2-55 液晶电视机与隔离变压器的连接

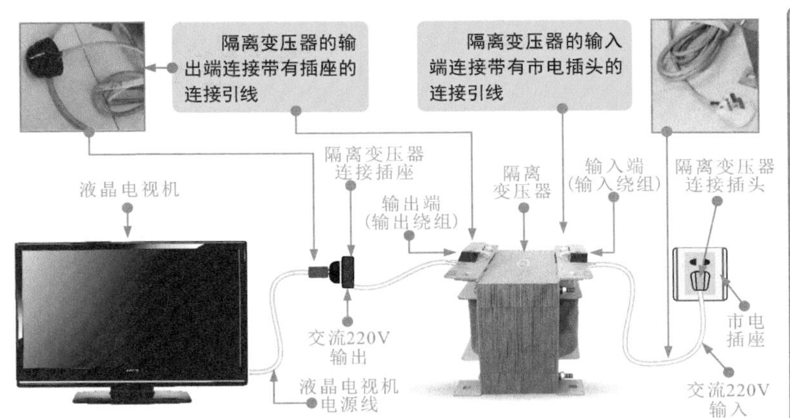

如图2-55所示为液晶电视机与隔离变压器的连接示意图。通常，先需要做好连接前的准备工作（即完成隔离变压器绕组引线的制作连接），然后再完成隔离变压器与液晶电视机的连接操作。

图2-56 隔离变压器的引线连接

如图2-56所示为隔离变压器的引线连接。

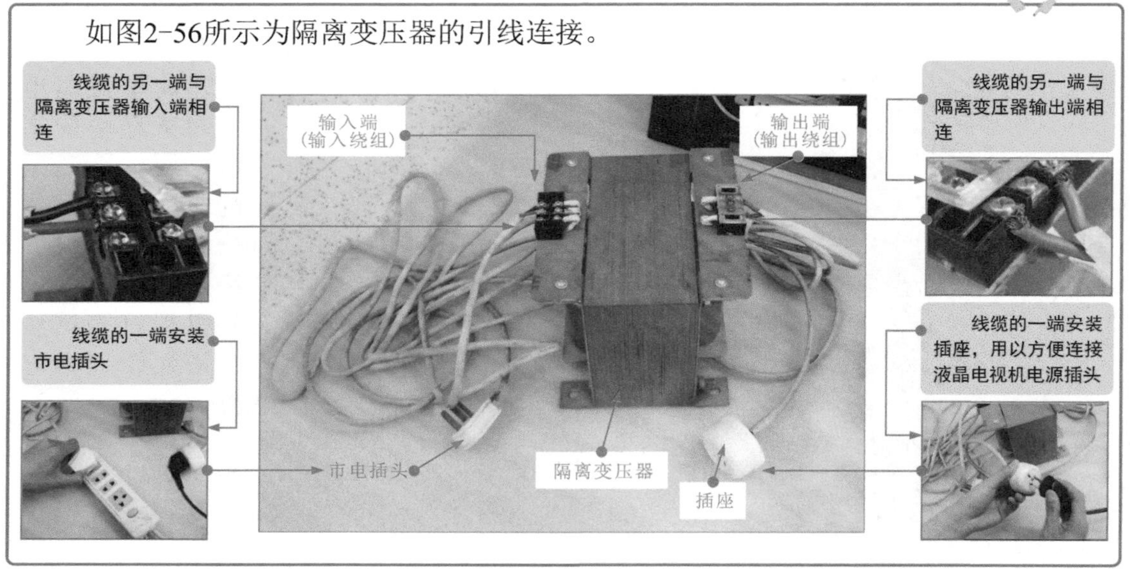

2 液晶电视机与信号源的连接

图2-57 液晶电视机与信号源的连接示意图

图2-57为液晶电视机与信号源的连接示意图。标准信号测试光盘中录制有多种音、视频标准测试信号，这些标准测试信号可在检修液晶电视机时作为信号源使用。然后使用万用表或示波器即可根据信号流程进行逐级检测，查找液晶电视机的故障线索。

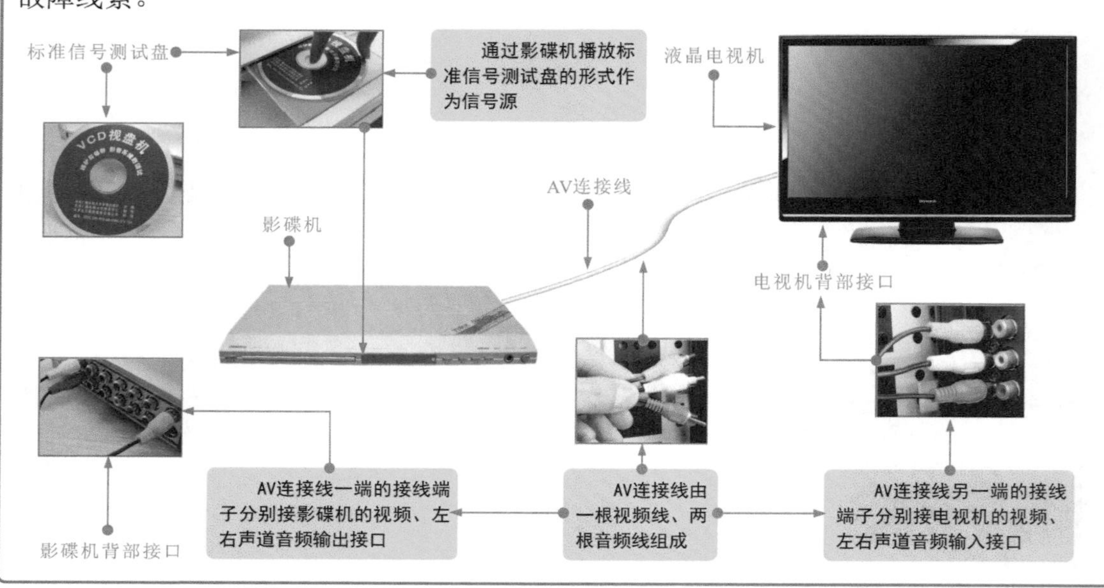

❸ 示波器测试前的调试准备

如图2-58为示波器电源线及探头的连接方法。示波器的调试准备主要包括电源线和探头的连接以及测试状态的调整两方面内容。

图2-58 示波器电源线及探头的连接方法

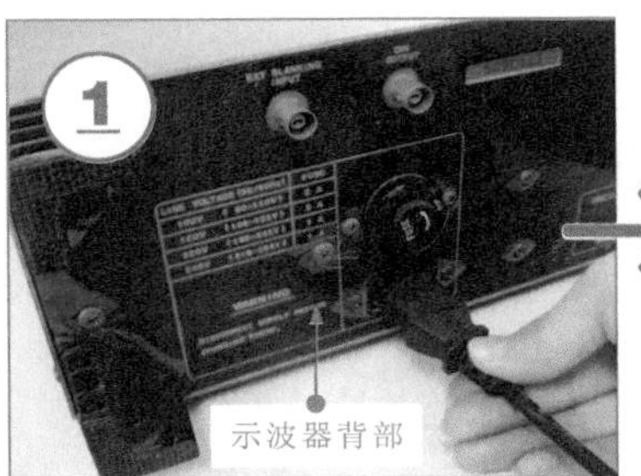

将示波器电源线插入示波器的电源接口中。

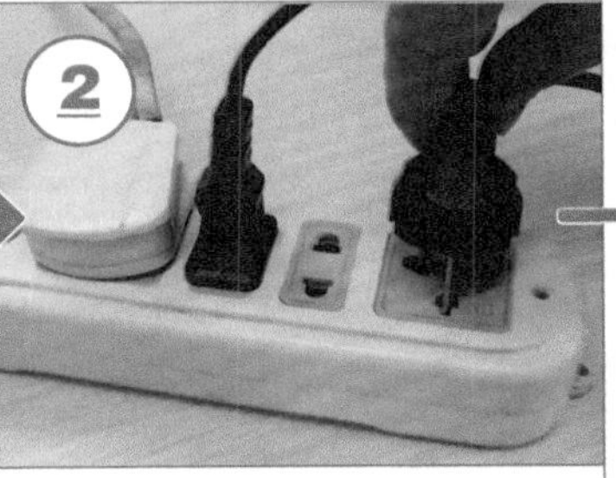

将示波器电源线的220V插头插入市电插座。

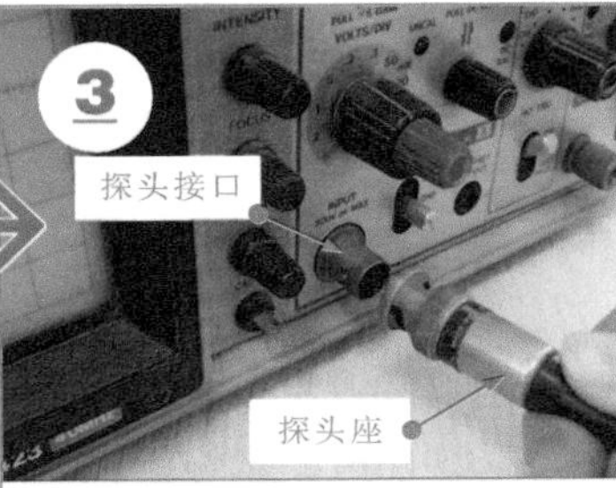

将示波器一只探头的探头座对应插入到一个探头接口。

正确插入后，顺时针旋转探头座，将探头座旋紧在探头接口上。

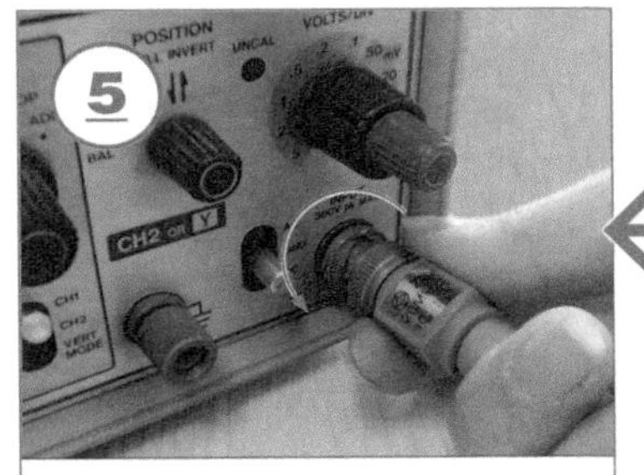

将示波器的另一只探头的探头座对应插入到另一个探头接口上并旋紧。

如图2-59为示波器的测试调整细节。示波器探头连接完成后，需要打开示波器的电源开关，然后进行必要的测试调整，测试各调控按钮是否灵敏，探头及显示效果是否正常等。

图2-59 示波器的测试调整细节

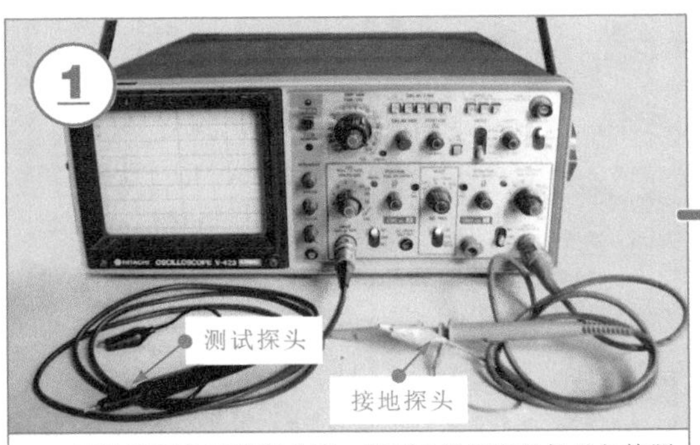

示波器探头连接完成后，便可对待测电视机进行检测了。

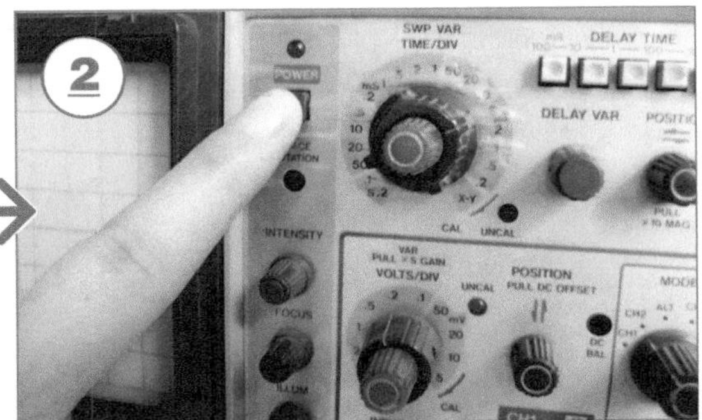

按下示波器的电源开关，开启示波器。

将示波器接地探头的接地夹夹在待测电路板的接地端，测试探头搭接在待测点上。

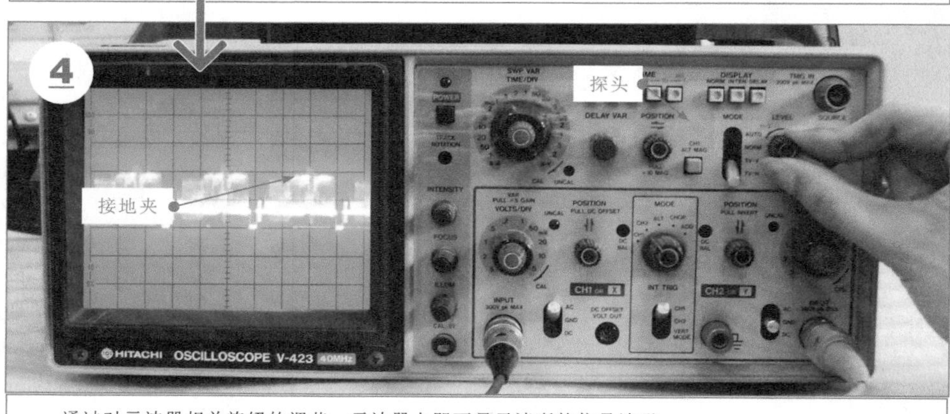

通过对示波器相关旋钮的调节，示波器上即可显示清晰的信号波形。

❹ 万用表测试前的调整准备

图2-60 万用表的测试调整细节

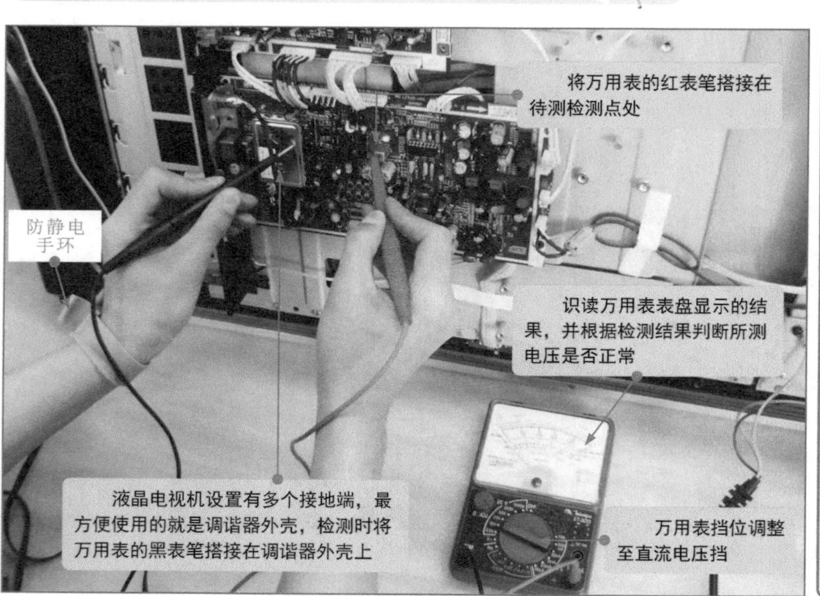

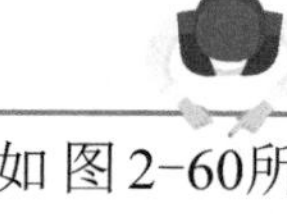

如图2-60所示万用表的测试调整细节。使用万用表对液晶电视机电路中的电压进行检测时，应首先仔细观察电路板，找到待测电路板的接地端，找到接地端后再对待测点的电压进行检测。通过电压测量方法完成万用表调试准备的操作。

图2-61 电阻测量方法下的万用表调试操作

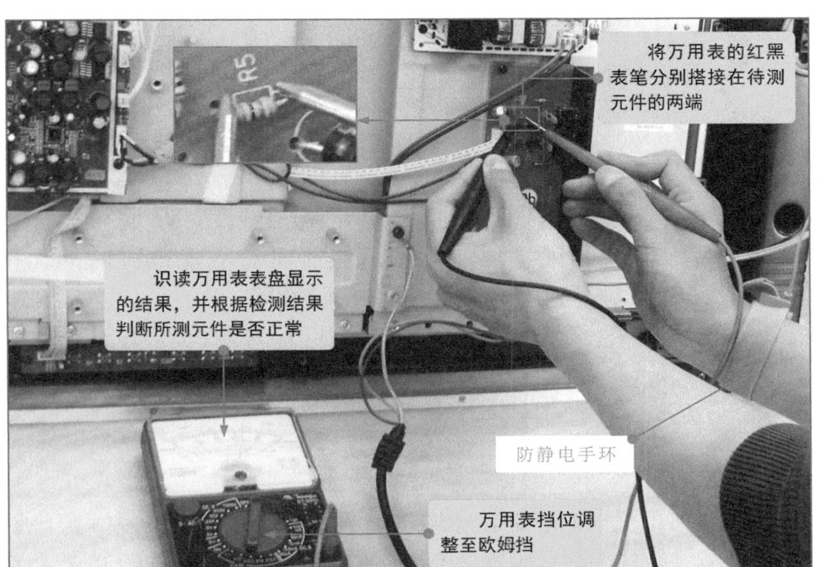

如图2-61为通过电阻测量方法完成万用表调试的操作。使用万用表对液晶电视机电路中的元器件进行电阻检测，寻找待测电阻器，通过电阻测量方法完成对万用表的调试。

2.4.2 液晶电视机常用的检测方法

将液晶电视机放置于测试环境中进行测试是液晶电视机维修过程中至关重要的环节。通常，波形测试法、电压测试法和电阻测试法都是常用且有效的检测手段。

❶ 波形测试法

图2-62 液晶电视机的波形测试方法

如图2-62所示为液晶电视机的波形测试方法。利用示波器观察电视机电源电路中开关变压器的感应脉冲信号波形，很方便地判断出开关振荡电路是否振荡，从而锁定故障范围，再对故障范围内的元件进行检修，最终排除故障。

图2-63 利用示波器检测开关变压器的感应脉冲信号波形的方法

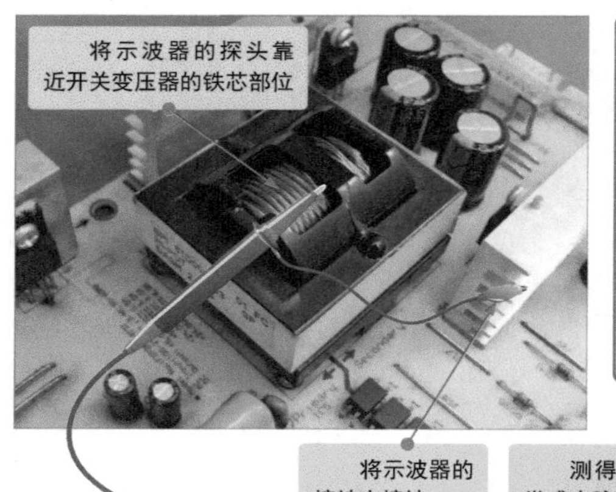

如图2-63为利用示波器检测液晶电视机中开关变压器的感应脉冲信号波形的方法。利用示波器观察电视机电源电路中开关变压器的感应脉冲信号波形，就可以很方便地判断出开关振荡电路是否振荡，从而可迅速地锁定故障范围，然后再对故障范围内的元件进行检修，最终排除故障。

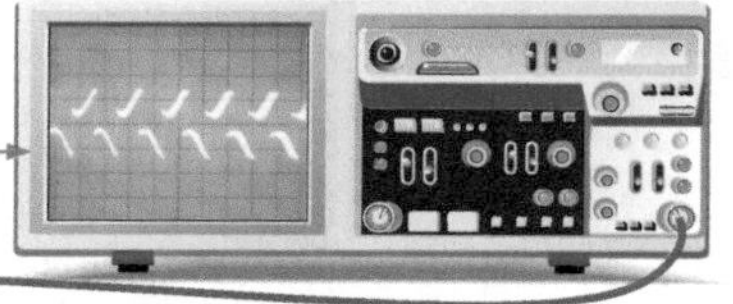

如图2-64所示为几种开关变压器的实测信号波形。在液晶电视机开关电源电路中，开关变压器的检测相对重要而简单，注意不同型号、不同工作频率的开关变压器所感应出的信号波形并不相同，下面是在实际维修中遇到的几种开关变压器的实测信号波形。

图2-64 几种开关变压器的实测信号波形

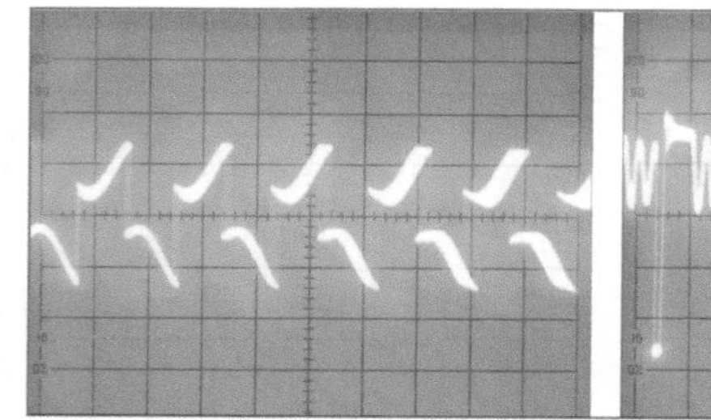
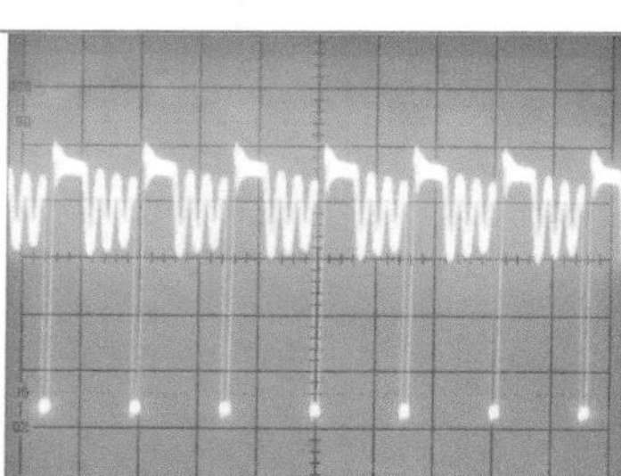
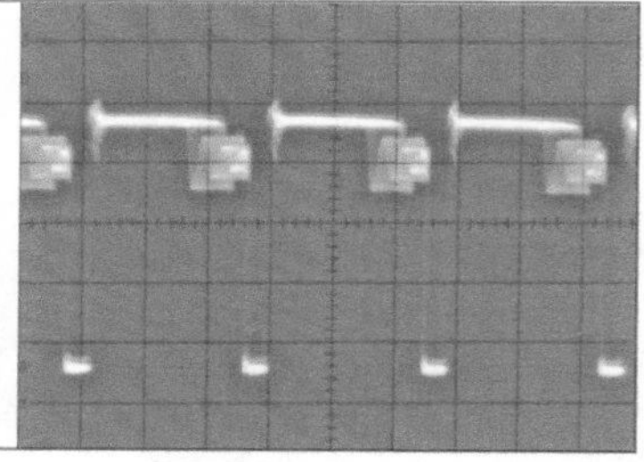

如图2-65所示，在使用示波器检测液晶电视机中的信号波形时，不同检测点上的不同类型的信号波形各不相同，但在不同品牌或型号的电视机中，相同关键点的波形基本上是相同的。

图2-65 利用示波器检测液晶电视机主要检测点的信号波形

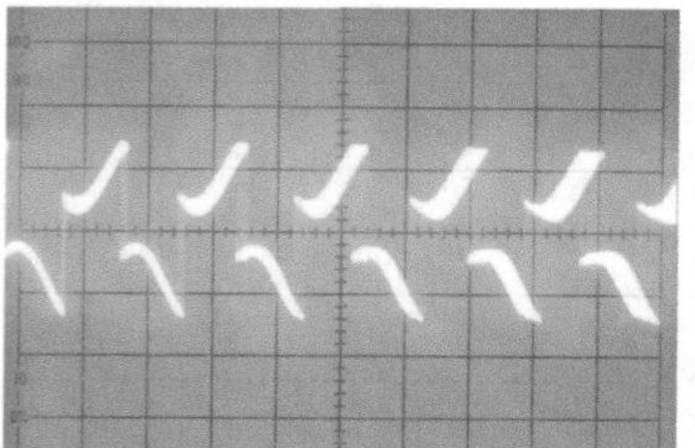
开关变压器感应信号波形

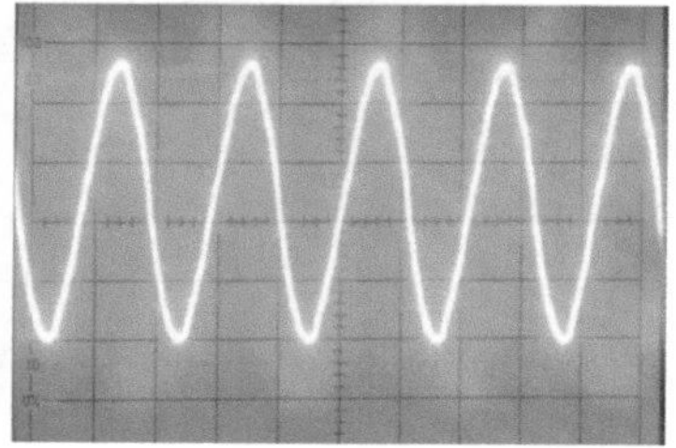
升压变压器感应信号波形

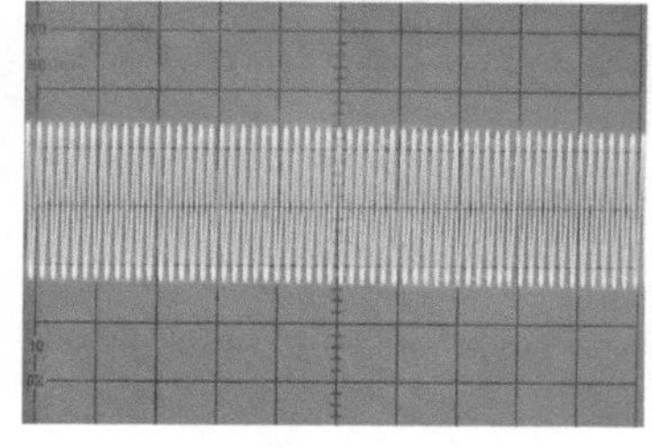
晶振信号的波形

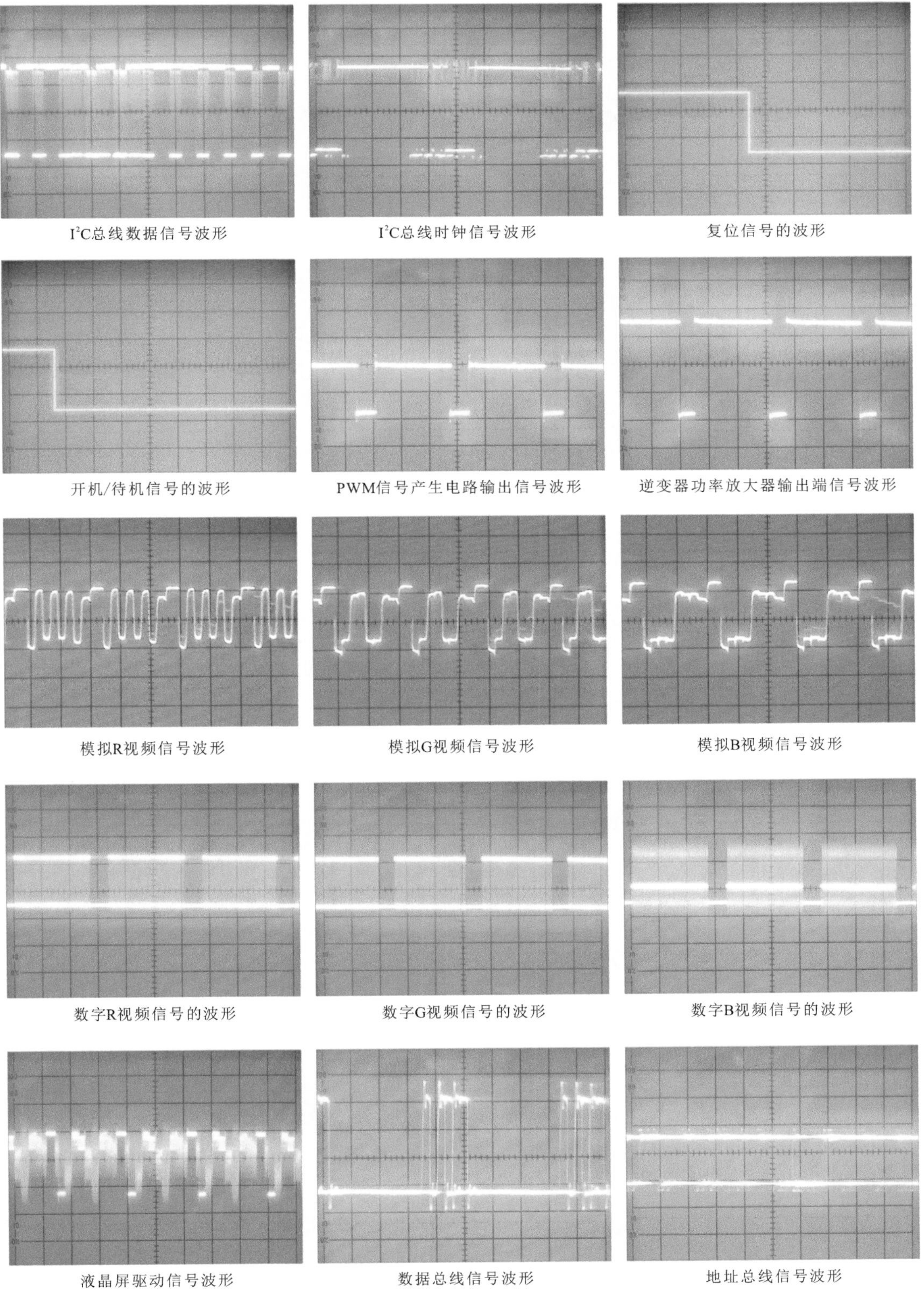

I²C总线数据信号波形　I²C总线时钟信号波形　复位信号的波形

开机/待机信号的波形　PWM信号产生电路输出信号波形　逆变器功率放大器输出端信号波形

模拟R视频信号波形　模拟G视频信号波形　模拟B视频信号波形

数字R视频信号的波形　数字G视频信号的波形　数字B视频信号的波形

液晶屏驱动信号波形　数据总线信号波形　地址总线信号波形

图2-66 利用示波器检测液晶电视机接口部分的主要信号波形

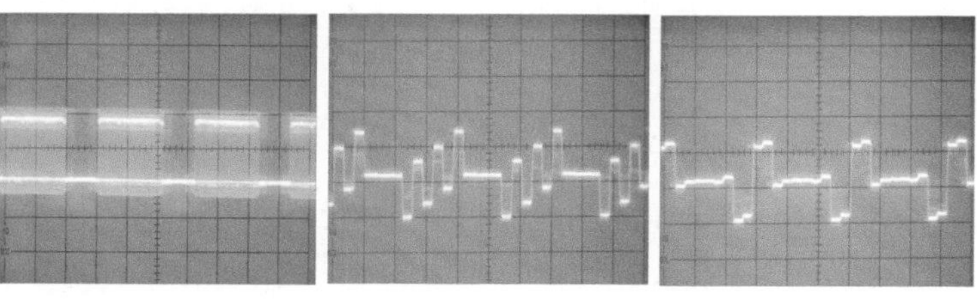

数字视频信号的波形　　分量视频Pb的信号波形　　分量视频Pr的信号波形

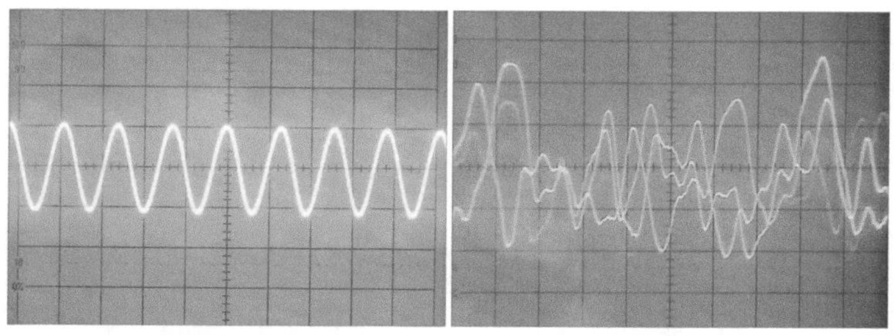

数字音频信号波形　　模拟音频信号波形

如图2-66所示为利用示波器检测液晶电视机接口部分的主要信号波形。目前，很多品牌的液晶电视机除了通过VGA接口来接收模拟RGB信号外，还有多种其他类型的接口，如DVI数字视频接口、分量视频输入接口等，此外还有些液晶电视机本身带有扬声器，能够处理音频信号。

❷ 电压测试法

电压测试法主要是通过对故障机通电，然后用万用表测量各关键点的电压，将测量结果与正常平板电视机的测试点的数据相比较，找出有差异的测试点，然后顺该机的工作流程一步一步进行检修，最终找到故障的元器件，排除故障。

图2-67 利用万用表检测开关电源电路的+300 V直流电压

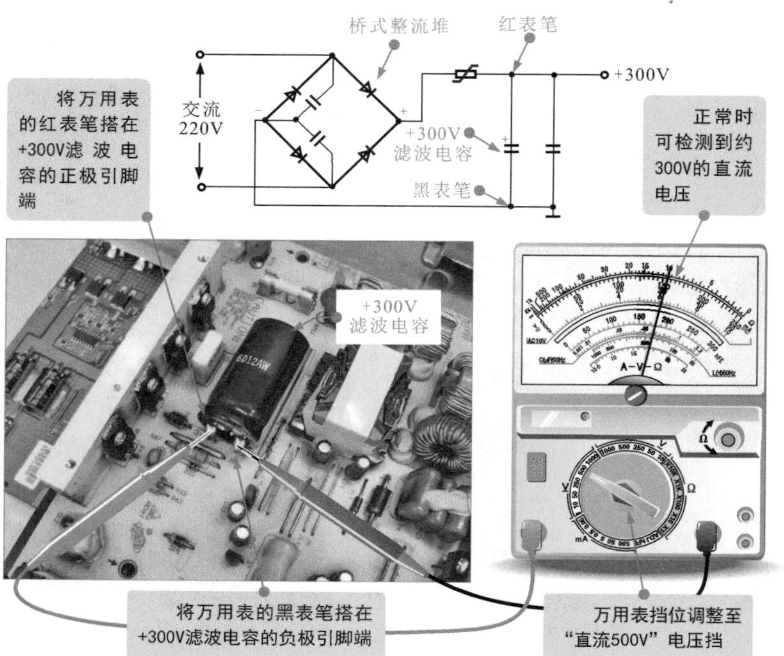

如图2-67所示为利用万用表检测平板电视机中开关电源电路的＋300V直流电压的方法。利用万用表测量开关电源电路的＋300V直流电压，就可以方便地判断出交流输入及整流滤波电路是否正常，若不正常可顺着测试点线路中的元件逐一进行查找，最终确立故障点。

❸ 电阻测试法

如图2-68所示为利用万用表的电阻挡测量液晶电视机电路板上的电阻器。然后将测量的值与标称值相比较，若测量值与标称值相差较大，则可初步断定该器件已经损坏，使用同型号的进行代换即可。

图2-68 利用万用表的电阻挡检测液晶电视机电路板上的电阻器

色环标识的电阻器约为1kΩ

正常时可检测到1kΩ左右的阻值

将万用表的红黑表笔分别搭在电阻器的两引脚端

万用表挡位调整至“×100”欧姆挡

图2-69 利用万用表检测平板电视机电路板上的整流二极管

如图2-69所示为利用万用表检测液晶电视机电路板上的整流二极管的方法。万用表还可以用电阻挡来测量半导体器件的正反向阻值，例如测量整流二极管，若测量值具有正向导通、反向截止的特性则说明该整流二极管正常，否则说明该二极管短路或断路，需要进行更换。

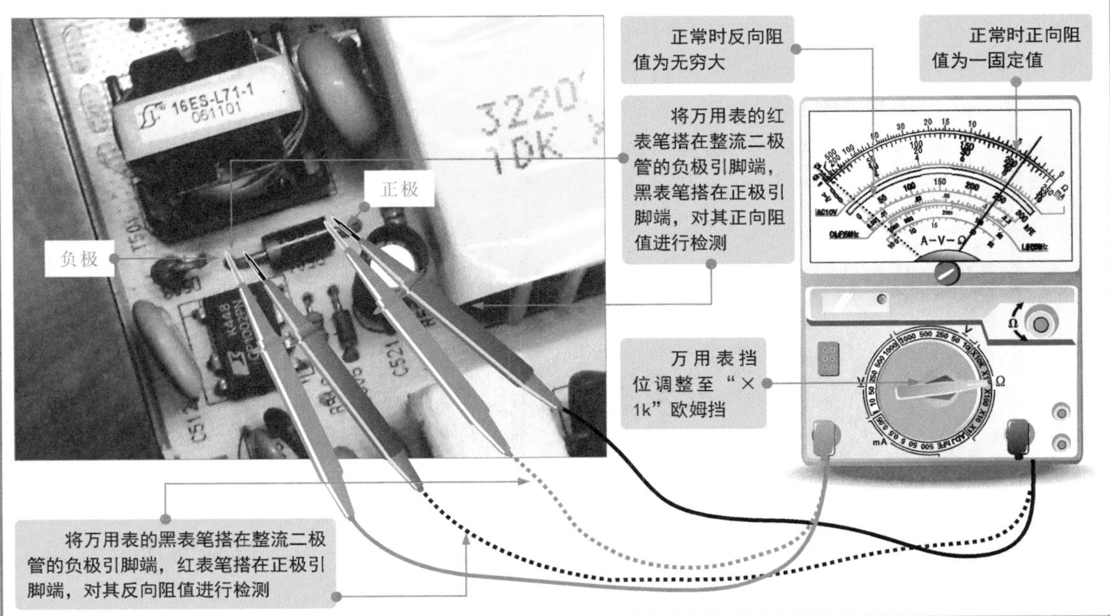

第3章

液晶电视机电视信号接收电路的故障检修

3.1 液晶电视机电视信号接收电路的结构原理

液晶电视机的电视节目接收电路包括调谐器和中频电路。天线或有线电视等电视信号都是通过TV输入接口（天线输入接口）送到该电路进行处理，分离出视频图像信号和音频信号。

目前，市场上流行的液晶电视机中，调谐器和中频电路的结构形式主要有两种：一种为调谐器和中频电路分别为单独的两个电路单元的形式；另外一种为调谐器和中频电路集成在一起的一体化调谐器。这两种电路的具体结构形式有所不同，但其最终实现的功能都是相同的，下面以这两种结构形式的电视信号接收电路为例进行具体介绍。

3.1.1 液晶电视机电视信号接收电路的组成

❶ 调谐器和中频电路独立式的电视信号接收电路的结构

图3-1 厦华LC-32U25型液晶电视机的电视信号接收电路

图3-1所示为厦华LC-32U25型液晶电视机的电视信号接收电路。在该电路中，来自天线或有线电视信号端的射频电视信号调谐器高放混频后变成中频信号，再经过预中放、声表面波滤波器、中频信号处理电路以及音/视频切换开关中进行中放、视频检波和伴音解调等处理后，输出视频图像信号和音频信号。

图3-2 调谐器TUNER1（TDQ-6FT/W134X）的实物外形

图3-2为调谐器的实物外形。调谐器也称高频头，它的功能是从天线送来的高频电视信号中调谐选择出欲接收的电视信号，进行调谐放大后与本机振荡信号混频后输出中频信号。

由于调谐器所处理的信号频率很高，为防止外界干扰，通常将它独立封装在屏蔽良好的金属盒内，由引脚与外电路相连。

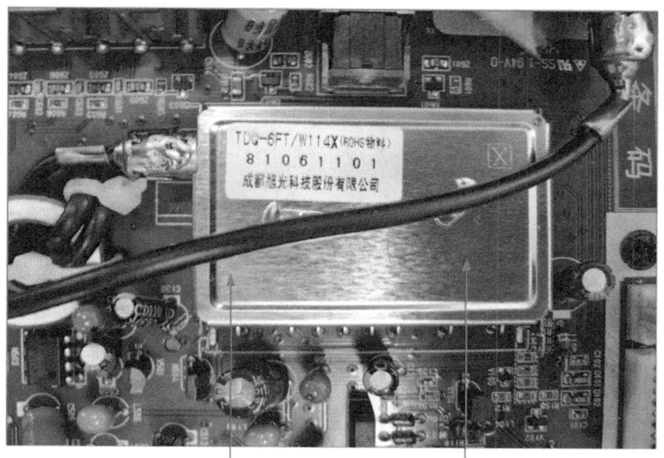

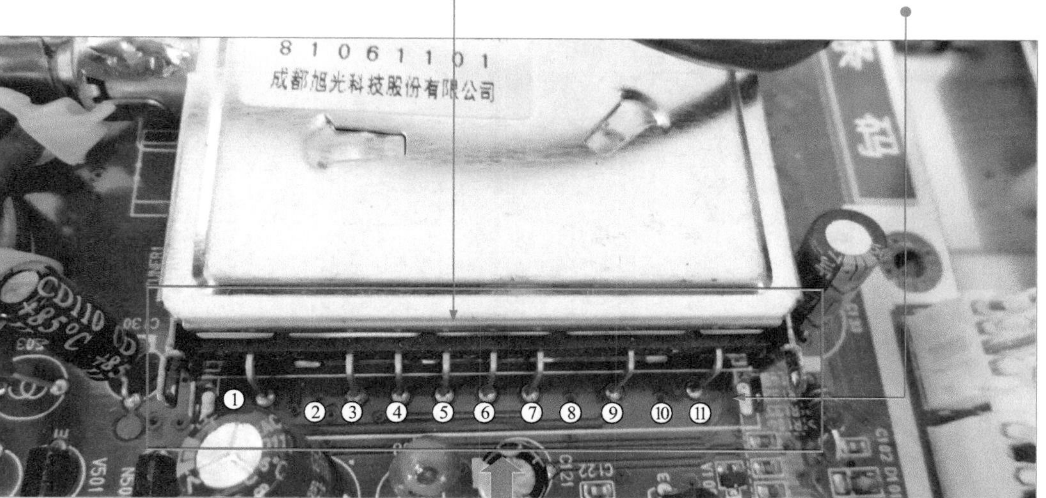

引脚	名称	引脚功能	引脚	名称	引脚功能
1	AGC	自动增益控制	6	NC	空脚
2 、8	NC	空脚	7	BP	供电端
3	AS	接地	9	VT、LOCK	调谐电压
4	SCL	时钟控制信号	10	NC	空脚
5	SDA	数据控制信号	11	IF1	中频信号端

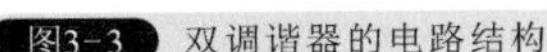

图3-3 双调谐器的电路结构

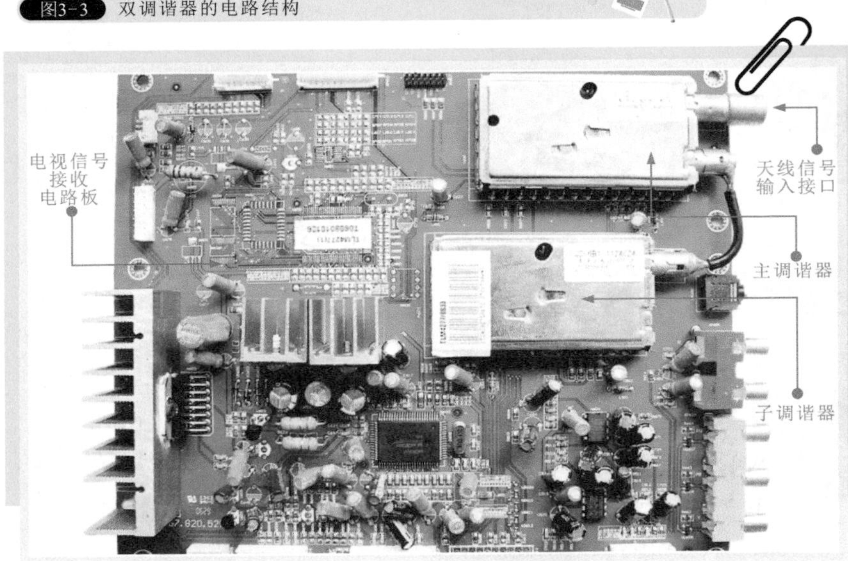

如图3-3所示，有一些功能较多的液晶电视机中还设置有双调谐器，用于同时接收两个电视节目，从而实现画中画或双视窗功能。

其中，主调谐器用于输出主画面的视频、音频信号；子调谐器用于输出子画面的视频、音频信号。

图3-4 预中放和图像、伴音声表面波滤波器的实物外形

图像声表面波滤波器Z103（K7262D）

从中频信号中分离出图像中频信号

伴音声表面波滤波器Z102（K7257）

预中放V104（2SC2717）

放大调谐器输出的中频信号

从中频信号中分离出伴音中频信号

图3-4为预中放、图像声表面波滤波器和伴音声表面波滤波器的实物外形。预中放V104（2SC2717）和声表面波滤波器Z103（K7262D）、Z102（K7257）在电视信号接收电路中的主要作用是放大调谐器输出的中频信号；放大后的中频信号分别送入图像声表面波滤波器以及伴音声表面波滤波器中，用以滤除杂波和干扰，并分离出伴音中频和图像中频信号分别送入到中频信号处理电路中。

图3-5 音/视频切换开关N701（HEF4052B）的实物外形及引脚功能

图3-5为音/视频切换开关N701的实物外形及引脚功能图。该音/视频切换开关是8通道的模拟分配器（HEF4052BP）。其主要功能是切换由前级电路送来的伴音中频和图像中频信号，并选择其中一路伴音中频和图像中频进行输出。

音/视频切换电路（HEF4052B）的引脚功能和内部结构框图

音/视频切换电路N701（HEF4052B）

图3-6 中频信号处理电路N101（M52760SP）的实物外形及引脚功能

图3-6为中频信号处理电路（M52760SP）的实物外形及引脚功能。该电路主要用来处理由声表面波滤波器输出的图像中频和伴音中频信号，中频信号在该集成电路中进行放大，然后再进行视频检波和伴音解调，将调制在载波上的视频图像信号提取出来，并将调制在第二伴音载频上的音频信号解调出来。

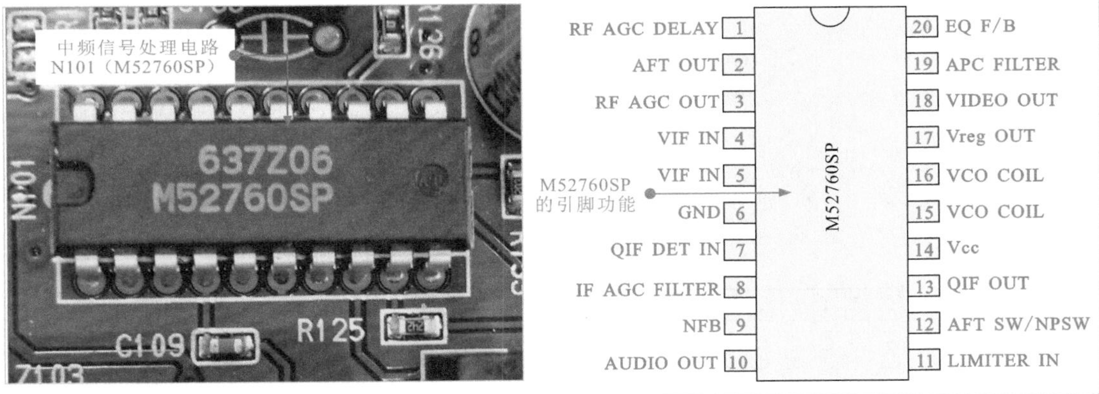

图3-7为中频信号处理电路（M52760SP）的内部结构，通过其内部结构功能框图可以更加清晰地了解该电路信号的处理流程。

图3-7 中频信号处理电路N101（M52760SP）的内部结构

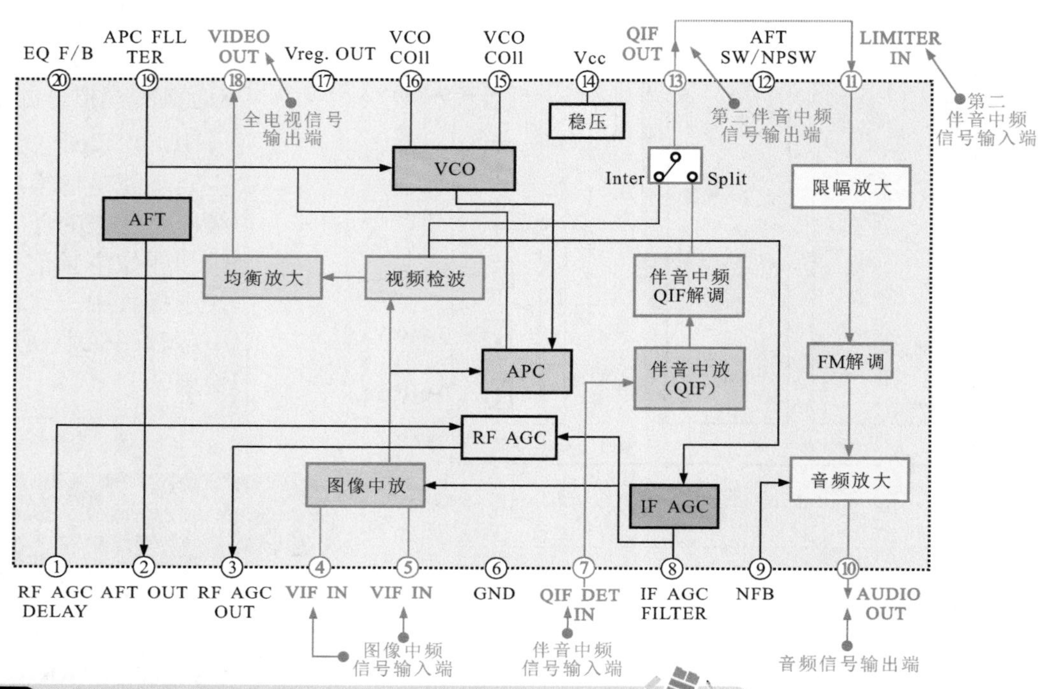

图3-8 中频信号处理电路TDA9897的封装形式及引脚功能

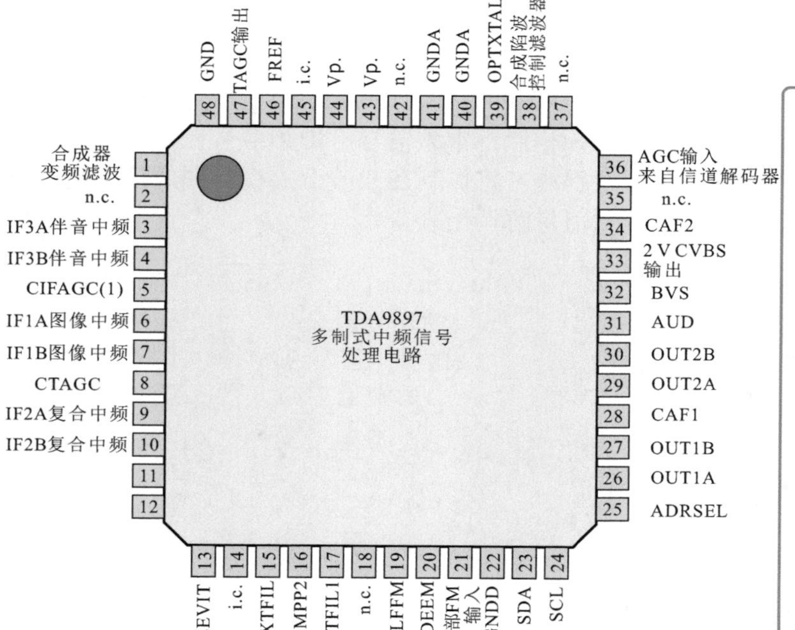

图3-8为中频信号处理电路TDA9897的封装形式即引脚功能，这种多制式中频集成电路的主要功能是接收调谐器送来的中频信号，经中放和解调电路解出视频图像信号、第二伴音中频信号（SIF）及低中频（4 MHZ）信号（数字电视的载波信号），该信号送到数字电视信号解调电路。

❷ 采用一体化调谐器的电视信号接收电路的结构

图3-9 长虹LT3788型液晶电视机的一体化调谐器 

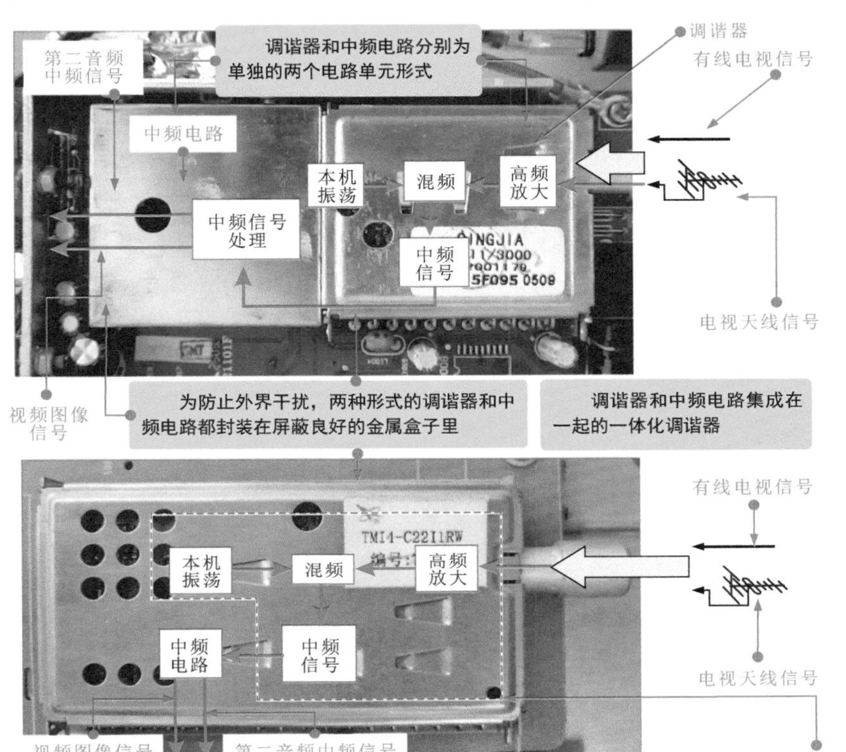

图3-9为长虹LT3788型液晶电视机中的一体化调谐器。

一体化调谐器将中频电路直接制作在调谐器的金属屏蔽盒内，信号的高放、混频以及中放、视频检波、伴音解调等都在一体化调谐器内完成。

如表3-1为液晶电视机中调谐器的常见引脚的标识和功能含义。

表3-1 液晶电视机中调谐器常见引脚的标识和功能含义

名称	引脚功能	名称	引脚功能
AGC	自动增益控制	IF	输出中频TV信号
UT	未接	IF	输出中频TV信号
ADD	地	Sw0	伴音控制
SCL	I2C总线时钟信号	Sw1	伴音控制
SDA	I2C总线数据信号	NC	未接
NC	未接	SIF	第二伴音中频输
+5 V	电源	AGC	自动增益控制
AFT	未接	VIDEO	CVBS信号输出
32 V	32 V的调谐电压	+5 V	电源
NC	未接	AUDIO	音频信号输出

3.1.2 液晶电视机电视信号接收电路的工作原理

液晶电视机的电视信号接收电路主要是接收射频信号或有线电视信号，并经过一系列的处理后，最后输出视频图像信号和音频信号。

图3-10 典型液晶电视机电视信号接收电路的工作原理框图

图3-10所示为典型液晶电视机电视信号接收电路的工作原理框图。电视信号接收电路将天线接收到的信号送到调谐器中，经内部处理后，输出中频信号（IF信号）并送到预中放进行放大，分别由声表面波滤波器（图像和伴音）将图像或伴音中频分离出来，滤除杂波和干扰后，送到中频信号处理电路中，经中频处理后，输出音频信号和视频图像信号，送往后级的音频信号处理电路和数字信号处理电路中。

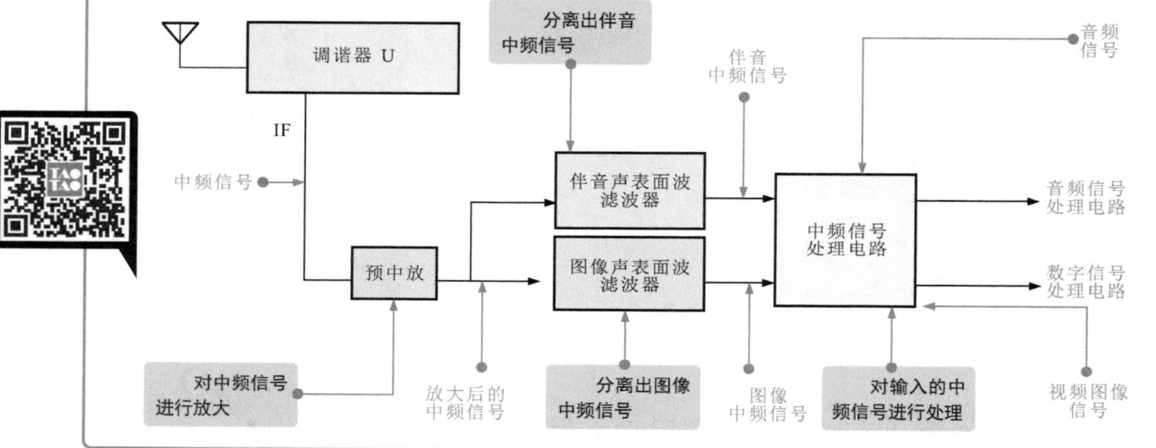

图3-11 一体化调谐器的工作原理框图

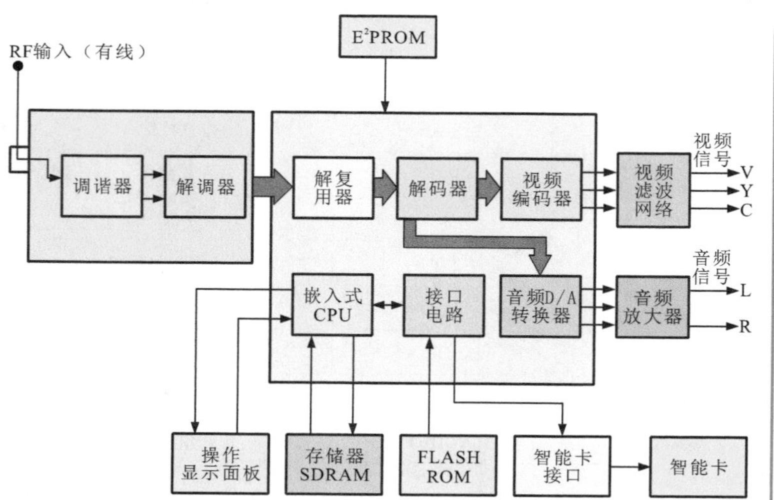

如图3-11所示为典型（DVC-2008CT）一体化调谐器的工作原理框图。射频电视信号输入后，先由一体化调谐器进行低噪声放大、滤波和变频，再由QAM解调器进行解调、去交织、RS解码等一系列处理，成为符合MPEG-2标准的传输码流。

在一体化调谐器电路中，调谐器由高频段（HIG）、中频段（MID）、低频段（LOW）三路带通滤波器、前置放大器、变频器以及锁相环（PLL）频率合成器电路、中频放大器等组成。调谐接收有线电视数字前端的RF信号，经滤波、低噪声前置放大、变频后转换成两路相位相差90°的I、Q信号，送入QAM解调器解调。

有线电视系统在传输数字电视节目时，为防止在传输过程中的信号丢失、损耗和外界干扰，保证信号质量，需要采取数字纠错处理，其具体方式是QAM（正交幅度调制）调制和纠错编码处理，因而在接收机中要进行相应的解调和解码处理。

图3-12 长虹LT3788型液晶电视机的一体化调谐器电路原理图

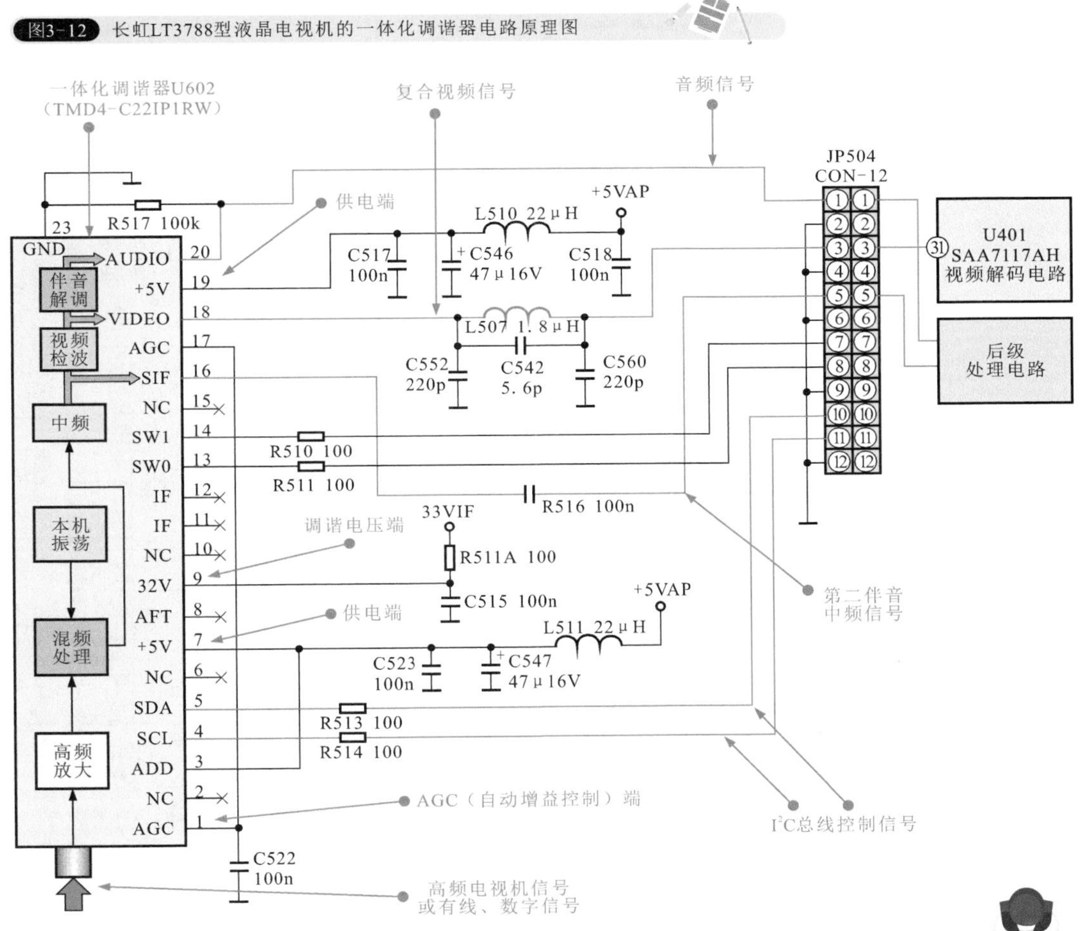

图3-12所示为长虹LT3788型液晶电视机的一体化调谐电路原理图。由图可见，天线接收的高频电视机信号或有线、数字信号送入到一体化调谐器U60（TMD4-C22IP1RW）中，该调谐器集成了调谐和中频两个电路功能，送来的信号经其内部高频放大、调谐、变频等处理后，从U602的18脚输出复合视频信号（CVBS信号）经接口JP504的3脚送到视频解码电路U401的31脚进行视频处理；U602的16脚输出第二伴音中频信号，20脚输出音频信号经JP504的5、1脚送至后级处理电路中。

图3-13 厦华LC-32U25型液晶电视机电视信号接收电路的原理图

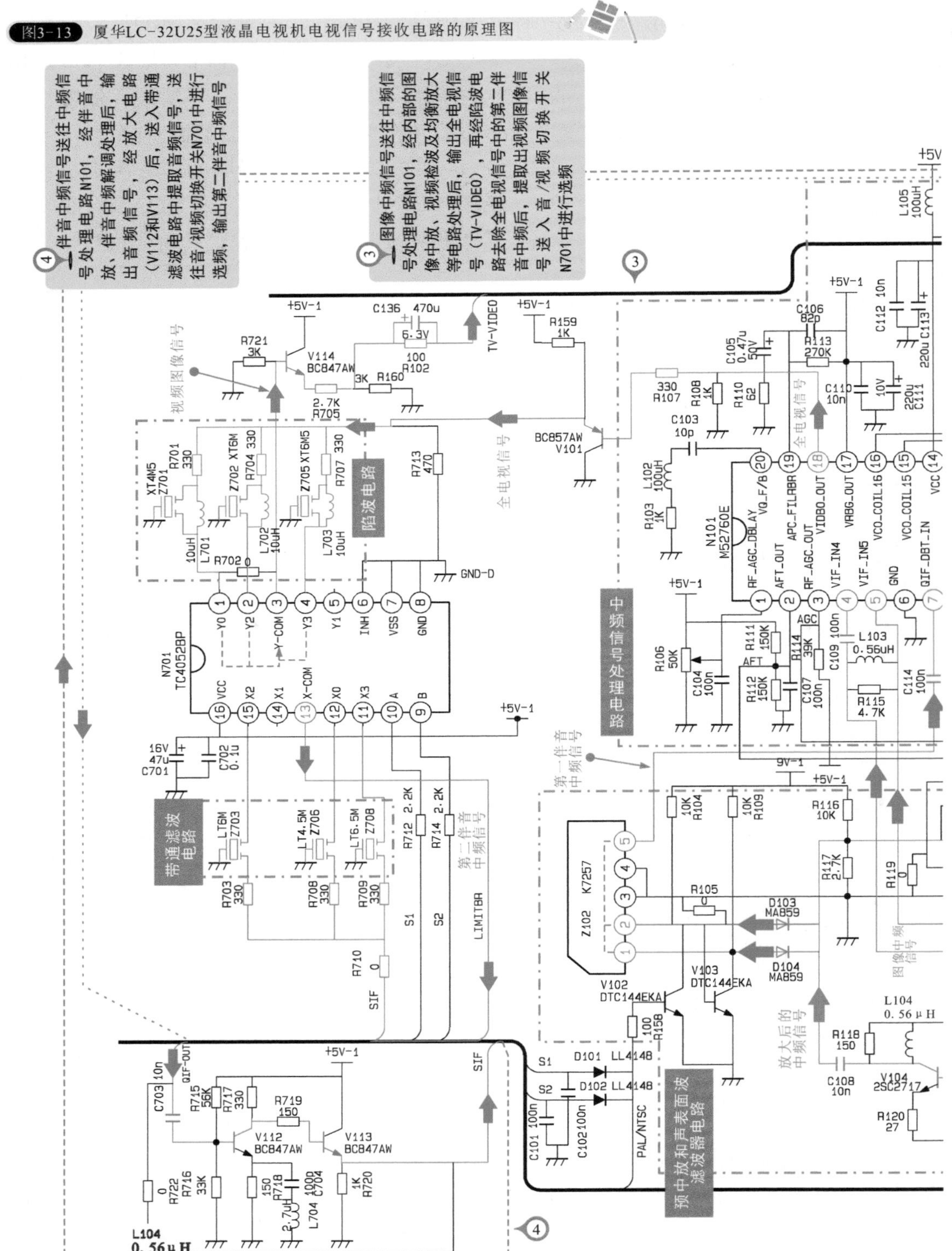

图3-13所示为厦华LC-32U25型液晶电视机电视信号接收电路的原理图。这是典型调谐器和中频电路独立的电视信号接收电路。在对电路分析时，要根据各部分单元电路的工作特点进行功能划分。这里，我们将该电视信号接收电路划分为3个部分，即调谐器电路、预中放及声表面波滤波器电路、中频信号处理及音/视频切换电路。

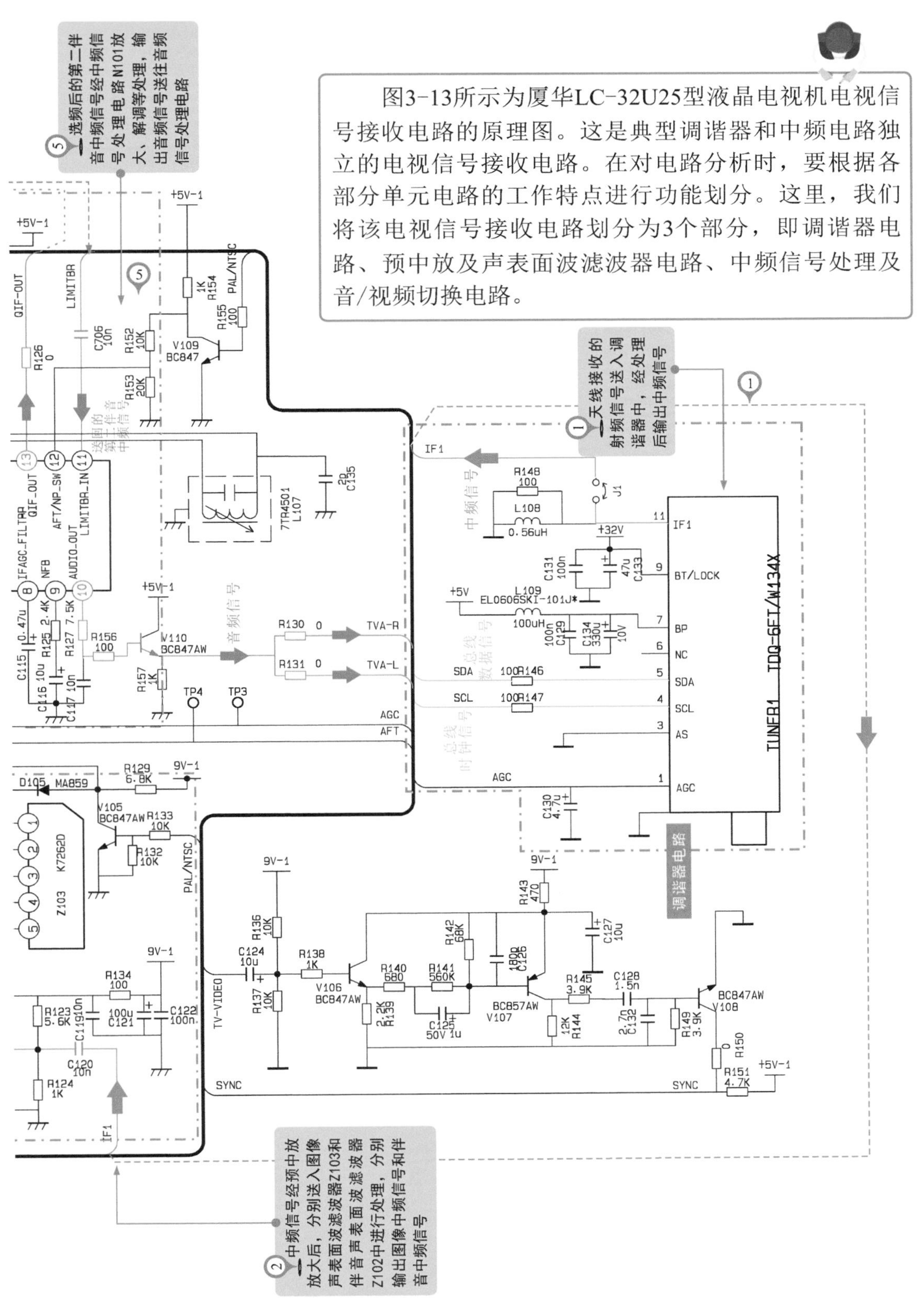

❶ 调谐器电路部分的工作原理

如图3-14所示，天线将接收到的射频信号送入调谐器中，经选频后，送入高放电路中进行放大，然后在混频电路中与本机振荡信号混频，取其差额，得到38MHz的中频信号，由调谐器的IF端输出，送往中频信号处理电路。

图3-14 调谐器电路的基本工作原理

天线
高放
混频
中频输出
IF
本振
AFC
VT
AGC
调谐器

图3-15 厦华LC-32U25型液晶电视机调谐器电路部分的工作原理

如图3-15所示，天线信号送入调谐器并经内部处理后，由11脚输出中频信号，送往后级电路中；调谐器的7脚为+5V的供电端；4、5脚为I^2C总线控制端，该调谐器通过I^2C总线受微处理器控制；调谐器的9脚为BT端，是频道微调电压的输入端，该端在频道调谐搜索时应有0～30V的电压。

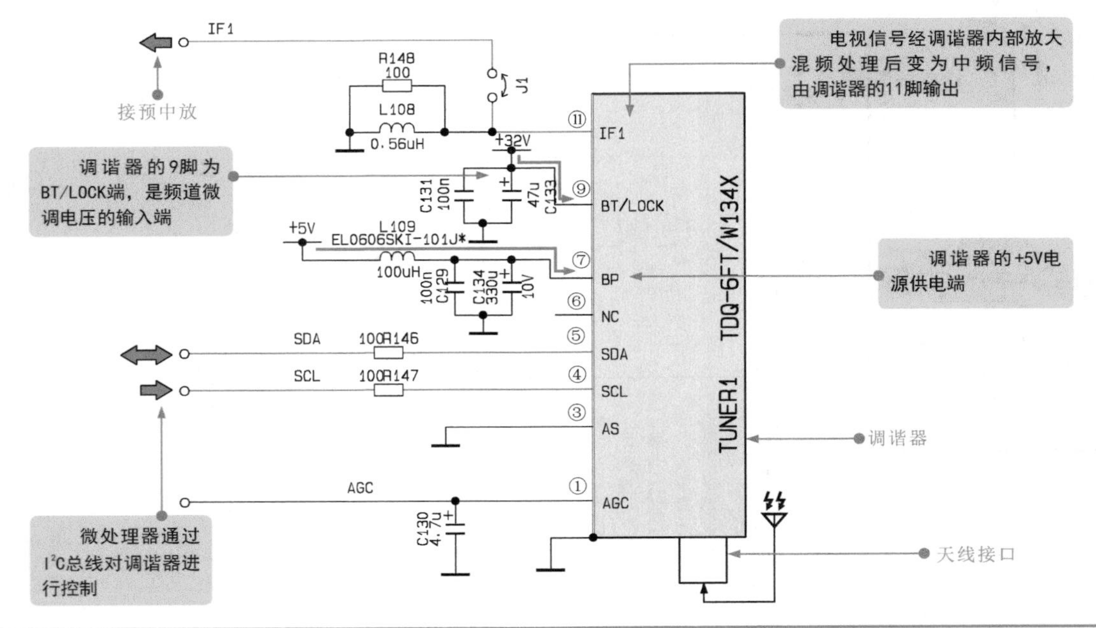

❷ 预中放及声波面波滤波器电路部分的工作原理

如图3-16所示，预中放及声表面波滤波器电路主要用来对中频信号进行放大，并分别将图像和伴音中频分离出来。可以看到，中频信号经预中放V104进行放大后，分别送入了图像声表面波滤波器Z103的1脚和伴音声表面波滤波器Z102的1脚中进行处理。

图3-16 厦华LC-32U25型液晶电视机预中放及声表面波滤波器电路部分的工作原理

伴音声表面波滤波器Z102

送往中频信号处理电路

放大后的中频信号，经图像声表面波滤波器Z103内部分离出图像中频信号，送入中频信号处理电路

图像声表面波滤波器Z103

预中放V104

当电视机选用不同制式（PAL/NTSC）时，二极管D103和D104的导通状态也不相同

中频信号

放大后的中频信号，经伴音声表面波滤波器Z102内部分离出伴音中频信号并送入中频信号处理电路

由调谐器送来的中频信号经C120耦合到预中放V104的基极，V104对中频信号进行放大以弥补信号在传输中的衰减

伴音声表面波滤波器

图像声表面波滤波器

预中放

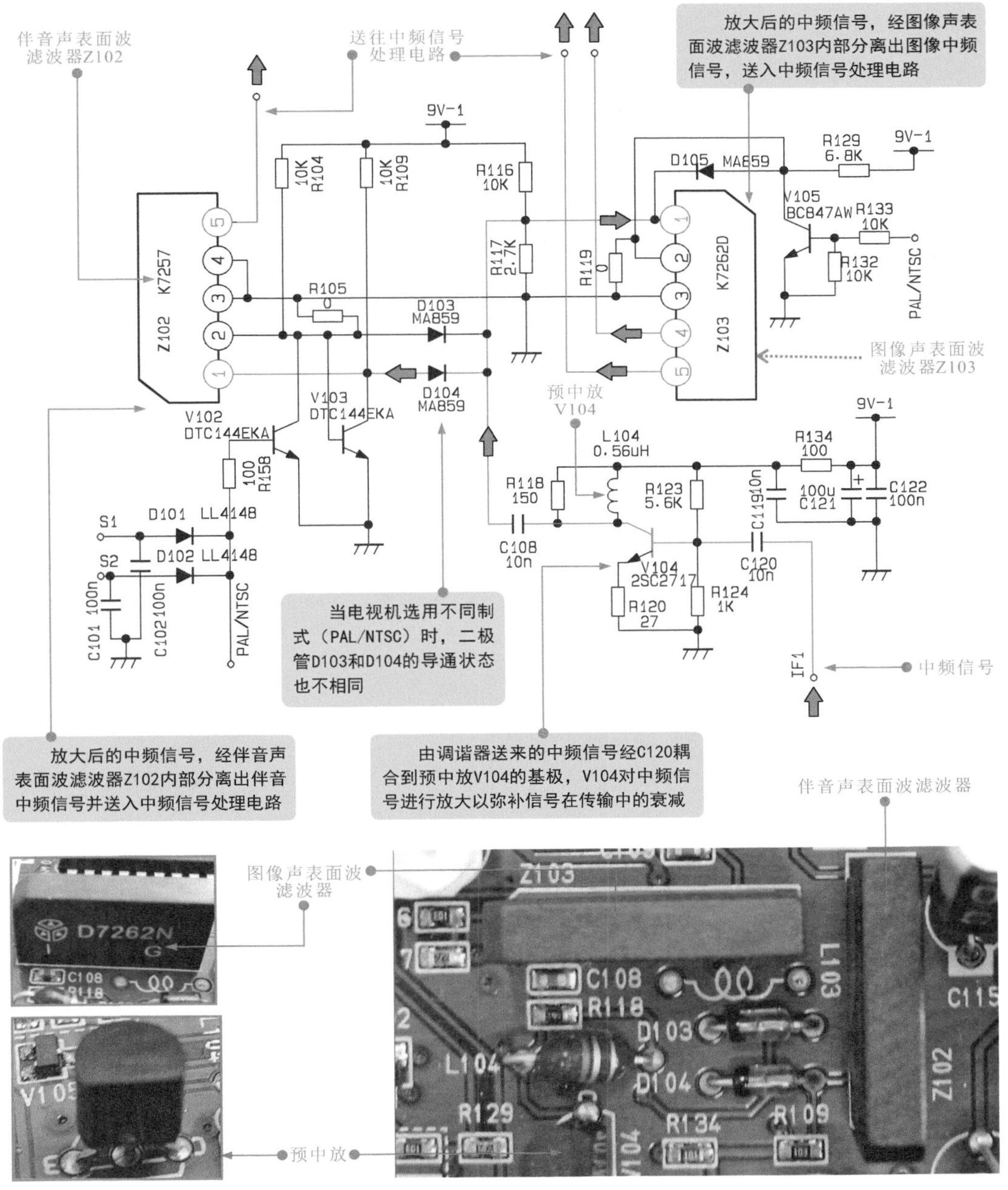

③ 中频信号处理及音/视频切换电路部分的工作原理

如图3-17所示，该部分电路将来自调谐器的中频信号进行放大、视频检波、伴音解调等处理，将调制在载波上的视频图像信号提取出来，将调制在第二伴音载频上的伴音信号解调出来。

图3-17 厦华LC-32U25型液晶电视机中频信号处理及音/视频切换电路部分的工作原理 

第二伴音中频信号再经中频信号处理电路N101的11脚送回其内部，经伴音解调等处理后，由N101的10脚输出音频信号

中频信号处理电路的10脚输出音频信号，送往后级音频信号处理电路中

伴音中频经中频信号处理电路N101处理后，由13脚输出第二伴音中频信号

伴音中频

图像中频

全电视信号经音/视频切换开关选择后，由3脚输出视频信号并送往后级数字信号处理电路

输出第二伴音中频信号，送回中频信号处理电路中

图像中频经中频信号处理电路N101处理后由18脚输出全电视信号

全电视信号

中频信号处理电路N101

音/视频切换开关N101

视频信号

陷波电路

带通滤波电路

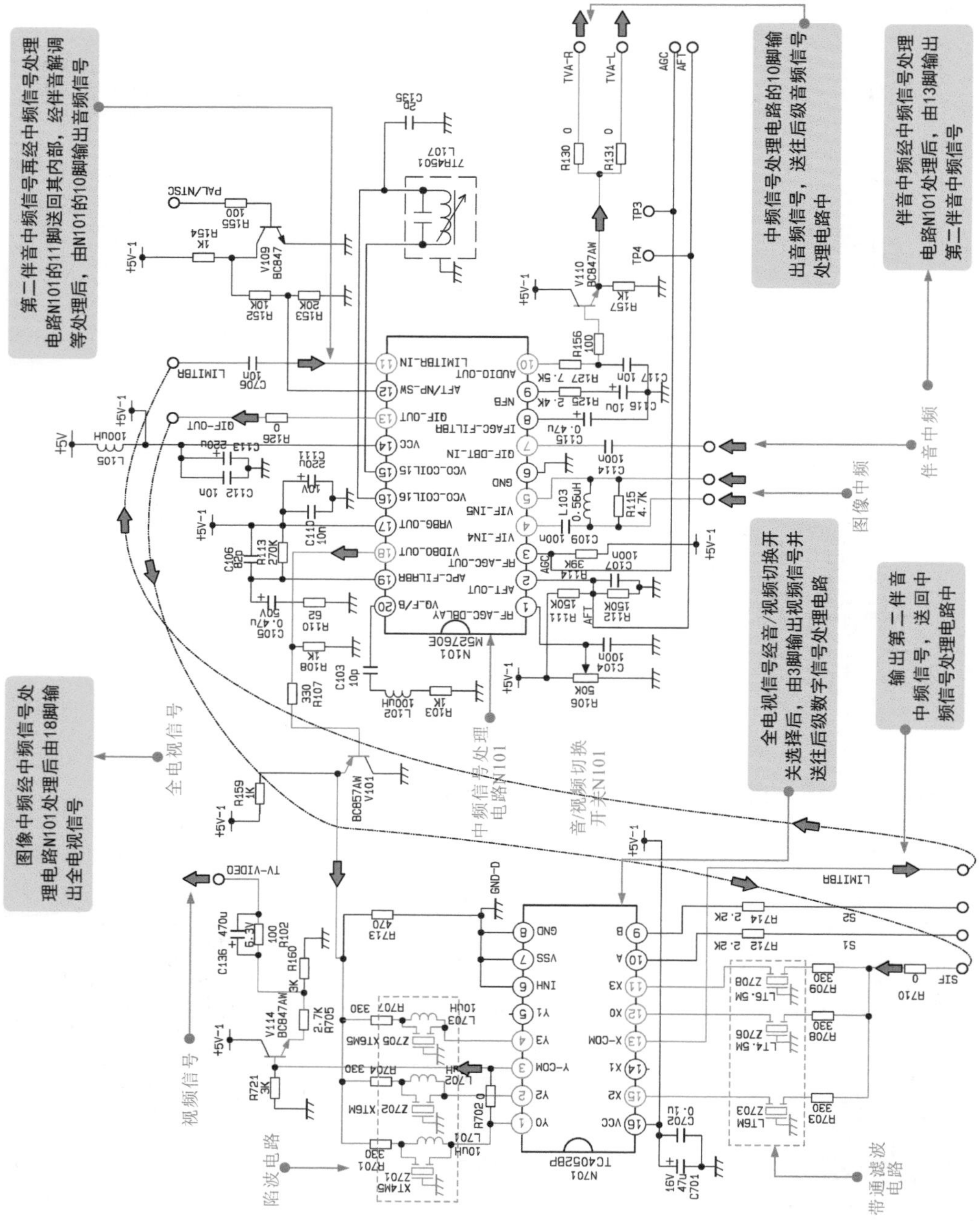

3.2 液晶电视机电视信号接收电路的故障检修

液晶电视机电视信号接收电路是接收电视信号过程中的重要电路，若该部分电路出现故障，常会引起无图像、无伴音、屏幕上有雪花噪点等故障。在对该部分电路进行检修时，可根据故障现象分析出产生故障的原理，整理出基本的检修方案，然后根据检修方案对电路进行检测和故障排查。

3.2.1 液晶电视机电视信号接收电路的故障分析

图3-18 液晶电视机电视信号接收电路的检修流程图

如图3-18所示为典型液晶电视机电视信号接收电路的检修分析。液晶电视机的电视信号接收电路出现故障后，一般可逆其信号流程从输出部分作为入手点逐级向前检测，信号消失的地方即可作为关键的故障点，再以此为基础对相关范围内的工作条件、关键信号进行检测，即可排除故障。

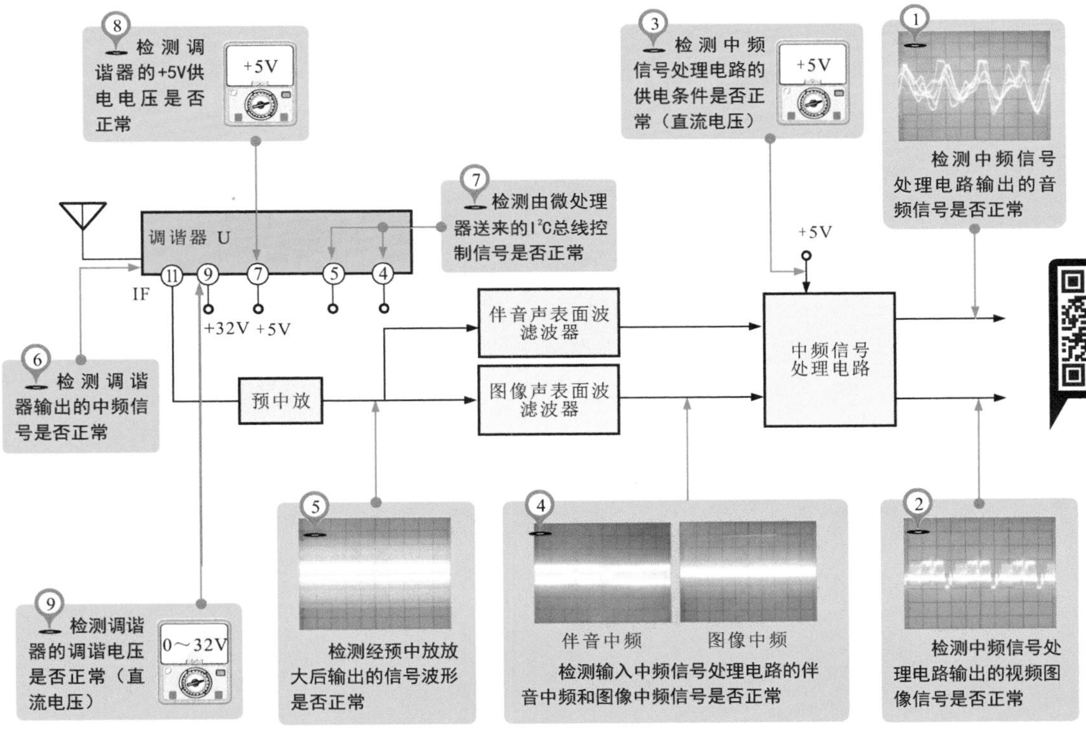

⑧ 检测调谐器的+5V供电电压是否正常
+5V
③ 检测中频信号处理电路的供电条件是否正常（直流电压）
+5V
① 检测中频信号处理电路输出的音频信号是否正常
⑦ 检测由微处理器送来的I²C总线控制信号是否正常
调谐器 U
⑪ ⑨ ⑦ ⑤ ④
IF
+32V +5V
+5V
伴音声表面波滤波器
图像声表面波滤波器
预中放
中频信号处理电路
⑥ 检测调谐器输出的中频信号是否正常
⑤ 检测经预中放放大后输出的信号波形是否正常
④ 伴音中频 图像中频
检测输入中频信号处理电路的伴音中频和图像中频信号是否正常
② 检测中频信号处理电路输出的视频图像信号是否正常
⑨ 检测调谐器的调谐电压是否正常（直流电压）
0～32V

对于液晶电视机电视信号接收电路的检测，可使用万用表或示波器测量待测液晶电视机的电视信号接收电路，然后将实测电压值或波形与正常的数值或波形进行比较，即可判断出电视信号接收电路的故障部位。

3.2.2 液晶电视机电视信号接收电路的检修方法

根据检修流程，接下来可使用示波器或万用表对电路中的关键测试点进行检测，通过测试结果即可完成故障的排查检修。

❶ 输出音频信号的检测方法

图3-19 中频信号集成电路输出的音频信号的检测方法

图3-19所示为电视信号接收电路输出音频信号的检测方法。若检测电视信号接收电路输出的音频信号正常，则说明电视信号接收电路部分基本正常；若检测无信号输出，则说明该电路可能出现故障，需要进行下一步的检测。

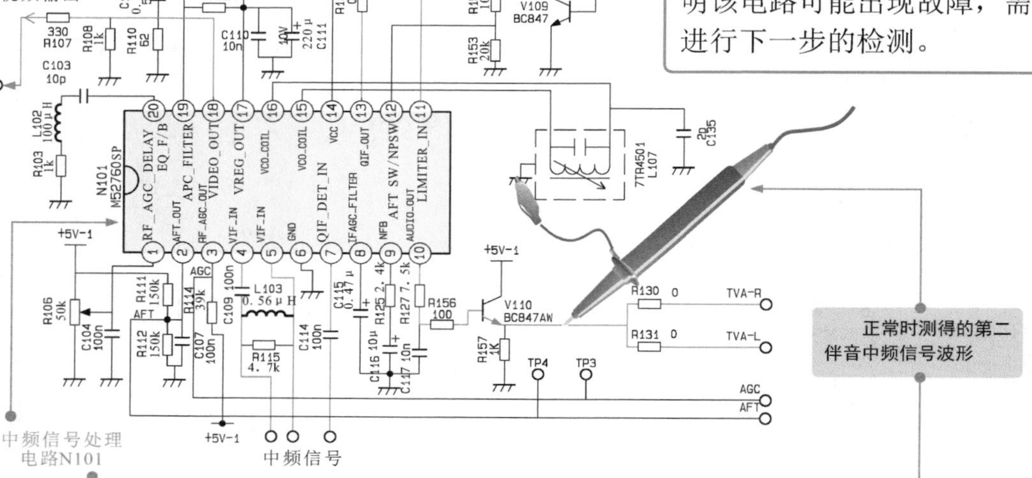

将示波器的接地夹接地（可选择调谐器外壳），示波器探头搭在中频信号处理集成电路N101的10脚上。

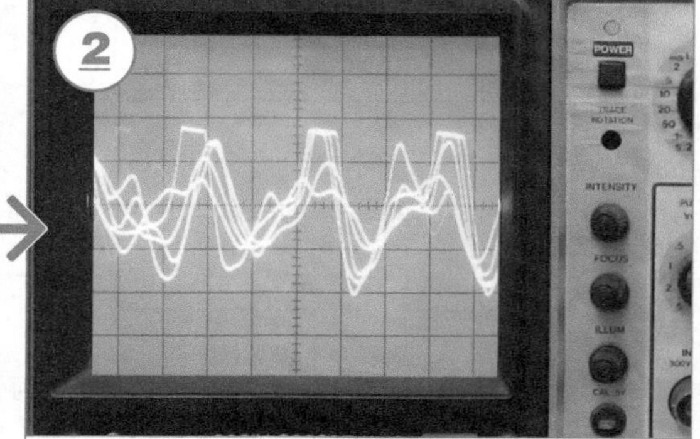

在正常情况下，可检测到音频信号波形。若信号波形不正常说明中频信号处理电路或前级电路存在故障。

❷ 输出视频图像信号的检测方法

图3-20所示为音/视频切换开关输出视频图像信号的检测方法。若液晶电视机出现无图像故障时，首先应判断其电视信号接收电路部分有无视频信号输出，即在通电开机的状态下，对电视信号接收电路视频图像输出端的信号进行检测。

图3-20 音/视频切换开关输出的视频图像信号的检测方法

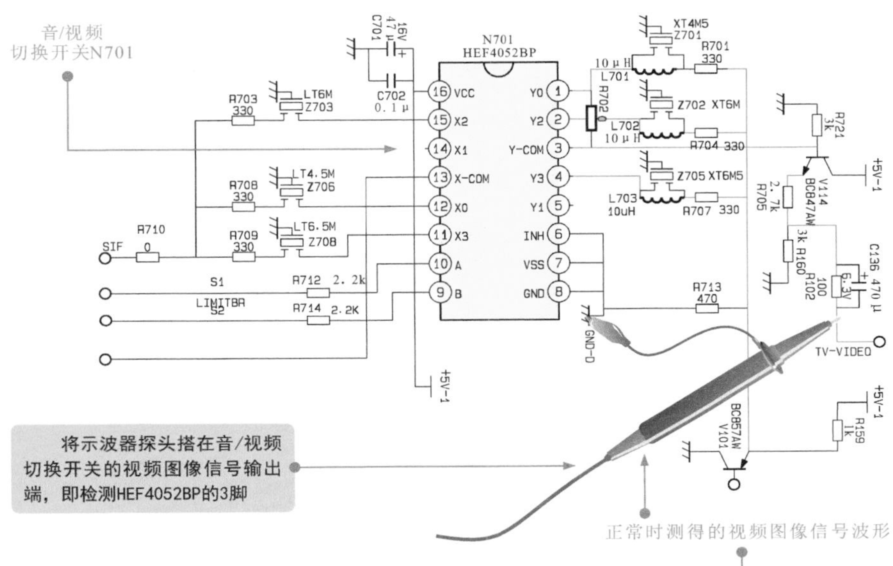

该机型的视频图像信号是由音/视频切换开关输出的。示波器探头搭在3脚上。

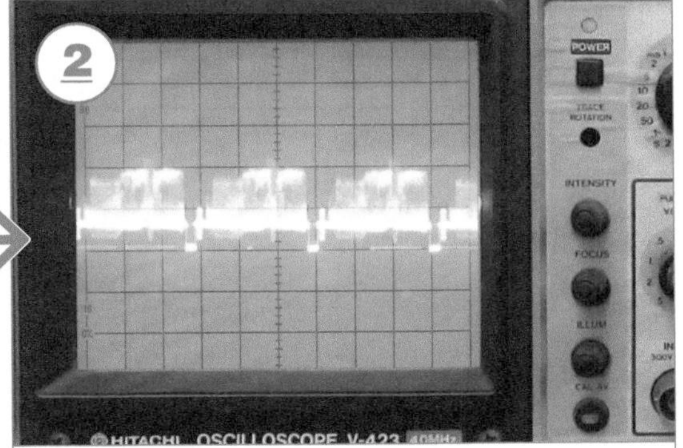

在正常情况下，可检测到音频信号波形。若信号波形不正常说明中频信号处理电路或前级电路存在故障。

中频信号处理电路M52760SP输出的为全电视信号，经放大和第二伴音中频陷波后，送入音/视频切换开关，然后由音/视频切换开关送出视频图像信号，所以在检测视频图像信号时，应检测音/视频切换开关中输出的视频图像信号是否正常。

3 中频信号处理电路基本供电条件的检测方法

图3-21所示为中频信号处理电路基本供电条件的检测方法。若中频信号处理电路无音频信号和视频图像信号输出，则应首先判断该电路的工作条件（供电电压）是否满足需求。

图3-21 中频信号集成电路输出的供电电压的检测方法

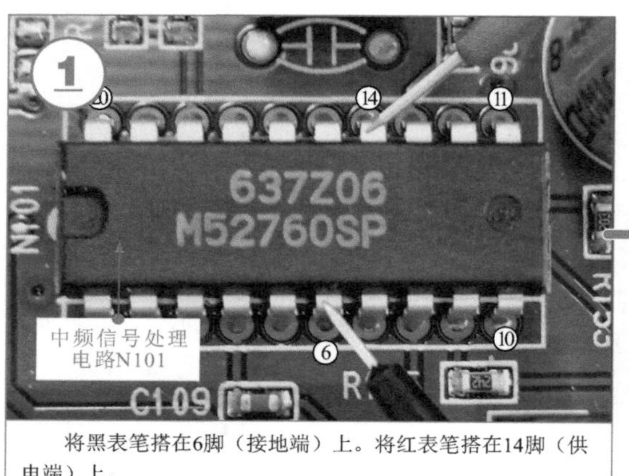

将黑表笔搭在6脚（接地端）上。将红表笔搭在14脚（供电端）上。

在正常情况下，可检测到5V的供电电压。若电压不正常，说明供电电路存在故障。

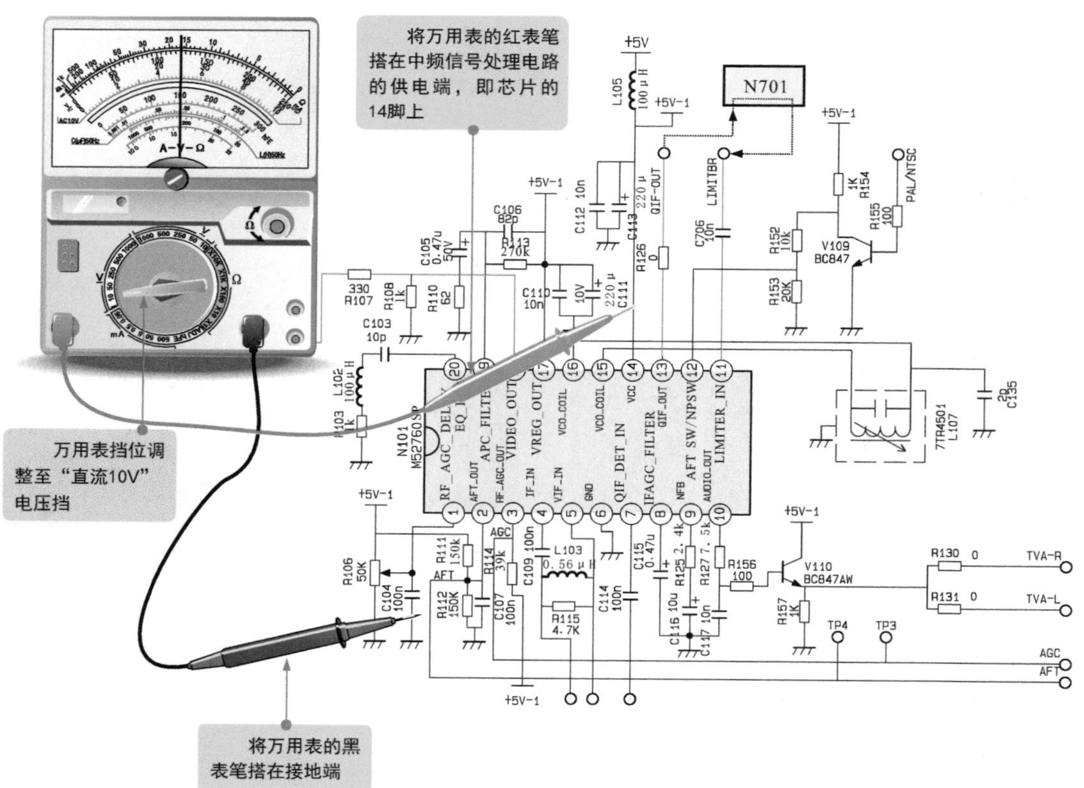

❹ 中频信号处理电路输入端信号的检测方法

图3-22 中频信号处理电路输入端信号的检测方法

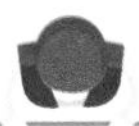

图3-22为中频信号处理电路输入端信号的检测方法。若中频信号处理电路在供电正常的情况下，仍无输出信号波形，则应对前级电路送来的信号波形进行检测；若输入的信号波形也正常，则表明中频信号处理电路本身可能损坏；若输入的信号波形不正常，则应进行下一步的检测。

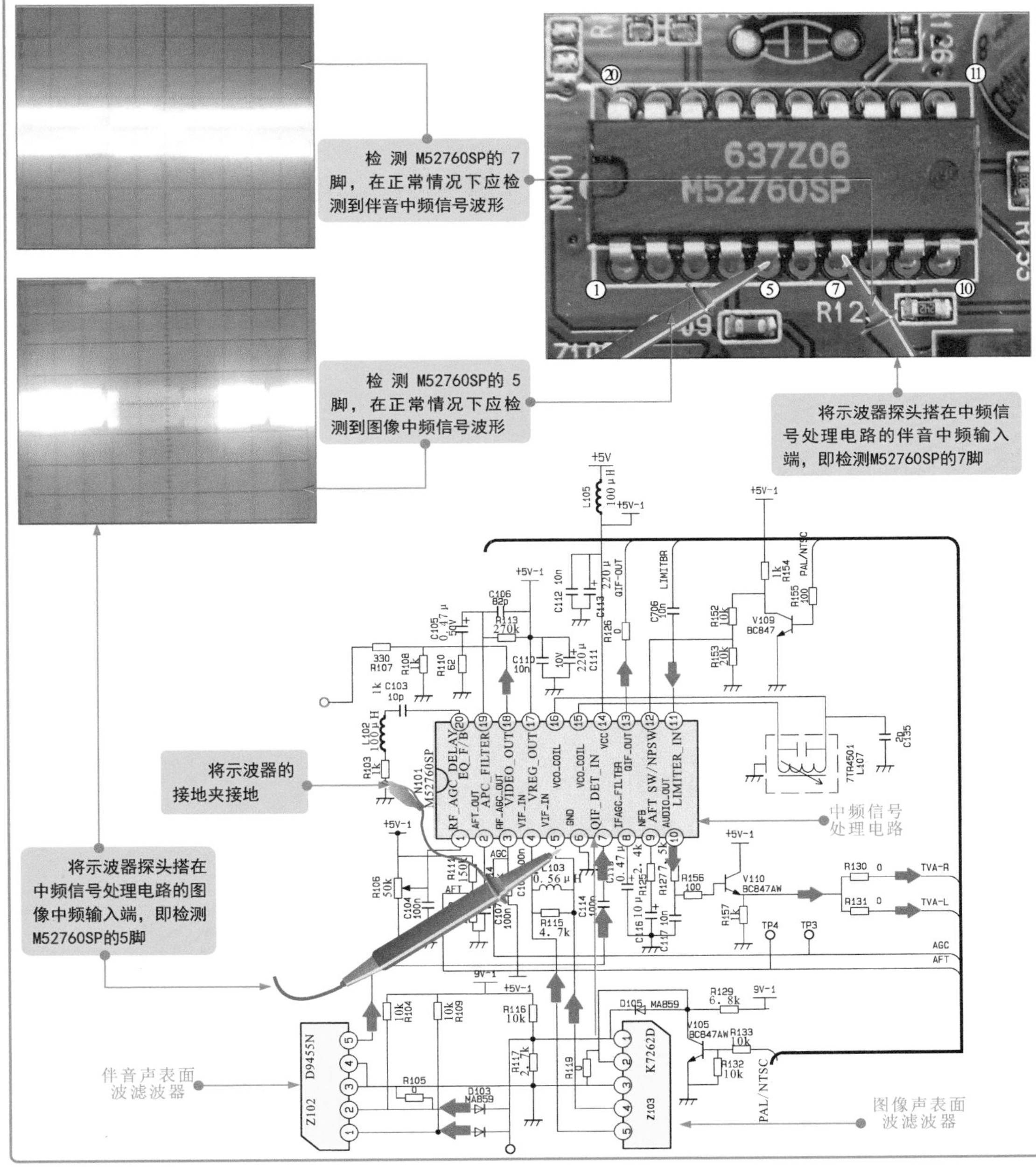
检测M52760SP的7脚，在正常情况下应检测到伴音中频信号波形
检测M52760SP的5脚，在正常情况下应检测到图像中频信号波形
将示波器探头搭在中频信号处理电路的伴音中频输入端，即检测M52760SP的7脚
将示波器的接地夹接地
将示波器探头搭在中频信号处理电路的图像中频输入端，即检测M52760SP的5脚
中频信号处理电路
伴音声表面波滤波器
图像声表面波滤波器
637Z06
M52760SP
N101
M52760SP
Z102
D9455N
Z103
K7262D

⑤ 预中放输出信号的检测方法

图3-23为预中放输出信号波形的实际操作检测方法。若信号波形正常，而中频信号处理电路输入信号不正常，说明声表面波滤波器与其外围元件可能存在故障。

图3-23 预中放输出的信号波形的检测方法

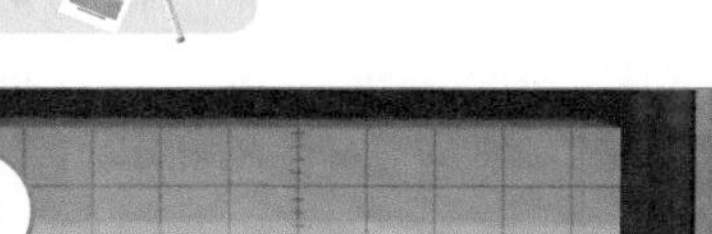

示波器探头搭在预中放集电极，检测预中放输出的信号波形是否正常。

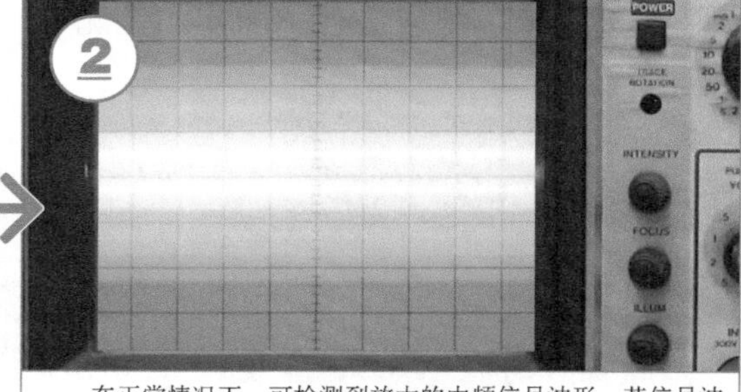

在正常情况下，可检测到放大的中频信号波形。若信号波形不正常说明预中放或前级电路存在故障。

⑥ 调谐器输出中频信号的检测方法

图3-24 调谐器输出中频信号的检测方法

图3-24为调谐器输出中频信号的检测方法。若信号波形正常，表明调谐器电路工作正常，否则调谐器可能存在故障，需对调谐器本身及相关工作条件进行检测。

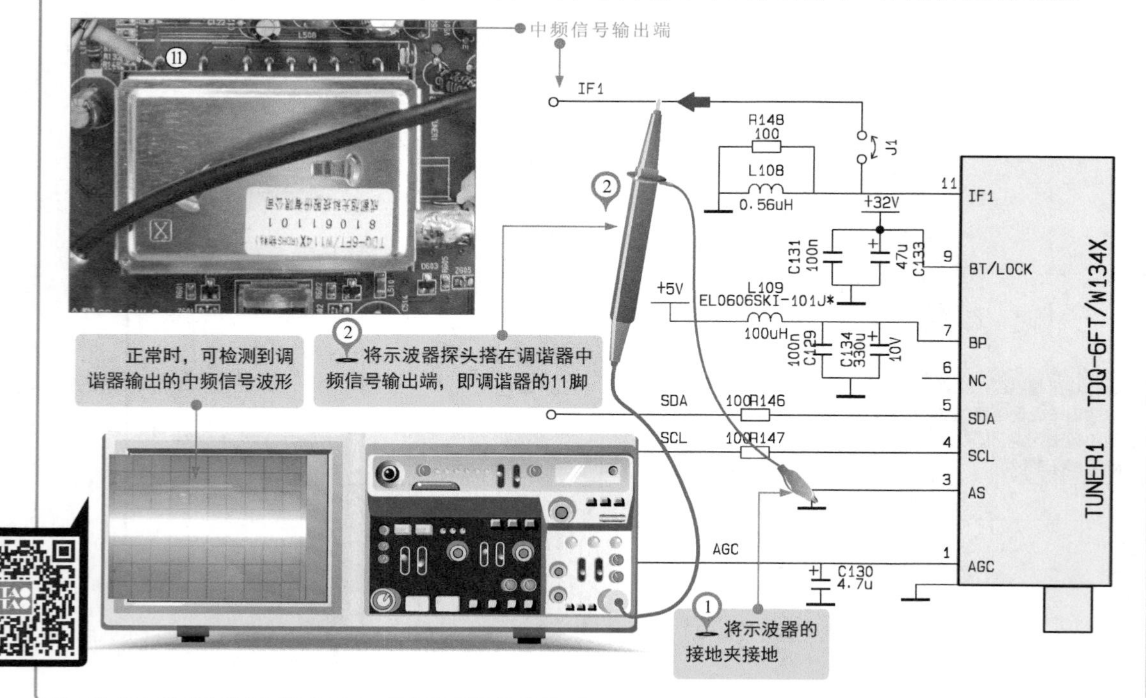

图3-25为长虹LT3788型液晶电视机调谐器输出信号的检测方法。该液晶电视机采用的是一体化调谐器。根据引脚功能分别对视频信号、音频信号和第二伴音中频信号进行检测。

图3-25 长虹LT3788型液晶电视机调谐器输出信号的检测方法

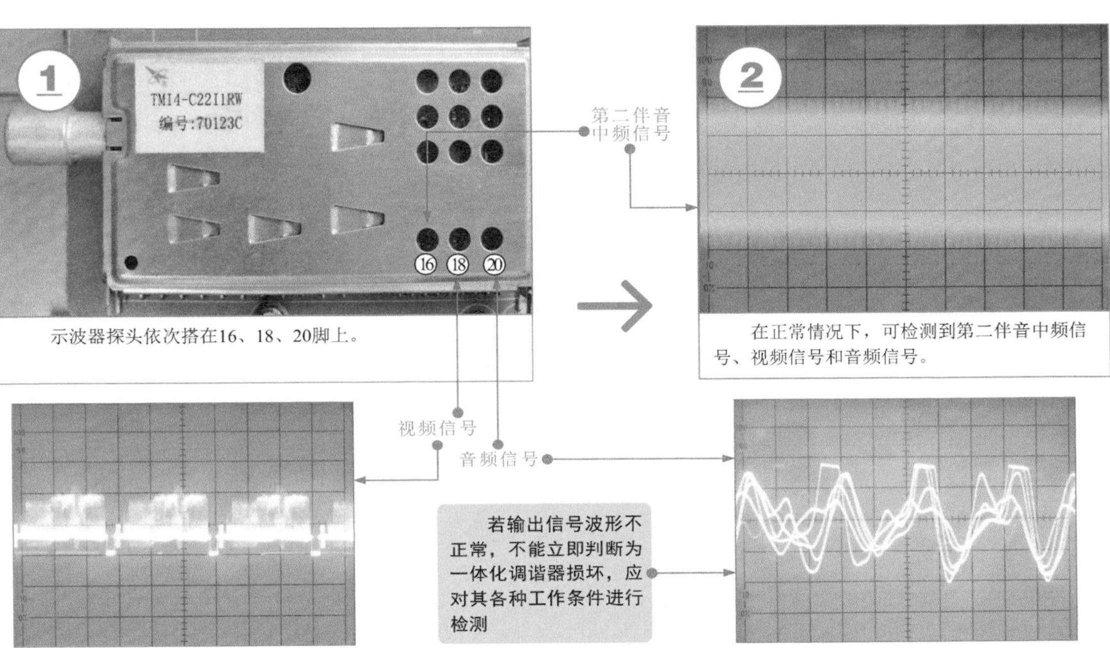

示波器探头依次搭在16、18、20脚上。

在正常情况下，可检测到第二伴音中频信号、视频信号和音频信号。

❼ 调谐器供电电压的检测方法

图3-26为调谐器供电电压的检测方法。若调谐器无中频信号输出，应首先检测调谐器的供电电压是否正常。

图3-26 调谐器供电电压的检测方法

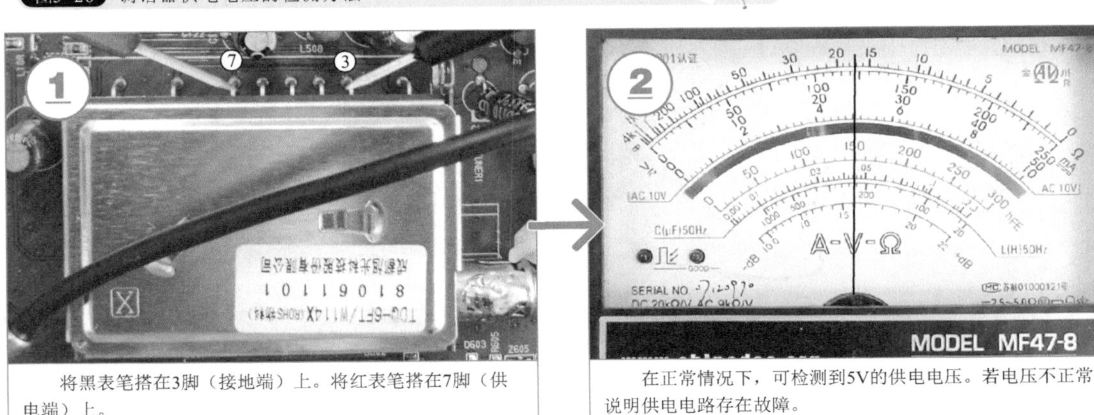

将黑表笔搭在3脚（接地端）上。将红表笔搭在7脚（供电端）上。

在正常情况下，可检测到5V的供电电压。若电压不正常，说明供电电路存在故障。

图3-27为长虹LT3788型液晶电视机调谐器供电电压的检测方法。不同类型的液晶电视机，调谐器的引脚功能不尽相同。

图3-27 一体化调谐器供电电压的检测方法

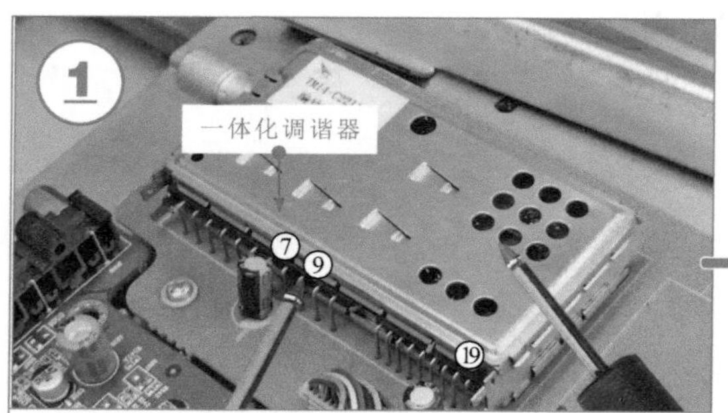

将黑表笔搭在一体化调谐器的外壳上。红表笔搭在9脚（调谐电压端）上。

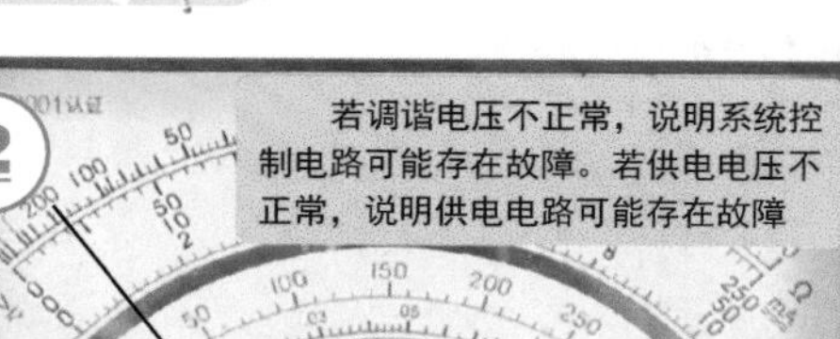

在正常情况下，一体化调谐器的7、19脚可检测到5V供电电压。正搜台状态下，可检测到0～30V左右的供电电压。

8 调谐器调谐电压的检测方法

图3-28 调谐器调谐电压的检测方法

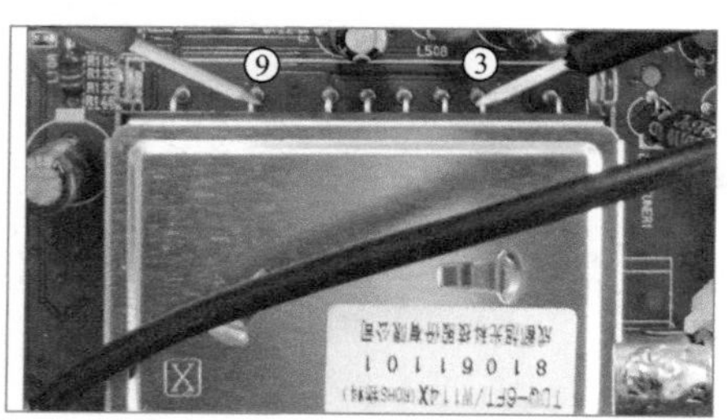

图3-28为调谐器调谐电压的检测方法。调谐器正常工作时，微处理器输出的调谐电压经一些元器件后，变成0～30 V直流电压加到调谐器。若该电压不正常，会引起调谐器收不到电视节目或不能调谐的故障。

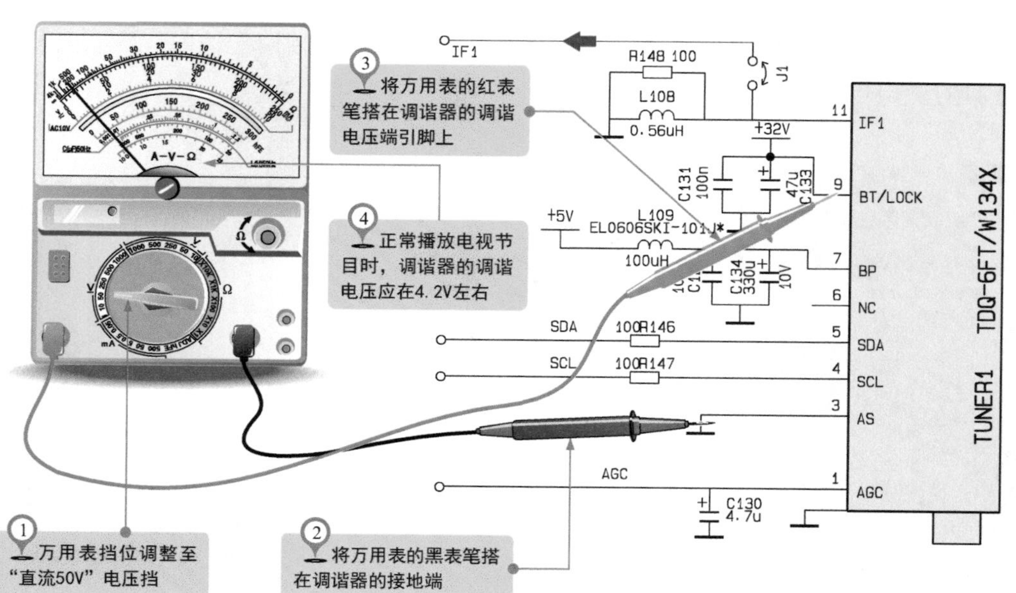

❾ 调谐器I²C总线信号的检测方法

图3-29为调谐器中I²C总线信号的检测方法。I²C总线信号正常也是满足调谐器正常工作的重要条件。该信号是由微处理器输出的。若I²C总线信号正常，则表明微处理器工作正常；若I²C总线信号不正常，则应对微处理器部分进行检修。

图3-29 调谐器I²C总线信号的检测方法

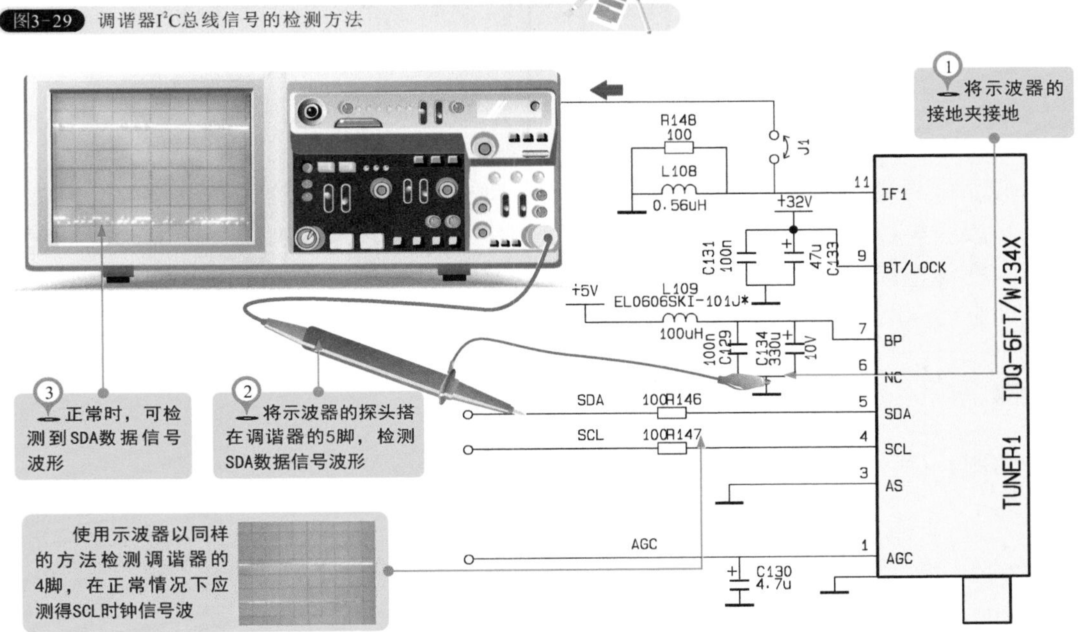

图3-30为长虹LT3788型液晶电视机一体化调谐器中I²C总线信号的检测方法。

图3-30 一体化调谐器I²C总线信号的检测方法

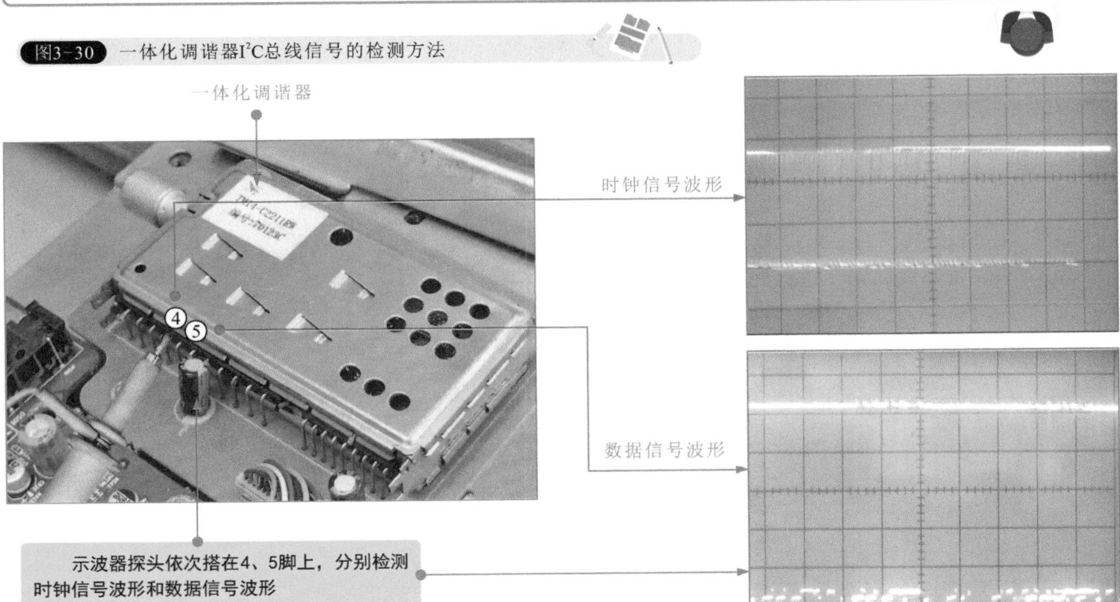

第4章

液晶电视机数字信号处理电路的故障检修

4.1 液晶电视机数字信号处理电路的结构原理

4.1.1 液晶电视机数字信号处理电路的结构

液晶电视机中的数字信号处理电路是处理视频图像信号的关键电路部分，由电视信号接收电路以及外部接口（AV、分量视频、S端子、VGA等）送来的视频图像信号，在该电路中进行处理，将视频图像信号变为数字视频信号进行处理，并送往液晶屏驱动电路中，驱动液晶屏显示图像。

图4-1 长虹LT3788型液晶电视机的数字信号处理电路

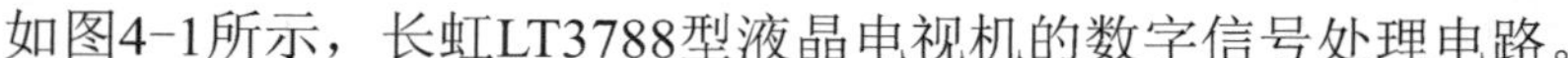

如图4-1所示，长虹LT3788型液晶电视机的数字信号处理电路。

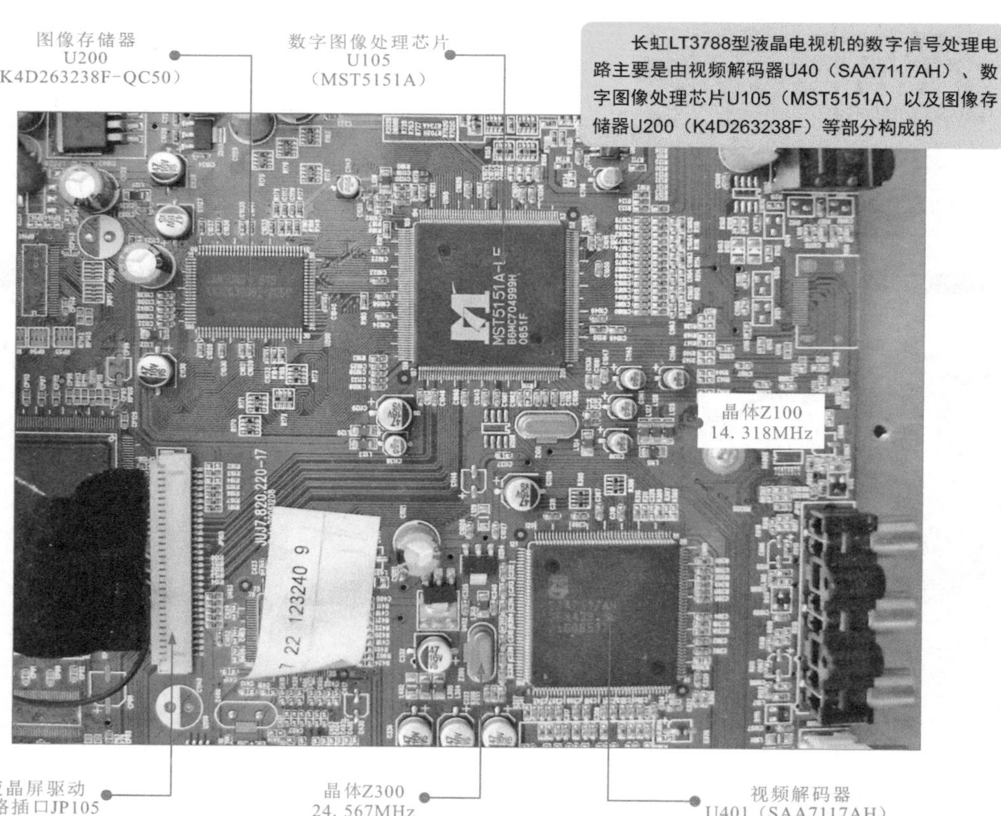

如图4-2所示为厦华LC32U25型液晶电视机的数字信号处理电路。经仔细观察电路元器件和查询集成电路手册可知，该数字信号处理电路主要是由视频解码器N601（TVP5147M1）、数字图像处理芯片N101（MST6151DA-LF）、图像存储器N201和N202（HY57V641620ETP）以及时钟晶体等组成的。

图4-2 厦华LC32U25型液晶电视机的数字信号处理电路

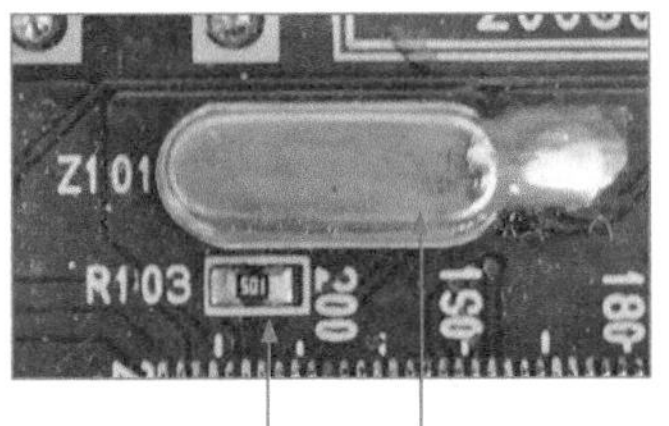

数字图像处理芯片是数字信号处理电路中的标志器件，通常是电路中规模最大、引脚最密集的贴片式集成电路

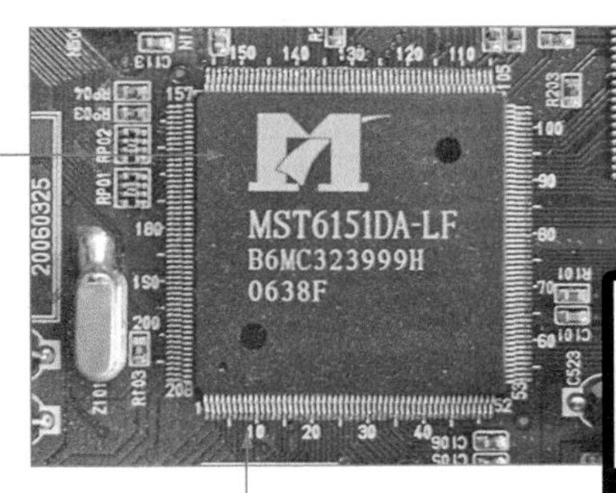

时钟晶体一般为椭圆柱形金属外壳封装，位于芯片旁边，通过引脚直接与芯片相连

时钟晶体Z101（14.31818MHz）

视频解码器N601（TVP5147M1）

视频解码器通常位于数字图像处理芯片附近，引脚相对较少，通过其表面型号标识确认其功能是最准确最直接的方法

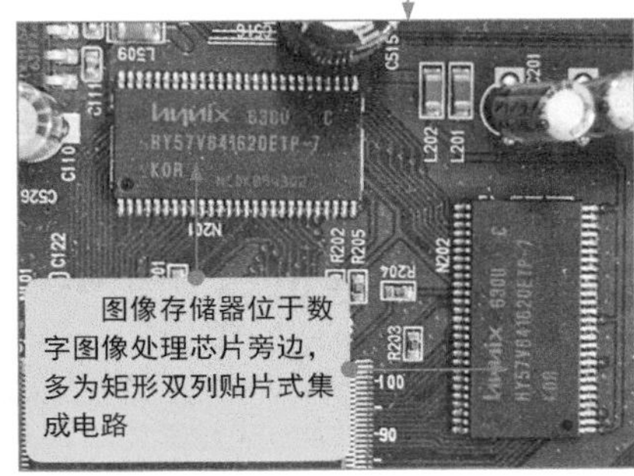

图像存储器位于数字图像处理芯片旁边，多为矩形双列贴片式集成电路

如图4-3所示为不同品牌、型号液晶电视机中数字信号处理电路的结构特征。不同品牌、不同型号的液晶电视机中，数字信号处理电路的安装位置基本相同，但具体到结构细节并不完全相同。

图4-3 不同品牌、不同型号液晶电视机中的数字信号处理电路

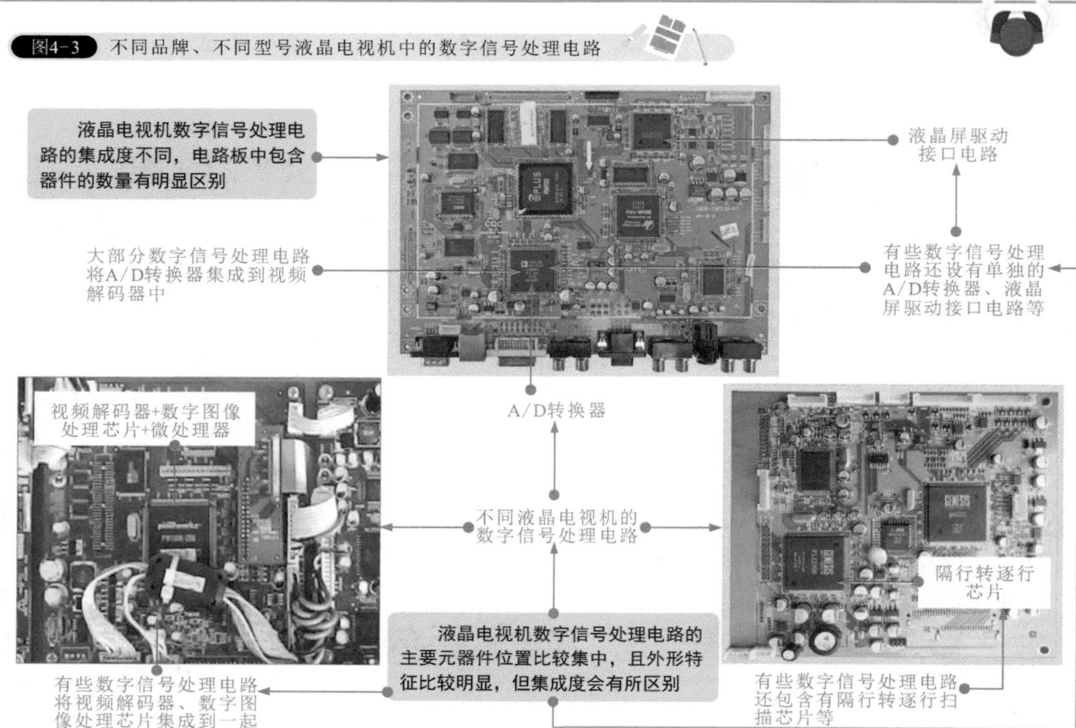

❶ 数字图像处理芯片

如图4-4所示为典型数字图像处理芯片U105（MST5151A）的实物外形图，它是液晶电视机数字信号处理电路中的主要芯片。

图4-4 数字图像处理芯片U105（MST5151A）

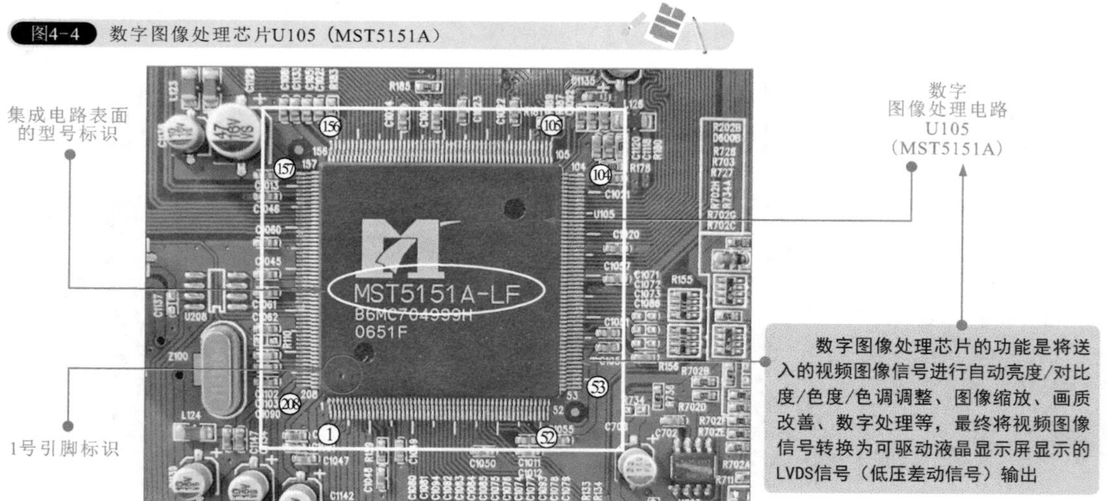

② 视频解码器

图4-5 视频解码器U401（SAA7117AH）

如图4-5所示为典型视频解码器U401（SAA7117AH）的实物外形及引脚功能。视频解码器SAA7117AH是一种数字视频信号解码器，支持NTST/PAL/SECAM三种制式的视频输入信号，可提供10位的A/D转换，具有自动颜色校正、全方位的亮度、对比度和饱和度的调整等功能。

集成电路表面的型号标识

视频解码器U401 SAA7117AH

1号引脚标识

视频解码器属于大规模集成电路，其内部集成有自动颜色校正、全方位的亮度、对比度和饱和度的调整等功能

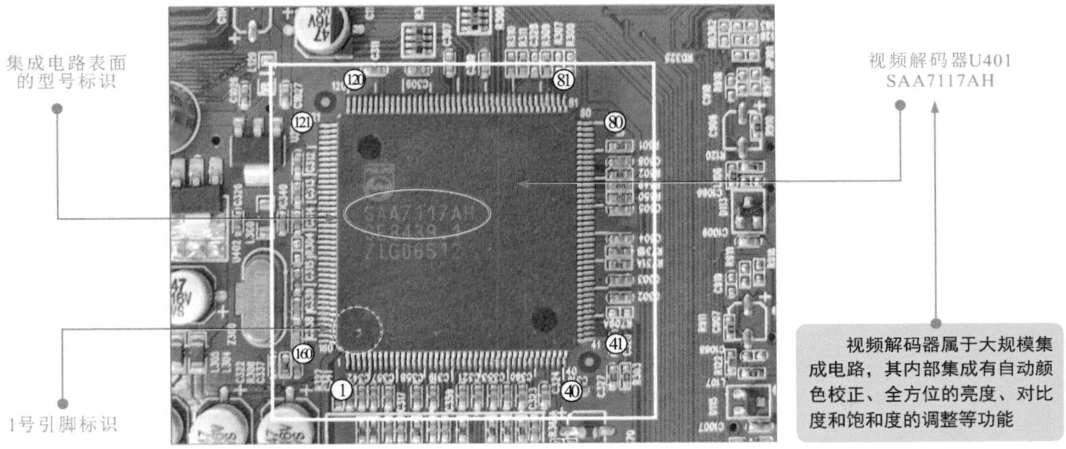

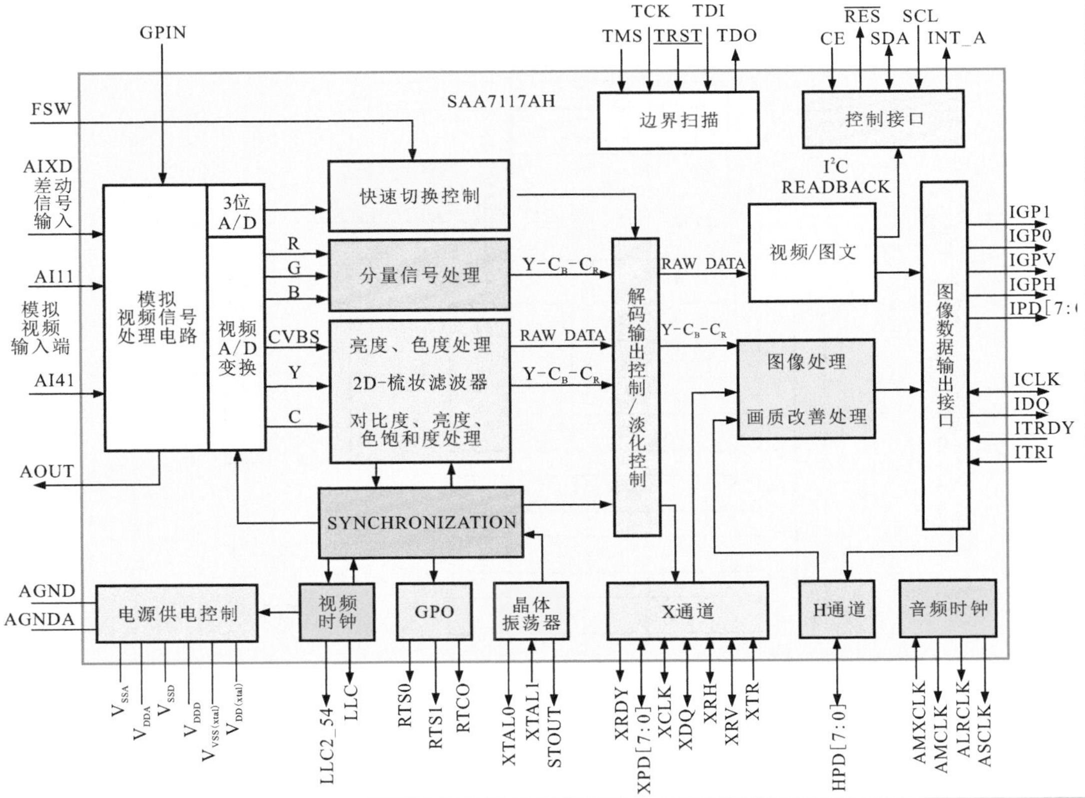

③ 图像存储器

如图4-6所示为典型图像存储器U200（K4D263238F）的实物外形。数字信号处理电路中的图像存储器也称为图像帧存储器，用于与数字图像处理器相配合，对图像的数据进行暂存，来实现数字图像信号的处理。

图4-6 图像存储器U200（K4D263238F）

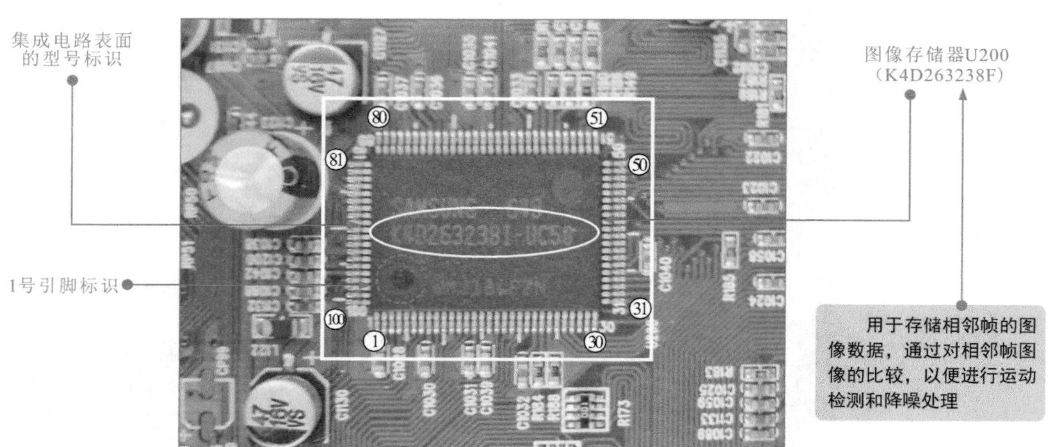

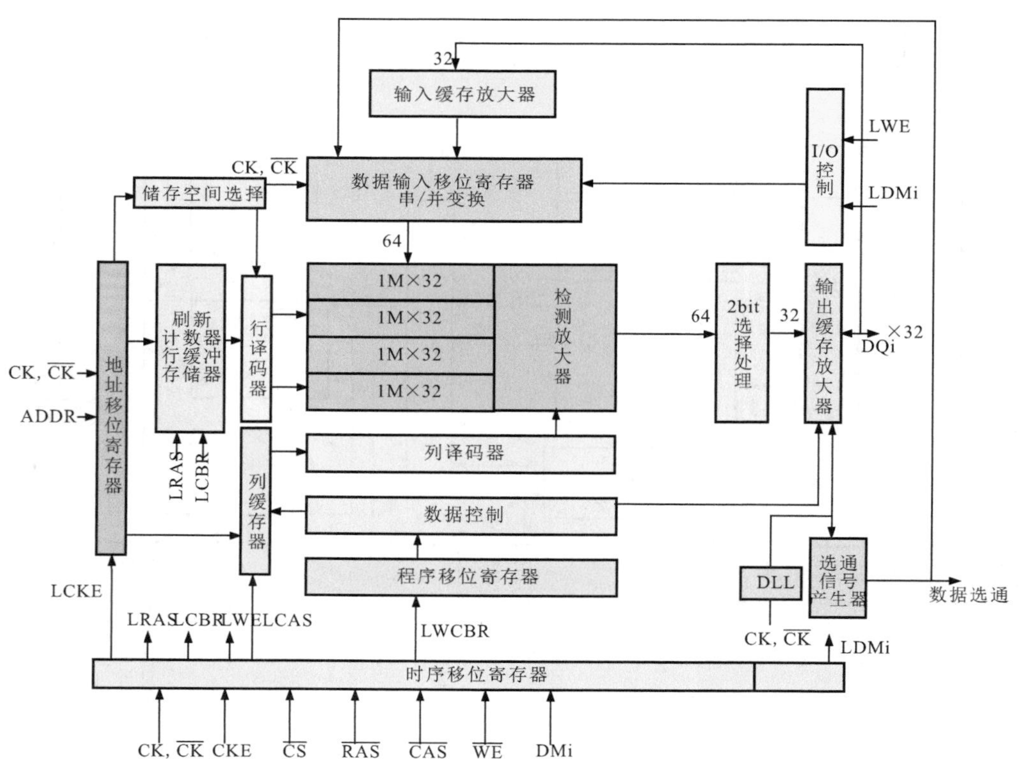

在液晶电视机中，一般会用到三种存储器，一种即为上述的图像存储器，还有两种是系统控制电路中的用户存储器和程序存储器。

图4-7 用户存储器和程序存储器

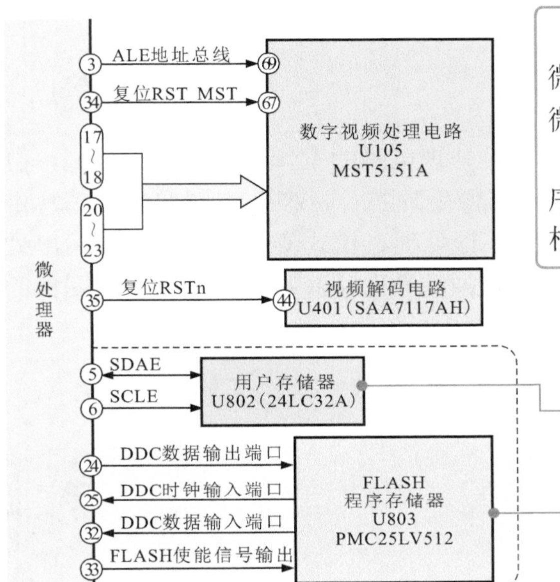

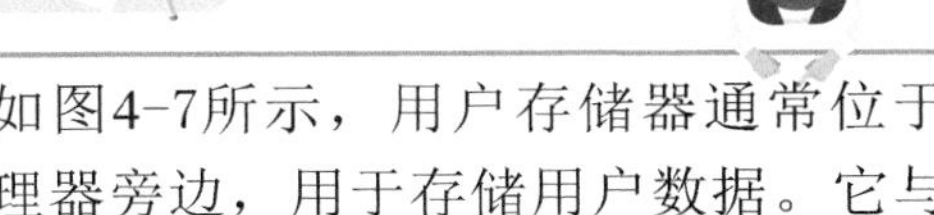

如图4-7所示，用户存储器通常位于微处理器旁边，用于存储用户数据。它与微处理器之间通过I²C总线进行连接。

程序存储器用于存储CPU工作时的程序，该程序在出厂时已经设定好，通过多根数据总线和地址总线与CPU连接。

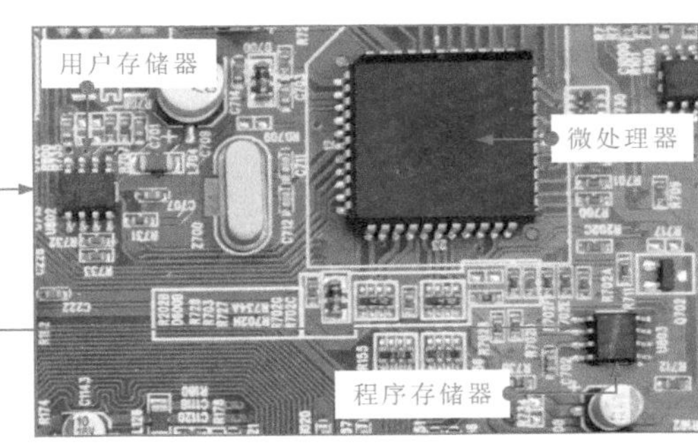

❹ 时钟晶体

图4-8 时钟晶体的实物外形

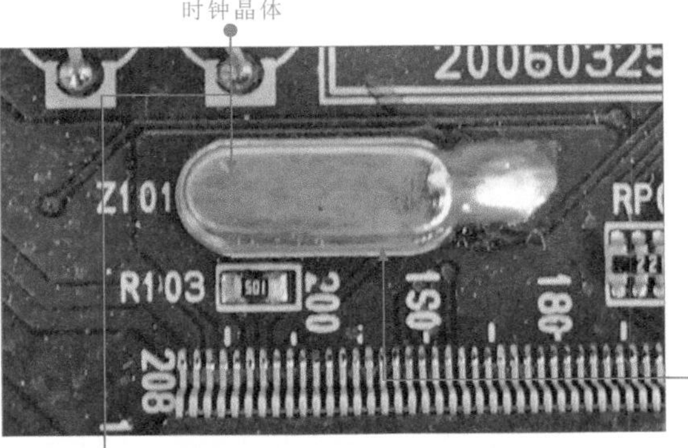

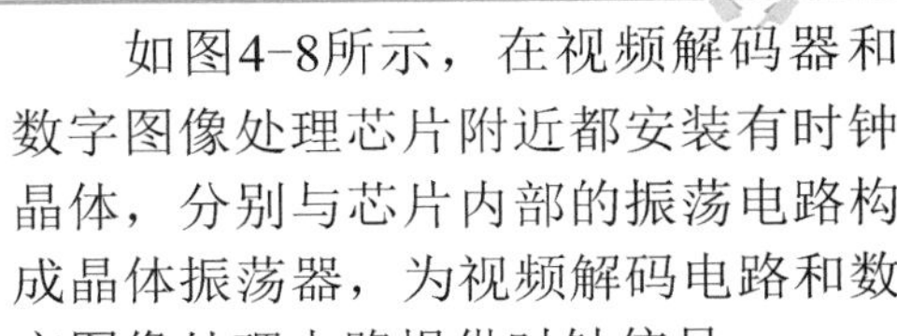

如图4-8所示，在视频解码器和数字图像处理芯片附近都安装有时钟晶体，分别与芯片内部的振荡电路构成晶体振荡器，为视频解码电路和数字图像处理电路提供时钟信号。

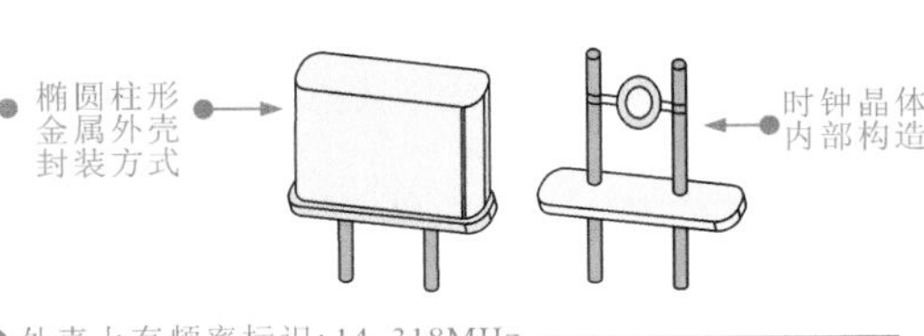

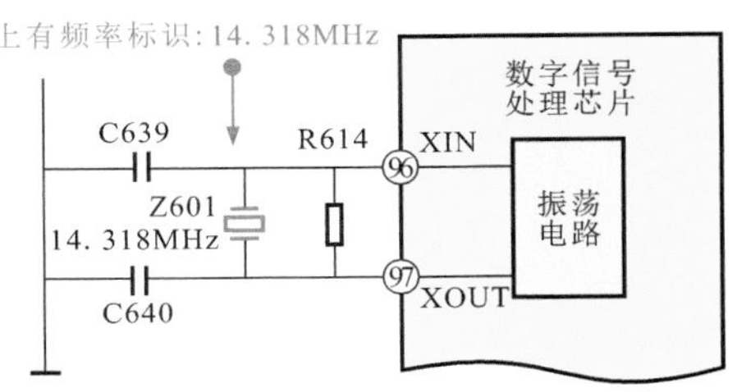

4.1.2 液晶电视机数字信号处理电路的工作原理

数字信号处理电路主要是对电视信号接收电路送来的视频图像信号或外部输入的视频图像信号进行解码，并转换成驱动液晶显示屏的驱动信号。

❶ 数字信号处理电路的基本原理

如图4-9所示为典型液晶电视机中数字信号处理电路的工作过程。可以看到，电视信号通过视频解码器或接口电路送入数字图像处理芯片，在数字图像处理芯片中进行A/D和D/A变换、HDMI接口处理、隔行/逐行处理、模式变换、低压差分输出处理后输出LVDS（低压差分信号）驱动信号和时钟信号送往液晶屏，从而实现图像的显示（播放）。

图4-9 典型液晶电视机中数字信号处理电路的工作过程

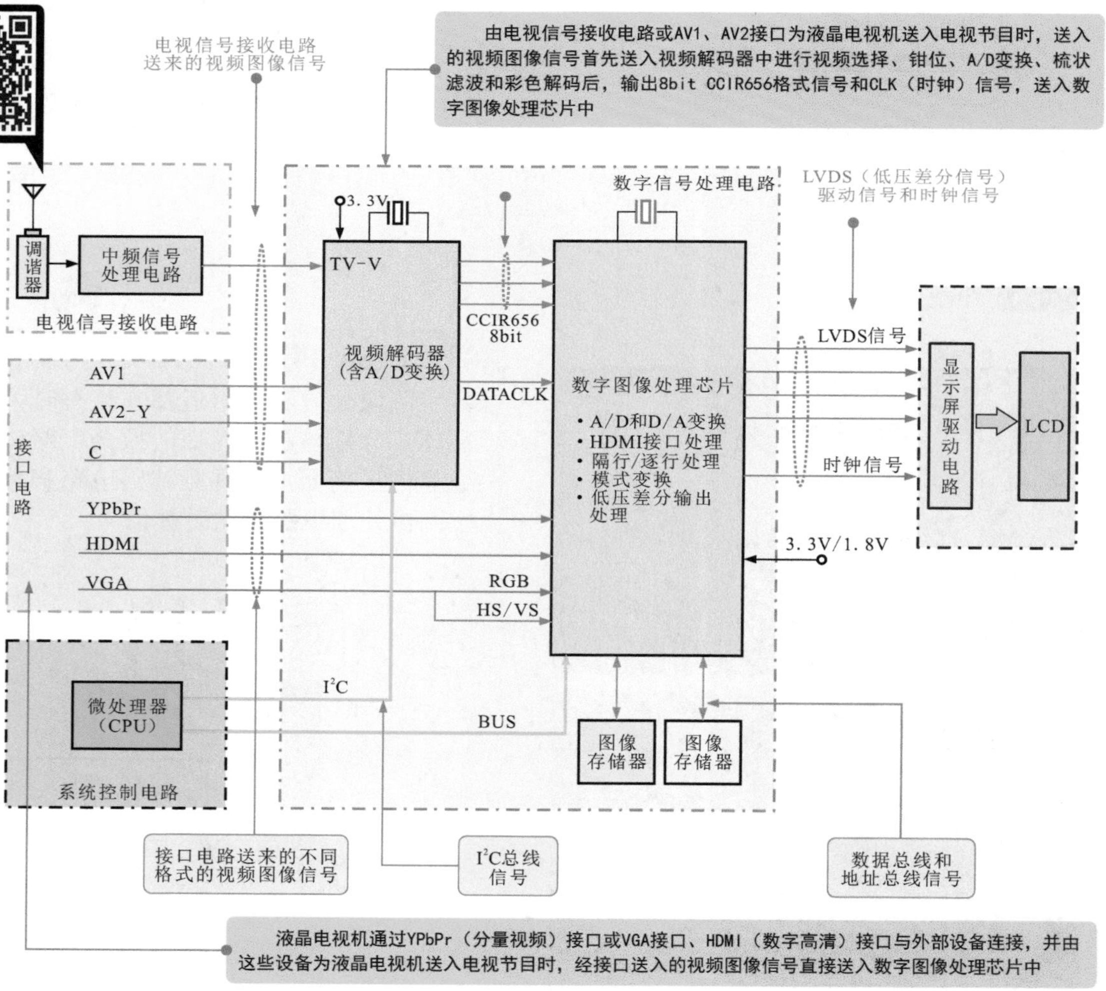

❷ 典型液晶电视机数字信号处理电路的电路分析

数字信号处理电路的结构相对较复杂，下面我们以厦华LC-32U25型液晶电视机的数字信号处理电路为例进行介绍，并将其按照电路功能划分将其分为几个部分分别进行分析。

图4-10 厦华LC-32U25型液晶电视机的数字信号处理电路关系图

如图4-10所示为厦华LC-32U25型液晶电视机的数字信号处理电路关系图，由图不难了解到该电路中各主要元件的信号传输关系，对后面具体分析电路起到指导性作用，也有助于理清主要信号的工作流程。

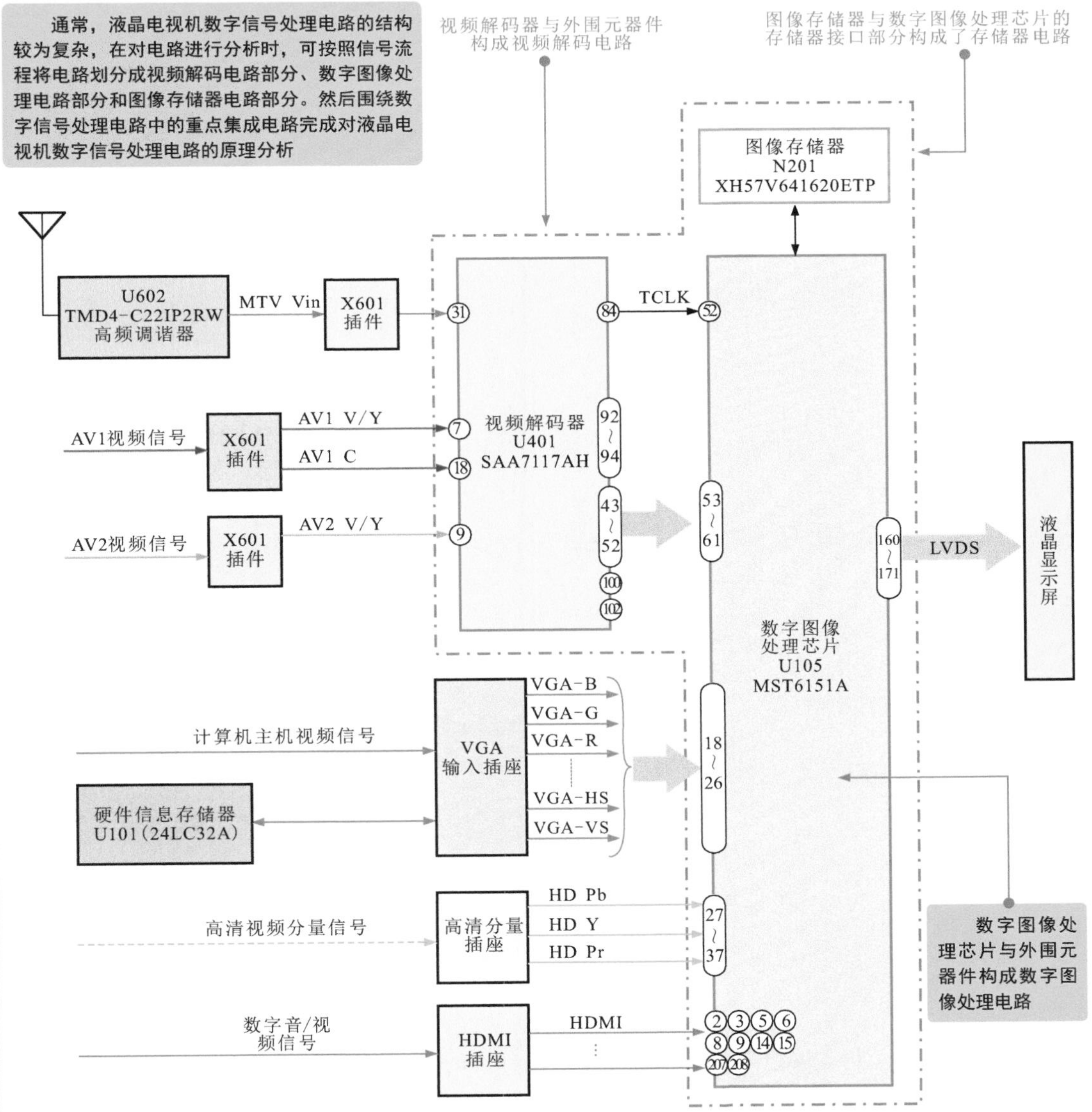

如图4-11所示，厦华LC-32U25型液晶电视机视频解码电路主要是由视频解码器N601、14.31818 MHz时钟晶体Z601及相关外围元器件构成。视频解码器对输入的视频信号进行处理后，将其变为8bit CCIR656数据信号输出送入数字图像处理芯片。

图4-11 厦华LC-32U25型液晶电视机视频解码电路的工作原理

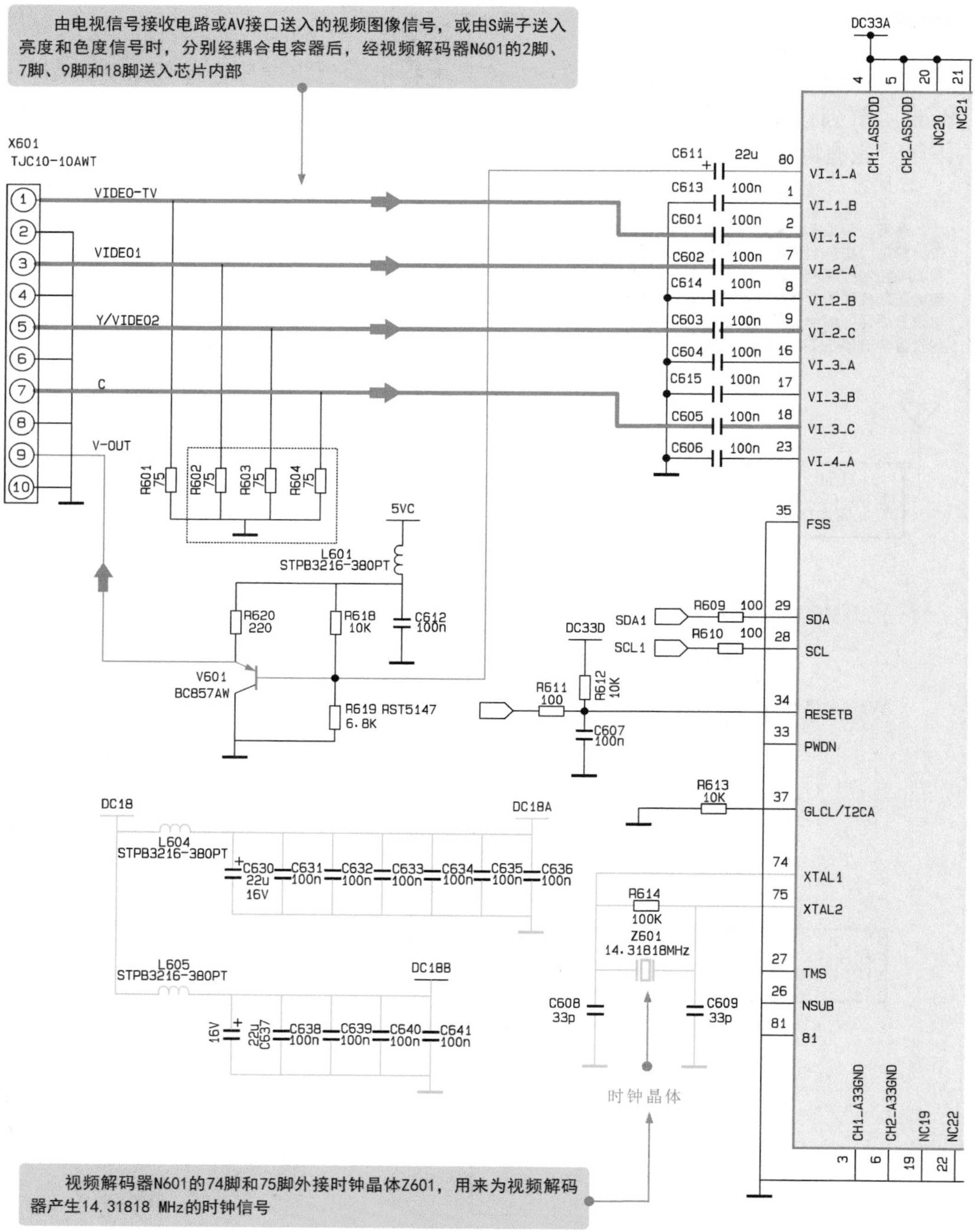

由电视信号接收电路或AV接口送入的视频图像信号，或由S端子送入亮度和色度信号时，分别经耦合电容器后，经视频解码器N601的2脚、7脚、9脚和18脚送入芯片内部

时钟晶体

视频解码器N601的74脚和75脚外接时钟晶体Z601，用来为视频解码器产生14.31818 MHz的时钟信号

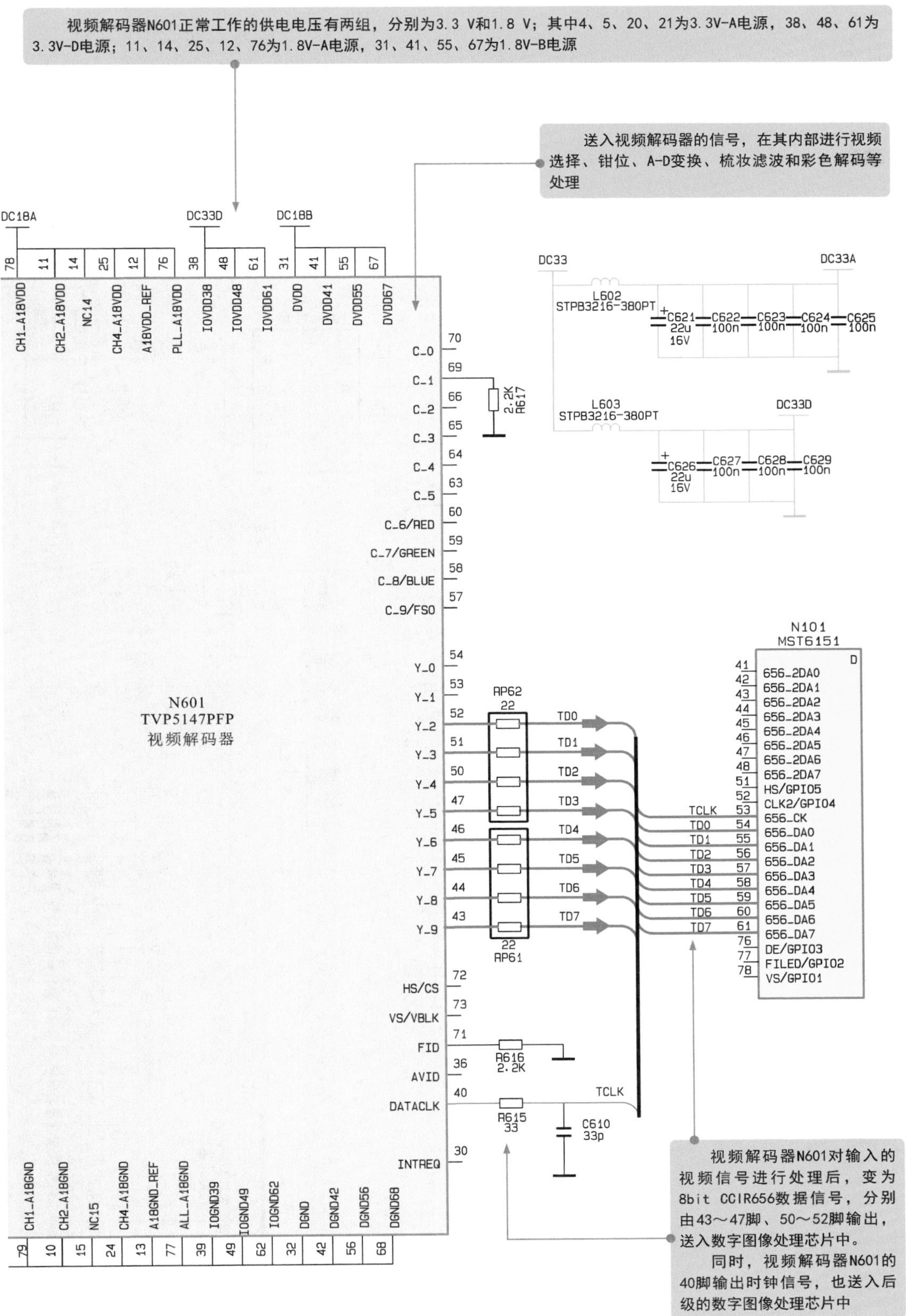
视频解码器N601正常工作的供电电压有两组，分别为3.3 V和1.8 V；其中4、5、20、21为3.3V-A电源，38、48、61为3.3V-D电源；11、14、25、12、76为1.8V-A电源，31、41、55、67为1.8V-B电源
送入视频解码器的信号，在其内部进行视频选择、钳位、A-D变换、梳妆滤波和彩色解码等处理
DC18A
DC33D
DC18B
DC33
DC33A
L602
STPB3216-380PT
C621 22u 16V
C622 100n
C623 100n
C624 100n
C625 100n
L603
STPB3216-380PT
DC33D
C626 22u 16V
C627 100n
C628 100n
C629 100n
N601
TVP5147PFP
视频解码器
R617 2.2K
RP62 22
RP61 22
N101
MST6151
R616 2.2K
R615 33
C610 33p
TCLK
视频解码器N601对输入的视频信号进行处理后，变为8bit CCIR656数据信号，分别由43～47脚、50～52脚输出，送入数字图像处理芯片中。
同时，视频解码器N601的40脚输出时钟信号，也送入后级的数字图像处理芯片中如图4-12所示，厦华LC-32U25型液晶电视机数字图像处理电路主要是由数字图像处理芯片N101、14.31818 MHz时钟晶体Z101及相关外围元器件构成。数字图像处理芯片将送入的信号进行处理后，输出驱动液晶屏的低压差分驱动信号（LVDS）。

图4-12 厦华LC-32U25型液晶电视机数字图像处理电路的工作原理

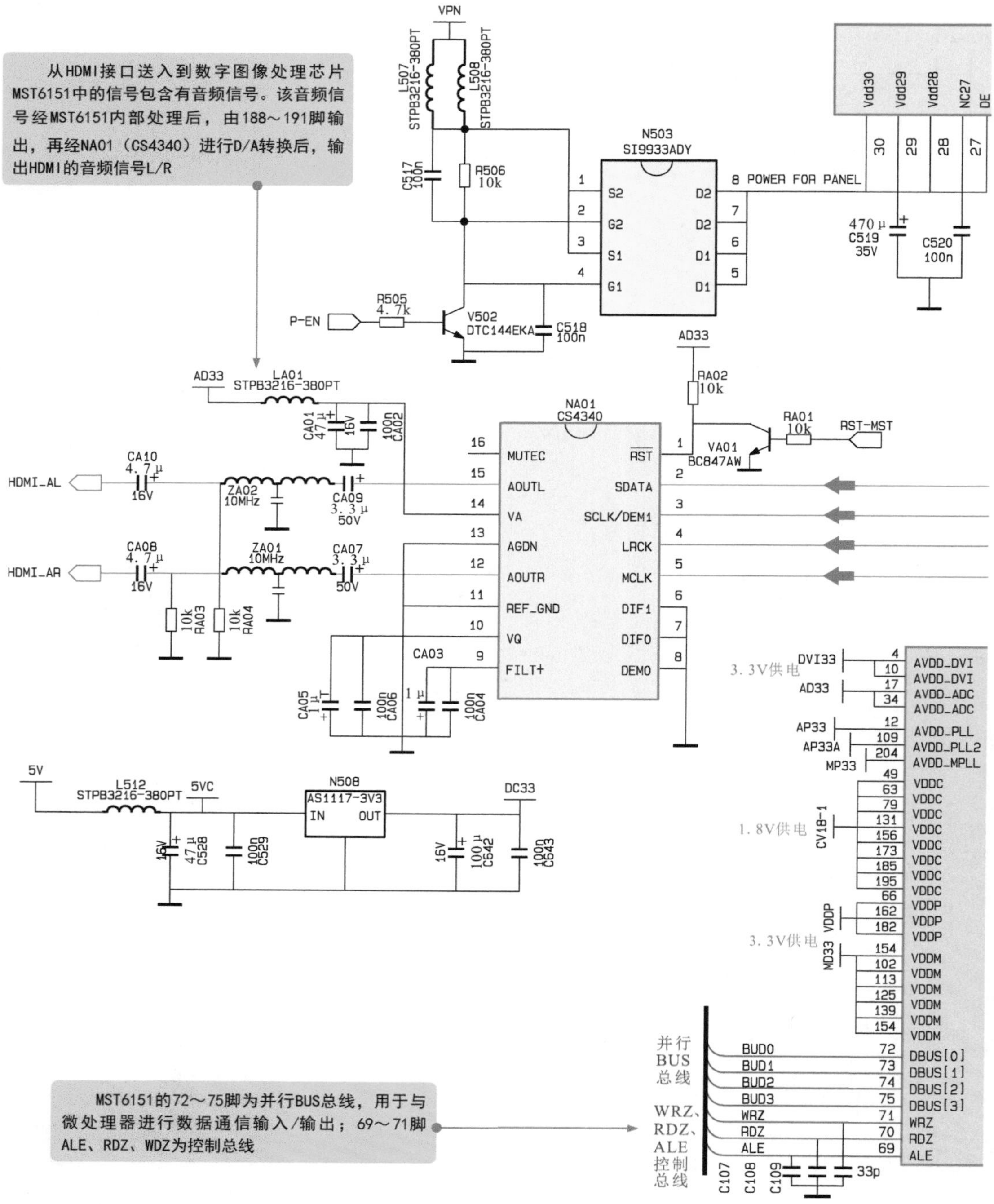

从HDMI接口送入到数字图像处理芯片MST6151中的信号包含有音频信号。该音频信号经MST6151内部处理后，由188～191脚输出，再经NA01（CS4340）进行D/A转换后，输出HDMI的音频信号L/R

3.3V供电

1.8V供电

3.3V供电

并行BUS总线

WRZ、RDZ、ALE控制总线

MST6151的72～75脚为并行BUS总线，用于与微处理器进行数据通信输入/输出；69～71脚ALE、RDZ、WDZ为控制总线

数字图像处理芯片N101（MST6151）将送入其内部的信号进行HDMI接口处理、A/D和D/A变换、隔行/逐行处理、模式变换、低压差分输出处理等，最终由160脚、161脚、164～171脚输出驱动液晶屏的低压差分驱动信号（LVDS），驱动液晶屏显示图像信息

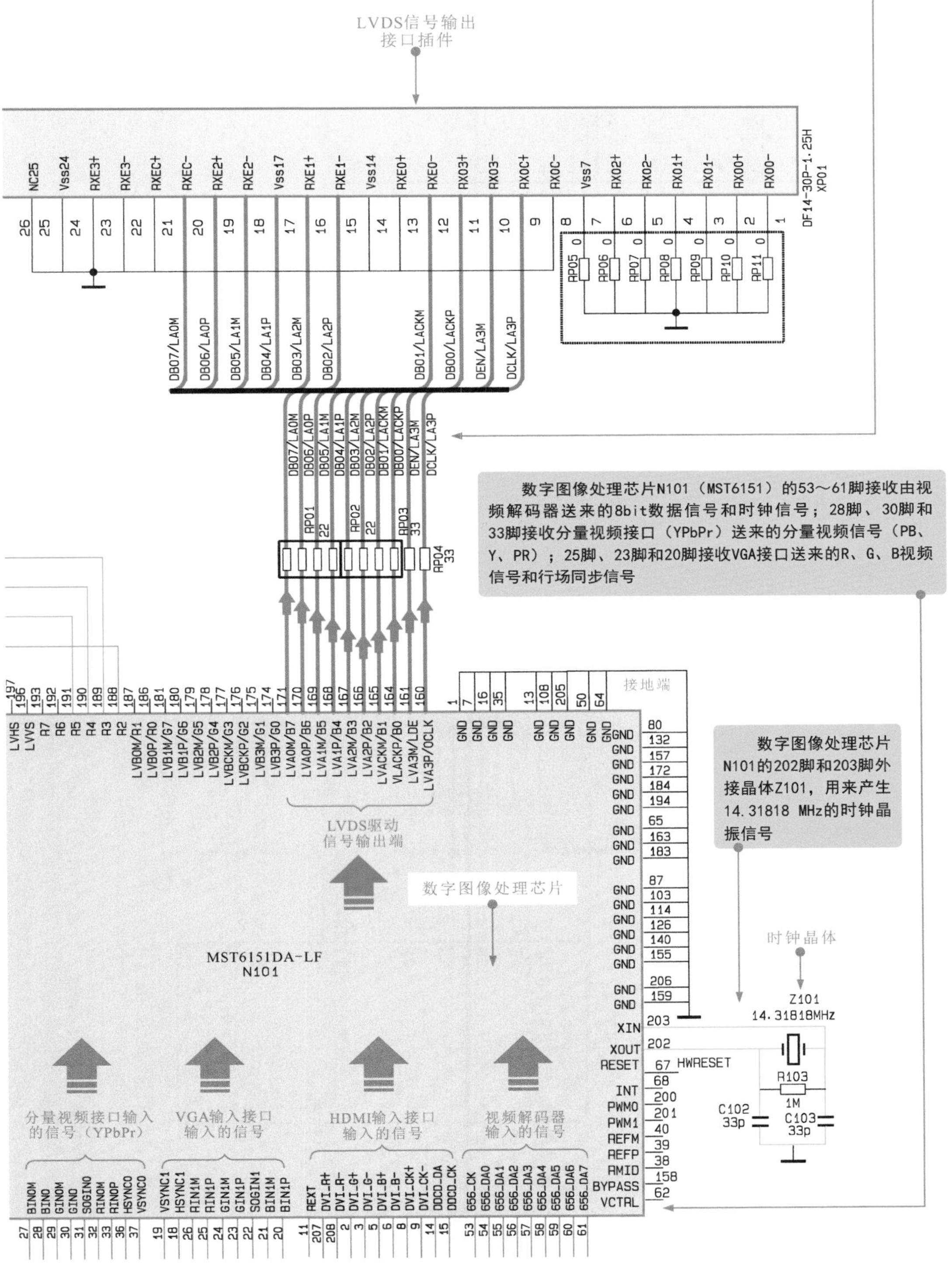
LVDS信号输出接口插件
DF14-30P-1.25H
XP01
数字图像处理芯片N101（MST6151）的53～61脚接收由视频解码器送来的8bit数据信号和时钟信号；28脚、30脚和33脚接收分量视频接口（YPbPr）送来的分量视频信号（PB、Y、PR）；25脚、23脚和20脚接收VGA接口送来的R、G、B视频信号和行场同步信号
接地端
数字图像处理芯片N101的202脚和203脚外接晶体Z101，用来产生14.31818 MHz的时钟晶振信号
LVDS驱动信号输出端
数字图像处理芯片
MST6151DA-LF
N101
时钟晶体
Z101
14.31818MHz
R103
1M
C102
33p
C103
33p
HWRESET
分量视频接口输入的信号（YPbPr）
VGA输入接口输入的信号
HDMI输入接口输入的信号
视频解码器输入的信号

如图4-13所示，厦华LC-32U25型液晶电视机数字图像处理芯片N101通过内部存储控制器与图像存储器实现数据的存取处理。

图4-13 厦华LC-32U25型液晶电视机图像存储器电路的工作原理

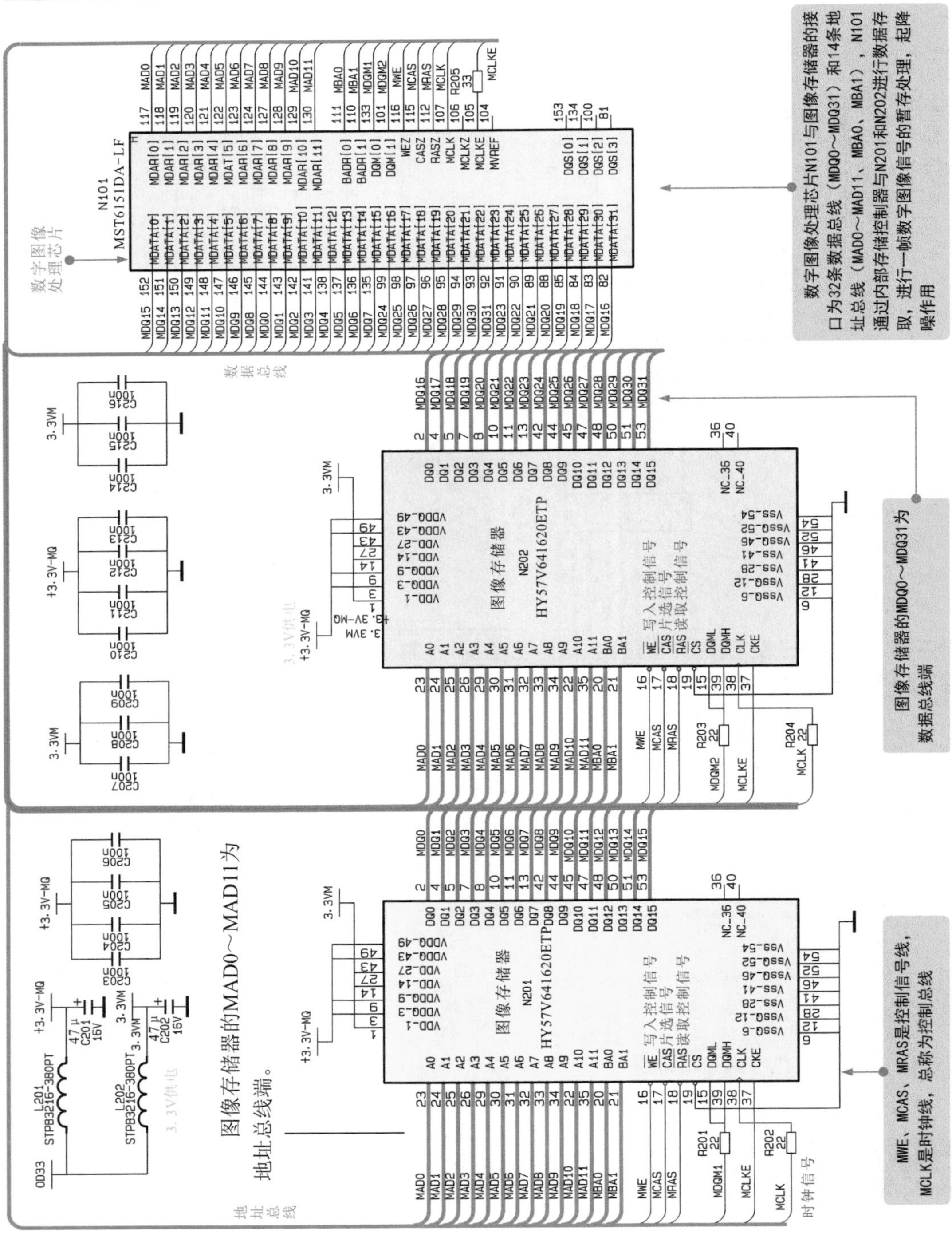
数字图像处理芯片N101与图像存储器的接口为32条数据总线（MDQ0～MDQ31）和14条地址总线（MAD0～MAD11、MBA0、MBA1），N101通过内部存储控制器与N201和N202进行数据存取，进行一帧数字图像信号的暂存处理，起降噪作用
数字图像处理芯片
N101
MST6151DA-LF
数据总线
图像存储器的MDQ0～MDQ31为数据总线端
图像存储器
N202
HY57V641620ETP
图像存储器
N201
HY57V641620ETP
写入控制信号
片选信号
读取控制信号
3.3V供电
图像存储器的MAD0～MAD11为地址总线端。
地址总线
时钟信号
MWE、MCAS、MRAS是控制信号线，MCLK是时钟线，总称为控制总线

4.2 液晶电视机数字信号处理电路的故障检修

数字信号处理电路是液晶电视机中的关键电路。若该电路出现故障，经常会引起液晶电视机出现无图像、黑屏、花屏、图像马赛克、满屏竖线干扰或不开机等故障现象。

4.2.1 液晶电视机数字信号处理电路的检修分析

图4-14 液晶电视机数字信号处理电路的检修流程图

如图4-14所示为典型液晶电视机数字信号处理电路的检修分析。怀疑数字信号处理电路存在故障，可从一个电路输出端入手，沿信号流程逐级向前，完成对数字信号处理电路的故障检测。

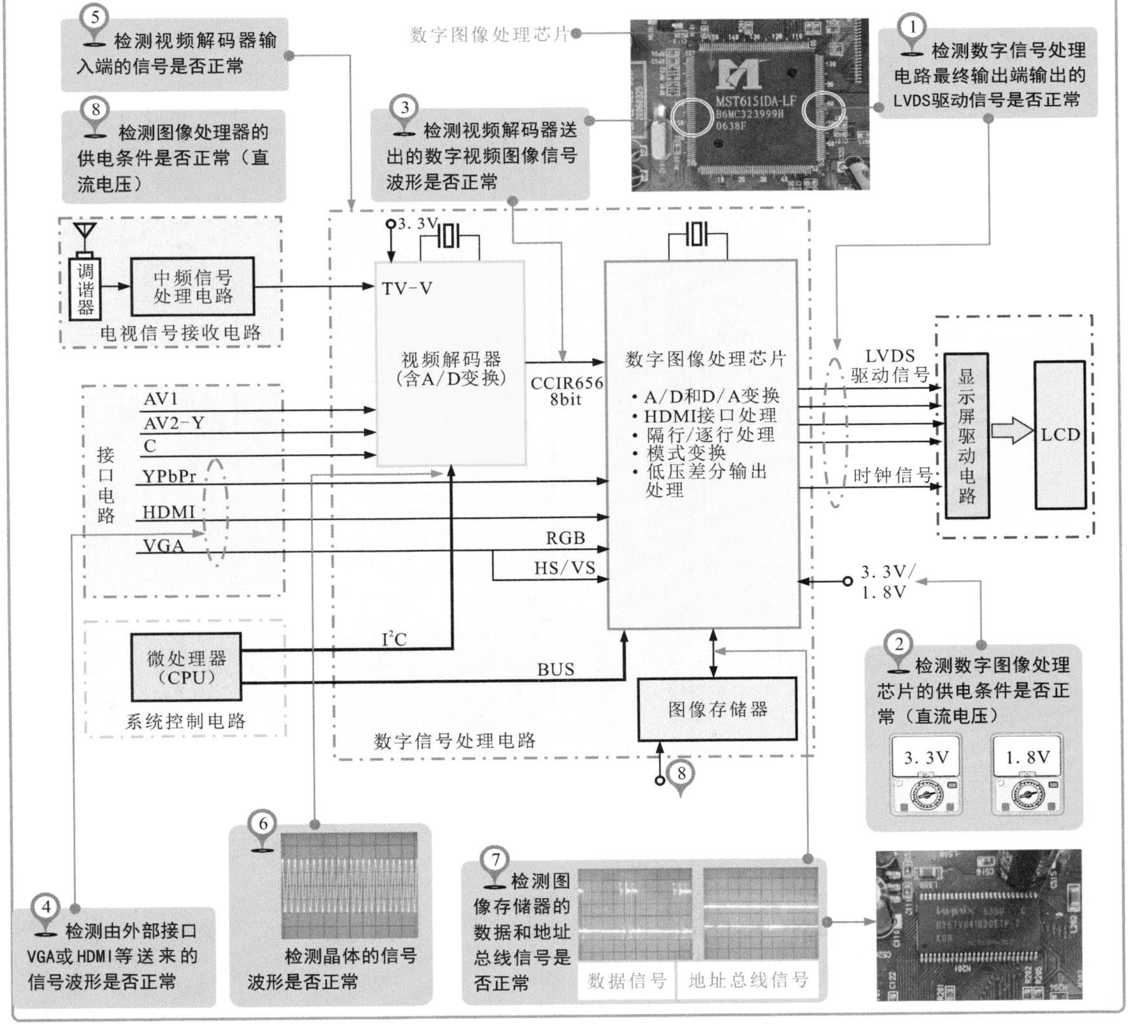

① 检测数字信号处理电路最终输出端输出的LVDS驱动信号是否正常

② 检测数字图像处理芯片的供电条件是否正常（直流电压）

3. 3V

1. 8V

③ 检测视频解码器送出的数字视频图像信号波形是否正常

④ 检测由外部接口VGA或HDMI等送来的信号波形是否正常

⑤ 检测视频解码器输入端的信号是否正常

⑥ 检测晶体的信号波形是否正常

⑦ 检测图像存储器的数据和地址总线信号是否正常

数据信号

地址总线信号

⑧ 检测图像处理器的供电条件是否正常（直流电压）

数字图像处理芯片

MST6151DA-LF

调谐器

中频信号处理电路

电视信号接收电路

3. 3V

TV-V

视频解码器（含A/D变换）

CCIR656 8bit

数字图像处理芯片

• A/D和D/A变换

• HDMI接口处理

• 隔行/逐行处理

• 模式变换

• 低压差分输出处理

LVDS驱动信号

时钟信号

显示屏驱动电路

LCD

接口电路

AV1

AV2-Y

C

YPbPr

HDMI

VGA

RGB

HS/VS

3. 3V/1. 8V

微处理器（CPU）

系统控制电路

I^2C

BUS

图像存储器

数字信号处理电路

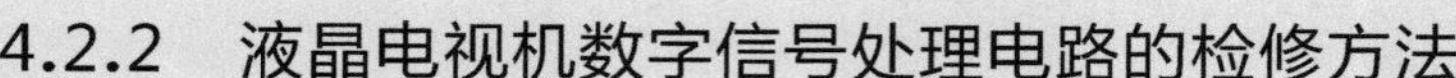

4.2.2 液晶电视机数字信号处理电路的检修方法

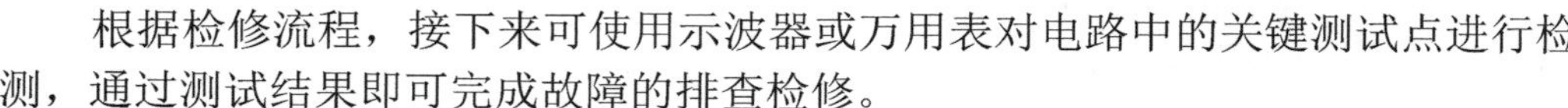

根据检修流程，接下来可使用示波器或万用表对电路中的关键测试点进行检测，通过测试结果即可完成故障的排查检修。

❶ LVDS驱动信号的检测方法

如图4-15所示，液晶电视机出现图像异常时，首先应判断数字信号处理电路有无输出，即在通电开机的状态下对数字信号处理电路的LVDS驱动信号进行检测。

图4-15 数字图像处理芯片输出的LVDS信号的检测方法

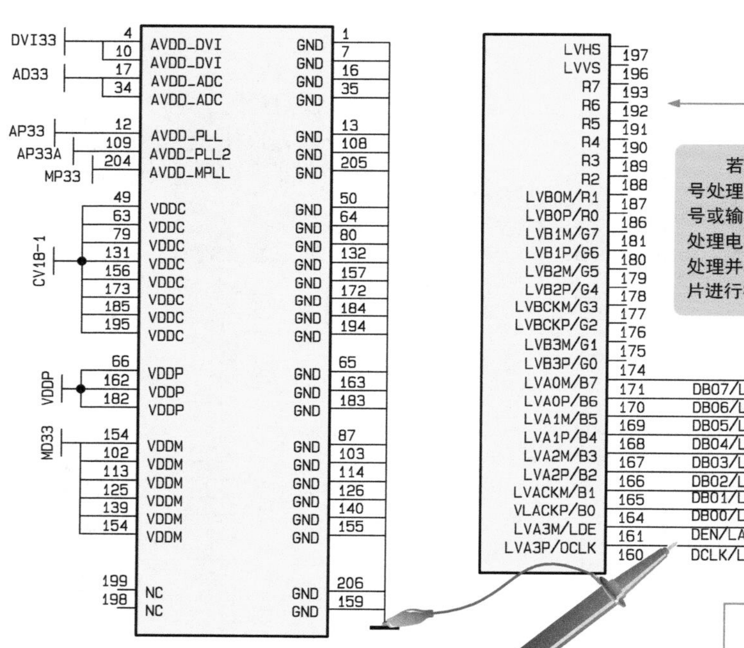

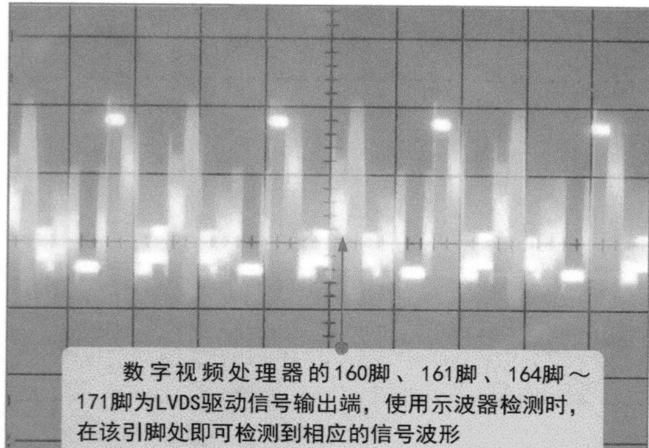

❷ 数字图像处理器供电电压的检测方法

图4-16 数字图像处理器供电电压的检测方法

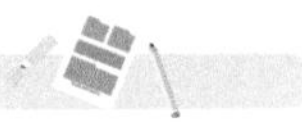

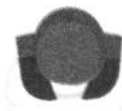

如图4-16所示，若检测数字信号处理电路无输出信号，则需要对该电路中的数字图像处理器N101的供电电压进行检测。

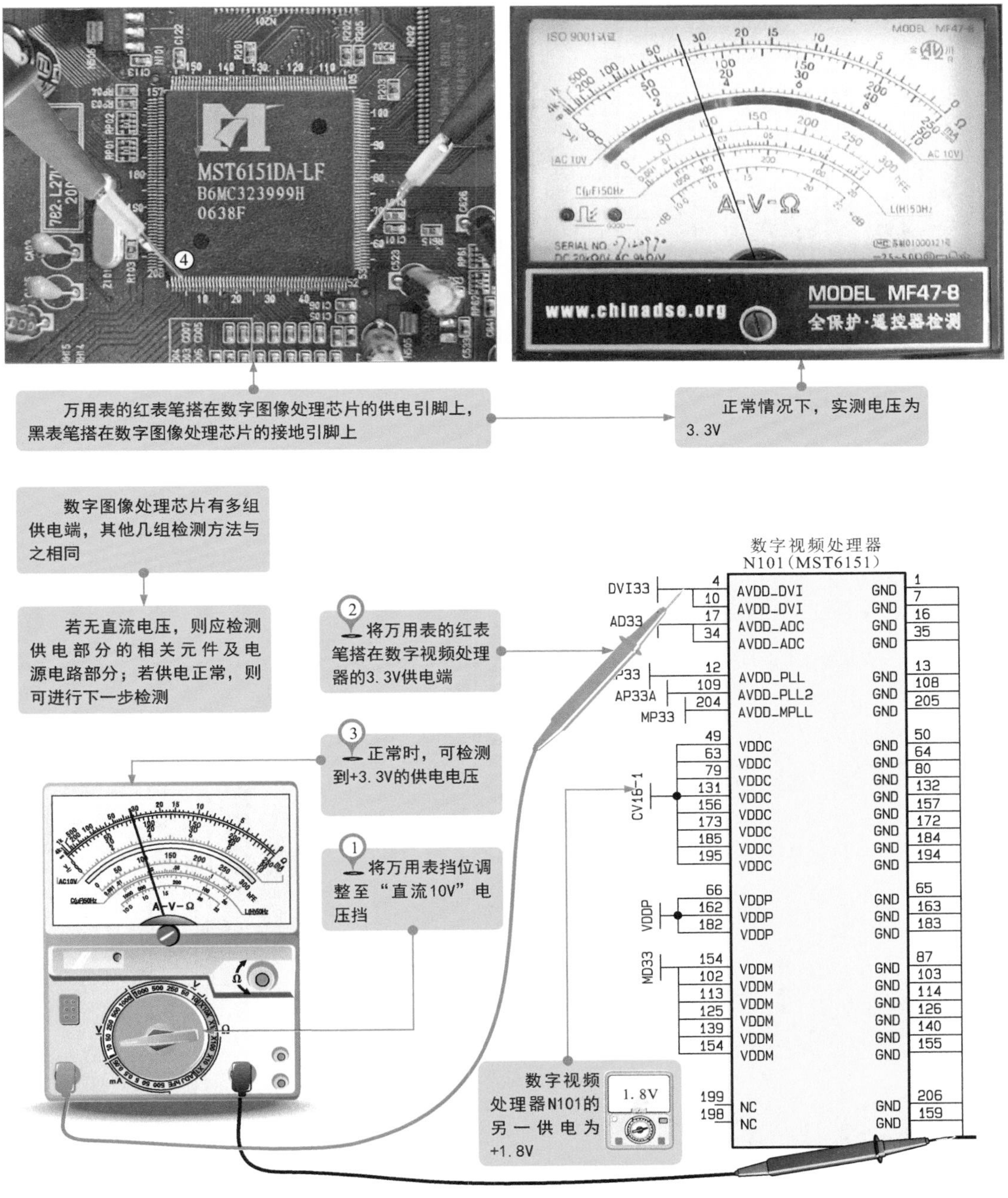
MST6151DA-LF
B6MC323999H
0638F
MODEL MF47-8
www.chinadse.org
全保护·遥控器检测
万用表的红表笔搭在数字图像处理芯片的供电引脚上，黑表笔搭在数字图像处理芯片的接地引脚上
正常情况下，实测电压为3.3V
数字图像处理芯片有多组供电端，其他几组检测方法与之相同
若无直流电压，则应检测供电部分的相关元件及电源电路部分；若供电正常，则可进行下一步检测
② 将万用表的红表笔搭在数字视频处理器的3.3V供电端
③ 正常时，可检测到+3.3V的供电电压
① 将万用表挡位调整至“直流10V”电压挡
数字视频处理器N101的另一供电为+1.8V
1.8V
数字视频处理器
N101（MST6151）
DVI33
AD33
AP33A
MP33
CV18-1
VDDP
MD33
AVDD_DVI
AVDD_ADC
AVDD_PLL
AVDD_PLL2
AVDD_MPLL
VDDC
VDDP
VDDM
NC
GND

③ 数字图像处理器晶振信号的检测方法

如图4-17所示，若数字视频处理器N101供电正常，还应检测晶体Z101；若晶振信号波形不正常，则需要进一步判断晶振的性能是否正常；若该晶振的信号波形正常，则应对数字视频处理器的输入信号进行检测。

图4-17 数字图像处理器晶振信号的检测方法

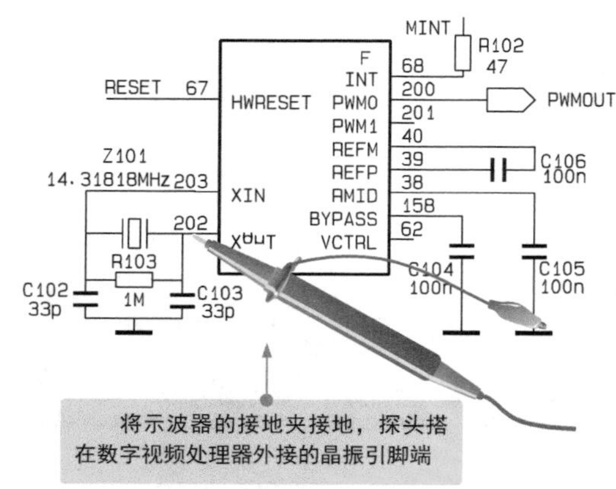

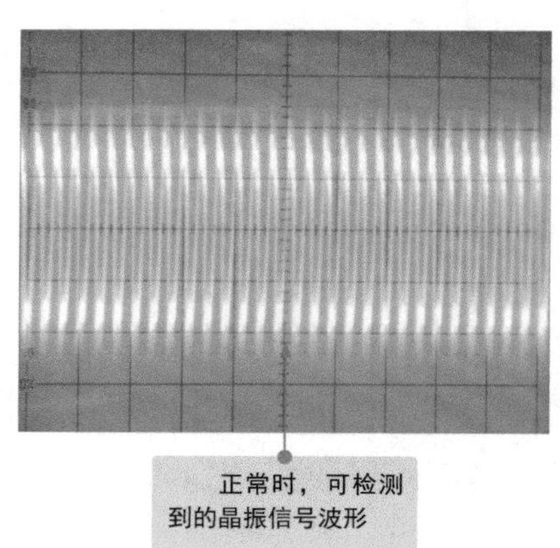

④ 数字图像处理器输入信号的检测方法

如图4-18所示，当液晶电视机工作在TV状态下或是在S端子输入信号时，该信号经视频解码器处理后，输出的数字视频图像信号作为数字视频处理器的输入信号。若该信号不正常，则应对视频解码器进行检测。

图4-18 数字图像处理器输入端视频信号的检测方法

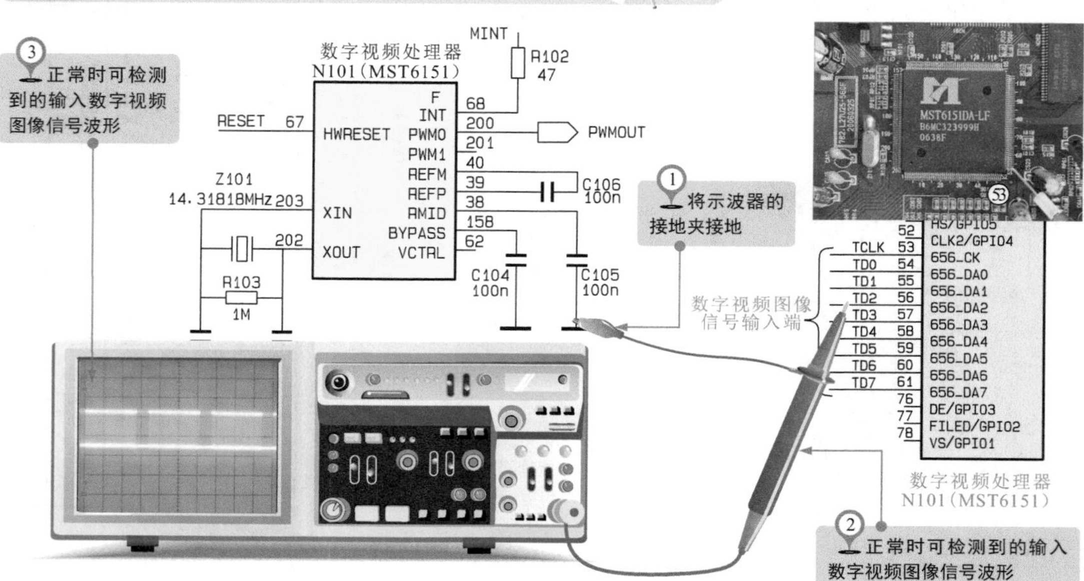

如图4-19所示为数字图像处理器输入端HDMI信号的检测方法。当正确使用HDMI接口播放视频时，正常情况下，在数字图像处理器的HDMI信号输入端应该能够检测到数据时钟信号。

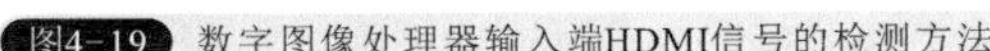

图4-19 数字图像处理器输入端HDMI信号的检测方法

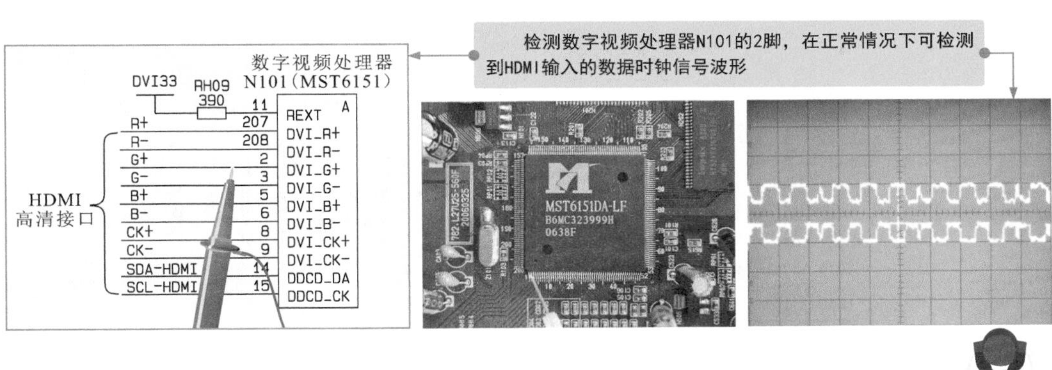

如图4-20所示为数字图像处理器输入端VGA信号的检测方法。正常情况下，使用VGA接口时，应在数字图像处理器的VGA信号输入端能够检测到模拟RGB信号。

图4-20 数字图像处理器输入端VGA信号的检测方法

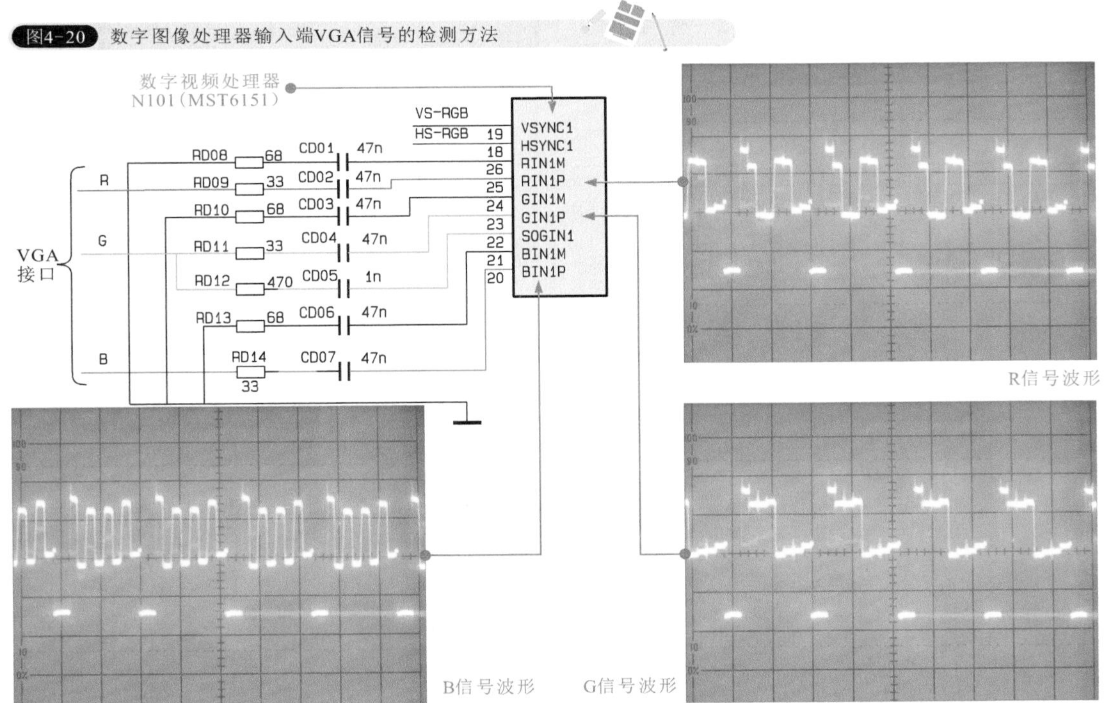

当数字信号处理电路部分中的数字视频处理器无输出，但各工作条件均正常时，就需要对其输入端信号进行检测。若输入端信号正常，则多为数字视频处理器本身故障；若输入信号不正常，则应对前级电路部分进行检测。

5 视频解码器供电电压的检测方法

如图4-21所示，若视频解码器N601送往数字视频处理器的数字视频图像信号不正常时，则应对视频解码器N601的供电电压进行检测。

图4-21 视频解码器供电电压的检测方法

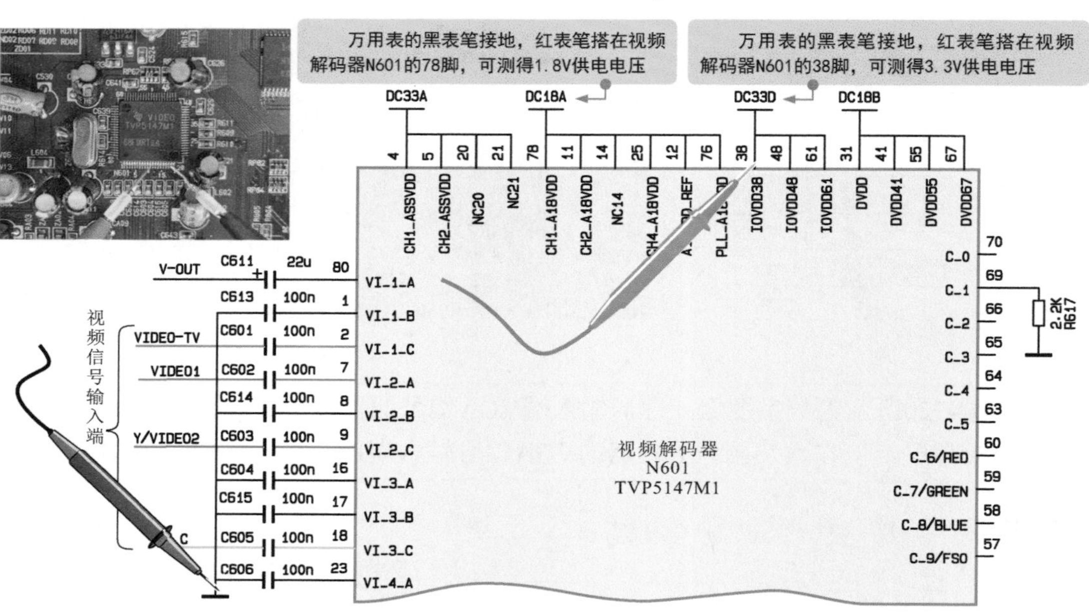

6 视频解码器晶振信号的检测方法

如图4-22所示，若视频解码器N601的供电正常，还应检测晶体Z601；若晶振的信号波形不正常，则视频解码不能进入工作状态。

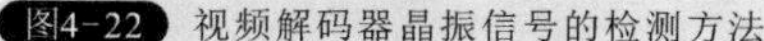

图4-22 视频解码器晶振信号的检测方法

① 将示波器的探头搭在视频解码的74脚或75脚，检测外接晶体Z601的时钟信号波形

② 在正常情况下测得的晶体Z601的信号波形

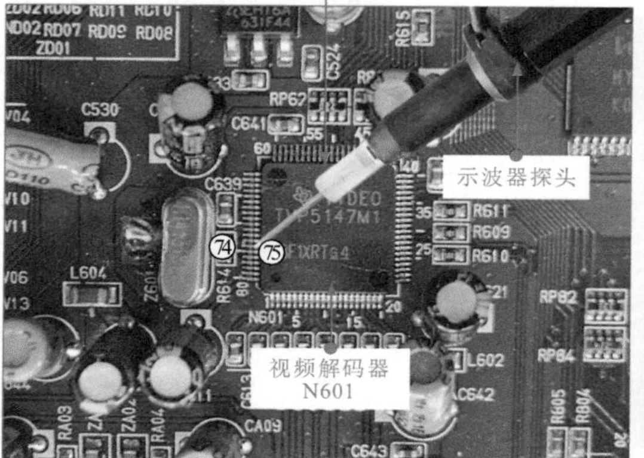

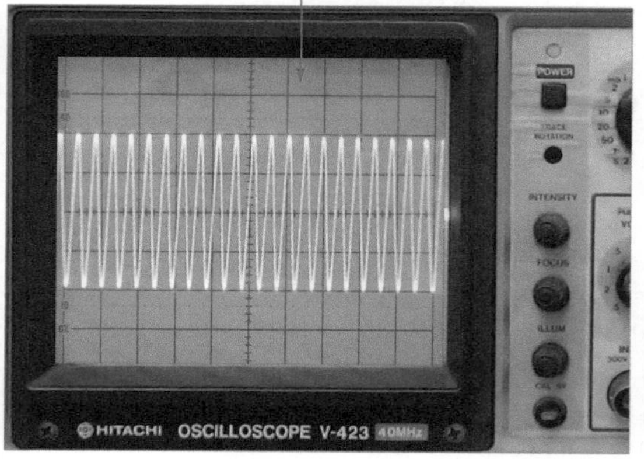

7 图像存储器总线信号的检测方法

如图4-23所示，图像存储器与与数字视频处理器之间通过总线信号传递调用和传递数据。在正常情况下，在图像存储器总线端应可测得相应的信号波形。

图4-23 图像存储器总线信号的检测方法

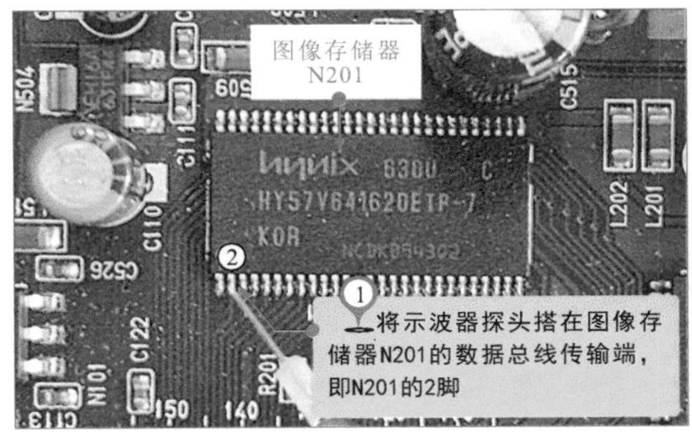

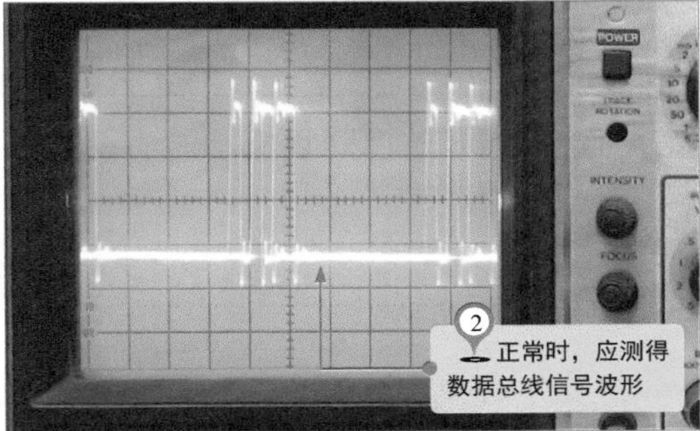

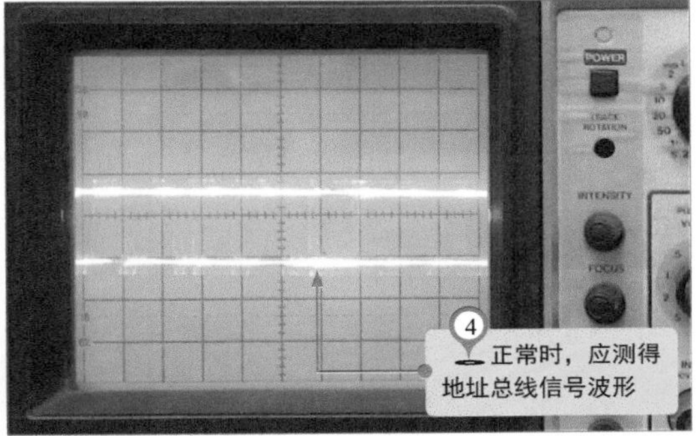

8 图像存储器供电电压的检测方法

如图4-24所示，若检测图像存储器与数字视频处理器之间的信号不正常，还应检测图像存储器N201和N202的供电电压，在正常情况下应有3.3 V的直流电压。

图4-24 图像存储器供电电压的检测方法

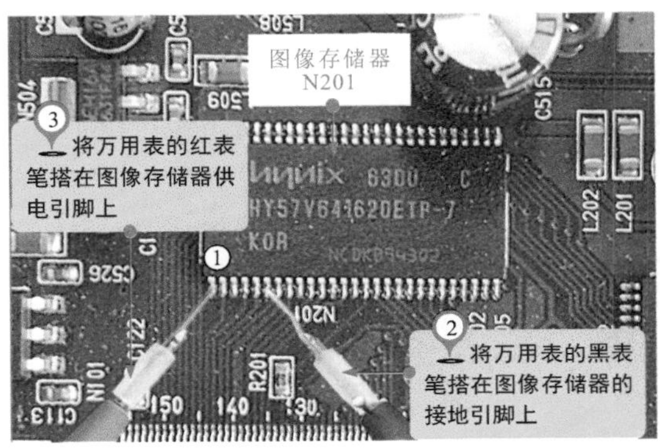

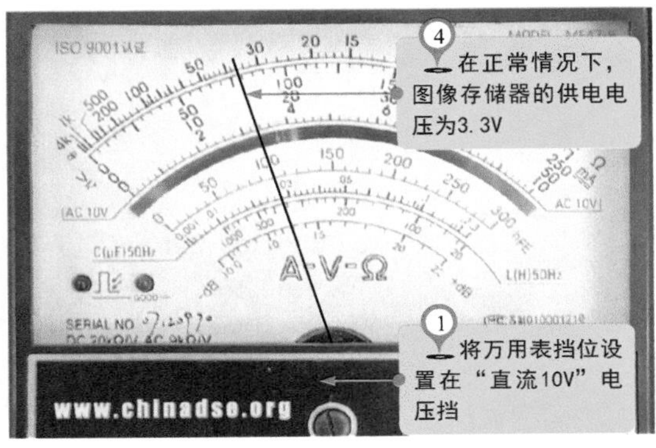

第5章
液晶电视机系统控制电路的故障检修

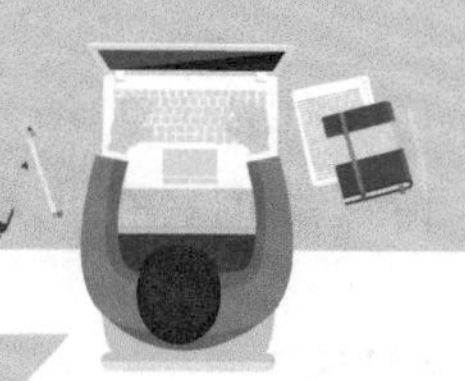

5.1 液晶电视机系统控制电路的结构原理

系统控制电路是液晶电视机的控制核心，电视节目的播放、声音的输出、节目的调台搜索以及液晶电视机功能的设定都是由该电路控制的。

5.1.1 液晶电视机系统控制电路的结构

液晶电视机的系统控制电路主要是由微处理器、数据存储器、时钟晶体和操作显示及遥控接收电路等组成的。

图5-1 厦华LC-32U25型液晶电视机的系统控制电路

如图5-1所示为典型液晶电视机（厦华LC-32U25型）系统控制电路。微处理器N601为控制核心，数据存储器和晶体通常位于微处理器附近，操作显示及遥控电路通过排线与主电路板相连。

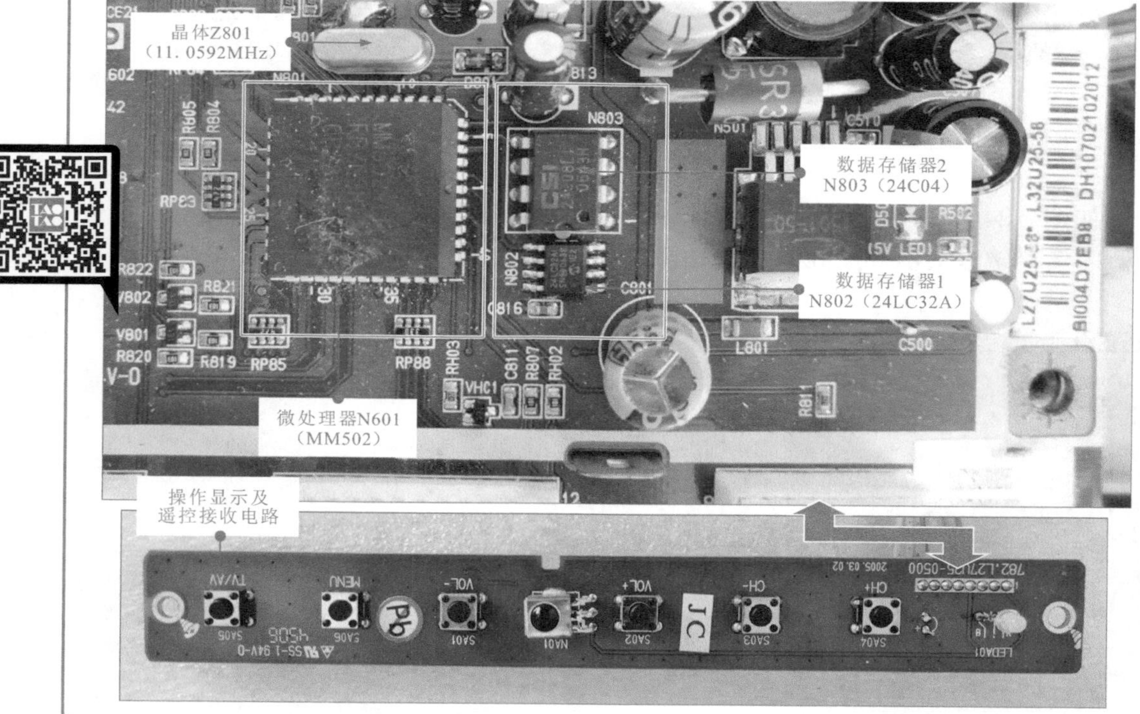

图5-2 长虹LT3788型液晶电视机的系统控制电路

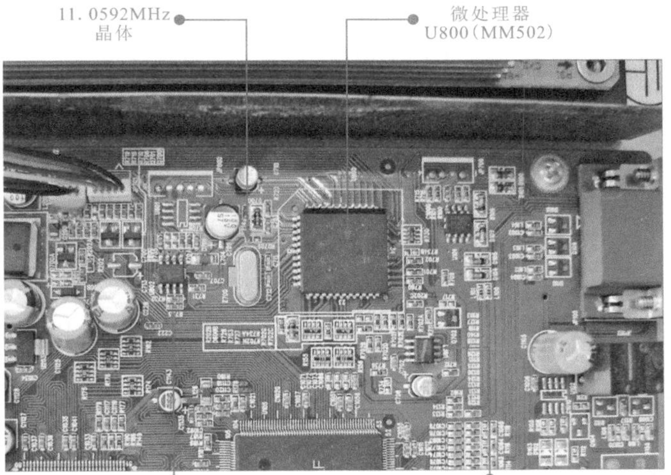

如图5-2所示为长虹液晶电视机（LT3788型）的系统控制电路。该系统控制电路以微处理器U800（MM502）为控制核心。11.0592 Mhz晶体为微处理器提供时钟信号。数据存储器和程序存储器分别采用U802（24LC32A）和U803（PMC25LV512）。

1 微处理器（CPU）

如图5-3所示，微处理器是整个系统控制电路的控制核心，多采用大规模集成电路。主要用来接收操作显示电路送来的人工指令，并将人工指令变为控制信号，为各个电路提供控制信号。

图5-3 微处理器（CPU）的实物外形及封装方式

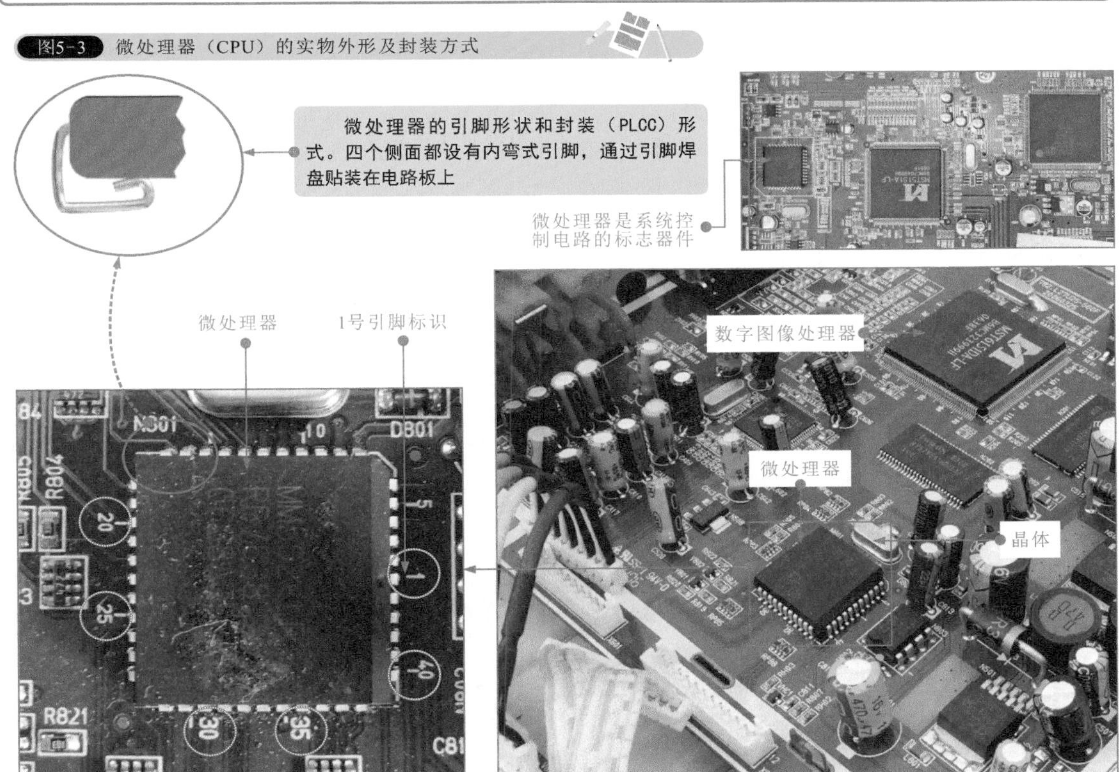

图5-4 微处理器与数字图像处理器合为一体的超级芯片

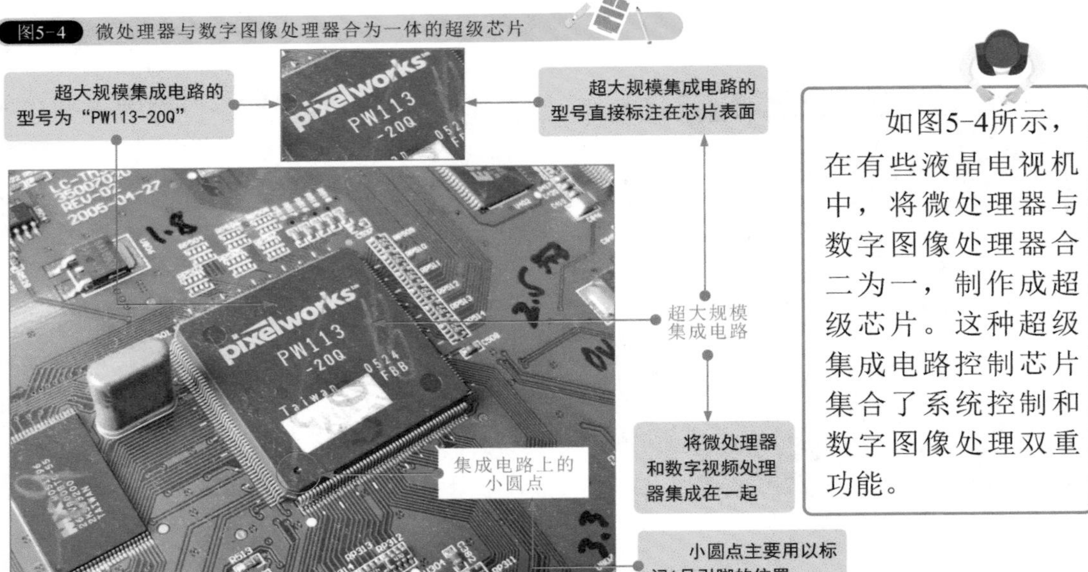

如图5-4所示，在有些液晶电视机中，将微处理器与数字图像处理器合二为一，制作成超级芯片。这种超级集成电路控制芯片集合了系统控制和数字图像处理双重功能。

❷ 用户存储器和程序存储器

如图5-5所示，系统控制电路中的数据存储器主要可以分为用户存储器和程序存储器。其中，用户存储器（EEPROM）也称为电可改存储器，通常位于微处理器旁边，用于存储用户数据，如亮度、音量、频道等信息，用户存储器与微处理器之间通过I^2C总线进行连接。程序存储器，即FLASH存储器（闪存），用于存储CPU工作时的程序，该程序不可改写，在液晶电视机出厂时已经设定好，通过I^2C总线或多根数据总线和地址总线与CPU连接。

图5-5 用户存储器和程序存储器

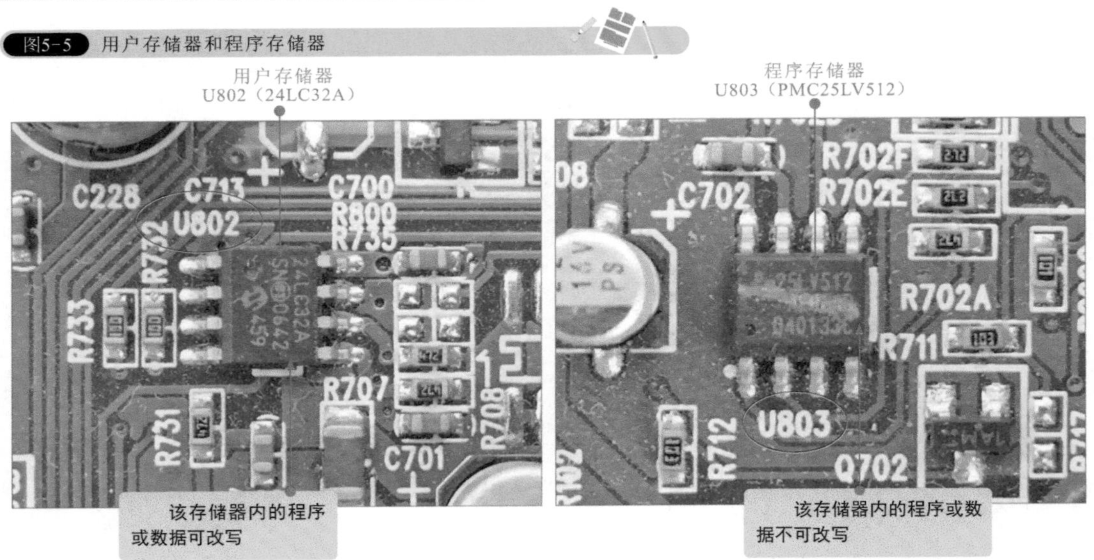

❸ 晶体Z700（11.0592 MHz）

图5-6 操作显示电路板的实物外形

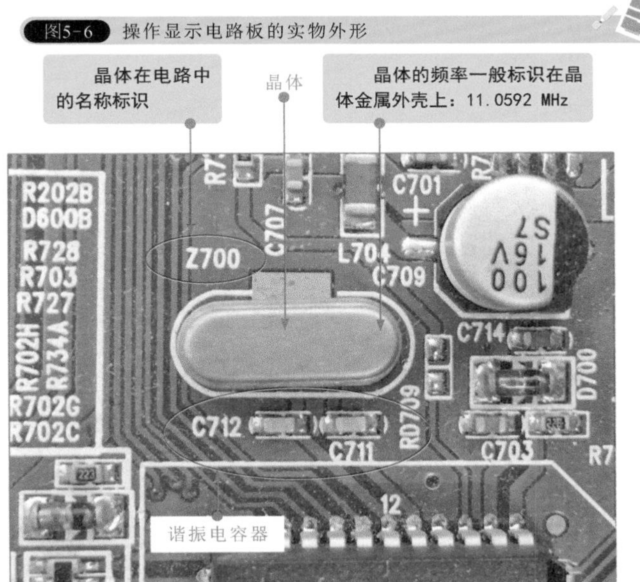

如图5-6所示为晶体的实物外形，它与微处理器内部的振荡电路配合构成晶体振荡电路，为微处理器提供时钟信号。

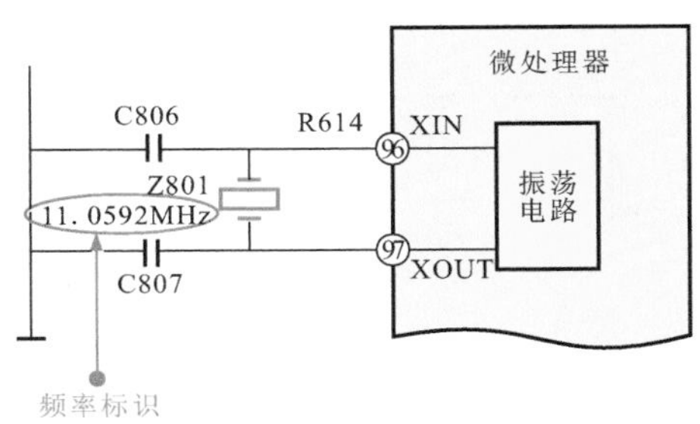

❹ 操作显示及遥控接收电路

如图5-7所示，操作显示及遥控接收电路是构成系统控制电路的重要部分。该电路主要是由操作按键、指示灯及遥控接收器等部分构成的。

图5-7 操作显示及遥控接收电路

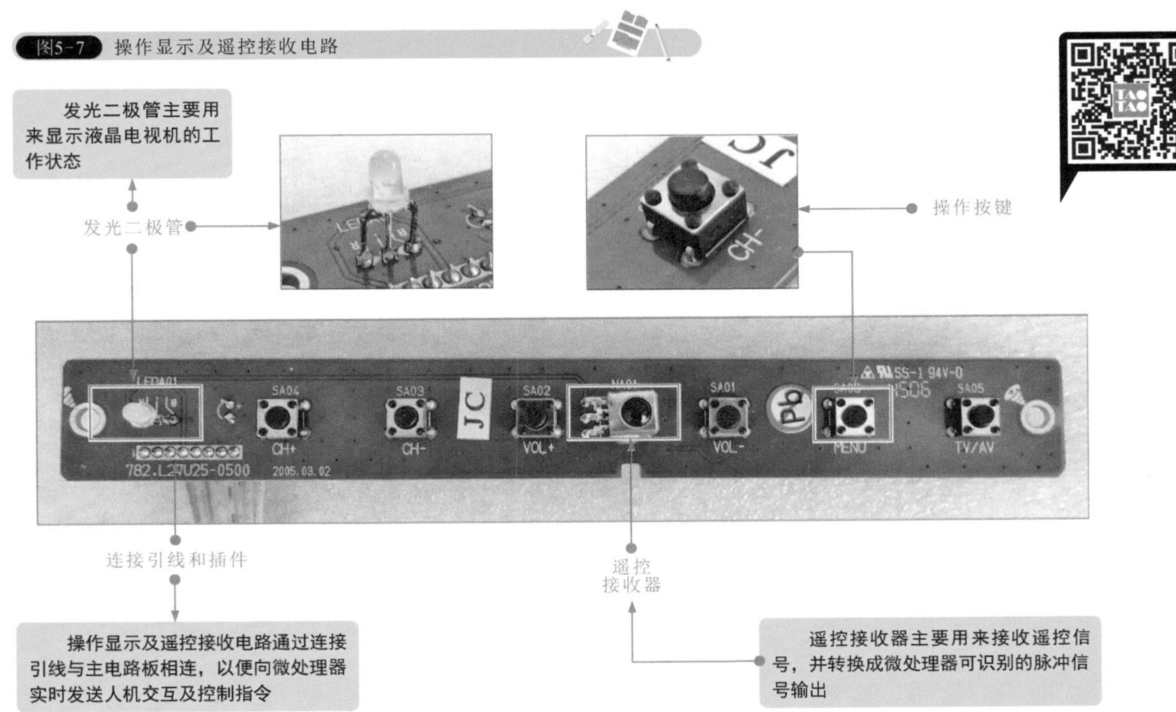

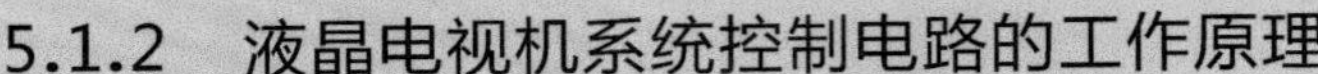

5.1.2 液晶电视机系统控制电路的工作原理

❶ 系统控制电路的基本原理

如图5-8所示为采用MM502微处理器的系统控制电路功能框图。

图5-8 采用MM502微处理器的系统控制电路功能框图

微处理器

U800
MM502
微处理器

数据存储器 U802(24LC32A)
SDAE ⑤
SCLE ⑥
C714 D700 R720 ⑦
5VSTB ⑧
3.3V VDD ④
DPF制式打开端口 ⑨
DPF遥控信号输出端口 ⑯
⑩
时钟电路 Z700 10.0592MHz
C711 ⑪
C712 ⑫
高频调谐器 U602
射随器 U404 U406
⑬
⑭
视频解码电路 U401 (SAA7117AH)
音频处理电路 U700 (NJW1142)
屏供电开关电路 Q101、U209
屏供电开关控制P EN ⑮
遥控器
遥控接收电路
遥控信号MIR ⑲
本机按键电路 KK1～KK7
插座 JP702
KEY0 ㉖
KEY1 ㉗
程序读写预留端口
MRXD MTXD ㉘～㉙
逆变器
JP201 JP202 插座
Q702
逆变器开关控制 ㉚
去开关电源（低电平待机）
Q200
待机/开机控制 ㉛

① LED G 射随器Q701
② LED R 射随器Q700
接插件 JP701
接插件 JK2
指示灯 L1
③ ALE地址总线 69
㉞ 复位RST MST 67
17～18
20～23
数字图像处理芯片 U105 MST5151A
㉔ DDC数据输出端口
㉕ DDC时钟输入端口
㉜ DDC数据输入端口
㉝ FLASH使能信号输出
FLASH整机程序存储器 U803 PMC25LV512
㉟ 复位RSTn 44
视频解码电路 U401(SAA7117AH)
㊱ NC
㊲ VGA PC插入识别信号
JP100 VGA 插座
㊳ 音频AV控制A-SW1
㊴ 音频AV控制A-SW0
音频选择切换开关 U114 74HC4052
㊵ 静音控制MUTE
静音控制电路 Q605、Q606
音频功放 UA1 TA2024
㊶ 制式切换开关 MT SW0
㊷ 制式切换开关 MT SW1
JP504 JP503 插座
主高频调谐器 U602
㊸ NC
㊹ NC

系统控制电路是以微处理器为核心，其他电路与之关联，受控或向其输入信号

❷ 典型液晶电视机系统控制电路的电路分析

图5-9 采用MM502微处理器的系统控制电路

如图5-9所示为采用MM502微处理器的系统控制电路。

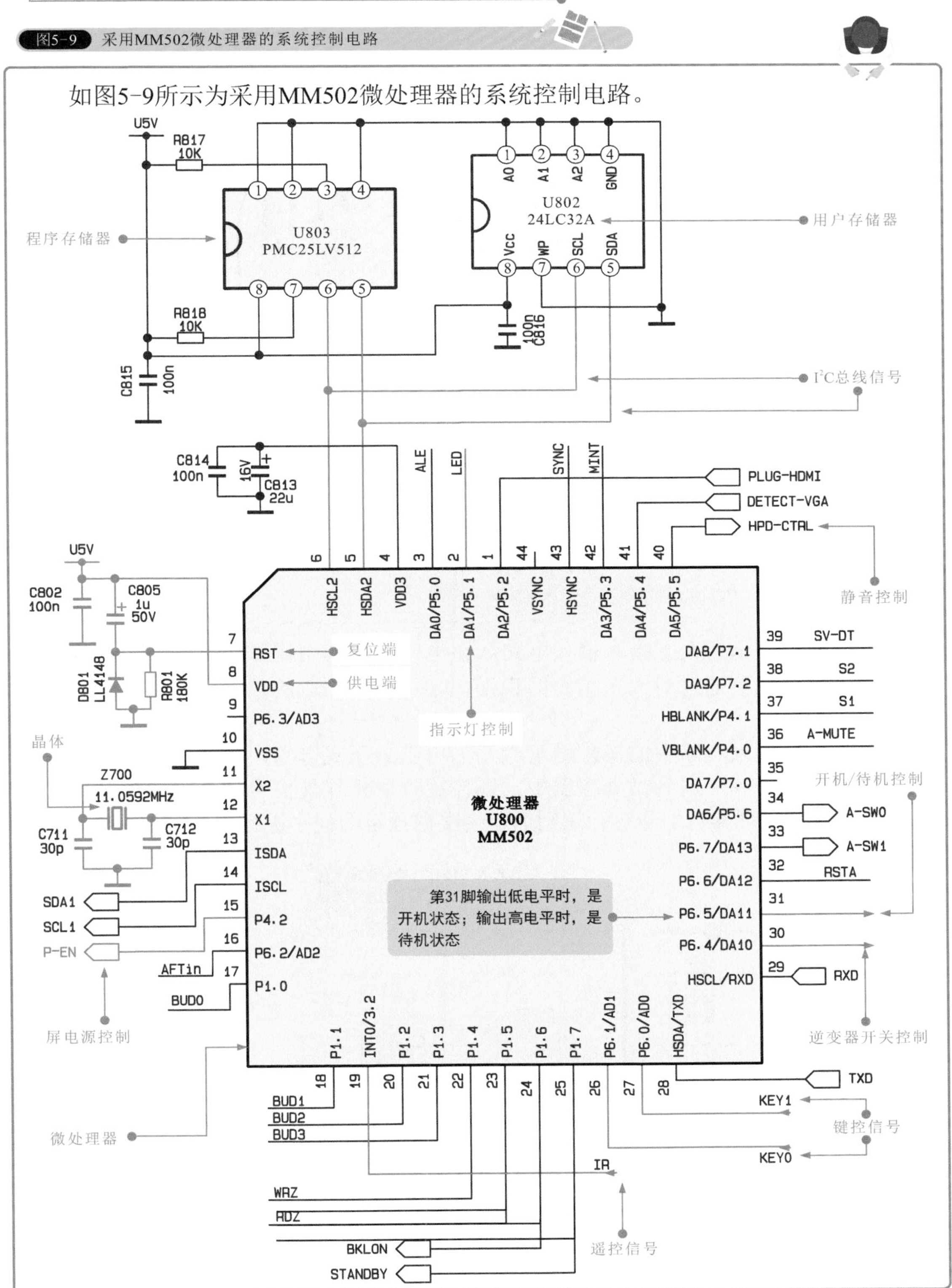

如图5-10所示为微处理器启动电路。微处理器U800（MM502）进入工作状态需要具备一些工作条件，主要包括+5V供电电压、复位信号和晶振信号。

图5-10 微处理器启动电路的工作原理

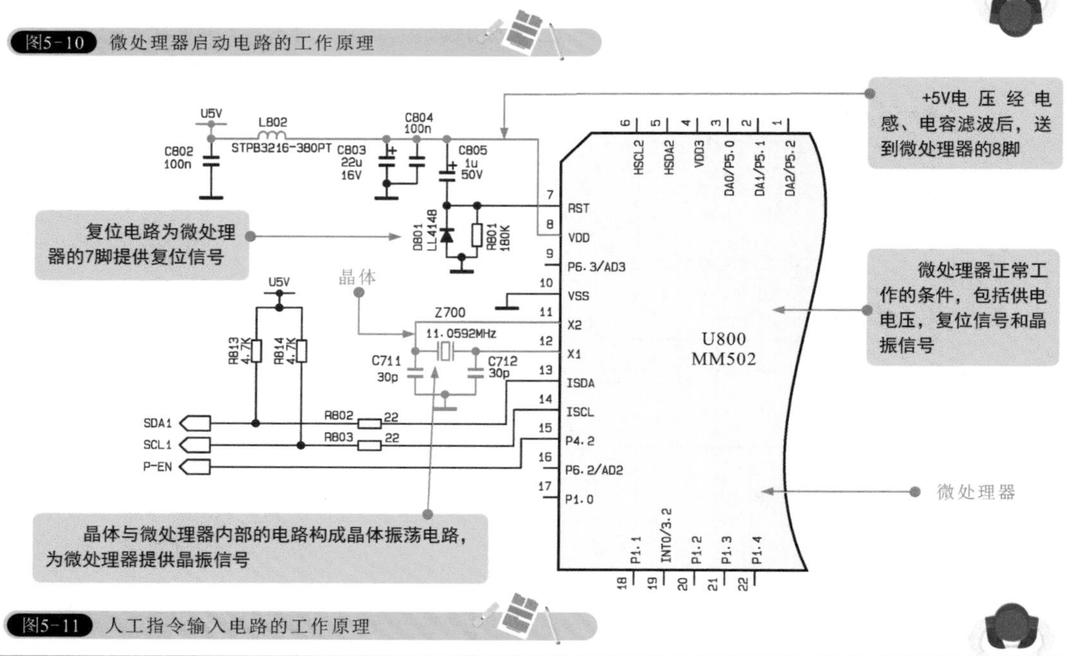

图5-11 人工指令输入电路的工作原理

如图5-11所示为人工指令输入电路。该电路主要是由操作按键、遥控接收器等构成的。微处理器通过对人工指令的识别，才可输出相应的控制信号对其他电路进行控制。

人工指令输入电路中的操作键盘电路为电阻分压式键盘，可产生不同的直流电压信号（人工指令）送到微处理器中；遥控接收器将红外信号转变为电信号送到微处理器中，微处理器对信号进行识别后，会根据预定的程序进行各种控制操作。

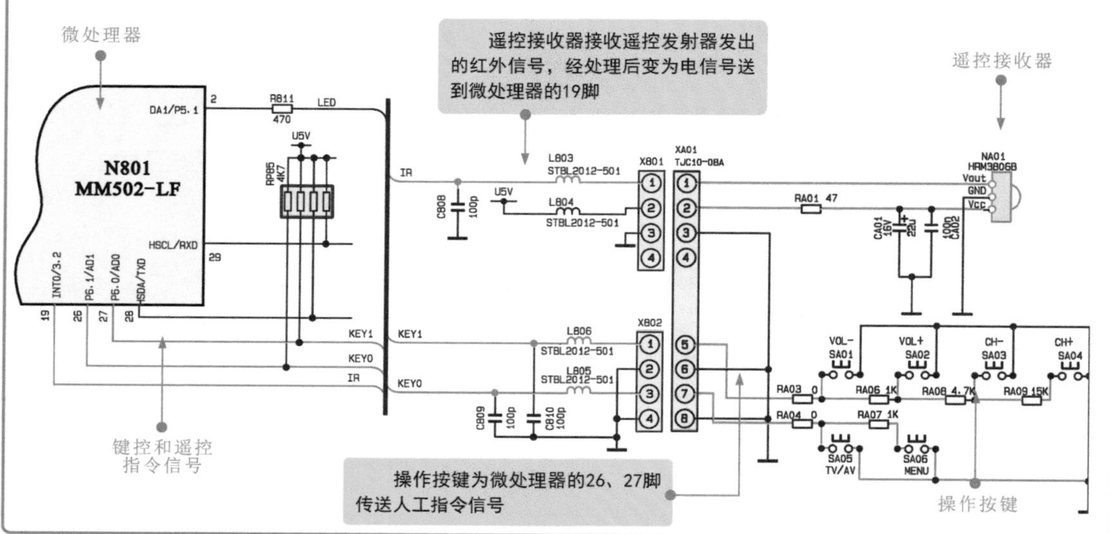

图5-12 指示灯控制电路部分

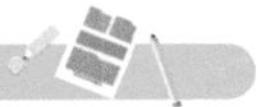

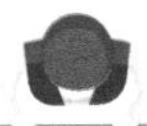

如图5-12所示，微处理器U800的1、2脚及外围元器件R704、R705、Q700、Q701等构成指示灯控制电路。1脚为绿色指示灯控制；2脚为红色指示灯控制。

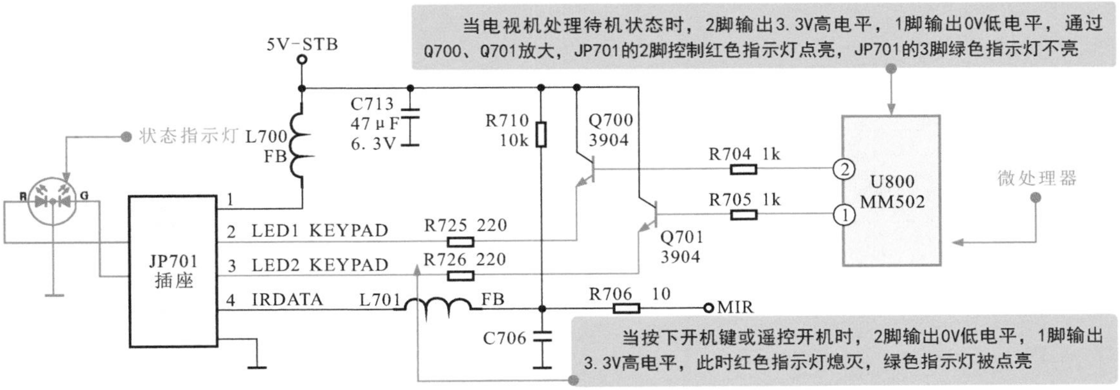
当电视机处理待机状态时，2脚输出3.3V高电平，1脚输出0V低电平，通过Q700、Q701放大，JP701的2脚控制红色指示灯点亮，JP701的3脚绿色指示灯不亮
5V-STB
C713
47μF
6.3V
R710
10k
Q700
3904
状态指示灯
L700
FB
R704 1k
R705 1k
U800
MM502
微处理器
JP701
插座
1
2 LED1 KEYPAD
3 LED2 KEYPAD
4 IRDATA
R725 220
R726 220
Q701
3904
L701
FB
R706 10
MIR
C706
当按下开机键或遥控开机时，2脚输出0V低电平，1脚输出3.3V高电平，此时红色指示灯熄灭，绿色指示灯被点亮

图5-13 屏电源控制电路结构

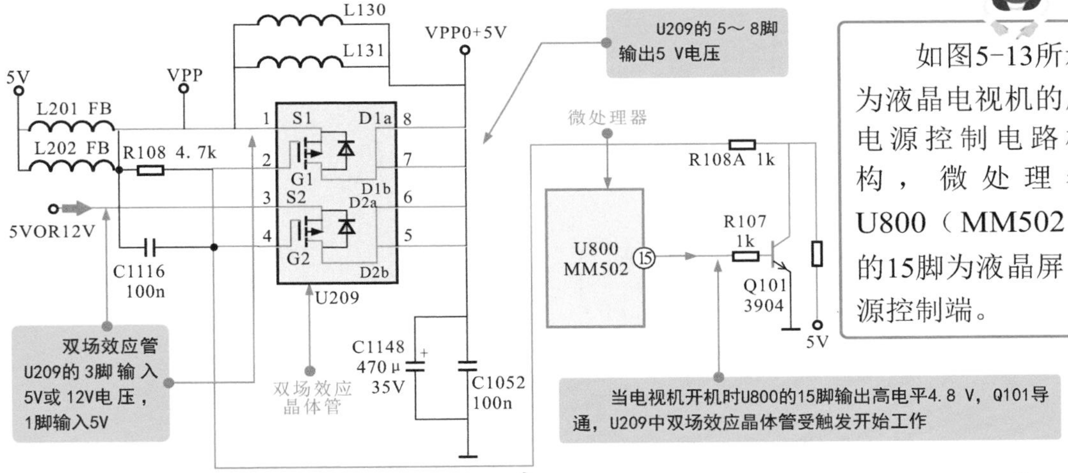
L130
L131
VPP0+5V
U209的5～8脚输出5V电压
5V
VPP
L201 FB
L202 FB
R108 4.7k
5VOR12V
C1116
100n
S1
D1a
G1
S2
D1b
D2a
G2
D2b
U209
微处理器
R108A 1k
U800
MM502
R107
1k
Q101
3904
5V
C1148
470μ
35V
C1052
100n
双场效应管U209的3脚输入5V或12V电压，1脚输入5V
双场效应晶体管
当电视机开机时U800的15脚输出高电平4.8V，Q101导通，U209中双场效应晶体管受触发开始工作

如图5-13所示为液晶电视机的屏电源控制电路机构，微处理器U800（MM502）的15脚为液晶屏电源控制端。

图5-14 逆变器控制电路结构

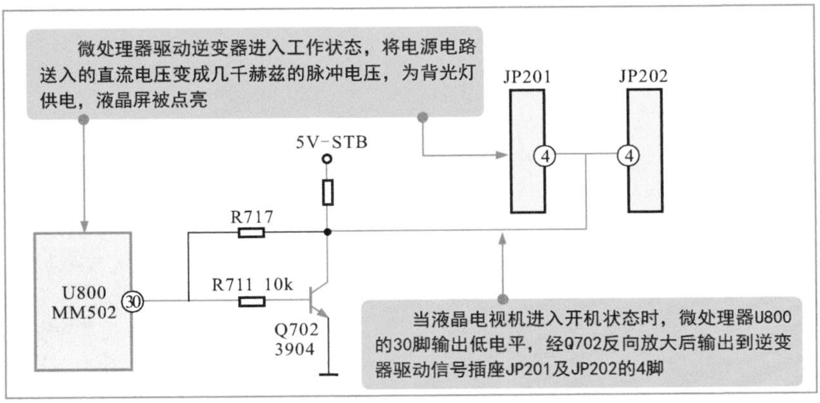
微处理器驱动逆变器进入工作状态，将电源电路送入的直流电压变成几千赫兹的脉冲电压，为背光灯供电，液晶屏被点亮
JP201
JP202
5V-STB
R717
R711 10k
U800
MM502
Q702
3904
当液晶电视机进入开机状态时，微处理器U800的30脚输出低电平，经Q702反向放大后输出到逆变器驱动信号插座JP201及JP202的4脚

如图5-14所示为液晶电视机中的逆变器开关控制电路，微处理器U800(MM502）的30脚为逆变器开关控制端。

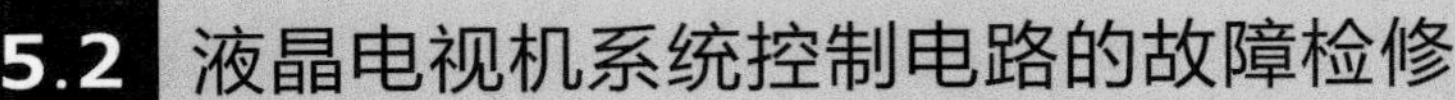

5.2 液晶电视机系统控制电路的故障检修

系统控制电路是对液晶电视机各单元电路及功能部件实现控制和协调的核心电路。该电路出现故障，通常会造成液晶电视机不开机、无规律死机、操作控制失常、不能记忆频道等故障现象。

5.2.1 液晶电视机系统控制电路的检修分析

如图5-15所示为典型液晶电视机系统控制电路的检修流程。

图5-15 液晶电视机系统控制电路的检修流程图

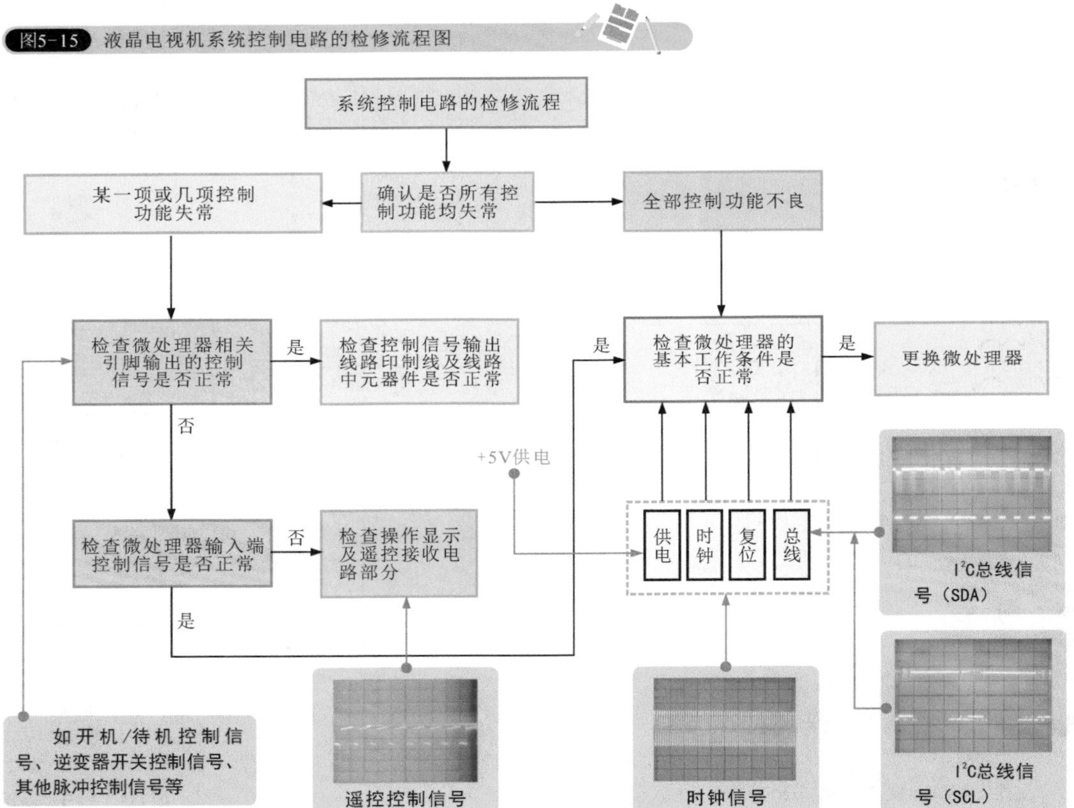

当液晶电视机出现操作功能失常时，首先检测操作按键部分输入键控制指令是否正常；若输入控制指令正常，但指令无法被微处理器识别，则应检查微处理器的工作条件；若这些信号均正常，微处理器仍无法工作，则说明微处理器损坏，应更换。

遥控功能的检测方法与键控功能失常相同。

当液晶电视机出现不能记忆频道故障时，首先检测微处理器的I^2C总线信号是否正常。若其他I^2C总线信号正常，而与存储器之间的I^2C总信号异常，则多为存储器损坏，应更换。

当液晶电视机背光灯不亮时，应重点检查微处理器是否输出正常的逆变器开启控制信号。若逆变器开关启控信号不正常，应重点检查微处理器工作条件及其本身。

如图5-16所示，检测液晶电视机系统控制电路时，主要检测系统控制电路中微处理器各信号波形是否正常。

图5-16 液晶电视机系统控制电路的检测要点

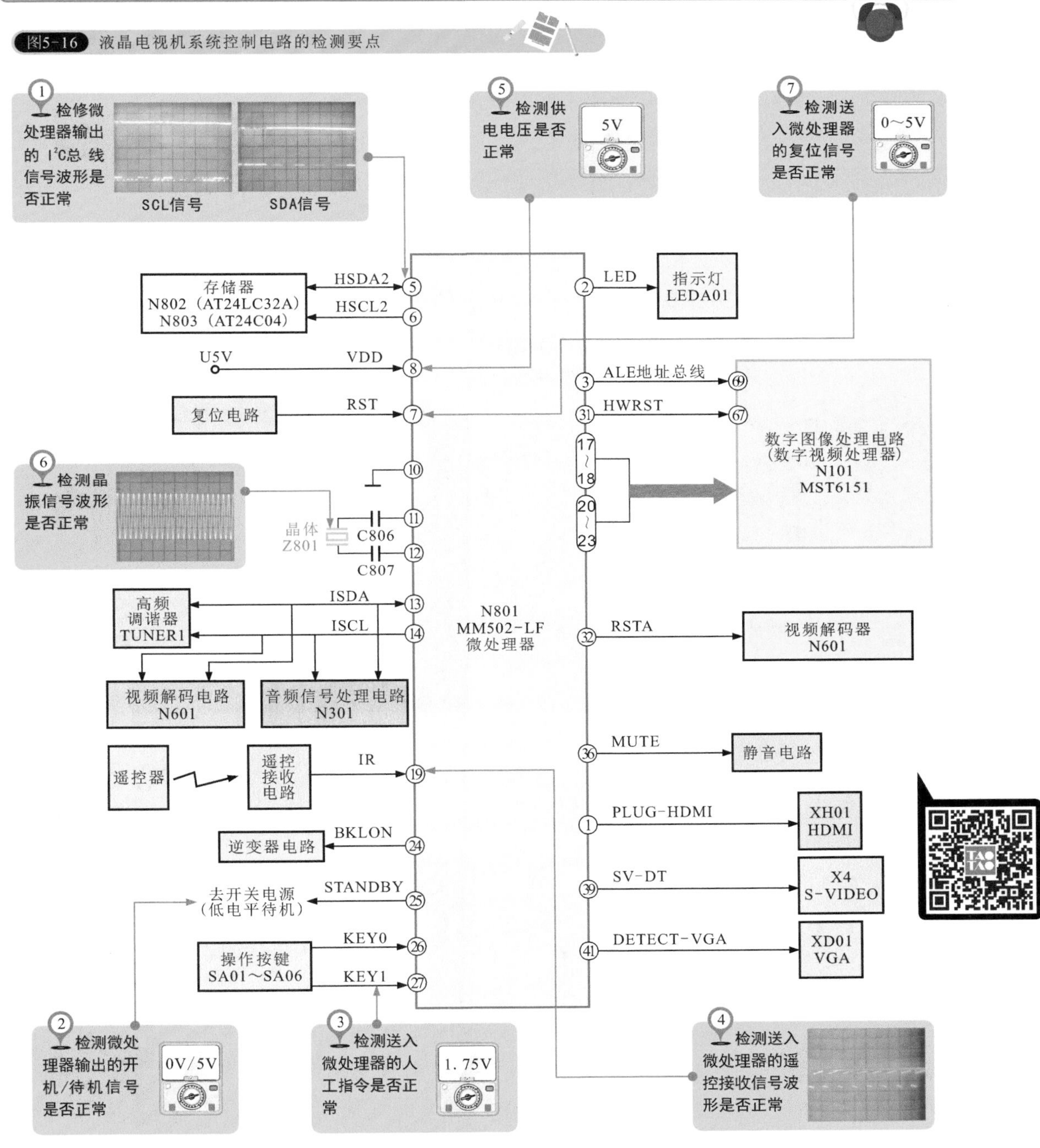

若微处理器输入信号引脚端的波形不正常，则应向前级电路进行排查；若微处理器输入端的信号正常，输出端的信号不正常，则应对微处理器的工作条件（供电电压及晶振信号）进行检测。

5.2.2 液晶电视机系统控制电路的检修方法

根据检修流程，接下来可使用示波器或万用表对系统控制电路中的关键测试点进行检测，通过测试结果即可完成故障的排查检修。

❶ 微处理器I²C总线信号的检测方法

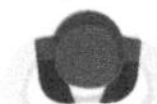

如图5-17所示，在正常情况下，系统控制电路微处理器的I²C总线信号输入端应该能够检测到数据信号和时钟信号的波形。

图5-17 微处理器I²C总线信号的检测方法

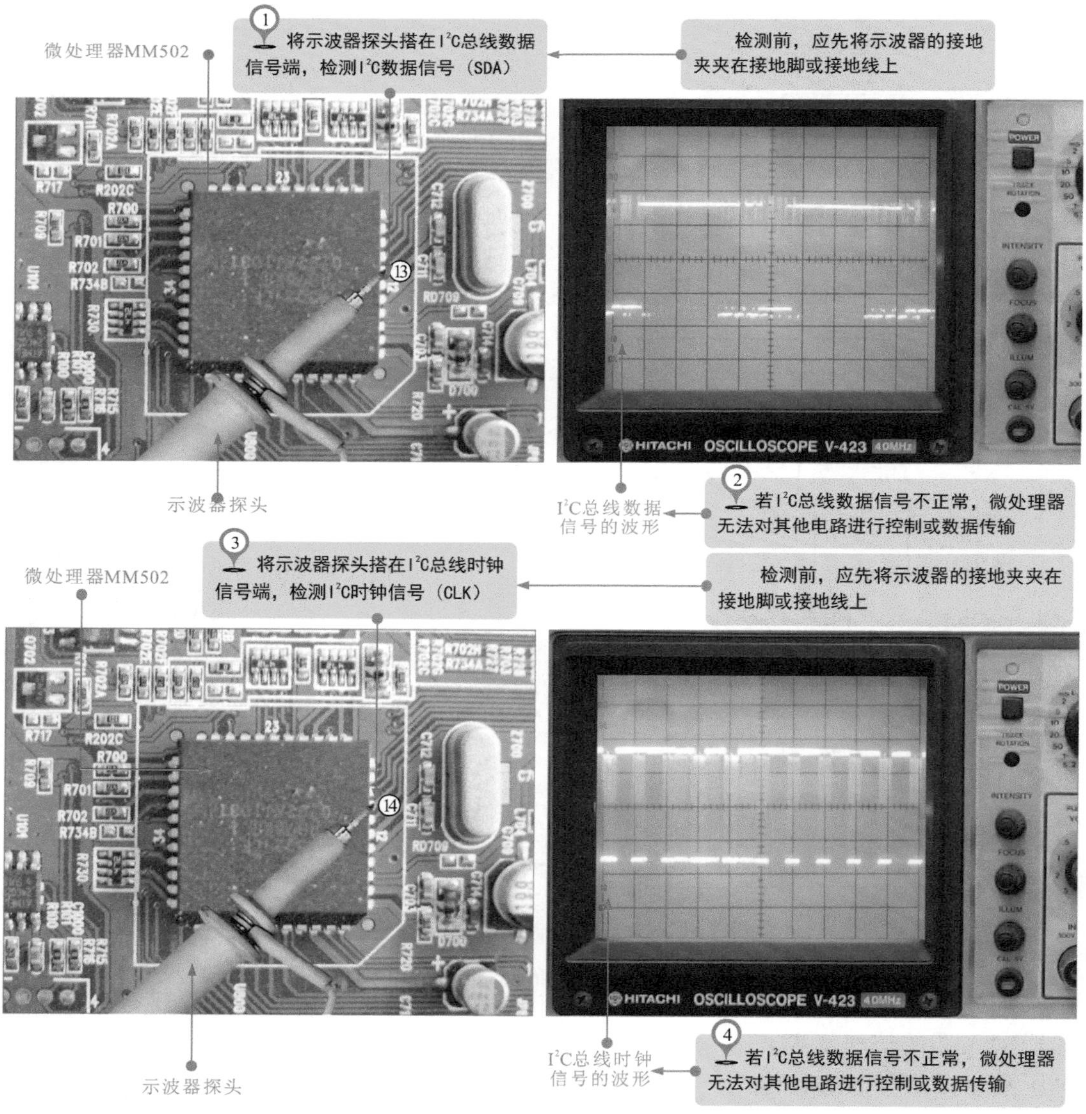
微处理器MM502
① 将示波器探头搭在I²C总线数据信号端，检测I²C数据信号（SDA）
检测前，应先将示波器的接地夹夹在接地脚或接地线上
示波器探头
I²C总线数据信号的波形
② 若I²C总线数据信号不正常，微处理器无法对其他电路进行控制或数据传输
HITACHI OSCILLOSCOPE V-423 40MHz
微处理器MM502
③ 将示波器探头搭在I²C总线时钟信号端，检测I²C时钟信号（CLK）
检测前，应先将示波器的接地夹夹在接地脚或接地线上
示波器探头
I²C总线时钟信号的波形
④ 若I²C总线数据信号不正常，微处理器无法对其他电路进行控制或数据传输

② 微处理器开机/待机信号的检测方法

图5-18 微处理器开机/待机信号的检测方法

如图5-18所示，检测开机/待机信号端，操作遥控器，当液晶电视机在开机与待机状态改变的一瞬间，应可以检测到开机/待机信号。若使用万用表应能检测到跳变的电压变化。

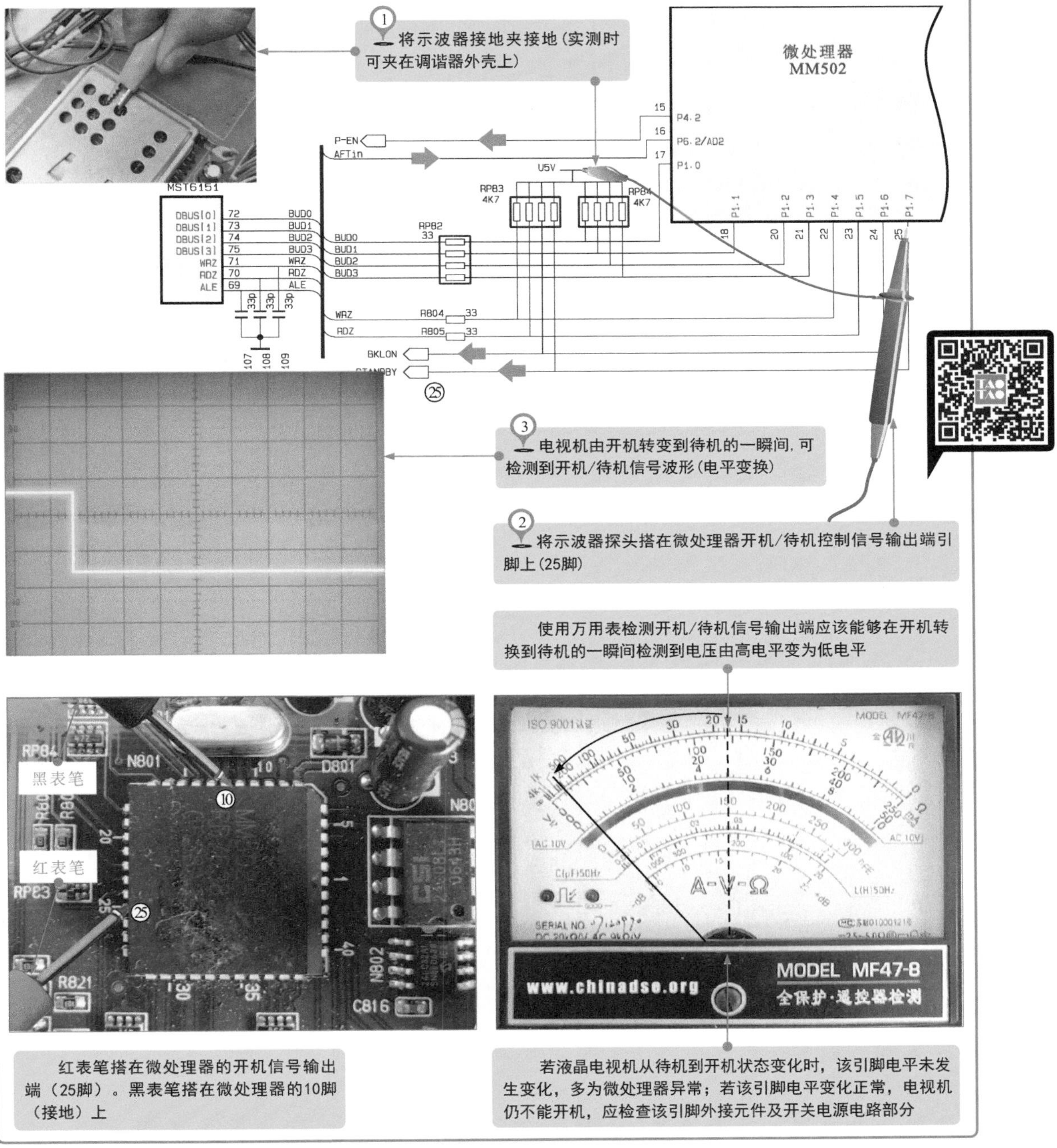

① 将示波器接地夹接地（实测时可夹在调谐器外壳上）
微处理器 MM502
P4.2
P6.2/AD2
P1.0
P-EN
AFTin
U5V
RPB3 4K7
RPB4 4K7
RPB2 33
MST6151
DBUS[0]
DBUS[1]
DBUS[2]
DBUS[3]
WRZ
RDZ
ALE
BUD0
BUD1
BUD2
BUD3
R804 33
R805 33
BKLON
STANDBY
㉕
③ 电视机由开机转变到待机的一瞬间，可检测到开机/待机信号波形（电平变换）
② 将示波器探头搭在微处理器开机/待机控制信号输出端引脚上（25脚）
使用万用表检测开机/待机信号输出端应该能够在开机转换到待机的一瞬间检测到电压由高电平变为低电平
黑表笔
红表笔
N801
⑩
㉕
MODEL MF47-8
www.chinadse.org
全保护·遥控器检测
红表笔搭在微处理器的开机信号输出端（25脚）。黑表笔搭在微处理器的10脚（接地）上
若液晶电视机从待机到开机状态变化时，该引脚电平未发生变化，多为微处理器异常；若该引脚电平变化正常，电视机仍不能开机，应检查该引脚外接元件及开关电源电路部分

❸ 微处理器人工指令信号的检测方法

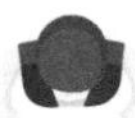

如图5-19所示，当用户操作液晶电视机操作显示面板上的按键时，人工指令信号（直流电压）便会送入到微处理器的键控信号端。正常情况下应该能够检测到键控信号。

图5-19 微处理器人工指令信号的检测方法

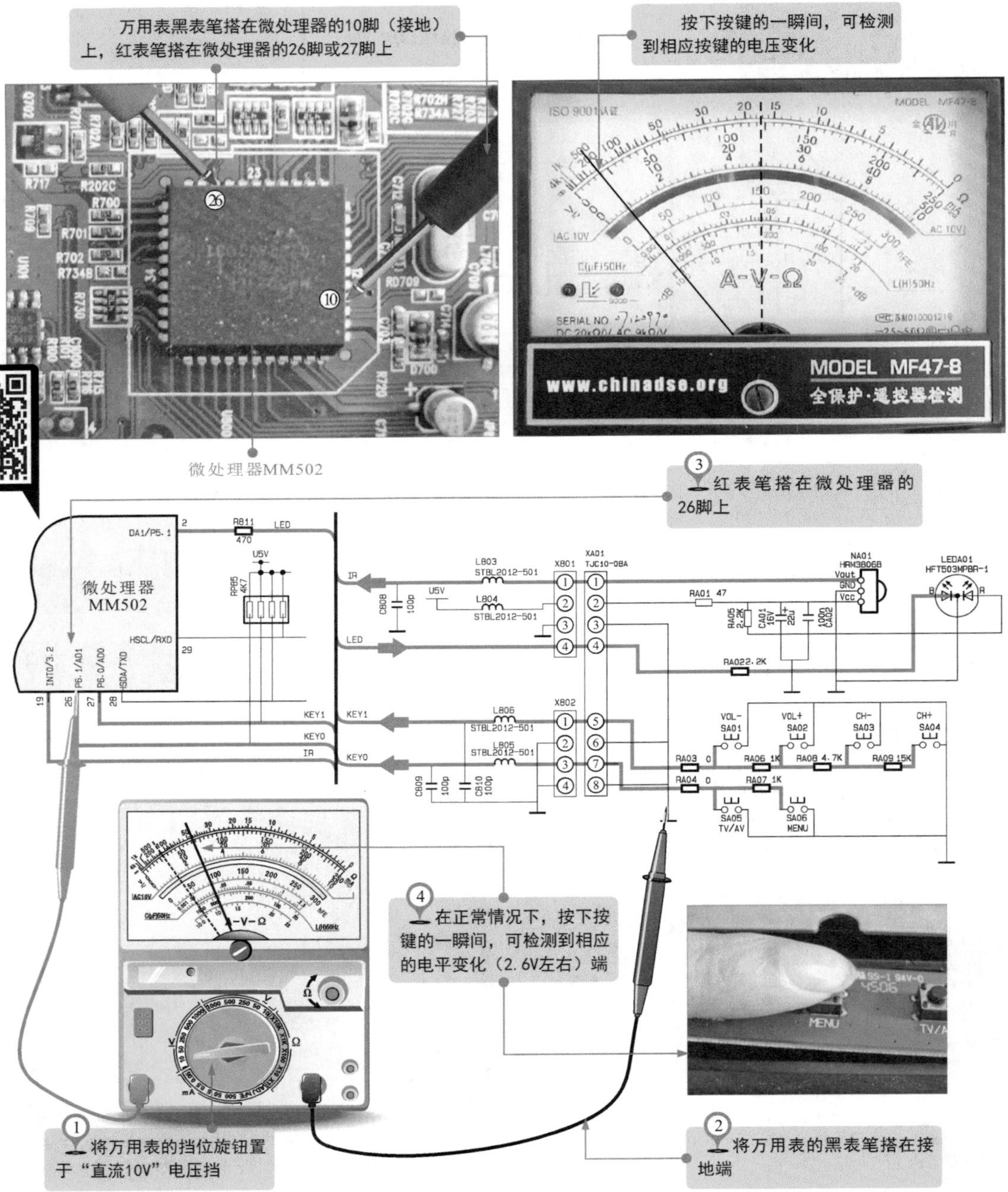
万用表黑表笔搭在微处理器的10脚（接地）上，红表笔搭在微处理器的26脚或27脚上
按下按键的一瞬间，可检测到相应按键的电压变化
微处理器MM502
MODEL MF47-8
www.chinadse.org
全保护·遥控器检测
③ 红表笔搭在微处理器的26脚上
微处理器 MM502
④ 在正常情况下，按下按键的一瞬间，可检测到相应的电平变化（2.6V左右）端
① 将万用表的挡位旋钮置于“直流10V”电压挡
② 将万用表的黑表笔搭在接地端

❹ 微处理器遥控接收信号的检测方法

图5-20 微处理器遥控接收信号的检测方法

如图5-20所示，当用户操作器时，在微处理器的遥控信号接收引脚（IR）端应该能够检测到遥控信号波形。

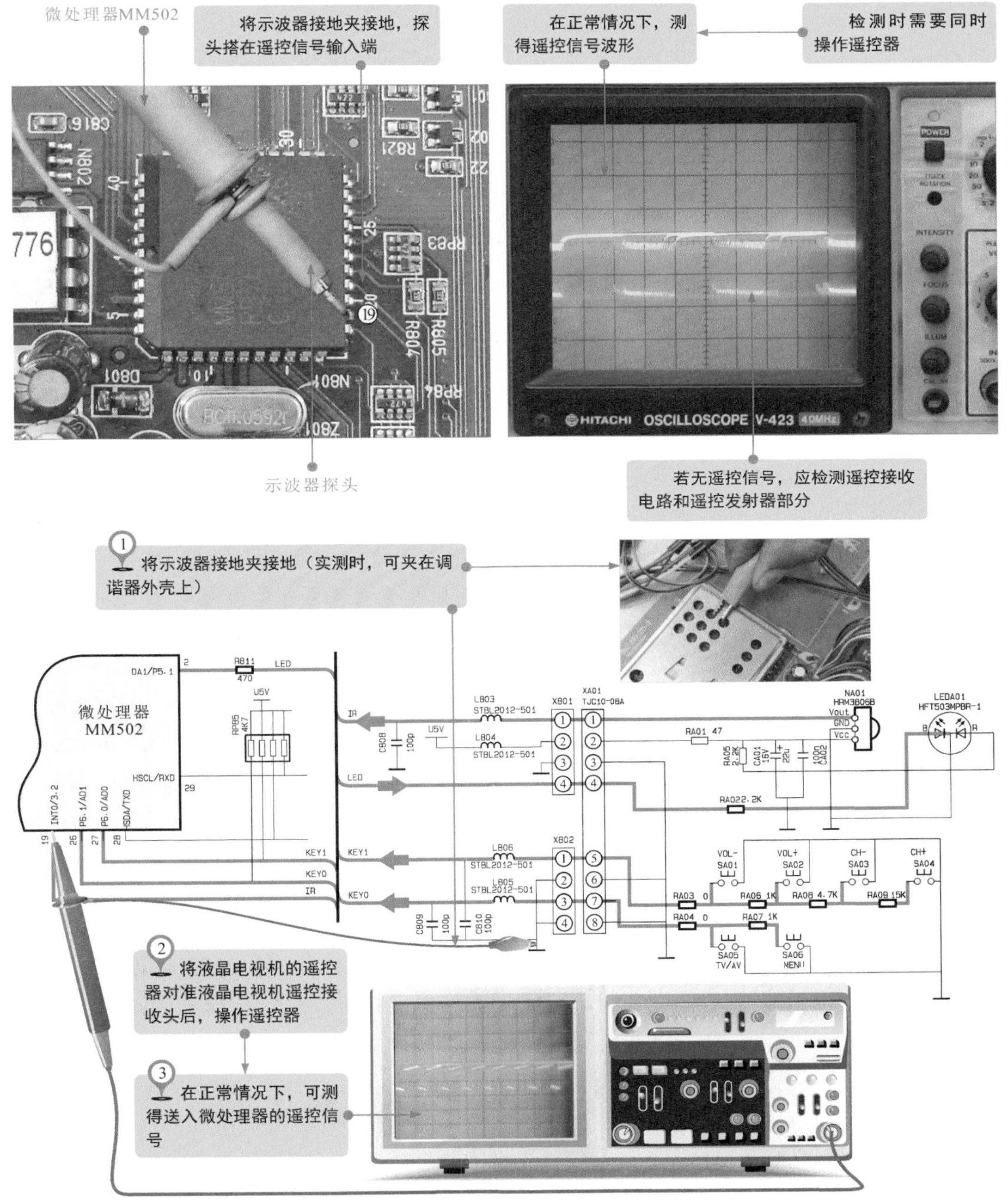

微处理器MM502

将示波器接地夹接地，探头搭在遥控信号输入端

在正常情况下，测得遥控信号波形

检测时需要同时操作遥控器

示波器探头

若无遥控信号，应检测遥控接收电路和遥控发射器部分

① 将示波器接地夹接地（实测时，可夹在调谐器外壳上）

② 将液晶电视机的遥控器对准液晶电视机遥控接收头后，操作遥控器

③ 在正常情况下，可测得送入微处理器的遥控信号

⑤ 微处理器时钟信号的检测方法

如图5-21所示，时钟信号是微处理器工作的基本条件之一，一般可使用示波器检测微处理器时钟信号端的信号波形。如果该信号异常，会引起微处理器不工作或控制功能错乱等故障。

图5-21 微处理器时钟信号的检测方法

若微处理器无时钟信号，除检测晶体外，还应检测谐振电容C806和C807

② 将示波器探头搭在微处理器时钟信号端（以11脚为例）

① 将示波器接地夹接地（实测时，可夹在调谐器外壳上）

③ 在正常时，应可检测到微处理器时钟信号端的时钟信号波形

晶体

微处理器 MM502

若晶振信号不正常，则应对晶体及其外围的谐振电容进行检测

晶体

时钟晶振信号波形

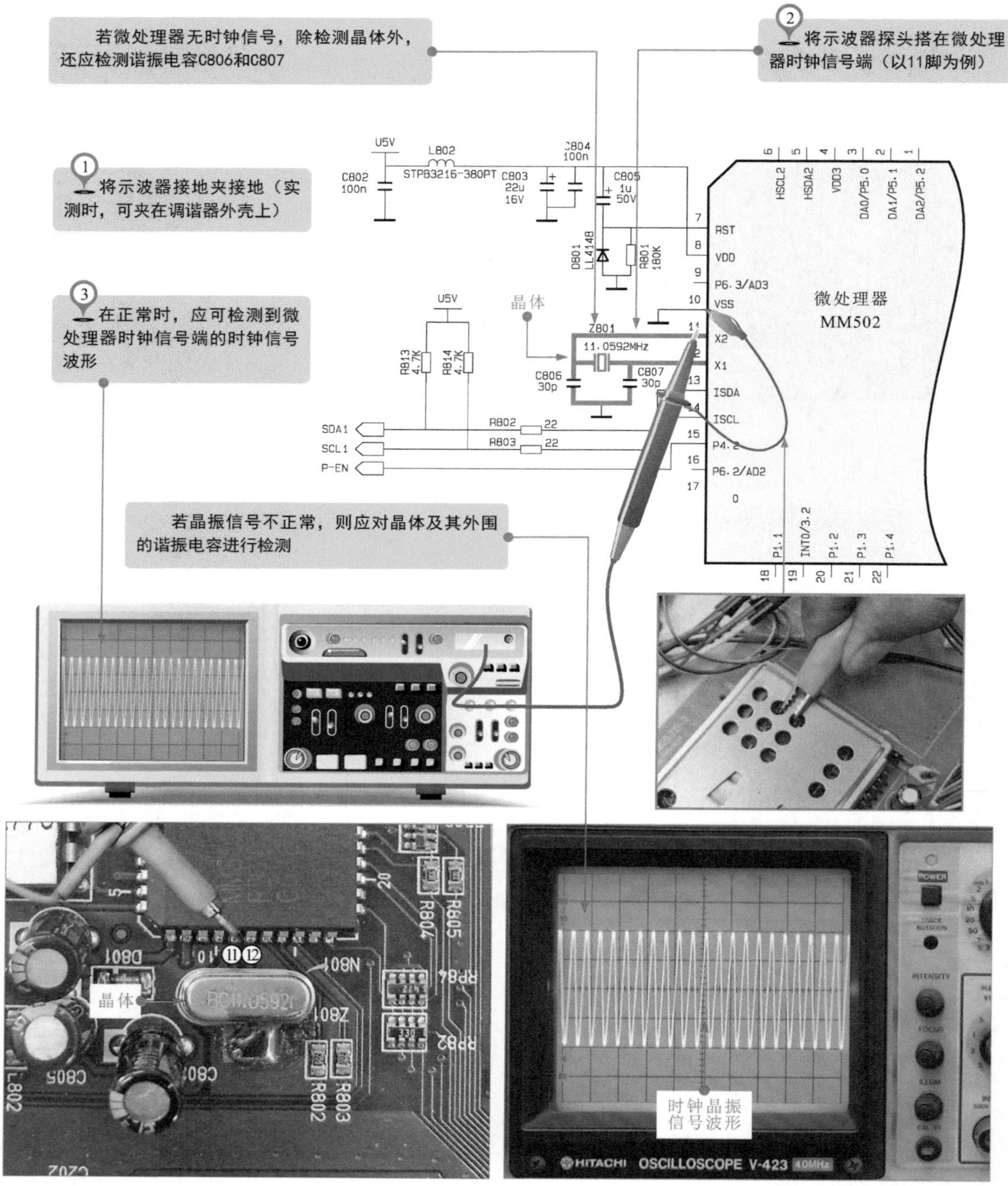

在检测微处理器这类大规模集成电路时，由于其引脚较密集，检测时很容易因表笔滑动引起引脚间断路，实际测试时，仔细观察电路板不难发现，微处理器各引脚外围设有测试点或接有阻容元件，在可测试点或阻容元件的引脚上进行测量

6 微处理器供电电压的检测方法

图5-22 微处理器供电电压的检测方法

如图5-22所示，供电电压是微处理器工作的基本条件之一，若微处理器工作失常，除检测时钟信号外，对微处理器供电电压的检测也是非常必要的。一般情况下，使用万用表在微处理器供电电压引脚端能够检测到+5V供电电压。

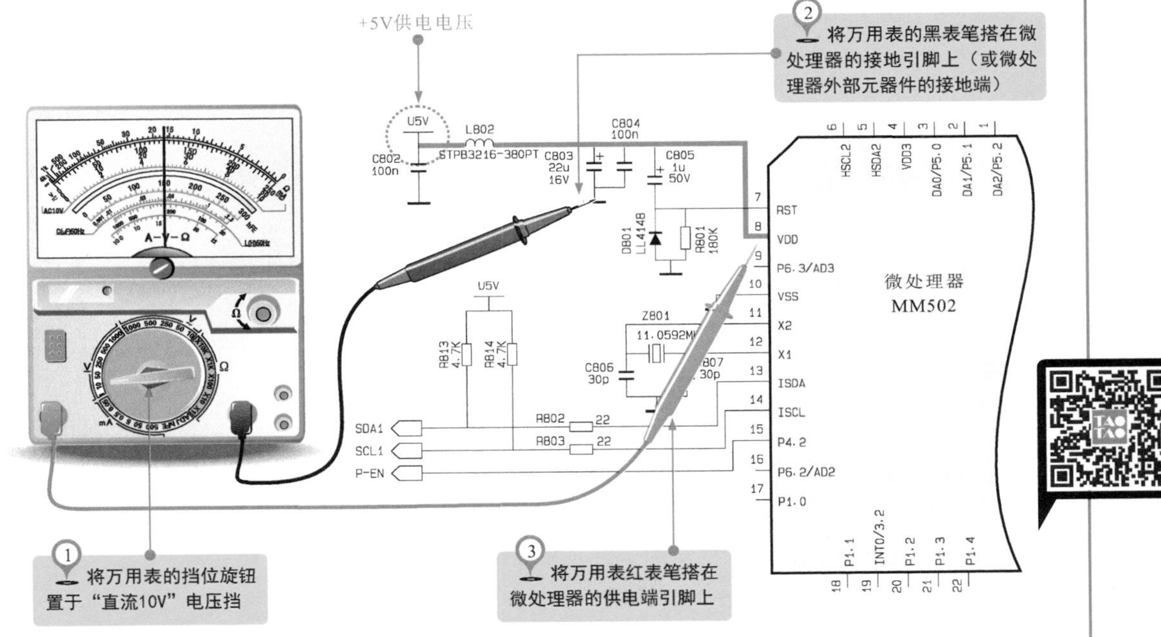

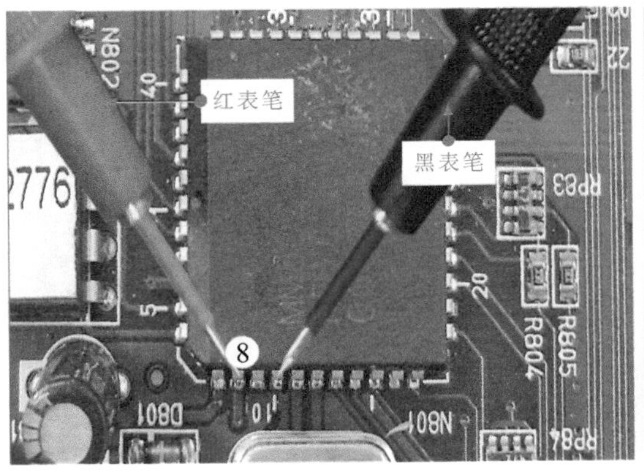

⑦ 微处理器复位电压的检测方法

如图5-23所示，复位信号也是微处理器正常工作的必备条件之一。在液晶电视机开机瞬间，微处理器复位信号端得到复位信号，内部复位，为进入工作状态做好准备。因此，在复位信号端使用万用表检测，在开机瞬间应该能够检测到0～5V的直流电压。

图5-23 微处理器复位电压的检测方法

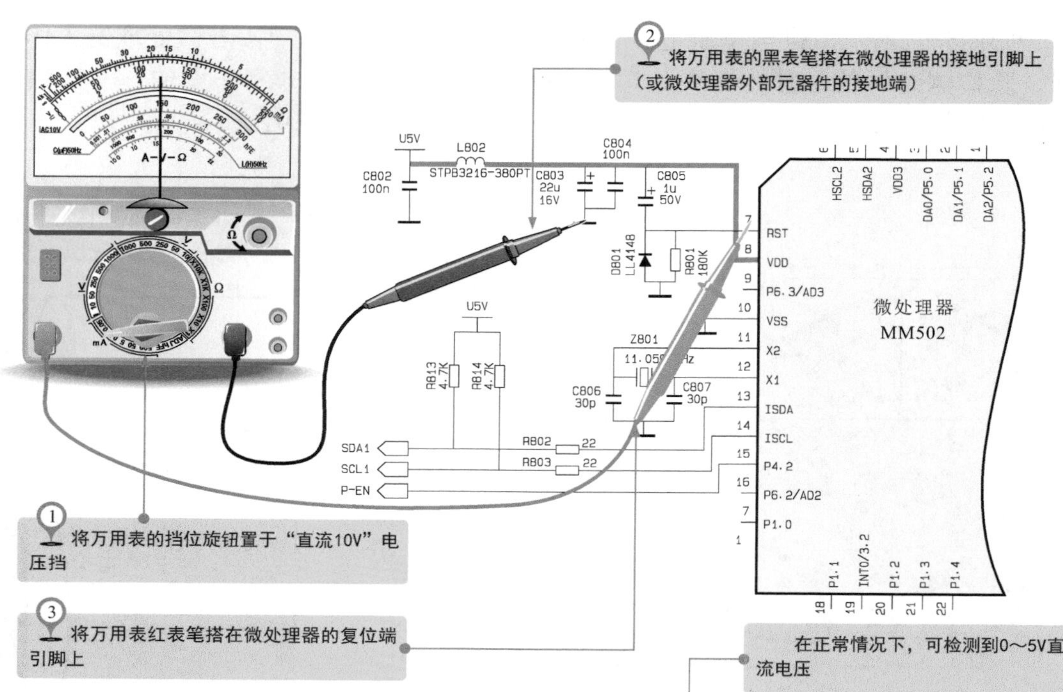

在开机瞬间，微处理器复位端的复位信号正常，则应进一步检测微处理器的其他工作条件；若经检测无复位信号，则多为复位电路部分存在异常，应对复位电路中的各元器件进行检测，

第6章
液晶电视机音频信号处理电路的故障检修

6.1 液晶电视机音频信号处理电路的结构原理

音频信号处理电路是液晶电视机专门用来处理和放大音频信号的电路，是液晶电视机中不可缺少的电路之一。

6.1.1 液晶电视机音频信号处理电路的结构

音频信号处理电路核心部件主要有音频信号处理芯片和音频功率放大器等，并通过连接线与扬声器相连。不同液晶电视机音频信号处理电路中的芯片型号与安装位置会有所区别。

图6-1 长虹LT3788型液晶电视机的音频信号处理电路

如图6-1所示为长虹LT3788型液晶电视机的音频信号处理电路。电路由音频信号处理集成电路NJW1142、音频功率放大器TA2024C、音频切换开关74HC4052等部分构成。中频通道的伴音信号和AV接口输入的音频信号，在该电路中进行处理，将处理后的音频信号送往扬声器中进行驱动发声。

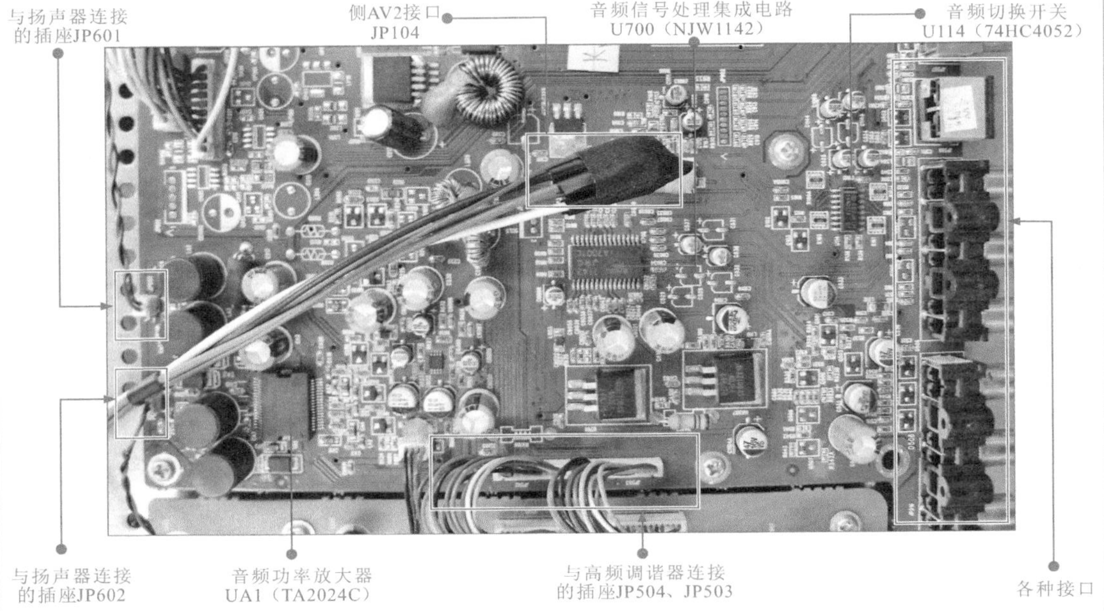

如图6-2所示为厦华LC-32U25型液晶电视机的音频信号处理电路。电路主要由由音频信号处理芯片N301（R2S15900SP）、音频功率放大器N401（TPA3002D2）等组成的。音频信号处理电路附近的接口与扬声器通过连接线连接。

图6-2 厦华LC-32U25型液晶电视机的音频信号处理电路

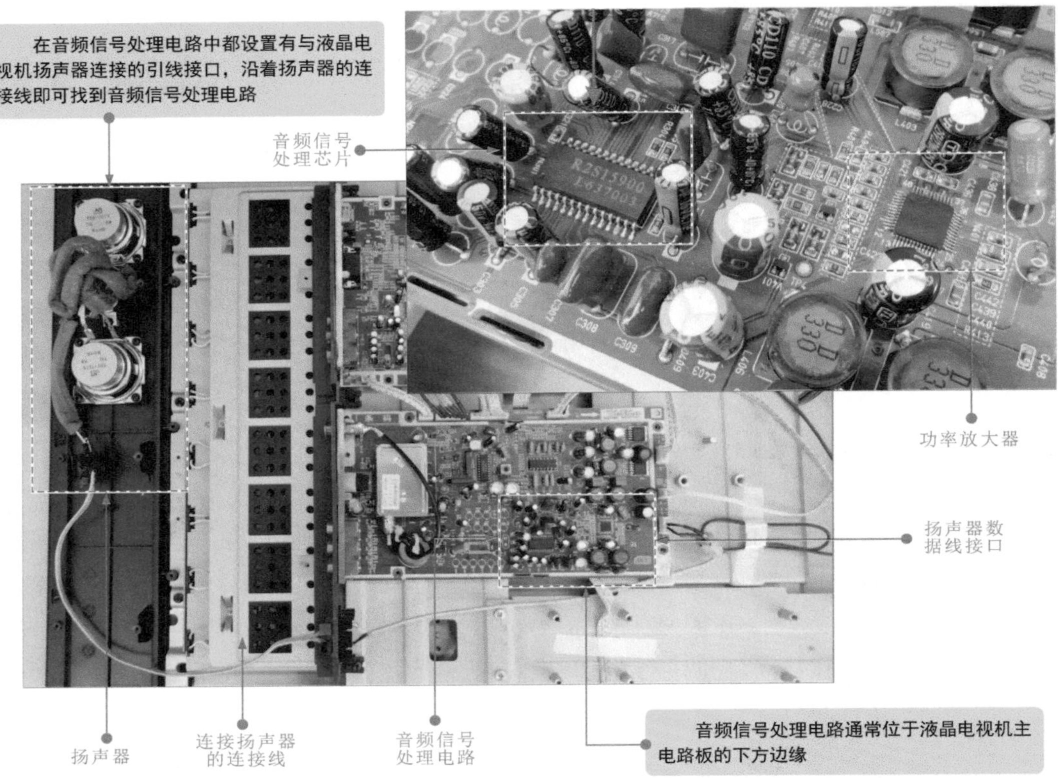

如图6-3所示为康佳LC2018型液晶电视机的音频信号处理电路。电路主要由音频信号处理芯片MSP3463G、音频功率放大器TDA1517等组成。

图6-3 康佳LC2018型液晶电视机的音频信号处理电路

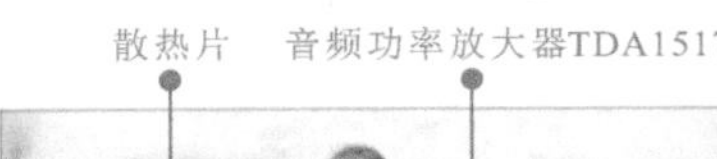

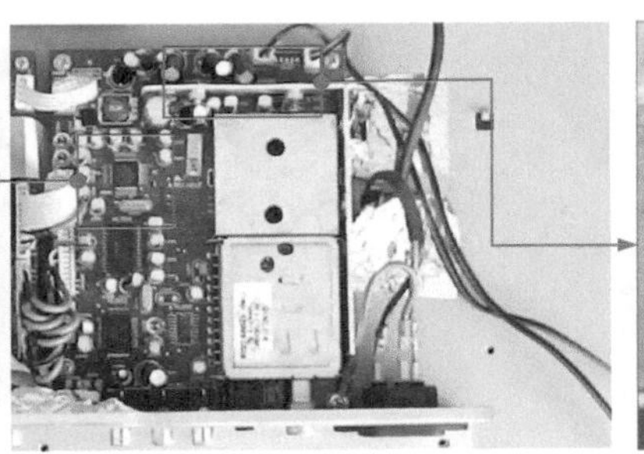

❶ 音频信号处理集成电路

音频信号处理电路是对输入的音频信号进行处理，对伴音解调后的音频信号和外部设备输入的音频信号进行切换、数字处理和D/A转换等处理，并将处理后的音频信号送入音频功率放大器中。NJW1142、NJW1137、PT2313L、R2S15900SP等都是较常见的音频信号处理集成电路。

图6-4 NJW1142音频信号处理集成电路

如图6-4所示为NJW1142音频信号处理集成电路的实物外形和引脚功能。这种集成电路常应用于长虹LS10机芯液晶彩电、LS15机芯液晶彩电及PC-9机芯背投彩电等各种机型中作为音频信号处理电路使用。

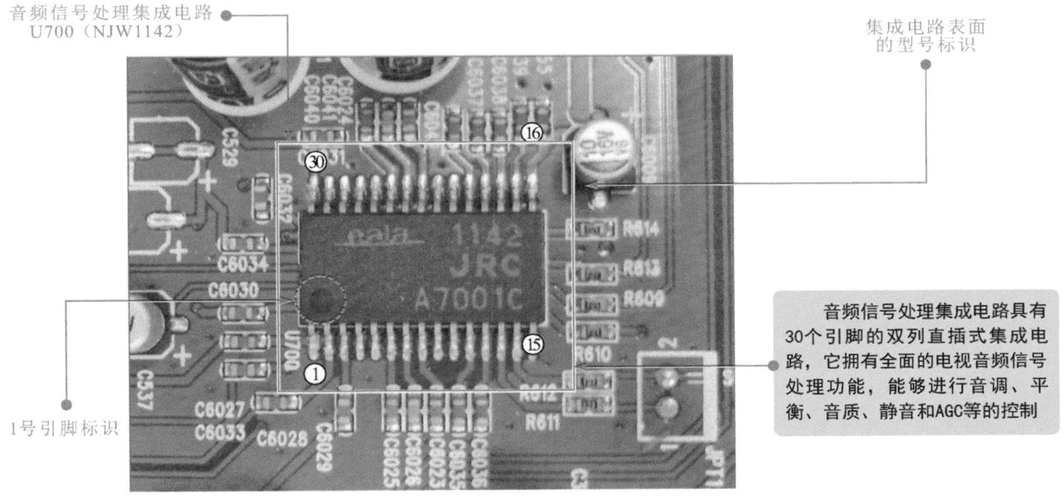

音频信号处理集成电路 U700（NJW1142）

集成电路表面的型号标识

1号引脚标识

音频信号处理集成电路具有30个引脚的双列直插式集成电路，它拥有全面的电视音频信号处理功能，能够进行音调、平衡、音质、静音和AGC等的控制

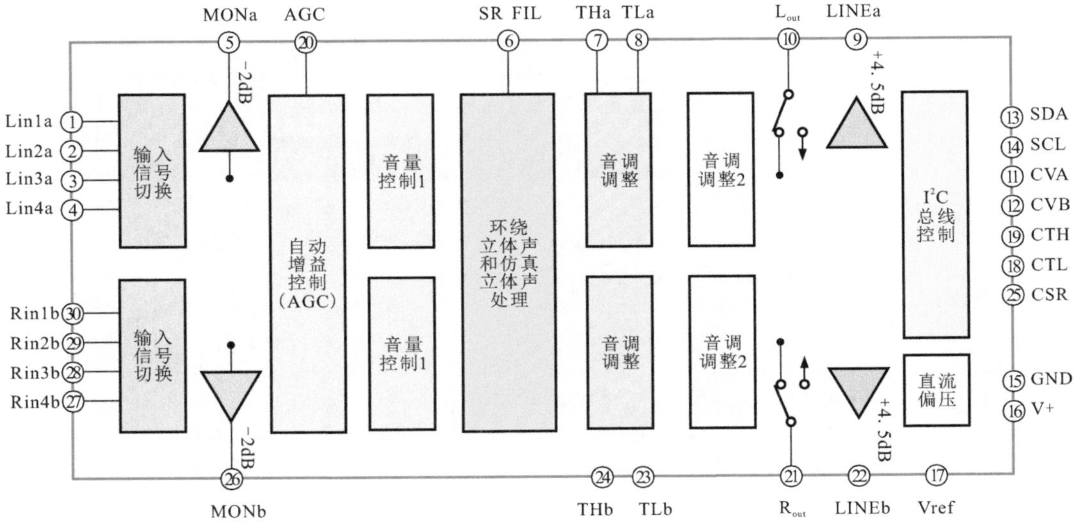

MONa ⑤ AGC ⑳ SR FIL ⑥ THa ⑦ TLa ⑧ L_{out} ⑩ LINEa ⑨

Lin1a ① Lin2a ② Lin3a ③ Lin4a ④ 输入信号切换 −2dB

Rin1b ㉚ Rin2b ㉙ Rin3b ㉘ Rin4b ㉗ 输入信号切换 −2dB

自动增益控制（AGC） 音量控制1 音量控制1 环绕立体声和仿真立体声处理 音调调整 音调调整 音调调整2 音调调整2 +4.5dB +4.5dB I^2C总线控制 直流偏压

⑬ SDA ⑭ SCL ⑪ CVA ⑫ CVB ⑲ CTH ⑱ CTL ㉕ CSR ⑮ GND ⑯ V+

㉖ MONb ㉔ THb ㉓ TLb ㉑ R_{out} ㉒ LINEb ⑰ Vref

如图6-5所示为R2S15900音频信号处理集成电路的实物外形和引脚功能。这是一种具有环绕声功能的双声道音频处理集成电路，能够实现音调、平衡、音质及声道切换等处理和控制功能。

图6-5 R2S15900音频信号处理集成电路

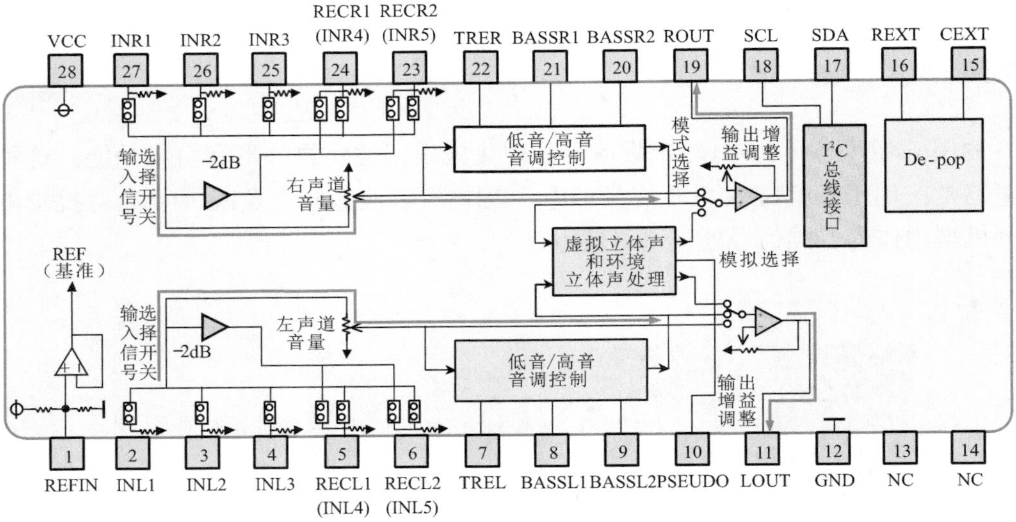

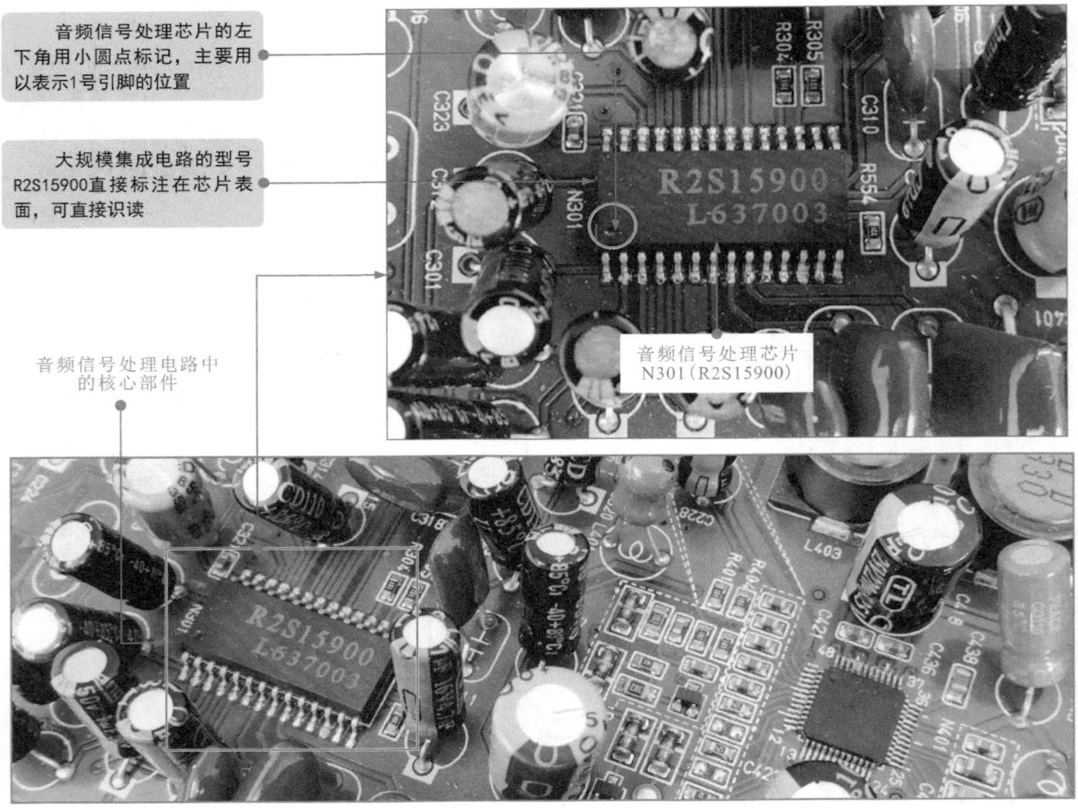

❷ 音频功率放大器

音频功率放大器的主要功能是对音频信号进行功率放大，驱动扬声器发声。液晶电视机音频信号处理电路中所采用的常见音频功率放大器主要有TPA3002D2、TA2024C、CD1517、PT2330等。

图6-6 TPA3002D2音频功率放大器

如图6-6所示为TPA3002D2音频功率放大器的实物外形和引脚功能。它是一种具有音量控制的立体声音频功率放大集成电路。

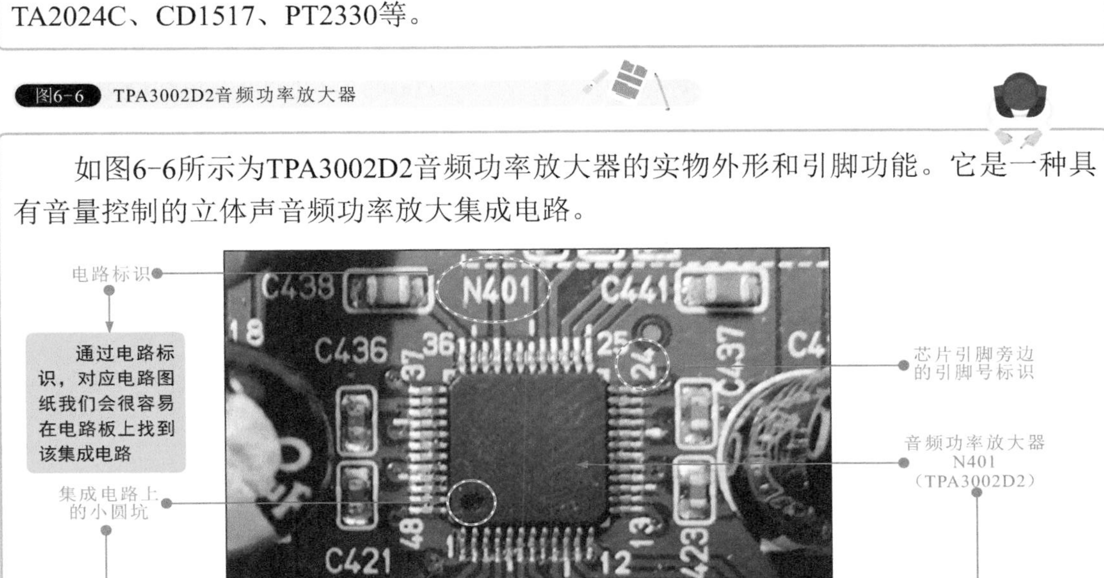

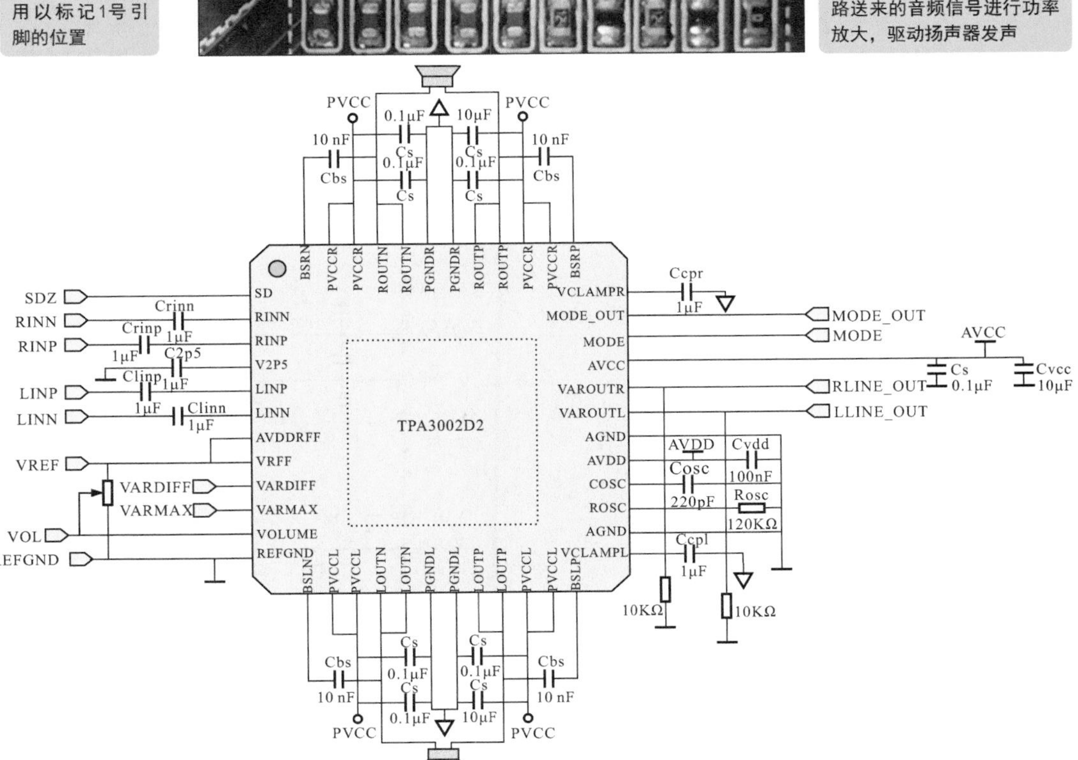

图6-7 TA2024C音频功率放大器

如图6-7所示为音频功率放大器TA2024C的实物外形和引脚功能。这种集成电路常用于长虹LP06机芯、LP09机芯和LS10机芯液晶系列电视机中。

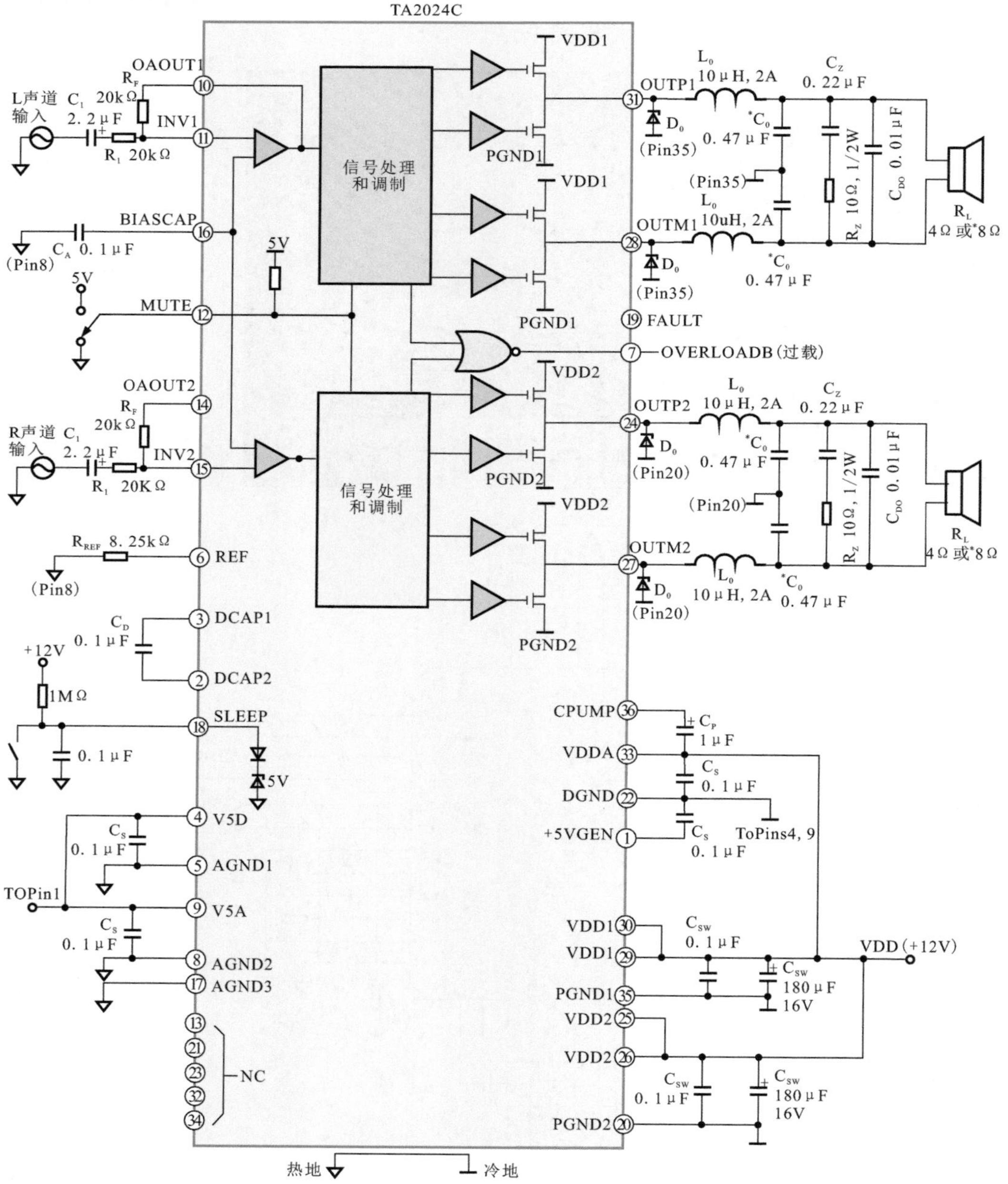

TA2024C

L声道输入　C1 2.2μF　R1 20kΩ　RF 20kΩ　OAOUT1 ⑩　INV1 ⑪
BIASCAP ⑯　CA 0.1μF　(Pin8)
5V　MUTE ⑫
R声道输入　C1 2.2μF　R1 20KΩ　RF 20kΩ　OAOUT2 ⑭　INV2 ⑮
RREF 8.25kΩ　(Pin8)　⑥ REF
CD 0.1μF　③ DCAP1　② DCAP2
+12V　1MΩ　0.1μF　⑱ SLEEP　5V
④ V5D　CS 0.1μF　⑤ AGND1
TOPin1　⑨ V5A　CS 0.1μF　⑧ AGND2　⑰ AGND3
⑬ ㉑ ㉓ ㉜ ㉞ NC

信号处理和调制
信号处理和调制

VDD1　PGND1　VDD1　PGND1
VDD2　PGND2　VDD2　PGND2
OUTP1 ㉛　L0 10μH, 2A　D0 (Pin35)　*C0 0.47μF　CZ 0.22μF　RZ 10Ω, 1/2W　CDO 0.01μF　RL 4Ω或*8Ω
OUTM1 ㉘　L0 10uH, 2A　D0 (Pin35)　*C0 0.47μF
⑲ FAULT
⑦ OVERLOADB(过载)
OUTP2 ㉔　L0 10μH, 2A　D0 (Pin20)　*C0 0.47μF　CZ 0.22μF　RZ 10Ω, 1/2W　CDO 0.01μF　RL 4Ω或*8Ω
OUTM2 ㉗　L0 10μH, 2A　D0 (Pin20)　*C0 0.47μF
CPUMP ㊱　CP 1μF
VDDA ㉝　CS 0.1μF
DGND ㉒　ToPins4, 9
+5VGEN ①　CS 0.1μF
VDD1 ㉚　VDD1 ㉙　CSW 0.1μF　CSW 180μF 16V　VDD(+12V)
PGND1 ㉟
VDD2 ㉕　VDD2 ㉖　CSW 0.1μF　CSW 180μF 16V
PGND2 ⑳

热地　冷地

图6-8 CD1517音频音频功率放大器

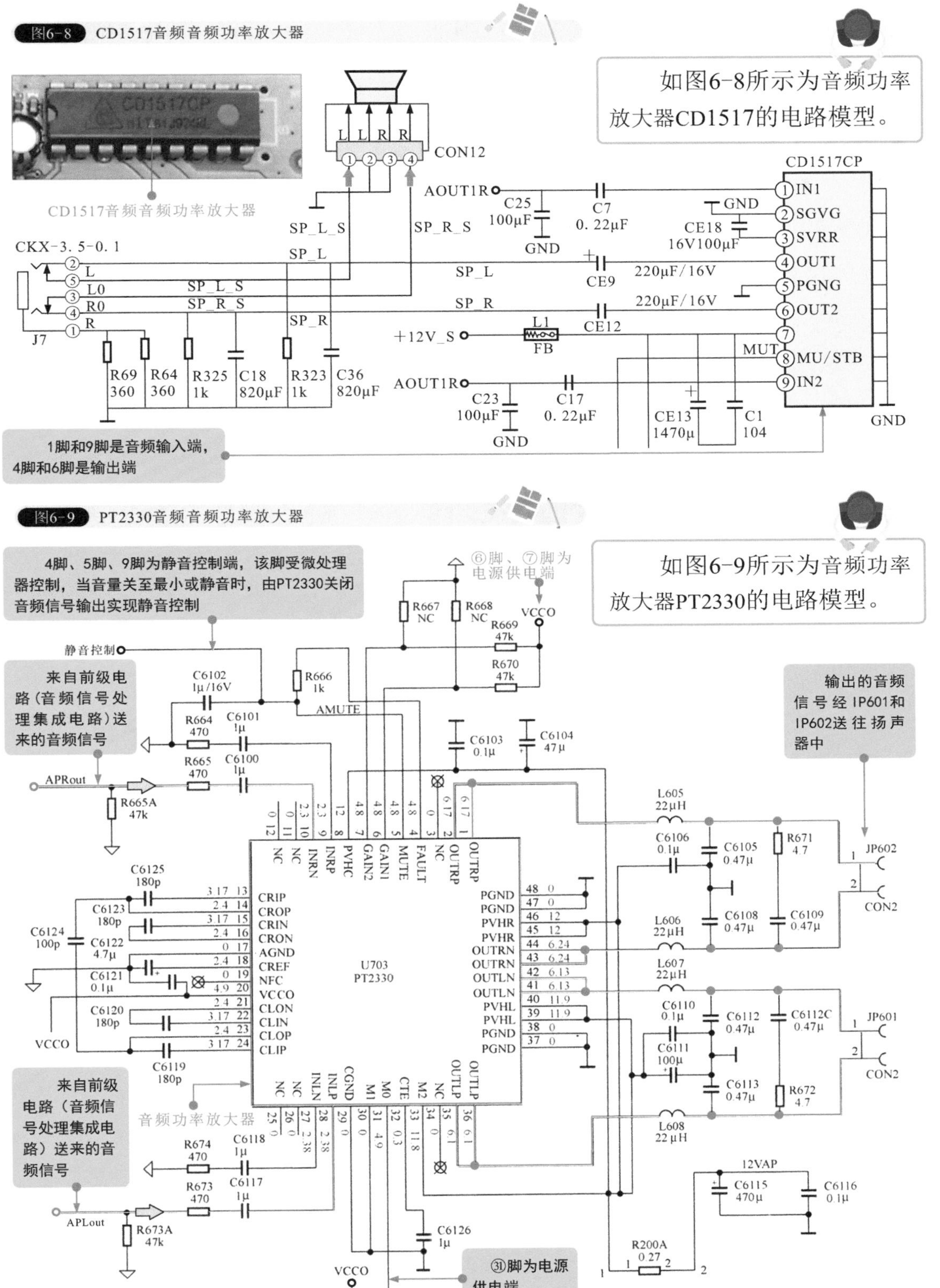

图6-9 PT2330音频音频功率放大器

3 音频切换开关

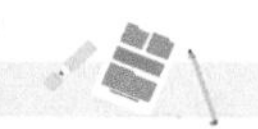

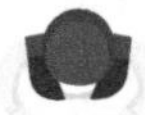

图6-10 音频切换开关U114（74HC4052）

如图6-10所示为音频切换开关U114（74HC4052）的实物外形和内部功能图。该电路主要用于切换音频信号。由外部音频设备输入的音频信号（L、R声道）分别接到1、2、4、5脚和11、12、14、15脚，在内部经切换后分别由3脚和13脚输出两声道的音频信号，并送往音频信号处理电路，切换的控制信号加到10、9、6脚。

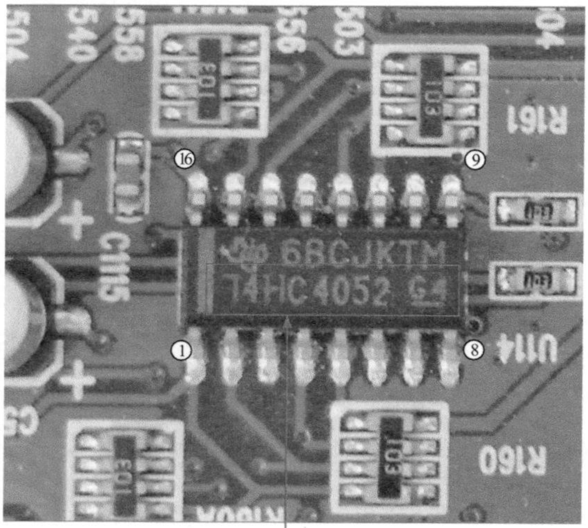

16
9
1
8
74HC4052 G4
U114
R161
R160

音频切换开关
74HC4052

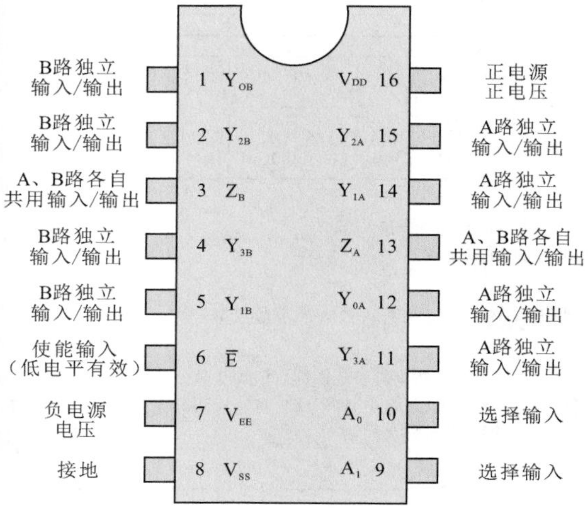

B路独立输入/输出 1 Y_{0B}
B路独立输入/输出 2 Y_{2B}
A、B路各自共用输入/输出 3 Z_B
B路独立输入/输出 4 Y_{3B}
B路独立输入/输出 5 Y_{1B}
使能输入（低电平有效） 6 $\overline{E}$
负电源电压 7 V_{EE}
接地 8 V_{SS}
V_{DD} 16 正电源正电压
Y_{2A} 15 A路独立输入/输出
Y_{1A} 14 A路独立输入/输出
Z_A 13 A、B路各自共用输入/输出
Y_{0A} 12 A路独立输入/输出
Y_{3A} 11 A路独立输入/输出
A_0 10 选择输入
A_1 9 选择输入

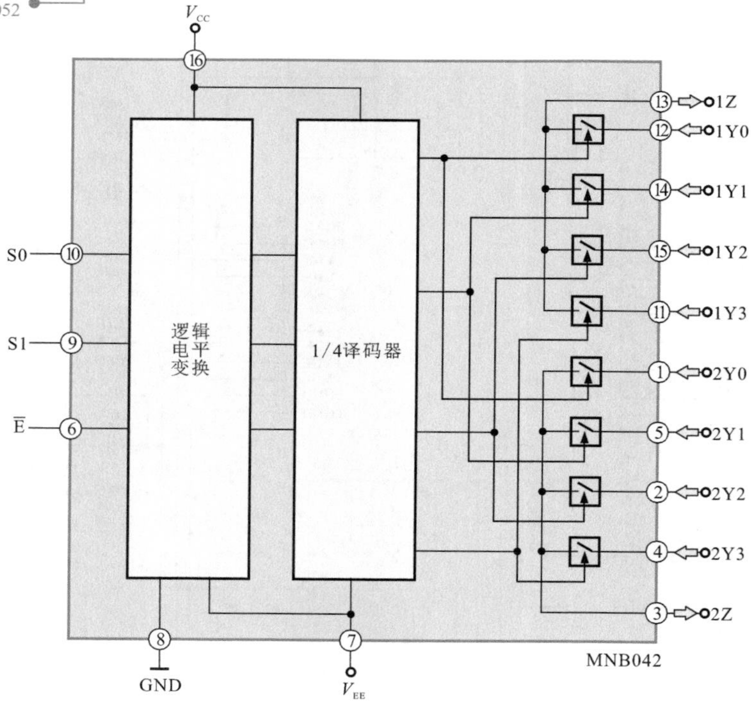

V_{CC}
16
S0 10
S1 9
$\overline{E}$ 6
逻辑电平变换
1/4译码器
13 1Z
12 1Y0
14 1Y1
15 1Y2
11 1Y3
1 2Y0
5 2Y1
2 2Y2
4 2Y3
3 2Z
8 GND
7 V_{EE}
MNB042

6.1.2 液晶电视机音频信号处理电路的工作原理

音频信号处理电路是液晶电视机中处理音频信号的关键电路，主要用以处理和放大音频信号，从而驱动扬声器发声。

❶ 数字信号处理电路的基本原理

图6-11 典型液晶电视机中音频信号处理电路的工作过程

如图6-11所示为典型液晶电视机中音频信号处理电路的工作原理图。电视信号接收电路分离出的音频信号或外部AV设备送入的音频信号在音频信号处理集成电路中进行解调、切换选择等一系列处理后被送入音频功率放大器进行功率放大，最后输出放大后的音频信号驱动扬声器发声。

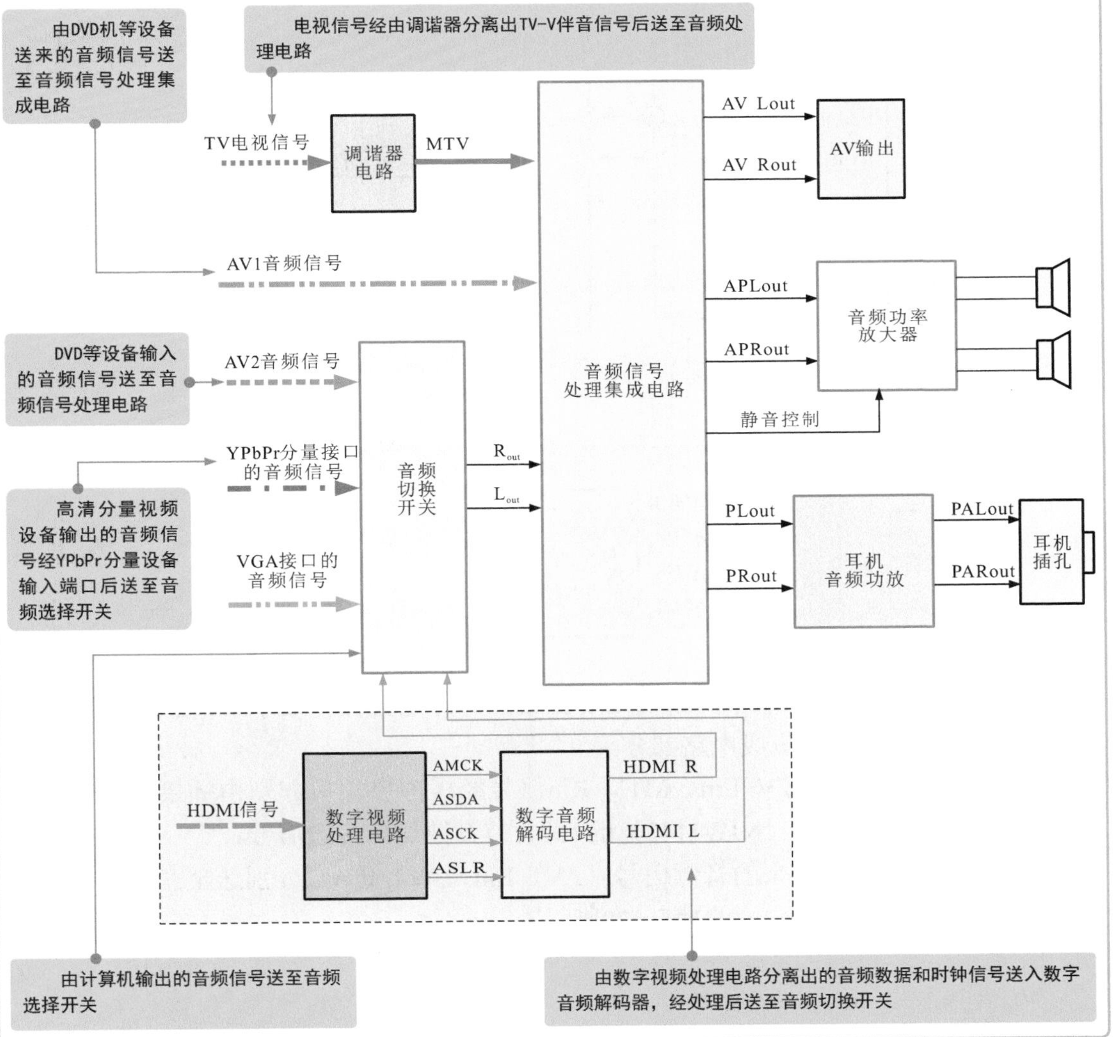

由DVD机等设备送来的音频信号送至音频信号处理集成电路

电视信号经由调谐器分离出TV-V伴音信号后送至音频处理电路

TV电视信号

调谐器电路

MTV

AV Lout

AV Rout

AV输出

AV1音频信号

APLout

APRout

音频功率放大器

DVD等设备输入的音频信号送至音频信号处理电路

AV2音频信号

音频信号处理集成电路

静音控制

YPbPr分量接口的音频信号

音频切换开关

R_{out}

L_{out}

高清分量视频设备输出的音频信号经YPbPr分量设备输入端口后送至音频选择开关

VGA接口的音频信号

PLout

PRout

耳机音频功放

PALout

PARout

耳机插孔

HDMI信号

数字视频处理电路

AMCK

ASDA

ASCK

ASLR

数字音频解码电路

HDMI R

HDMI L

由计算机输出的音频信号送至音频选择开关

由数字视频处理电路分离出的音频数据和时钟信号送入数字音频解码器，经处理后送至音频切换开关

❷ 长虹LT3788型液晶电视机音频信号处理电路的电路分析

图6-12所示为长虹LT3788型液晶电视机的音频信号处理电路。该电路主要是由音频信号处理集成电路NJW1142和音频功率放大器TA2024构成。

图6-12 长虹LT3788型液晶电视机音频信号处理电路的电路关系

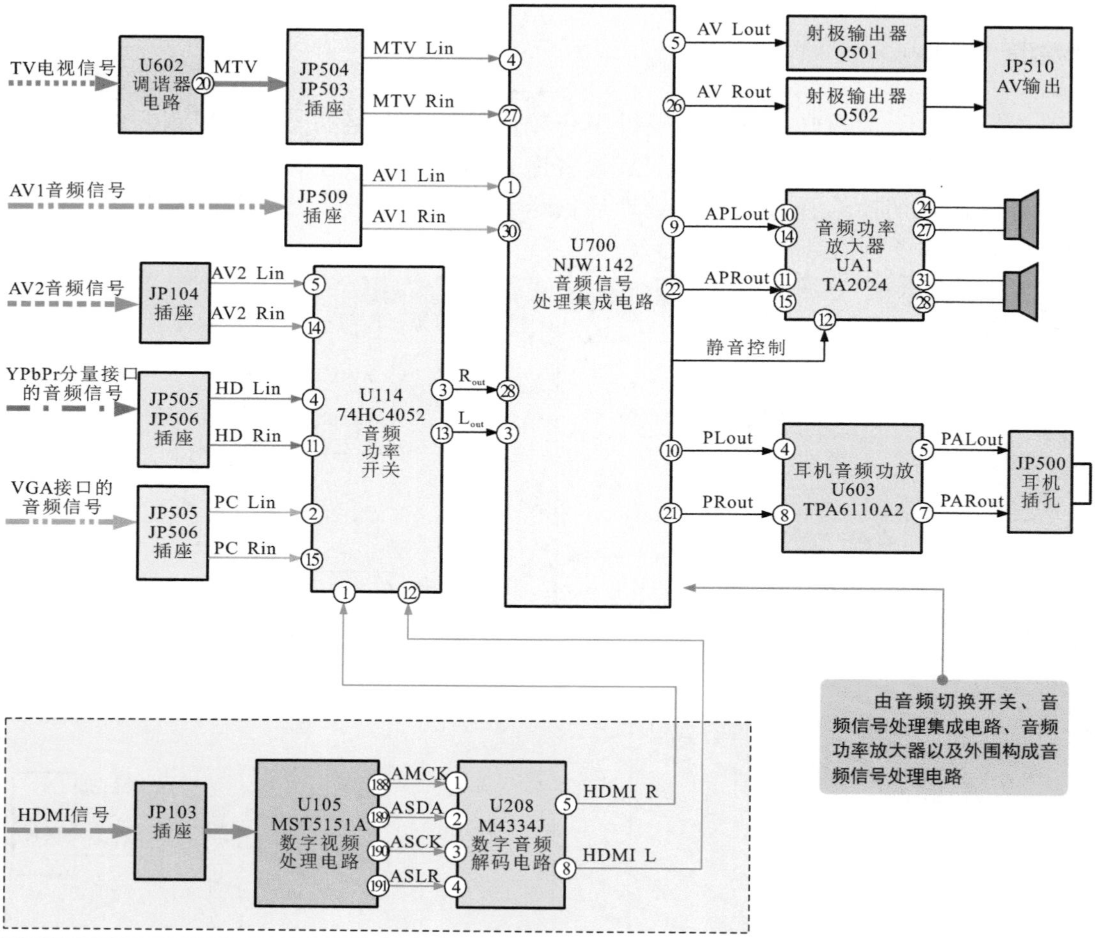

音频信号处理集成电路U700（NJW1142）与外围元件构成了长虹LT3788型液晶电视机的音频信号处理集成电路部分。

由调谐器输出的MTV-Lin、MTV-Rin信号经缓冲放大后分别由插接件送到音频信号处理集成电路U700（NJW1142）的4脚、27脚做切换备选信号。

由DVD机等设备送来的音频信号（AV1_Lin、AV1_Rin）分别送至音频信号处理集成电路U700（NJW1142）的1脚、30脚。

音频信号经音频信号处理电路集成U700（NJW1142）处理后，由9脚和22脚分别输出APLOUT、APROUT音频信号，并送往音频功率放大器UA1中进行放大处理。

图6-13 音频信号处理集成电路U700（NJW1142）的工作原理

如图6-13所示为的音频信号处理集成电路U700（NJW1142）的工作原理。

5脚输出音频信号送往音频功率放大器UA1

1脚与27脚为AV音频信号输入端

音频信号处理集成电路

4脚与30脚为MTV音频信号输入端

U700

NJW1142

AV1_Lin
MNLout
GP2Lout
MTV_Lin
AV_Lout
APLout
PLout
SDA5
SCL5

MTV_Rin
GP2Rout
MNRout
AV1_Rin
AV_Rout
APRout
PRout

L603 100μH
9VAP
C6055 100n
C6009 10μ/16V

左声道音频信号输出

右声道音频信号输出

26脚输出音频信号送往音频功率放大器UA1

13脚、14脚为I²C总线控制端，微处理器通过该总线控制端对音频信号进行切换、音量调整以及声道变换等

NJW1142对第二伴音中频信号进行解调，解调后进行音频切换、数字处理和D/A转换等处理

16脚为电源供电端

图6-14 音频功率放大器UA1（TA2024）的工作原理

如图6-14所示为音频功率放大器UA1（TA2024）的工作原理。

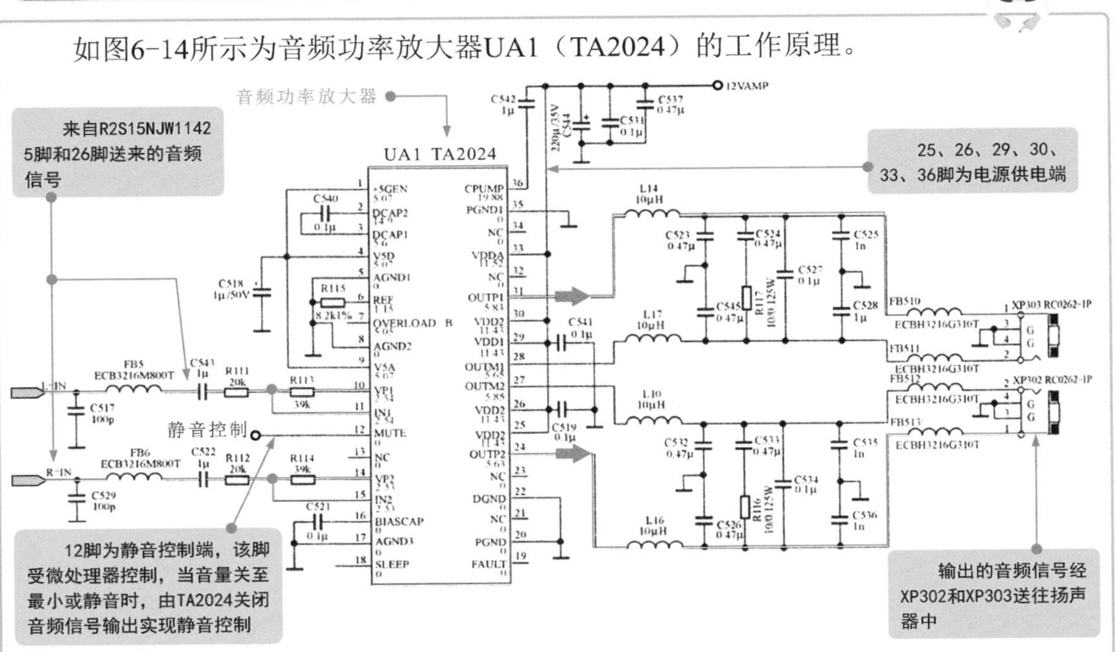

3 厦华LC-32U25型液晶电视机音频信号处理电路的电路分析

图6-15所示为厦华LC-32U25型液晶电视机的音频信号处理电路。该电路主要是由音频信号处理集成电路R2S15900和音频功率放大器TPA3002D2构成。

图6-15 厦华LC-32U25型液晶电视机音频信号处理电路的工作原理

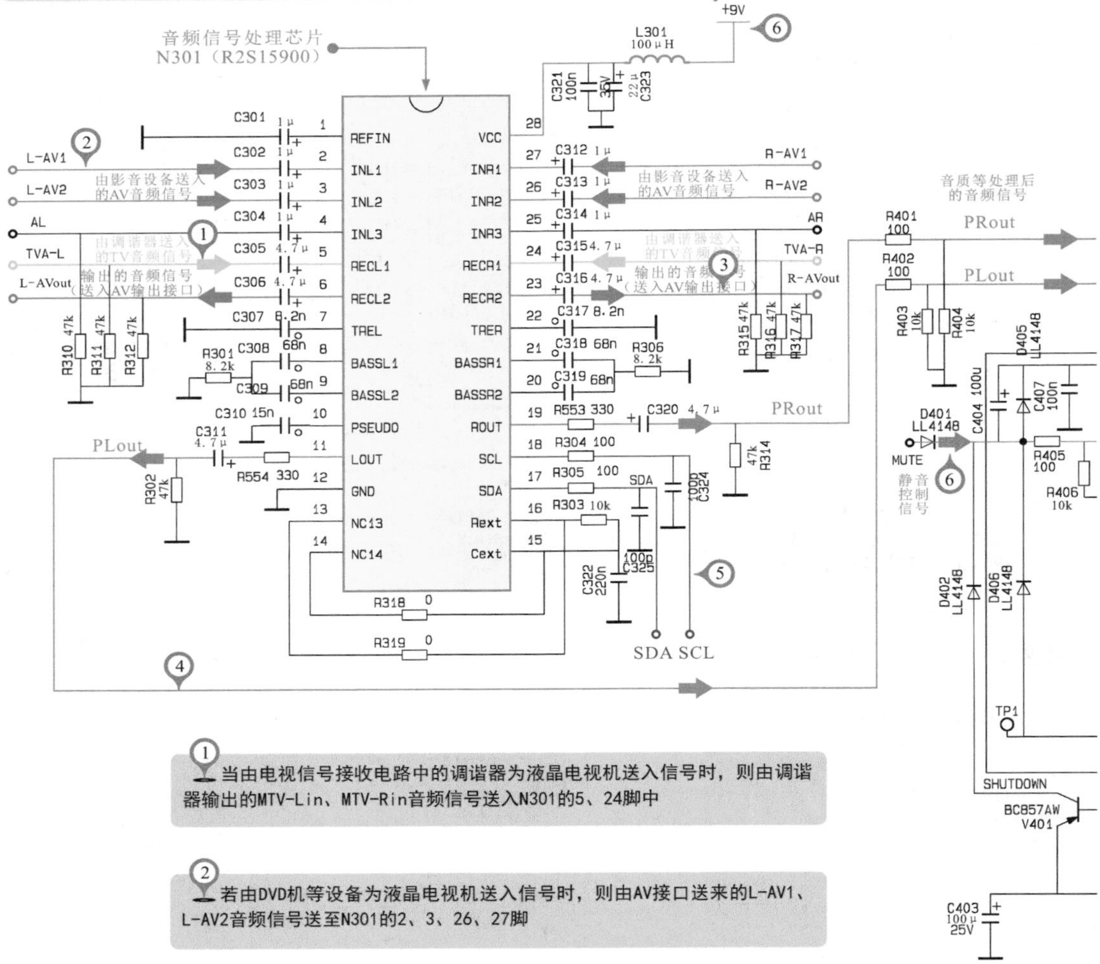

① 当由电视信号接收电路中的调谐器为液晶电视机送入信号时，则由调谐器输出的MTV-Lin、MTV-Rin音频信号送入N301的5、24脚中

② 若由DVD机等设备为液晶电视机送入信号时，则由AV接口送来的L-AV1、L-AV2音频信号送至N301的2、3、26、27脚

③ 若液晶电视机连接有音箱等设备，则音频信号经N301处理后，由6脚和23脚分别输出L-AVout、R-AVout音频信号送往AV接口

④ 音频信号经N301处理后，由11脚和19脚分别输出PLout、PRout主音频信号，送往后级音频功率放大器N401的3、5脚。

音频功率放大器对输入的音频信号进行功率放大处理后，由16、17、20、21、40、41、44、45脚输出，放大后的音频信号经电感器、电容器等滤波后，送往插件X7中驱动左、右扬声器发声

5 来自微处理器的控制信号送入N301的I^2C总线控制端17、18脚，N301在微处理器的控制下对音频信号进行切换、音量调整及声道变换等处理

6 N301的28脚为+9V供电端；N401的1脚为静音控制端，该脚受微处理器控制，当音量调至最小或静音时，由N401关闭音频信号，输出实现静音控制，该芯片采用+18V直流电源供电

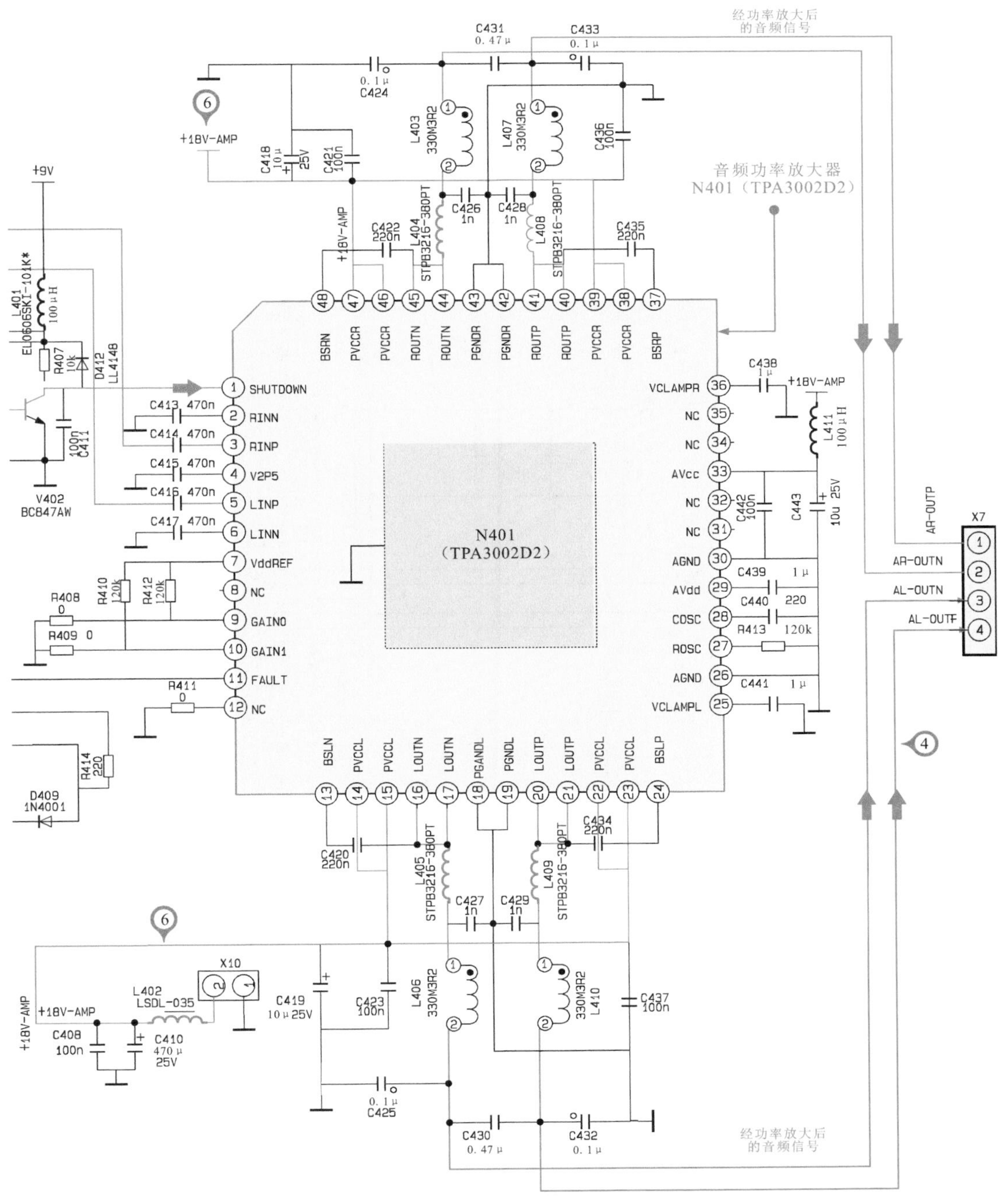

④ 索尼KLV-32U200A型液晶电视机音频信号处理电路的电路分析

图6-16所示为索尼KLV-32U200A型液晶电视机的音频信号处理电路。该电路主要是由音频信号处理电路MSP4410K及外围元器件构成。

图6-16 索尼KLV-32U200A型液晶电视机音频信号处理电路的工作原理

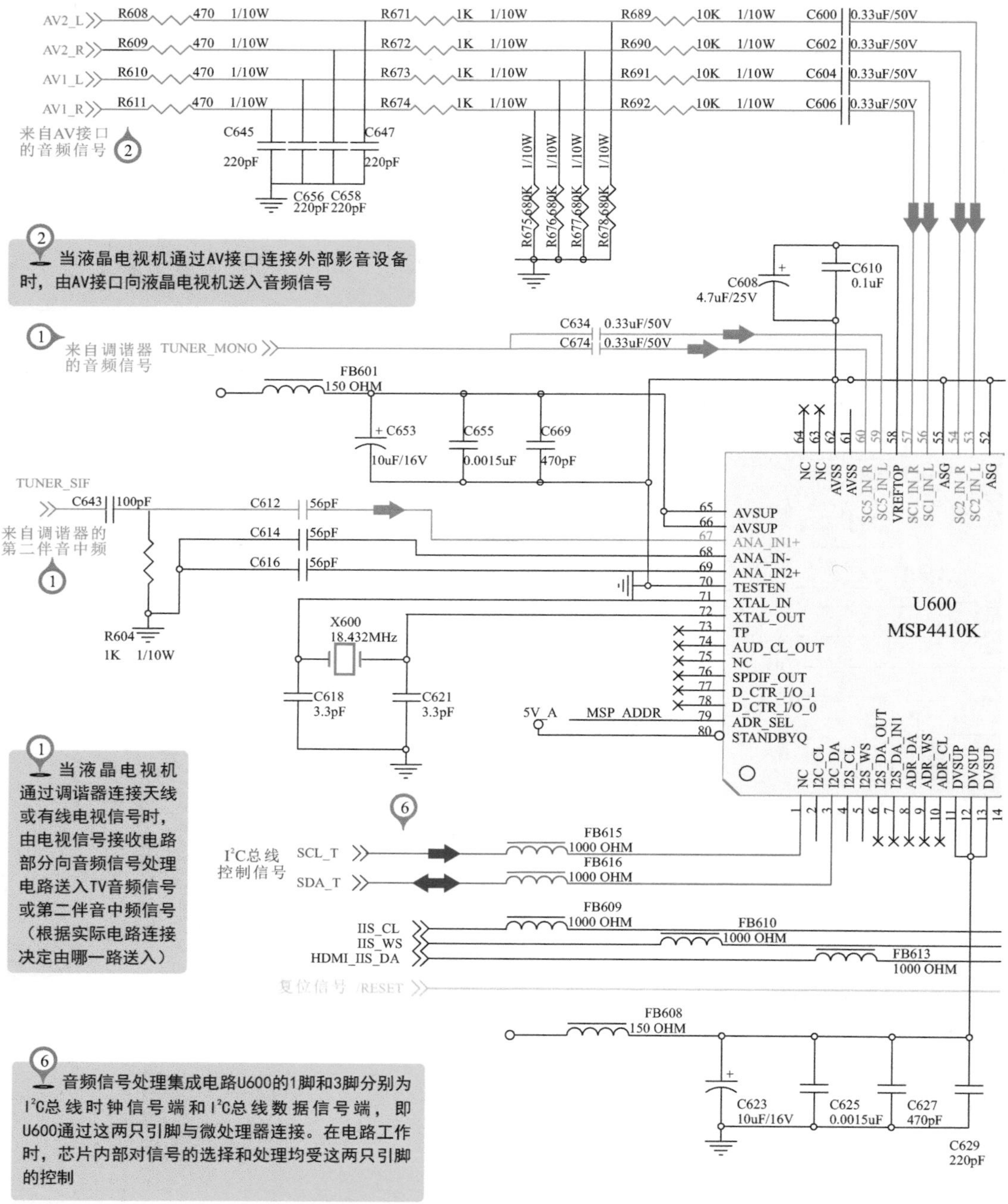

来自AV接口的音频信号 ②

② 当液晶电视机通过AV接口连接外部影音设备时，由AV接口向液晶电视机送入音频信号

① 来自调谐器的音频信号 TUNER_MONO

TUNER_SIF 来自调谐器的第二伴音中频 ①

U600 MSP4410K

① 当液晶电视机通过调谐器连接天线或有线电视信号时，由电视信号接收电路部分向音频信号处理电路送入TV音频信号或第二伴音中频信号（根据实际电路连接决定由哪一路送入）

⑥ I²C总线控制信号 SCL_T SDA_T

⑥ 音频信号处理集成电路U600的1脚和3脚分别为I²C总线时钟信号端和I²C总线数据信号端，即U600通过这两只引脚与微处理器连接。在电路工作时，芯片内部对信号的选择和处理均受这两只引脚的控制

③ 液晶电视机接收由预放电路送来的音频信号后送入音频信号处理集成电路U600的50脚和51脚

④ 当液晶电视机连接计算机主机时，由计算机声卡输出的音频信号通过PC音频接口送入音频信号处理集成电路U600的47脚和48脚

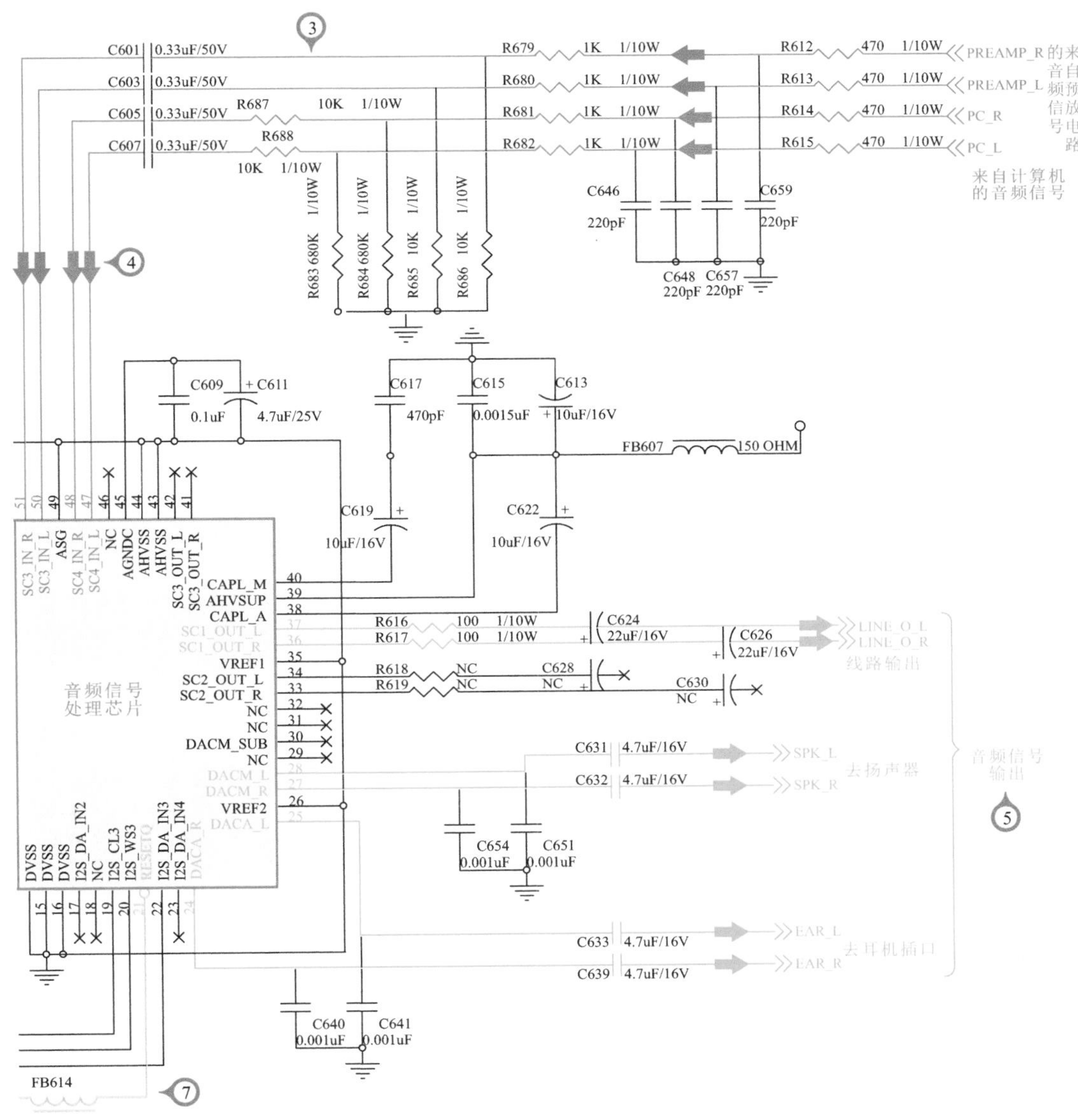

⑦ 当音频信号处理集成电路U600的21脚为复位端，电路工作前由该引脚向芯片内部送入复位信号，对芯片内部进行复位初始化操作，使芯片进入准备工作状态

⑤ 音频信号处理芯片U600在微处理器控制下，识别出输入端的信号来源，对该信号进行选择、解调、音质、音调等处理后，分别输出3路音频信号：第1路由36脚和37脚经音频线路输出；第2路由27脚和28脚送往后级功率放大电路，驱动扬声器还原出声音；第3路由24脚和25脚输出，经电路元器件和音质线路送往耳机接口，驱动外接耳机还原出声音

⑤ 海尔LE46T3型液晶电视机音频D/A转换电路的电路分析

图6-17所示为海尔LE46T3型液晶电视机的音频D/A转换电路。该电路主要是由音频D/A转换器STA559BW和重低音功率放大器STA553WF构成。

图6-17 海尔LE46T3型液晶电视机音频D/A转换电路的工作原理

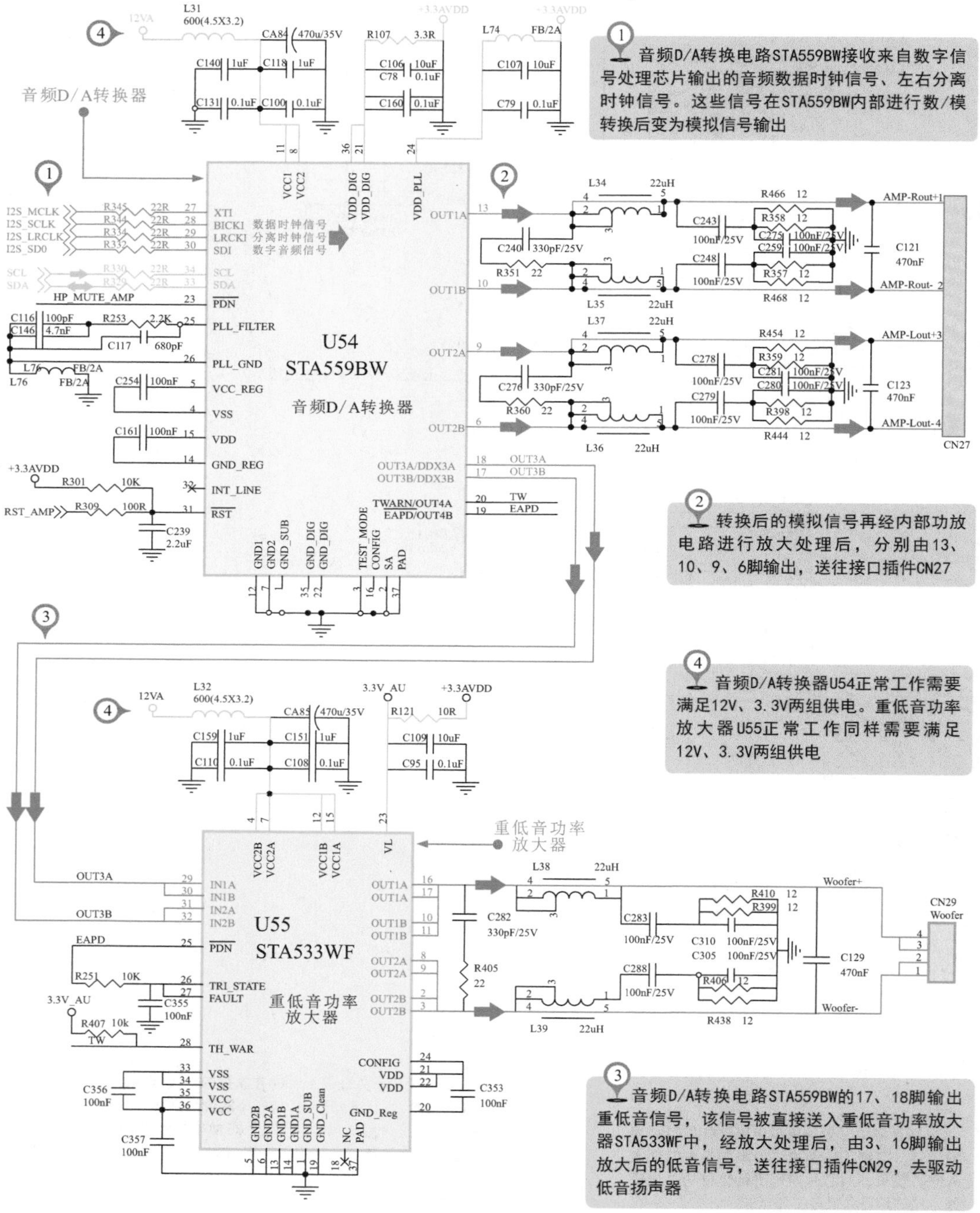

① 音频D/A转换电路STA559BW接收来自数字信号处理芯片输出的音频数据时钟信号、左右分离时钟信号。这些信号在STA559BW内部进行数/模转换后变为模拟信号输出

② 转换后的模拟信号再经内部功放电路进行放大处理后，分别由13、10、9、6脚输出，送往接口插件CN27

④ 音频D/A转换器U54正常工作需要满足12V、3.3V两组供电。重低音功率放大器U55正常工作同样需要满足12V、3.3V两组供电

③ 音频D/A转换电路STA559BW的17、18脚输出重低音信号，该信号被直接送入重低音功率放大器STA533WF中，经放大处理后，由3、16脚输出放大后的低音信号，送往接口插件CN29，去驱动低音扬声器

6.2 液晶电视机音频信号处理电路的故障检修

音频信号处理电路是液晶电视机中的关键电路，若该电路出现故障会引起液晶电视机出现无伴音、音质不好或有交流声等现象。

6.2.1 液晶电视机音频信号处理电路的检修分析

图6-18 典型液晶电视机音频信号处理电路的检测要点

如图6-18所示为典型液晶电视机音频信号处理电路的检测要点。检测时先查看音频信号处理电路的主要元器件有无明显损坏迹象，如音频信号处理芯片有无脱焊或虚焊迹象、音频功率放大器有无脱焊或引脚有无松动迹象，以及其他主要元器件有无断开、炸裂或烧焦的迹象；然后使用万用表或示波器对重点测试点进行检测。

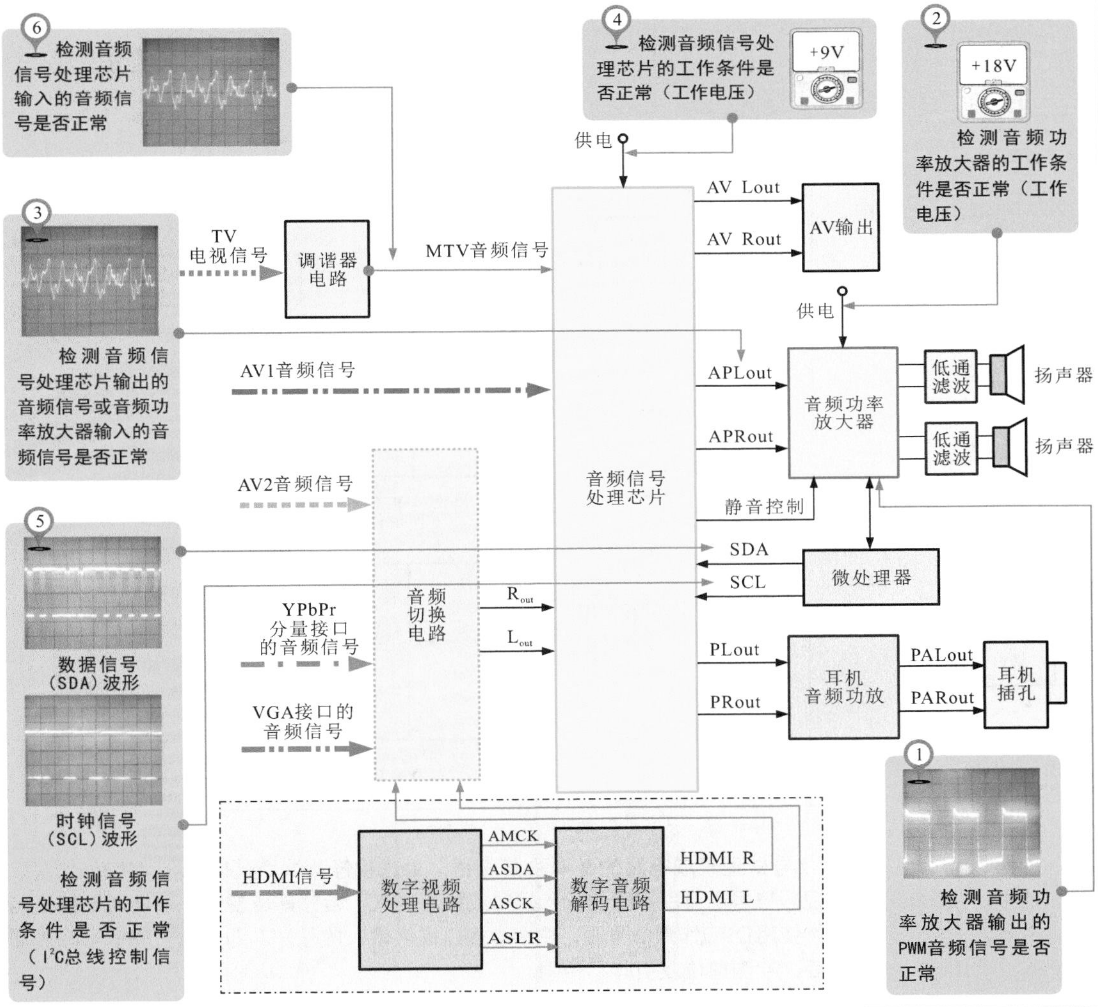

⑥ 检测音频信号处理芯片输入的音频信号是否正常

④ 检测音频信号处理芯片的工作条件是否正常（工作电压）
+9V

② +18V
检测音频功率放大器的工作条件是否正常（工作电压）

③ 检测音频信号处理芯片输出的音频信号或音频功率放大器输入的音频信号是否正常

⑤ 数据信号（SDA）波形
时钟信号（SCL）波形
检测音频信号处理芯片的工作条件是否正常（I^2C总线控制信号）

① 检测音频功率放大器输出的PWM音频信号是否正常

供电
TV电视信号
调谐器电路
MTV音频信号
AV Lout
AV Rout
AV输出
供电
AV1音频信号
APLout
APRout
音频功率放大器
低通滤波
扬声器
低通滤波
扬声器
AV2音频信号
音频信号处理芯片
静音控制
SDA
SCL
微处理器
YPbPr分量接口的音频信号
音频切换电路
R_{out}
L_{out}
VGA接口的音频信号
PLout
PRout
耳机音频功放
PALout
PARout
耳机插孔
HDMI信号
数字视频处理电路
AMCK
ASDA
ASCK
ASLR
数字音频解码电路
HDMI R
HDMI L

图6-19 音频信号处理电路的基本检修流程

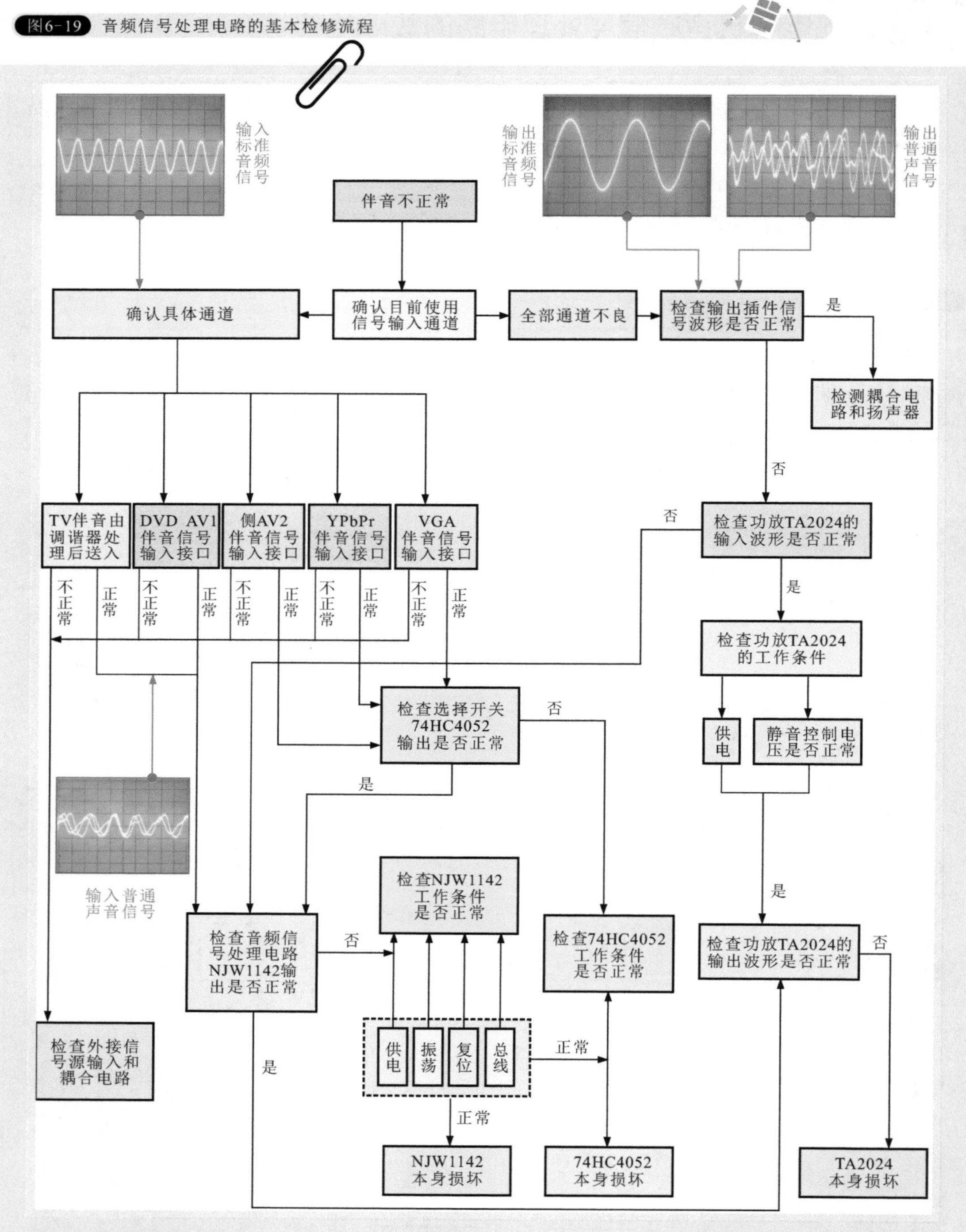

如图6-19所示为音频信号处理集成电路的基本检修流程，上述检修测试点是以AV接口输入信号时的测试点。液晶电视机的视频信号也可由不同的输入接口或插座送入，检修前应首先确认液晶电视机信号输入方式（检修时，通常使用DVD作为信号源，由AV1接口提供输入信号），即采用何种信号输入通道，由不同通道输入信号后，检测部位及引脚不相同。

6.2.2 液晶电视机音频信号处理电路的检修方法

对液晶电视机音频信号处理电路的检修，一般可逆其信号流程从输出部分作为入手点逐级向前进行检测。对损坏的元件或部件进行更换，即可完成对音频信号处理电路的检修。

❶ 音频功率放大器输出端音频信号的检测方法

如图6-20所示为音频功率放大器TPA3002D2输出音频信号波形的检测方法。使用示波器分别对输出端L（左声道）和输出端R（右声道）的信号波形进行检测。

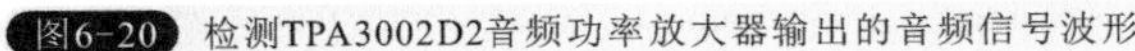

图6-20 检测TPA3002D2音频功率放大器输出的音频信号波形

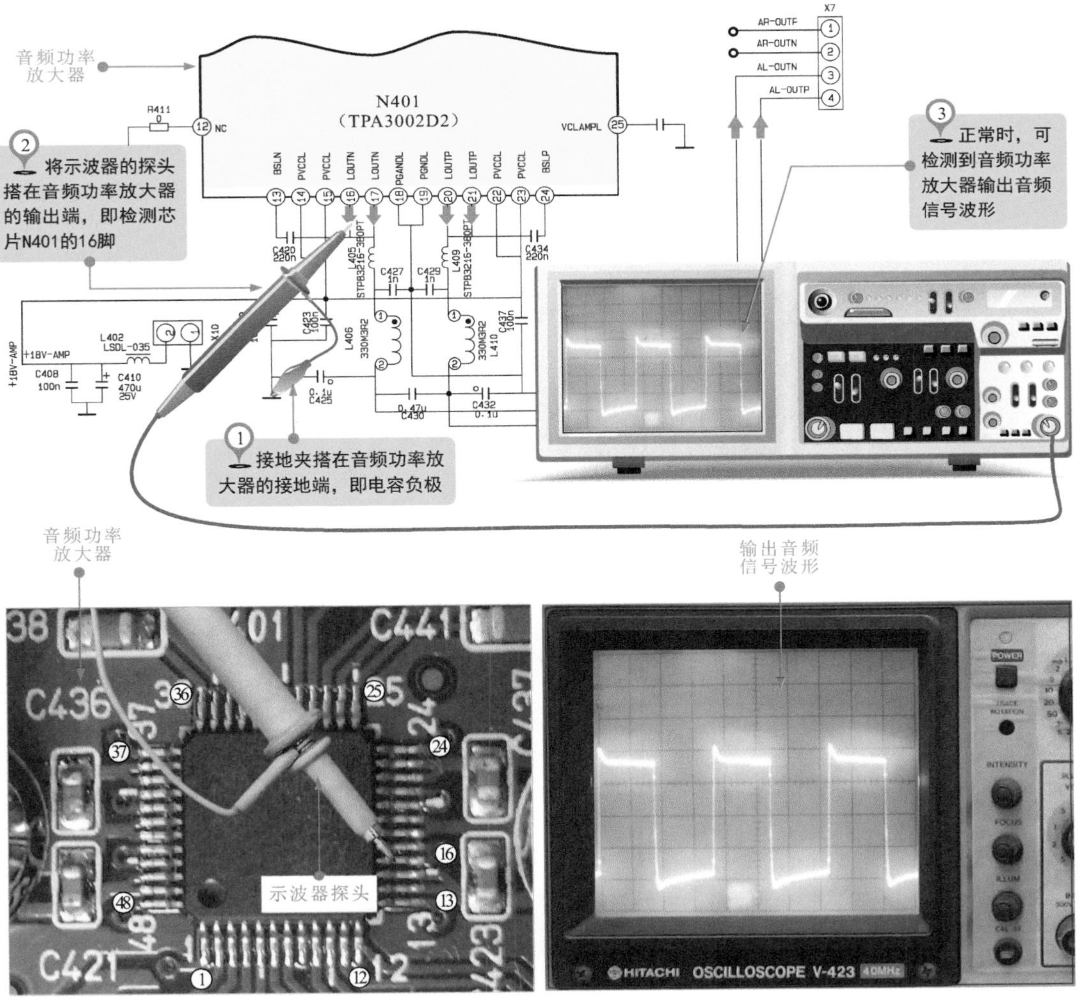

音频功率放大器

N401（TPA3002D2）

② 将示波器的探头搭在音频功率放大器的输出端，即检测芯片N401的16脚

① 接地夹搭在音频功率放大器的接地端，即电容负极

③ 正常时，可检测到音频功率放大器输出音频信号波形

音频功率放大器

输出音频信号波形

示波器探头

图6-21 检测TA2024音频功率放大器输出的音频信号波形

如图6-21所示为音频功率放大器TA2024输出音频信号波形的检测方法。

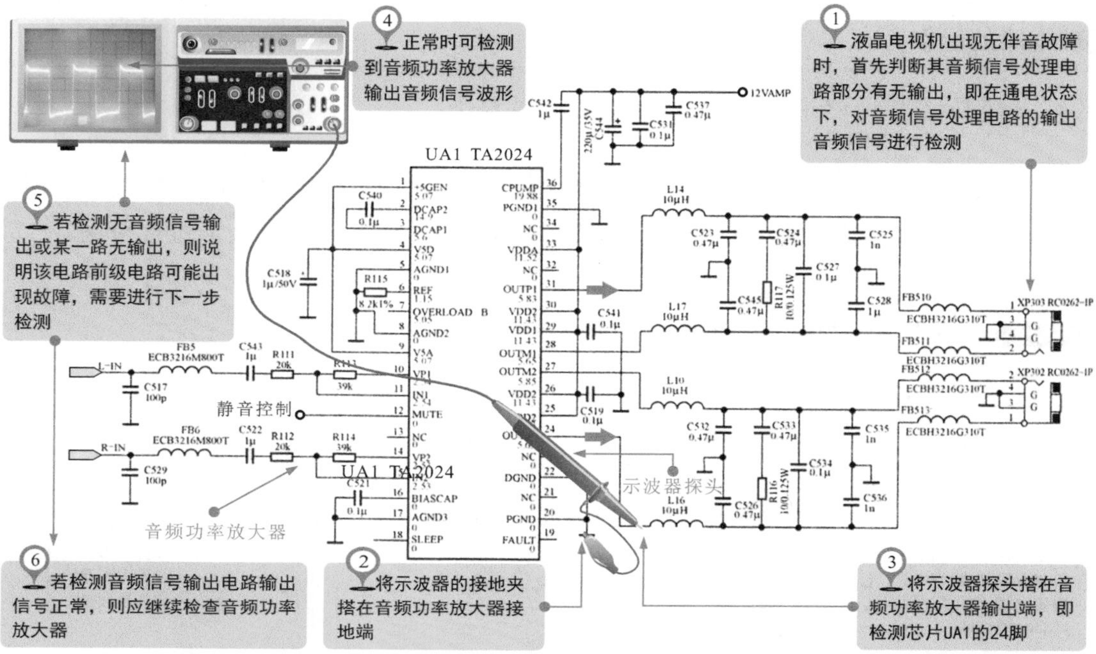

① 液晶电视机出现无伴音故障时，首先判断其音频信号处理电路部分有无输出，即在通电状态下，对音频信号处理电路的输出音频信号进行检测

② 将示波器的接地夹搭在音频功率放大器接地端

③ 将示波器探头搭在音频功率放大器输出端，即检测芯片UA1的24脚

④ 正常时可检测到音频功率放大器输出音频信号波形

⑤ 若检测无音频信号输出或某一路无输出，则说明该电路前级电路可能出现故障，需要进行下一步检测

⑥ 若检测音频信号输出电路输出信号正常，则应继续检查音频功率放大器

UA1 TA2024

静音控制

示波器探头

音频功率放大器

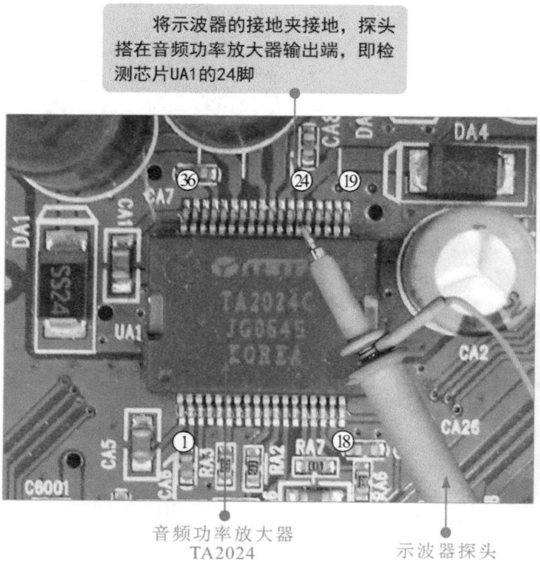

将示波器的接地夹接地，探头搭在音频功率放大器输出端，即检测芯片UA1的24脚

正常时可检测到音频功率放大器输出音频信号波形

输出音频信号波形

音频功率放大器TA2024

示波器探头

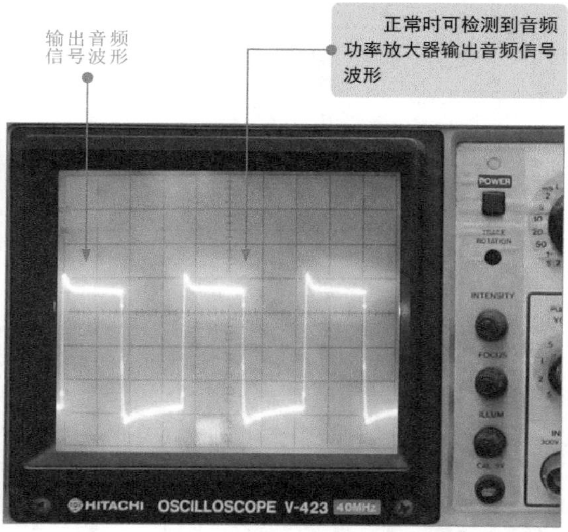

液晶电视机出现无伴音故障时，首先判断其音频信号处理电路部分有无输出，即在通电状态下，对音频信号处理电路的输出音频信号进行检测。若检测无音频信号输出或某一路无输出，则说明该电路前级电路可能出现故障，需要进行下一步检测。

❷ 音频功率放大器基本供电条件的检测方法

若音频功率放大器无音频信号输出，则需对该电路的工作条件（工作电压）进行检测。不同结构的液晶电视机，其音频信号处理电路采用的音频功率放大器型号不同，具体的工作电压也有所不同，但其检测的方法基本一致。

如图6-22所示为音频功率放大器TPA3002D2供电电压的检测方法。该集成电路的15脚为供电端，正常工作时，使用万用表应该能够测得18V供电电压。

图6-22 检测TPA3002D2音频功率放大器的供电电压

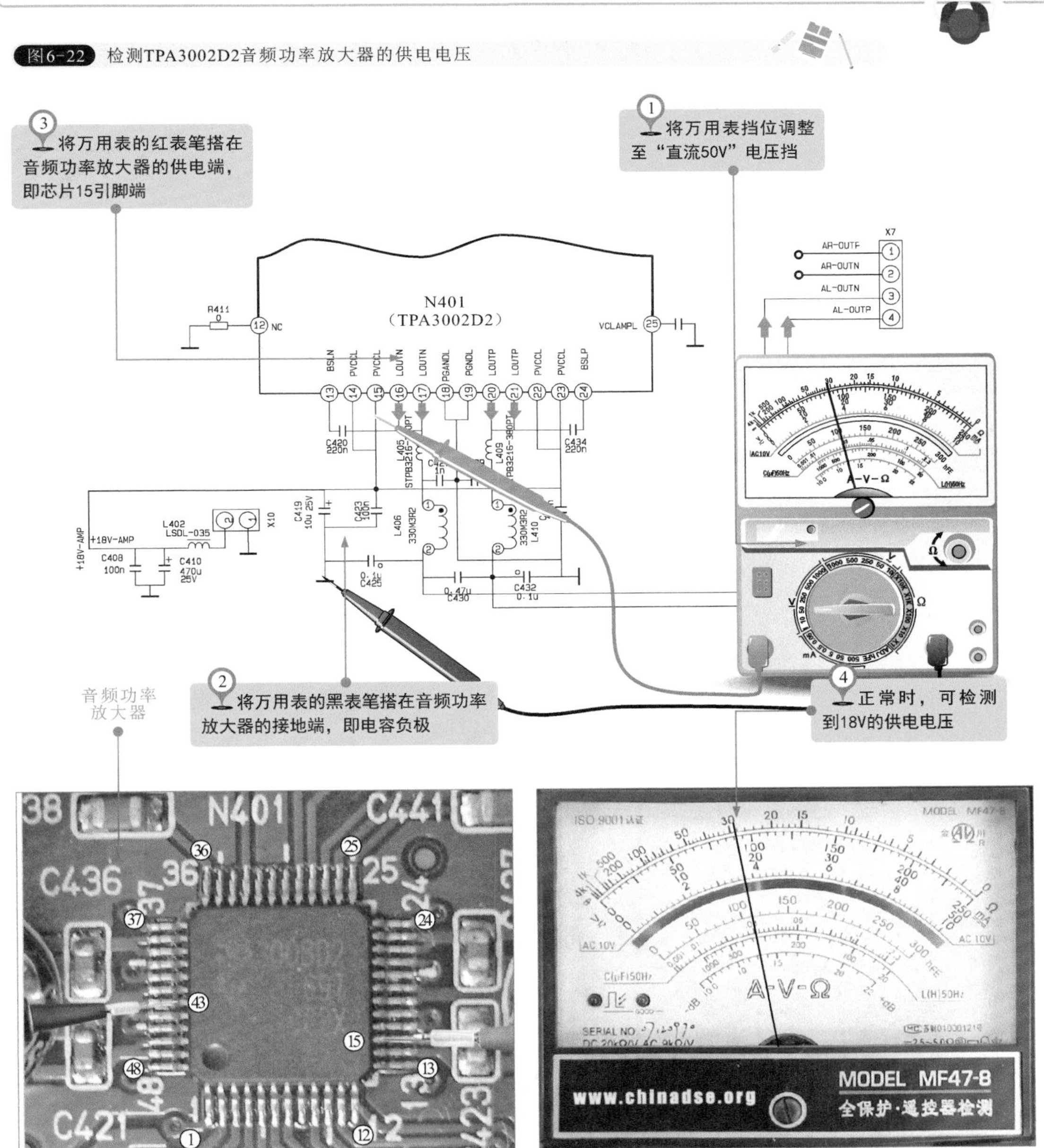

如图6-23所示为音频功率放大器TA2024供电电压的检测方法。使用万用表检测集成电路TA2024的25、26、29、30、33、36脚，正常时可检测到12V电压。

图6-23 检测TA2024音频功率放大器的供电电压

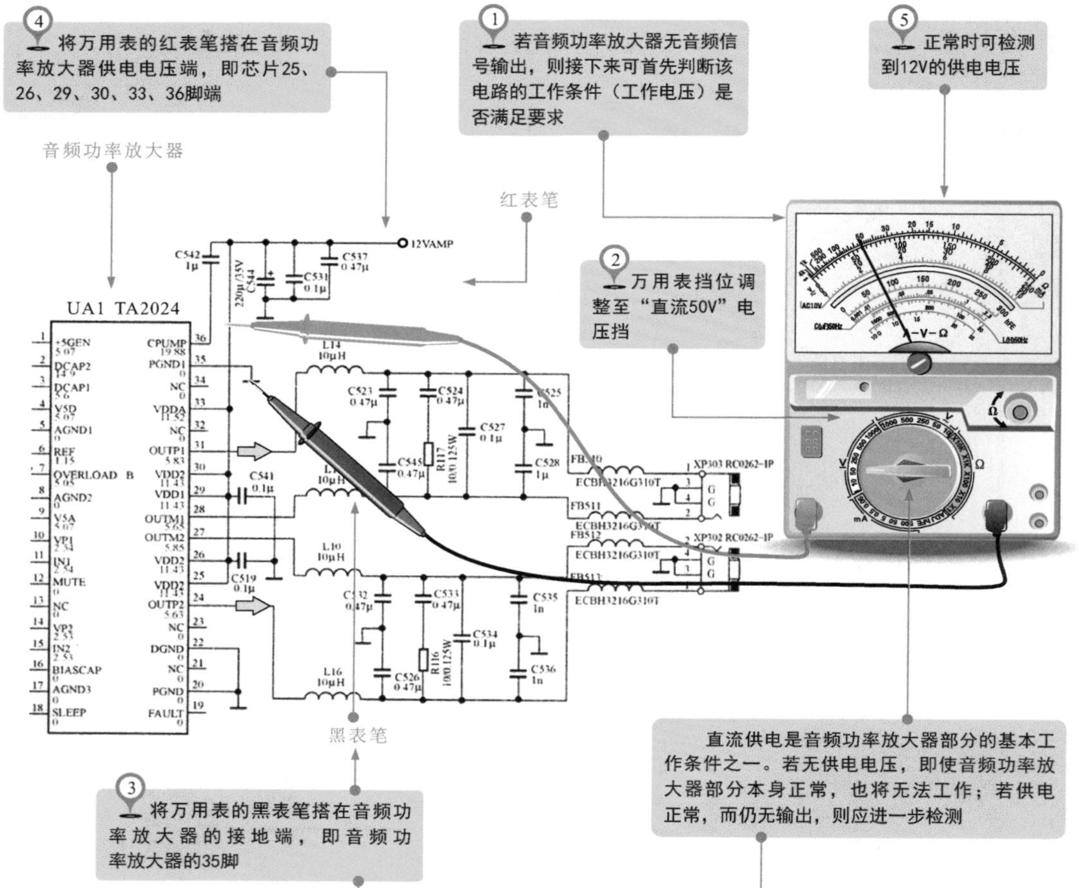
④ 将万用表的红表笔搭在音频功率放大器供电电压端，即芯片25、26、29、30、33、36脚端
① 若音频功率放大器无音频信号输出，则接下来可首先判断该电路的工作条件（工作电压）是否满足要求
⑤ 正常时可检测到12V的供电电压
音频功率放大器
红表笔
② 万用表挡位调整至“直流50V”电压挡
UA1 TA2024
12VAMP
黑表笔
③ 将万用表的黑表笔搭在音频功率放大器的接地端，即音频功率放大器的35脚
直流供电是音频功率放大器部分的基本工作条件之一。若无供电电压，即使音频功率放大器部分本身正常，也将无法工作；若供电正常，而仍无输出，则应进一步检测

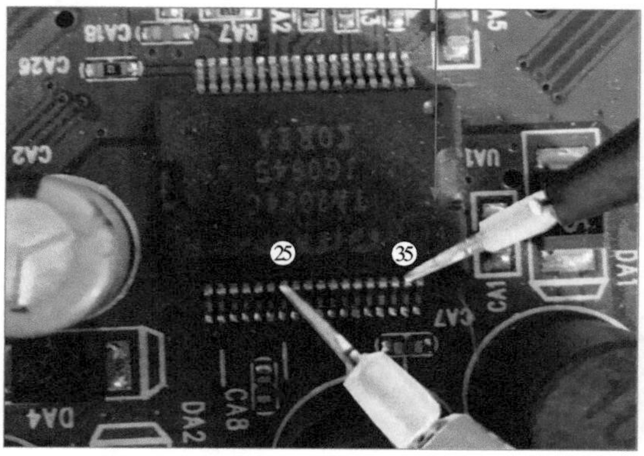
25
35

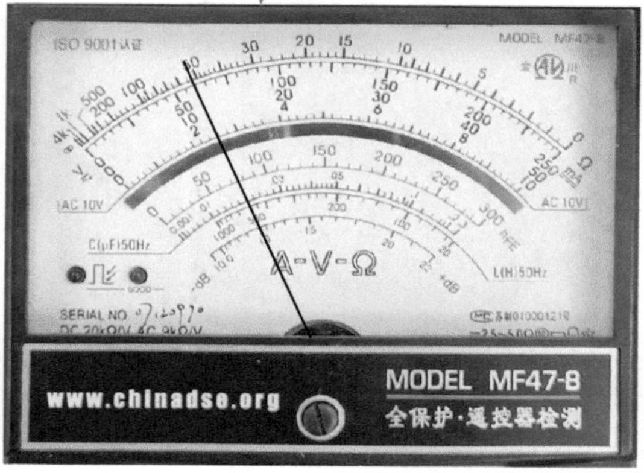
MODEL MF47-B
www.chinadse.org
全保护·遥控器检测

③ 音频信号处理电路输出端音频信号的检测方法

当液晶电视机的音频功率放大器部分无输出，但其余各部分工作均正常时，就需要对音频功率放大器输入端的音频信号或音频信号处理芯片输出端进行检测。若音频功率放大器输入端信号正常而无输出，则多为音频功率放大器故障；若输入信号不正常，则应对前级音频信号处理集成电路部分进行检查。

如图6-24所示为音频信号处理电路R2S15900SP输出端音频信号的检测方法。

图6-24 检测R2S15900SP音频信号处理电路的输出端音频信号

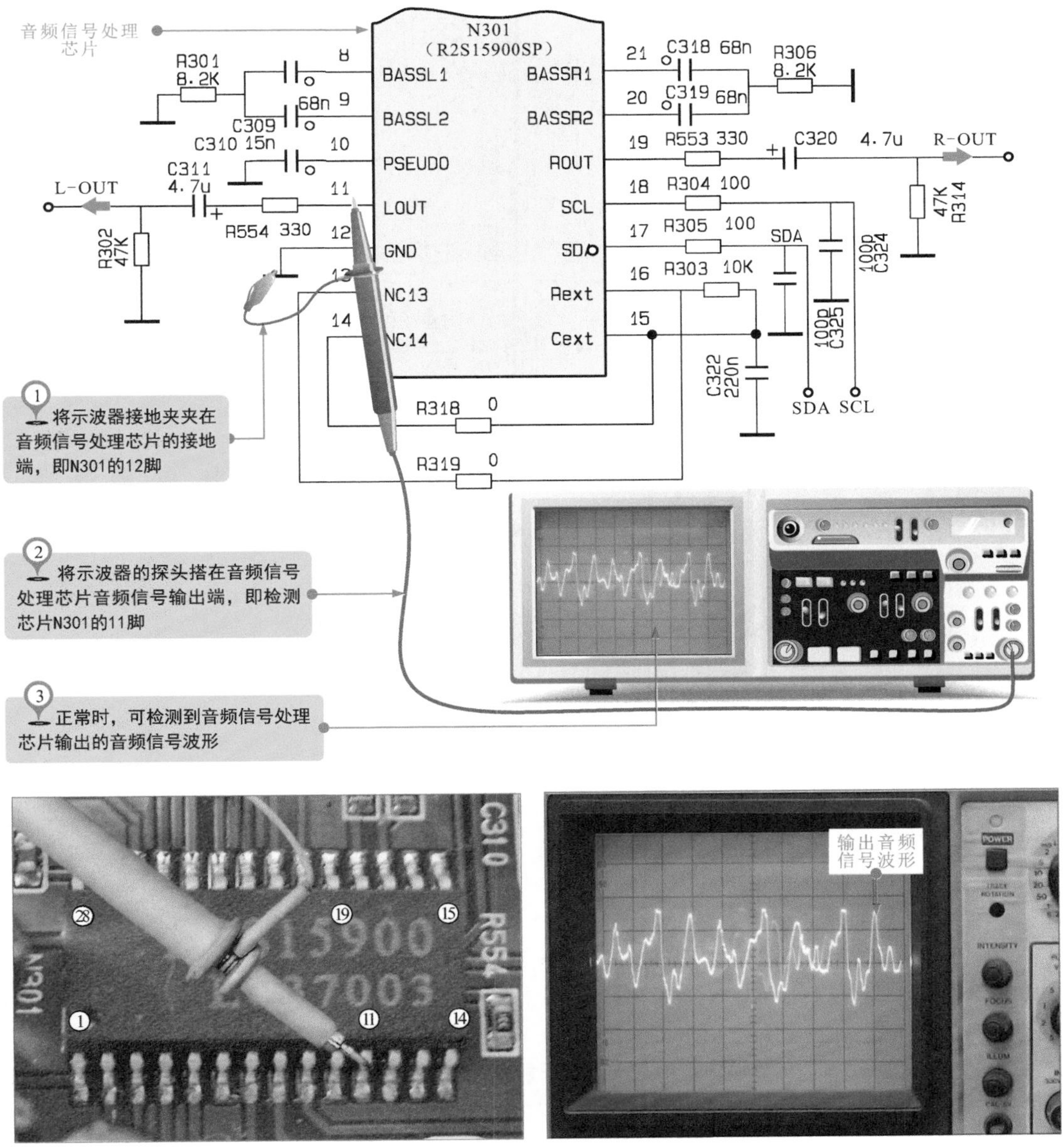

音频信号处理芯片

① 将示波器接地夹夹在音频信号处理芯片的接地端，即N301的12脚

② 将示波器的探头搭在音频信号处理芯片音频信号输出端，即检测芯片N301的11脚

③ 正常时，可检测到音频信号处理芯片输出的音频信号波形

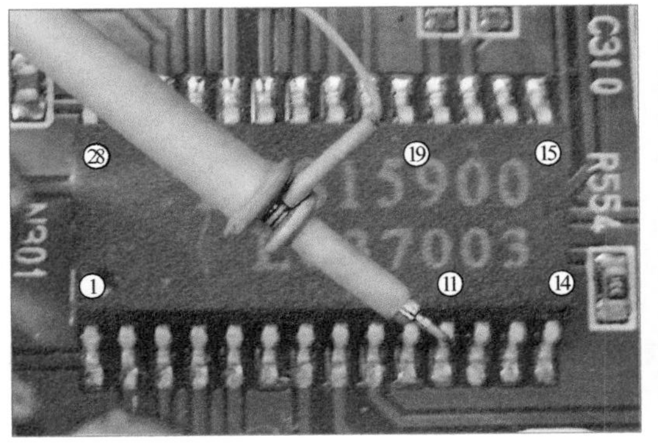

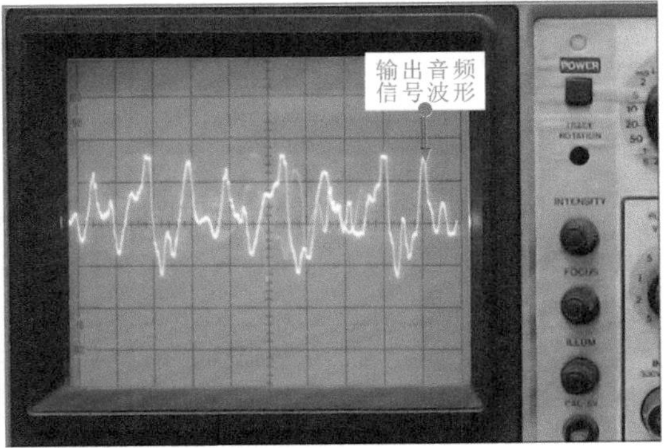

如图6-25所示，检测音频信号处理集成电路NJW1142输出的音频信号波形。

图6-25 检测音频信号处理集成电路NJW1142输出的音频信号波形

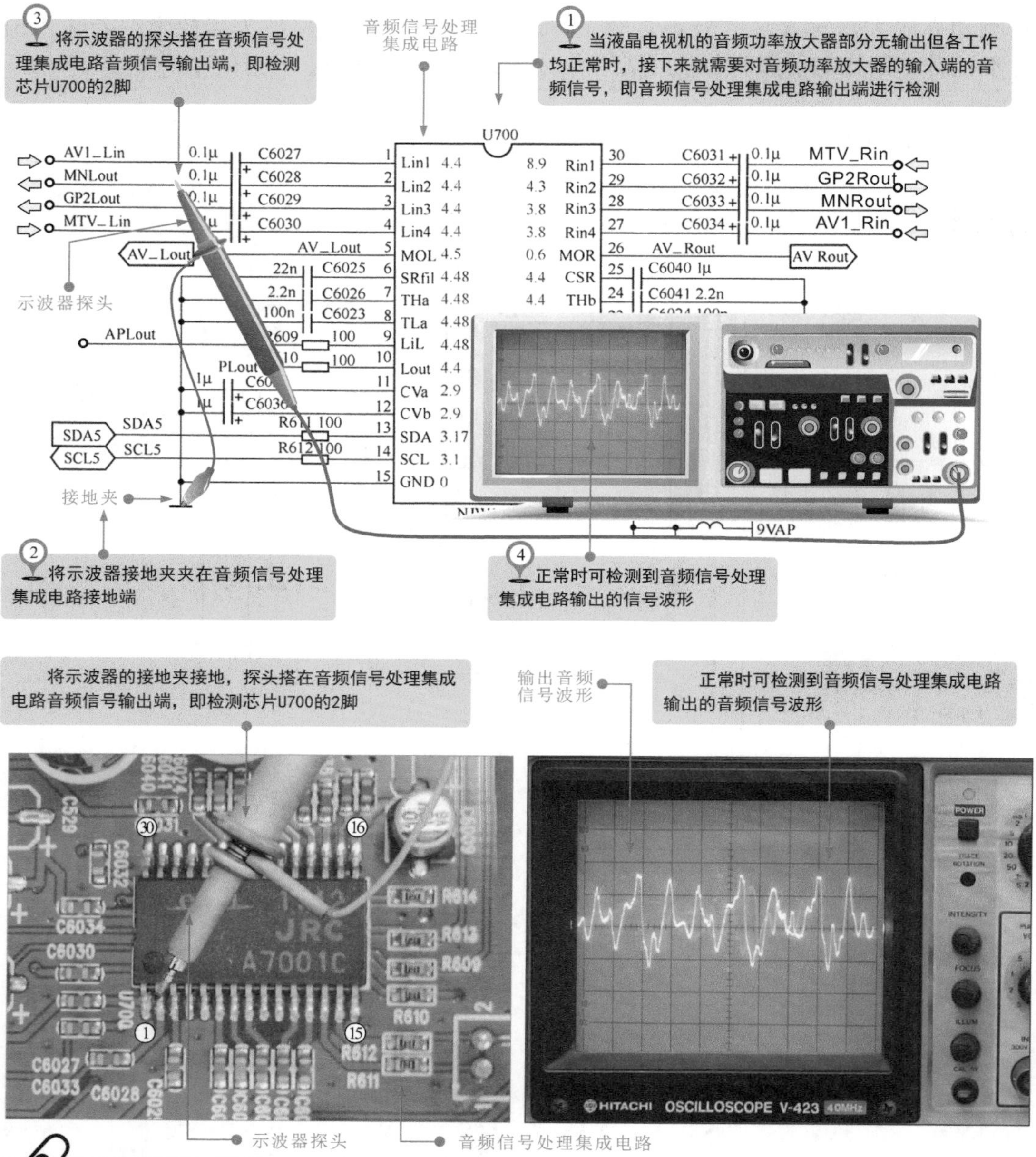
③ 将示波器的探头搭在音频信号处理集成电路音频信号输出端，即检测芯片U700的2脚
音频信号处理集成电路
① 当液晶电视机的音频功率放大器部分无输出但各工作均正常时，接下来就需要对音频功率放大器的输入端的音频信号，即音频信号处理集成电路输出端进行检测
U700
示波器探头
接地夹
② 将示波器接地夹夹在音频信号处理集成电路接地端
④ 正常时可检测到音频信号处理集成电路输出的信号波形
将示波器的接地夹接地，探头搭在音频信号处理集成电路音频信号输出端，即检测芯片U700的2脚
输出音频信号波形
正常时可检测到音频信号处理集成电路输出的音频信号波形
HITACHI OSCILLOSCOPE V-423
示波器探头
音频信号处理集成电路

I^2C总线信号正常也是满足音频信号处理集成电路正常工作的重要条件。音频信号处理集成电路通过I^2C总线与微处理器进行数据传输接受微处理器控制。

若音频信号信号处理电路输入的I^2C总线信号正常，则可满足音频信号处理集成电路工作需要；若音频信号处理电路输入的I^2C总线信号不正常，则不能满足音频信号处理电路的工作需要，需要对I^2C总线信号进行检测。

❹ 音频信号处理电路基本供电条件的检测方法

若音频功率放大器无输入（或音频信号处理芯片无输出），则需使用万用表对集成电路的供电条件（工作电压）进行检测。

如图6-26所示为音频信号处理电路R2S15900SP供电电压的检测方法。

图6-26 检测R2S15900SP音频信号处理电路的供电电压

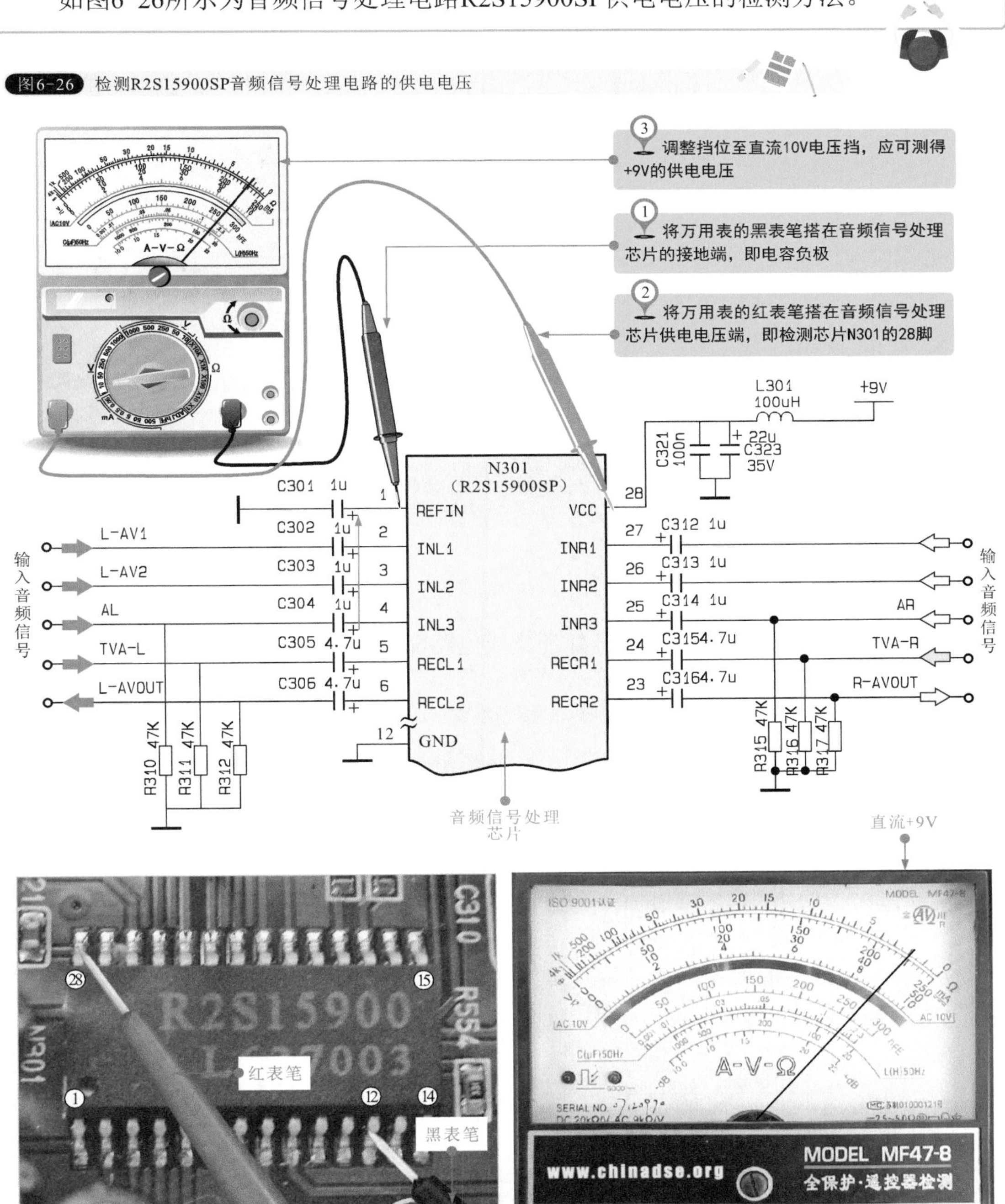

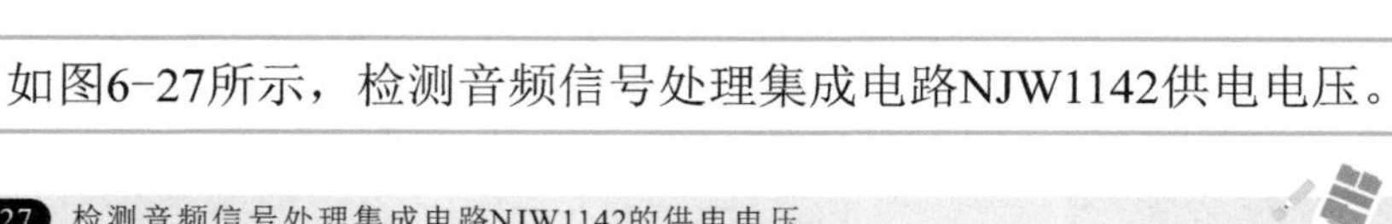

如图6-27所示，检测音频信号处理集成电路NJW1142供电电压。

图6-27 检测音频信号处理集成电路NJW1142的供电电压

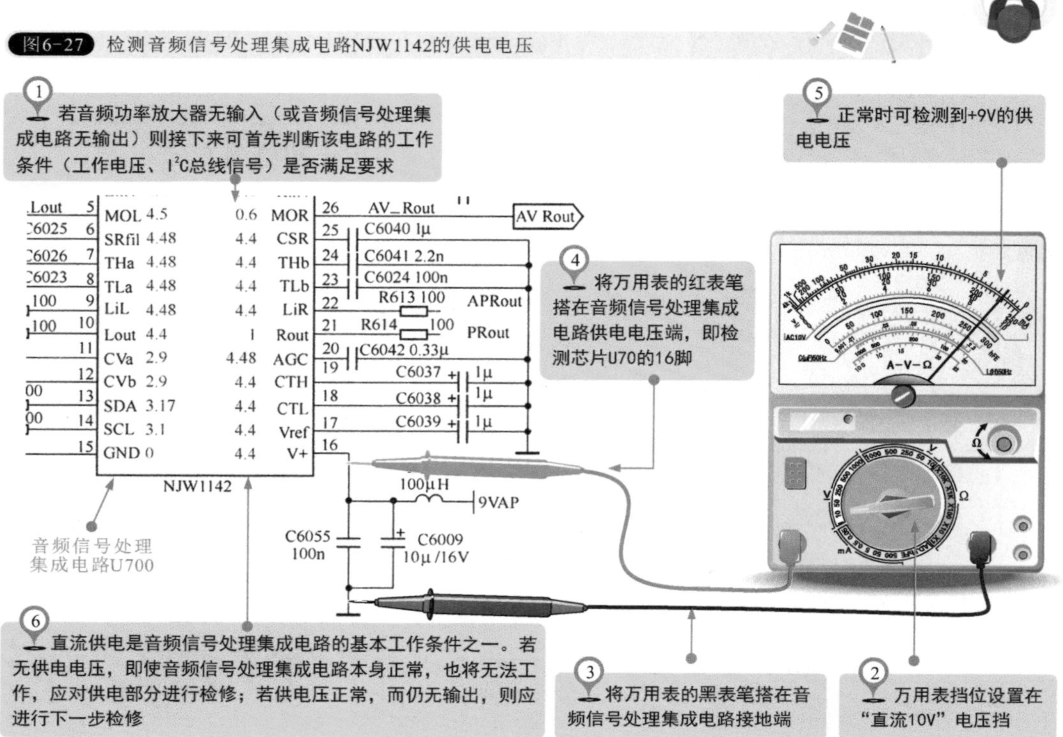

⑤ 音频信号处理电路输入端音频信号的检测方法

如图6-28所示，检测音频信号处理集成电路NJW1142输入端音频信号。

图6-28 检测音频信号处理集成电路NJW1142的输入端音频信号

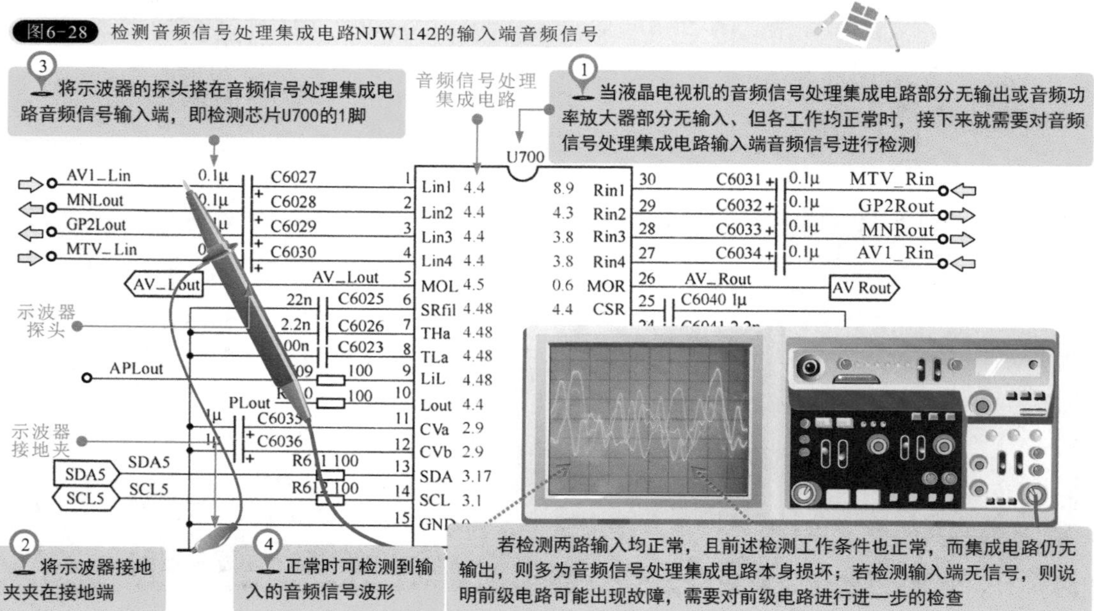

如图6-29所示为音频信号处理电路R2S15900SP输入端音频信号的检测方法。

图6-29 检测R2S15900SP音频信号处理电路的输入端音频信号

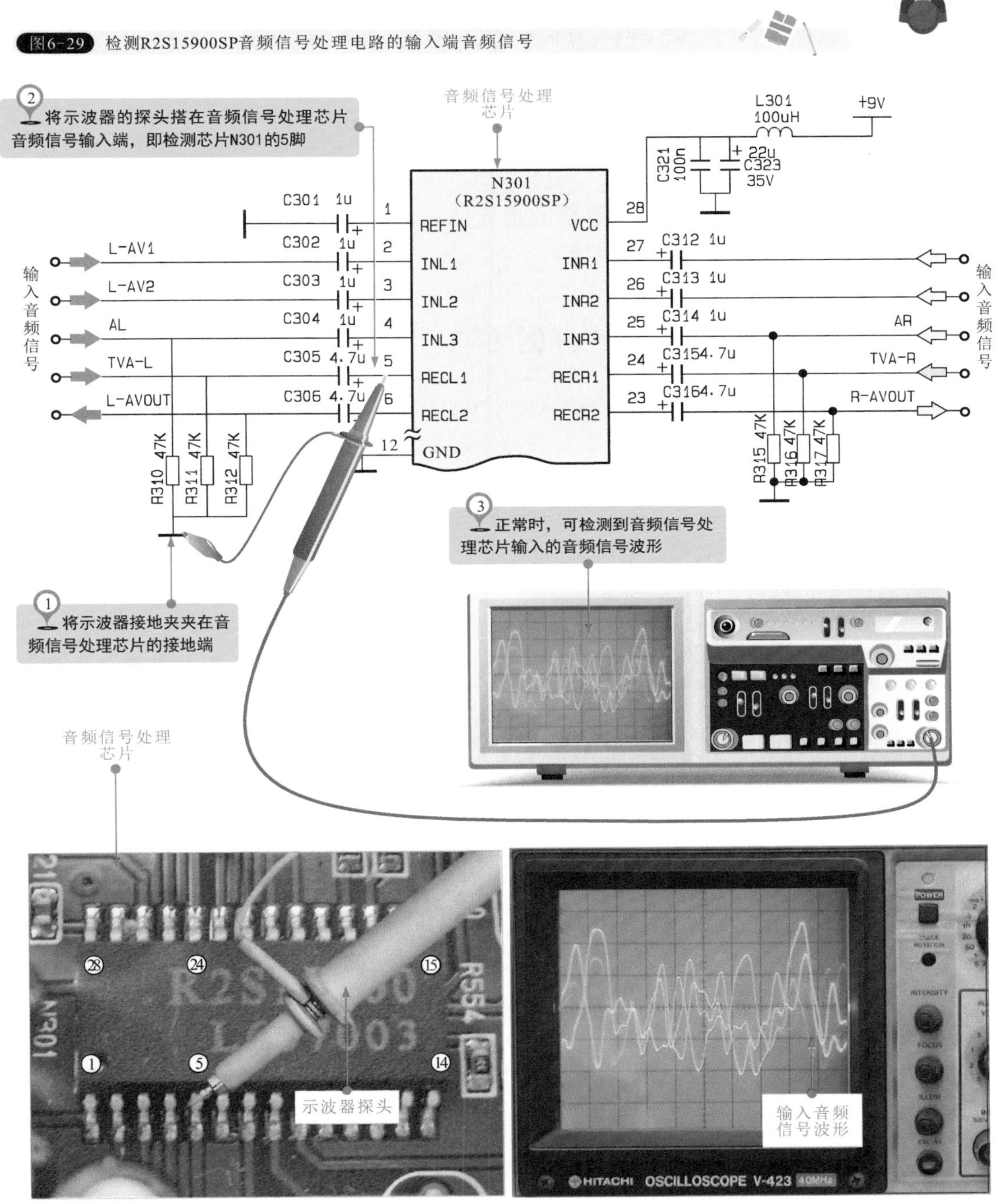

若检测音频信号处理芯片的两路输入均正常，而无输出，则说明音频信号处理芯片基本正常；若检测L、R两路无输入音频信号或某一路无输入，则说明前级电路可能出现故障，需要对前级电路进行下一步的检查。

第7章 液晶电视机开关电源电路的故障检修

7.1 液晶电视机开关电源电路的结构原理

开关电源电路是液晶电视机重要的组成部分，它主要为液晶电视机的各个电路提供工作电压，维持整机的正常工作。

7.1.1 液晶电视机开关电源电路的结构

图7-1 典型液晶电视机开关电源电路正面结构

如图7-1所示，液晶电视机的开关电源电路（电源板型号为FSP242-4F01）大都设计在单独的电路板上。众多电子元器件安装于电路板的两面。通常，电源电路的正面多为分立直插式元器件，主要可以看到熔断器、互感滤波器、桥式整流堆、滤波电容器、开关场效应晶体管、开关变压器、光电耦合器等电子元器件和功能部件。

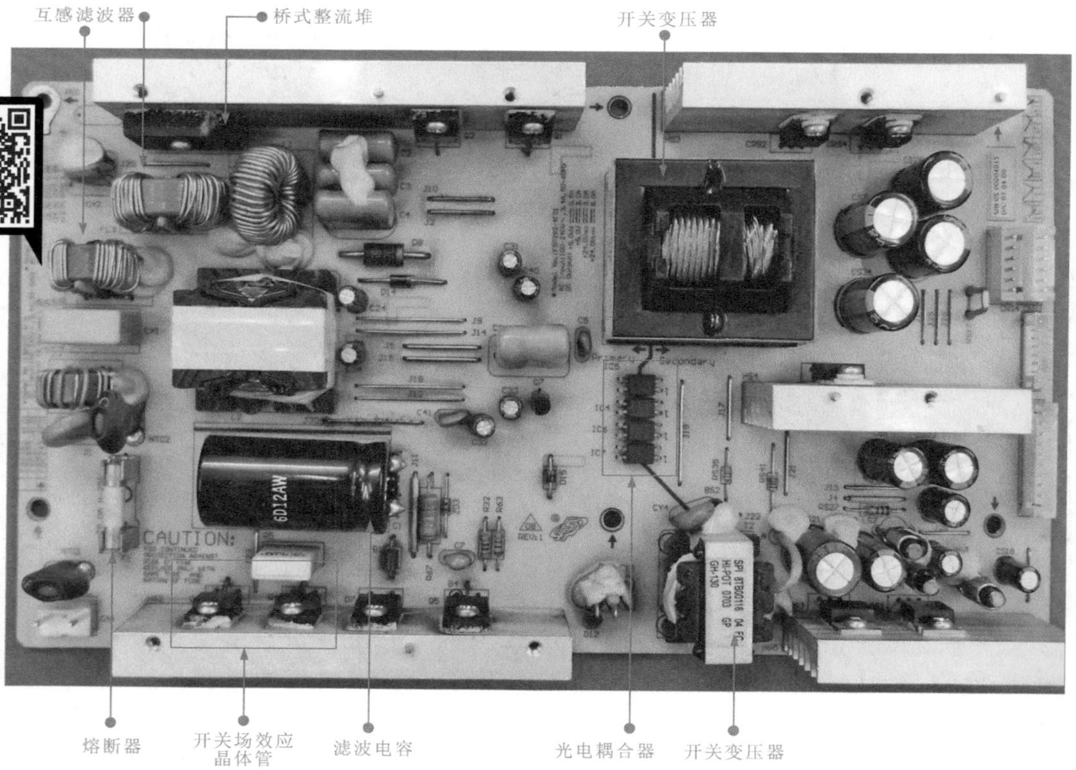

互感滤波器
桥式整流堆
开关变压器
熔断器
开关场效应晶体管
滤波电容
光电耦合器
开关变压器

图7-2 典型液晶电视机开关电源电路背面结构

如图7-2所示为液晶电视机的开关电源电路板（电源板型号为FSP242-4F01）背面的电路结构。通常，电源电路板的背部多为贴片式元器件，主要有有源功率调整驱动集成电路、电源调整输出驱动集成电路、待机5V产生输出驱动集成电路和运算放大器等。

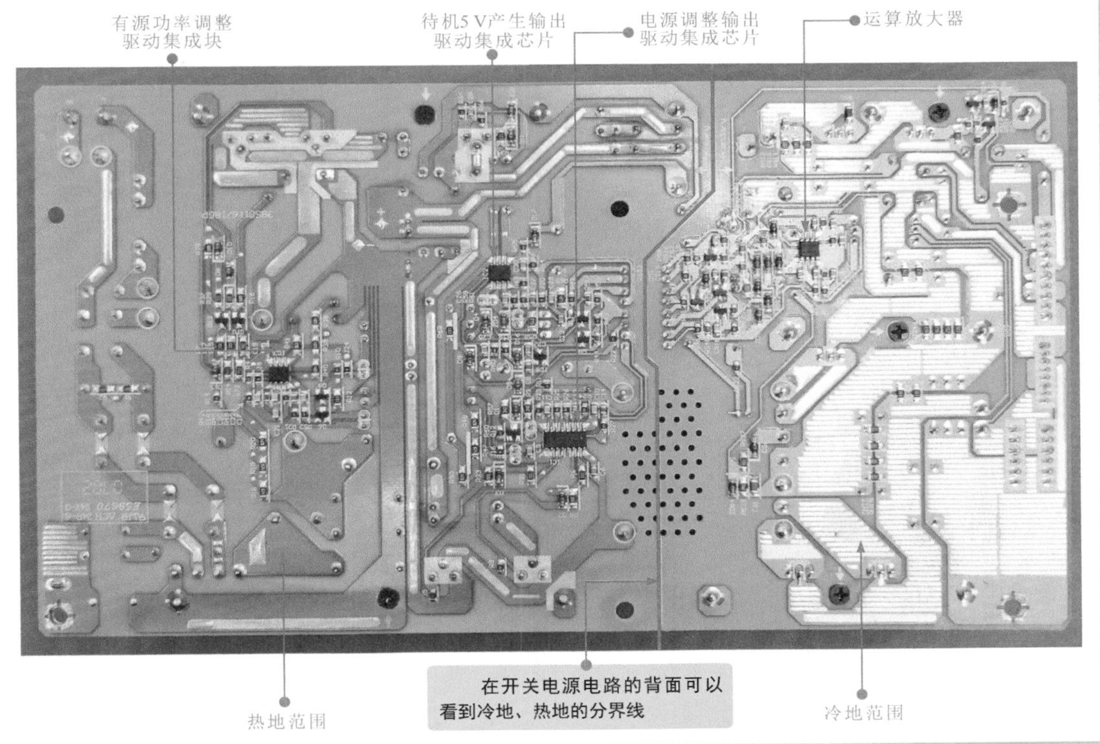

图7-3 结构简单的液晶电视机电源电路

如图7-3所示，不同品牌的液晶电视机，其电源电路的结构也各不相同，有些结构简单的液晶电视机开关电源电路与逆变器电路设计在同一块电路板上，主要由开关变压器、光电耦合器、滤波电容器、桥式整流堆等构成。

① 熔断器

如图7-4所示为熔断器的实物外形。熔断器通常安装在交流220V输入端附近，当液晶电视机的电路发生故障或异常时，电流会不断升高，而过高的电流有可能损坏电路中的某些重要器件，甚至可能烧毁电路。熔断器会在电流异常升高到一定强度时，靠自身熔断来切断电路，从而起到保护电路安全的目的。

图7-4 熔断器的实物外形

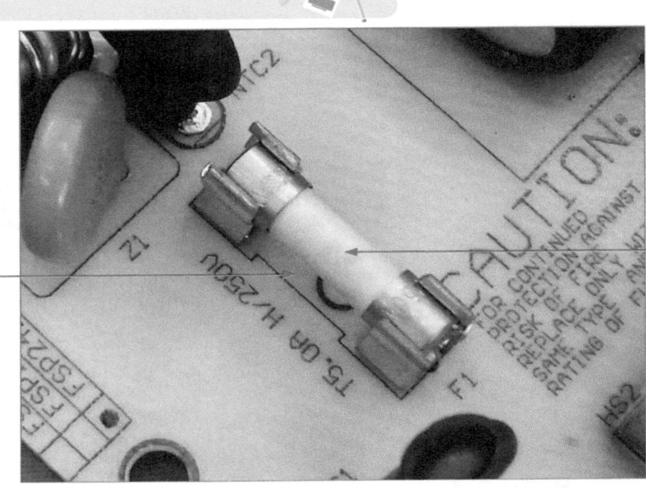

② 互感滤波器

如图7-5所示为互感滤波器的实物外形及背部引脚。互感滤波器是由两组线圈在铁芯上绕制而成的，其作用是通过互感原理消除外部电网干扰，同时使液晶电视机产生的脉冲信号不会反串到电网对其他电子设备造成影响。

图7-5 互感滤波器的实物外形及背部引脚

③ 热敏电阻器

图7-6 热敏电阻器的实物外形

如图7-6所示。为了提高电源设计的安全系数，通常在熔断器之后加入热敏电阻进行限流。液晶电视机中的热敏电阻属于负温度系数热敏电阻，温度越高，电阻越小。液晶电视机开机时，温度较低，可以起到较好的限流作用；当电源启动后，工作电流经过热敏电阻，使其发热，热敏电阻阻值下降，减少电力的消耗。

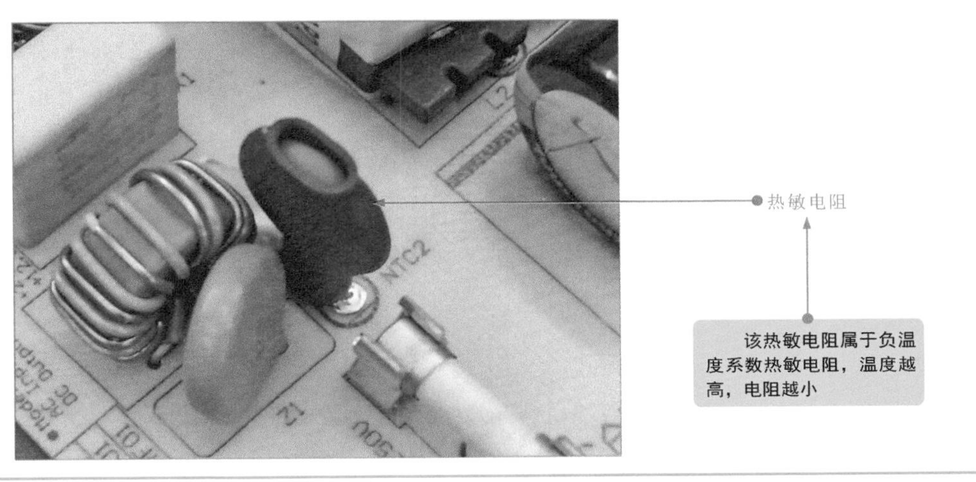

④ 桥式整流堆

图7-7 桥式整流堆的实物外形

如图7-7所示为桥式整流堆的实物外形。桥式整流堆主要是由四个整流二极管构成，它的主要作用是将交流220 V电压整流输出约+300 V的直流电压。

图7-8 桥式整流堆的背部引脚

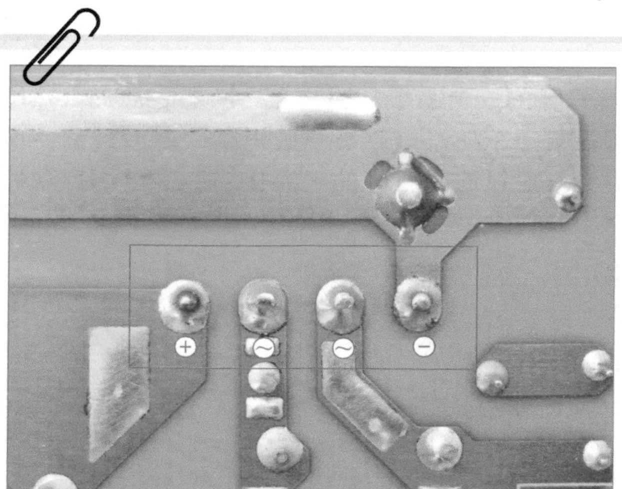

如图7-8所示为桥式整流堆的背部引脚，由其背部引脚图中的标示可以看到其引脚的极性，这也是检测时的重要依据。

由图可知，桥式整流堆有四个引脚，当检测直流输出电压时，应测量两端引脚正极和负极；检测交流输入电压时，应测量中间的两个引脚。

5 滤波电容器

如图7-9所示为滤波电容器的实物外形和背部引脚。该电容器一般体积较大，在电路板中很容易辨认。该滤波电容器的作用是将桥式整流堆等输出的直流电压进行平滑滤波，进而消除脉动分量，为开关振荡电路供电。

图7-9 300V滤波电容器的实物外形和背部引脚

+300V滤波电容器

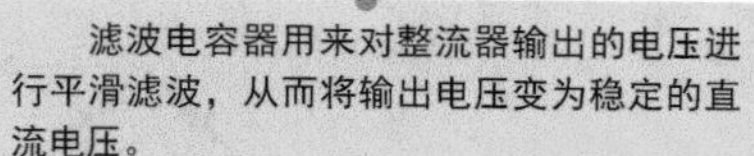

滤波电容器用来对整流器输出的电压进行平滑滤波，从而将输出电压变为稳定的直流电压。

滤波电容器的背部引脚

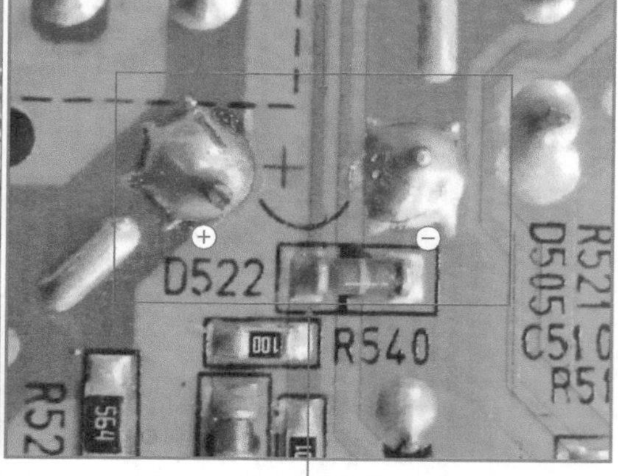

将电路板翻转后，即可以看到滤波电容器的背部引脚，大部分电路板中会标记出引脚的极性，方便用来对其进行检测

滤波电容器在电路中用字母"C"表示。电容量的单位是"法拉"，简称"法"，用字母"F"表示。但实际中实用更多的是"微法"（用"μF"表示），"纳法"（用"nF"表示）或“皮法”（用"pF"表示）。

它们之间的换算关系是：$1F=10^6\mu F=10^9nF=10^{12}pF$。

6 开关场效应晶体管

如图7-10所示为开关场效应晶体管的实物外形及背部引脚，开关场效应晶体管的作用是将直流电流变成脉冲电流。该场效应晶体管工作在高反压和大电流的条件下，因而安装在散热片上。

图7-10 开关场效应晶体管的实物外形及背部引脚

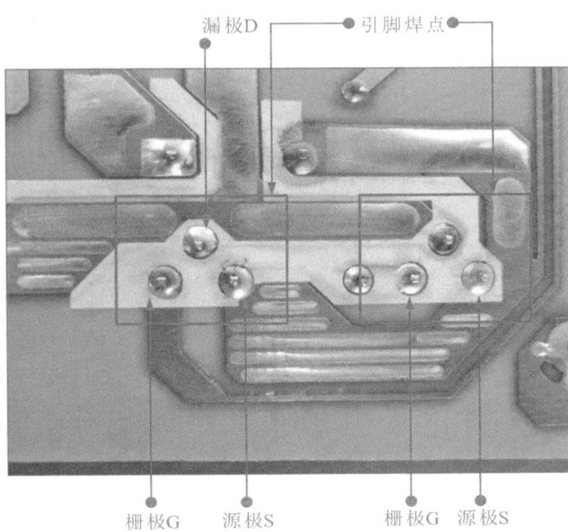

7 光电耦合器

如图7-11所示为光电耦合器的实物外形及背部引脚。该电路的主要作用是将开关电源输出电压的误差信号反馈到开关振荡集成电路上，由电路符号可知，光电耦合器是由一个光敏晶体管和一个发光二极管构成的。

该电源板上设置了四只光电耦合器，更体现了液晶电视机中对电源电路规格及性能的严格要求。

图7-11 光电耦合器的实物外形和电路符号

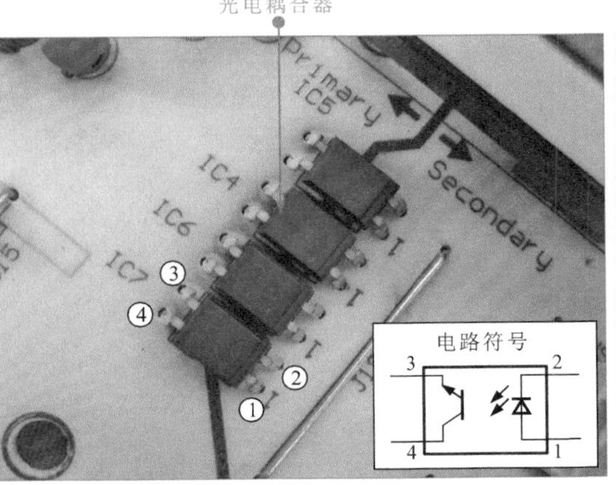

❽ 开关变压器

如图7-12所示为开关变压器的实物外形及背部引脚。开关变压器是一种脉冲变压器，它主要是将高频高压脉冲变为多组高频低压脉冲。

图7-12 开关变压器的实物外形及其背部引脚

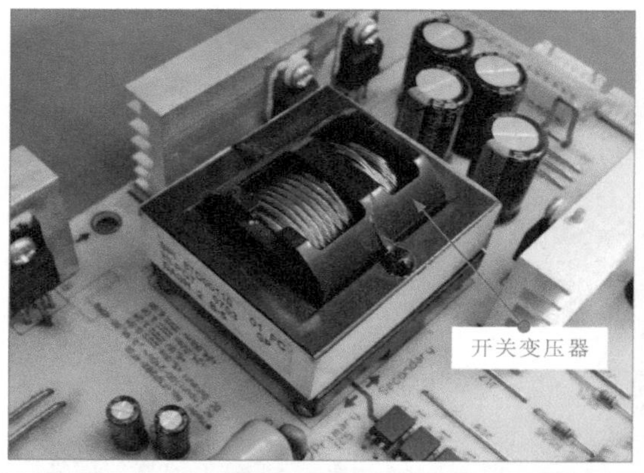

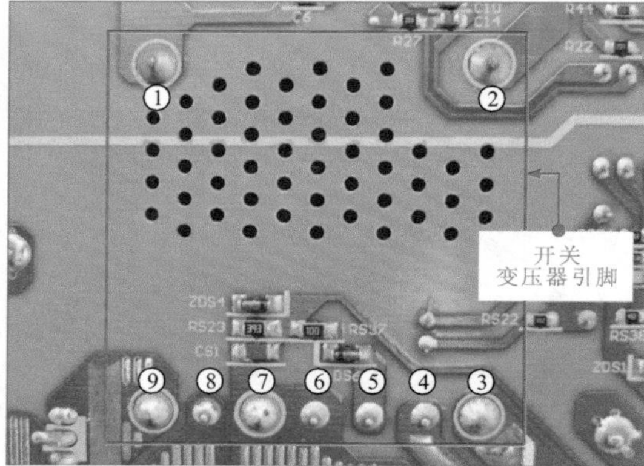

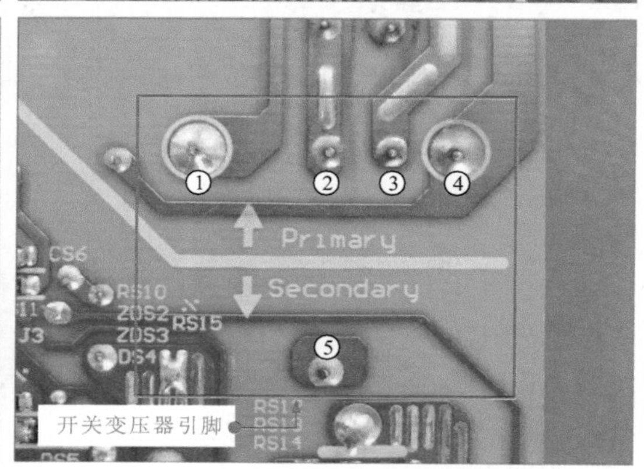

图7-13 开关变压器的功能特点

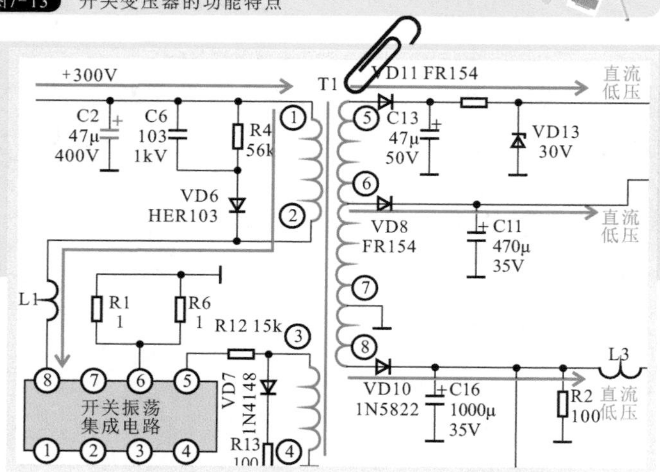

如图7-13所示，开关变压器的初级绕组是开关振荡电路的一部分，桥式整流堆输出的+300V电压经开关变压器后，由次级整流滤波电路输出多路直流低压为其他单元电路或功能部件供电。

9 开关振荡集成电路

液晶电视机开关电源电路中的开关振荡集成电路主要用来为开关晶体管和开关变压器提供驱动信号。

常见的有源功率驱动集成块有UCC28051、TEA1532、L6598D等。

图7-14 UCC28051有源功率调整驱动集成块（开关振荡集成电路）

如图7-14所示为UCC28051有源功率调整驱动集成块（开关振荡集成电路）的实物外形及引脚功能。

该集成电路内部集成了脉冲振荡器和脉宽信号调制电路（PWM），脉冲信号经触发器、逻辑控制电路后，经内部的双场效应管放大后输出。该电路中设有误差放大器进行稳压控制，同时还设有过压检测和保护电路。

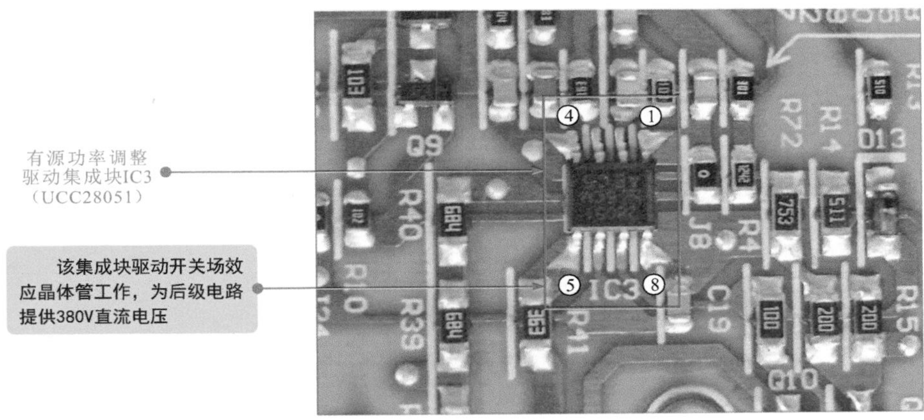

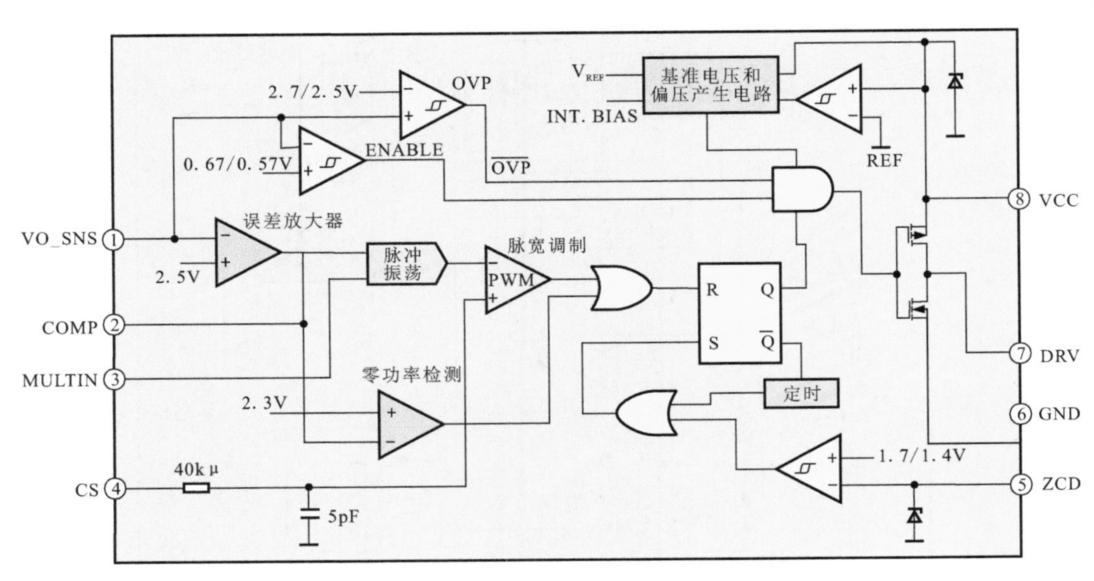

图7-15 TEA1532待机5V产生驱动集成块（开关振荡集成电路）

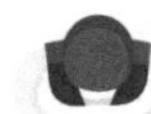

如图7-15所示为TEA1532待机5V产生驱动集成块（开关振荡集成电路）的实物外形及引脚功能。该集成电路是一种具有多种保护功能的开关脉冲产生电路。

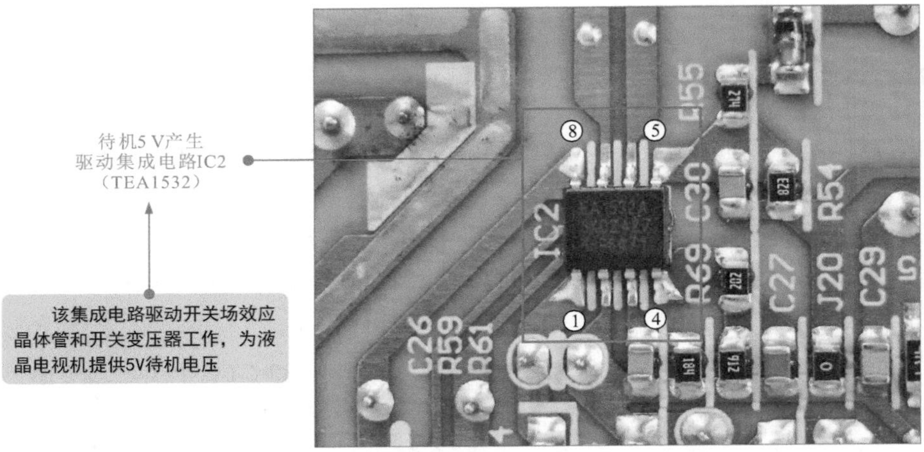
待机5 V产生
驱动集成电路IC2
（TEA1532）
该集成电路驱动开关场效应晶体管和开关变压器工作，为液晶电视机提供5V待机电压
⑧
⑤
①
④
IC2
C26
R59
R61
C30
R54
R69
C27
J20
C29

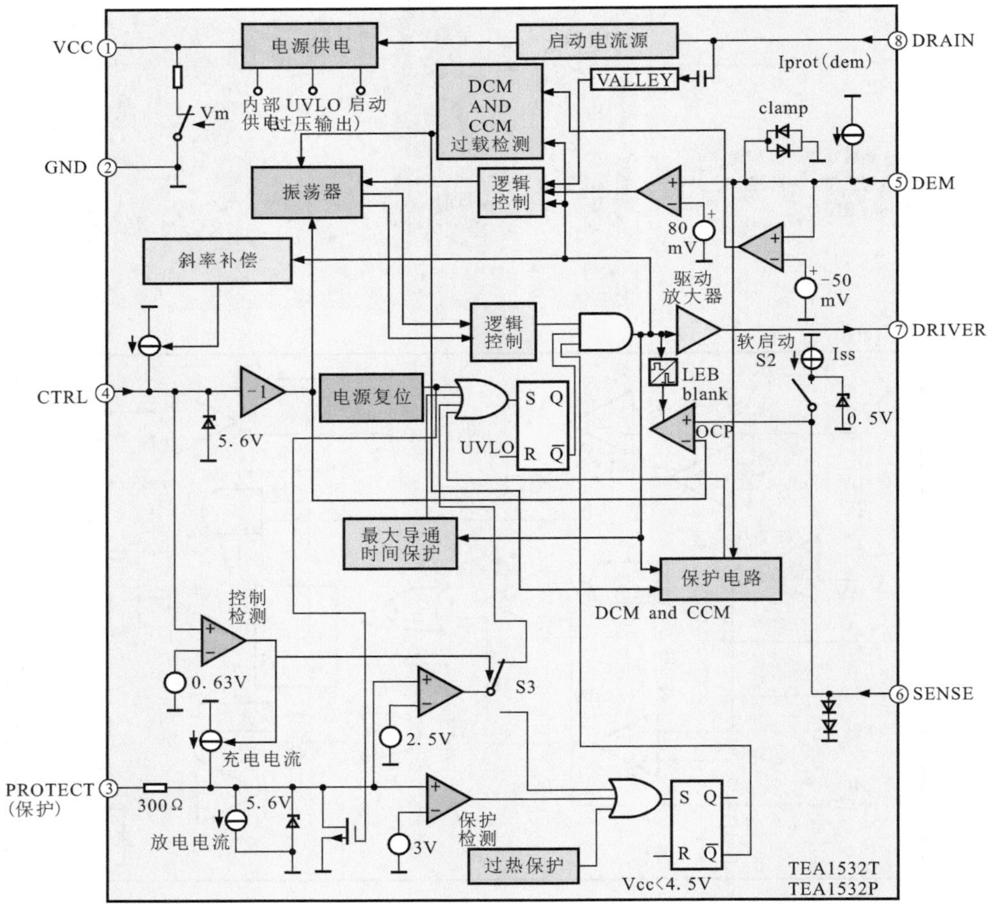
VCC①
GND②
CTRL④
PROTECT③
（保护）
⑧DRAIN
⑤DEM
⑦DRIVER
⑥SENSE
电源供电
启动电流源
VALLEY
Iprot(dem)
内部 UVLO 启动
供电（过压输出）
Vm
DCM
AND
CCM
过载检测
clamp
振荡器
逻辑
控制
80
mV
-50
mV
斜率补偿
驱动
放大器
逻辑
控制
软启动
S2
Iss
LEB
blank
OCP
0. 5V
电源复位
S
Q
R
Q̄
UVLO
5. 6V
最大导通
时间保护
保护电路
DCM and CCM
控制
检测
0. 63V
S3
2. 5V
充电电流
300Ω
5. 6V
放电电流
保护
检测
3V
过热保护
Vcc<4. 5V
TEA1532T
TEA1532P

⑩ 电源调整输出驱动集成电路

图7-16 电源调整输出驱动集成电路L6598D

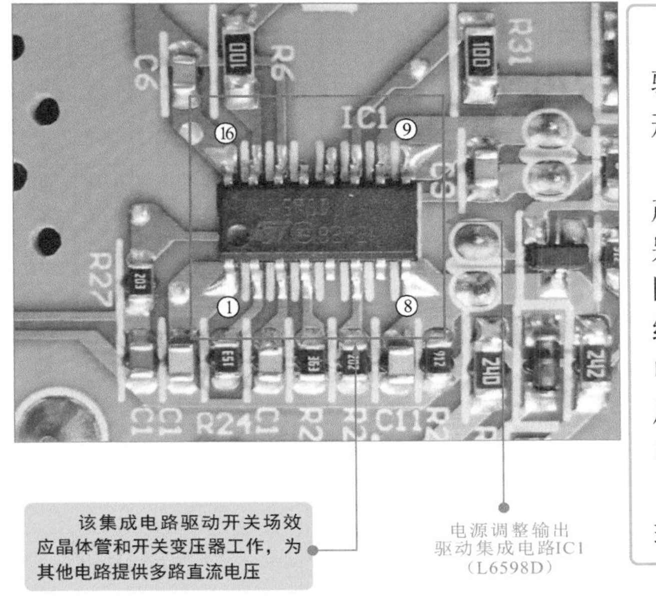

如图7-16所示为电源调整输出驱动集成电路（L6598D）的实物外形及引脚功能。

L6598D实际上是一个开关脉冲产生集成电路，该电路的特点是分别输出两路相位相反的开关脉冲，因而外部要设有两个场效应晶体管组成的开关脉冲输出电路，将直流电压（H.V.）变成可控的脉冲电压，经滤波后变成直流电压。集成电路的内部设有压控振荡器（VCO）用于产生振荡信号，经处理后形成两路脉冲输出。

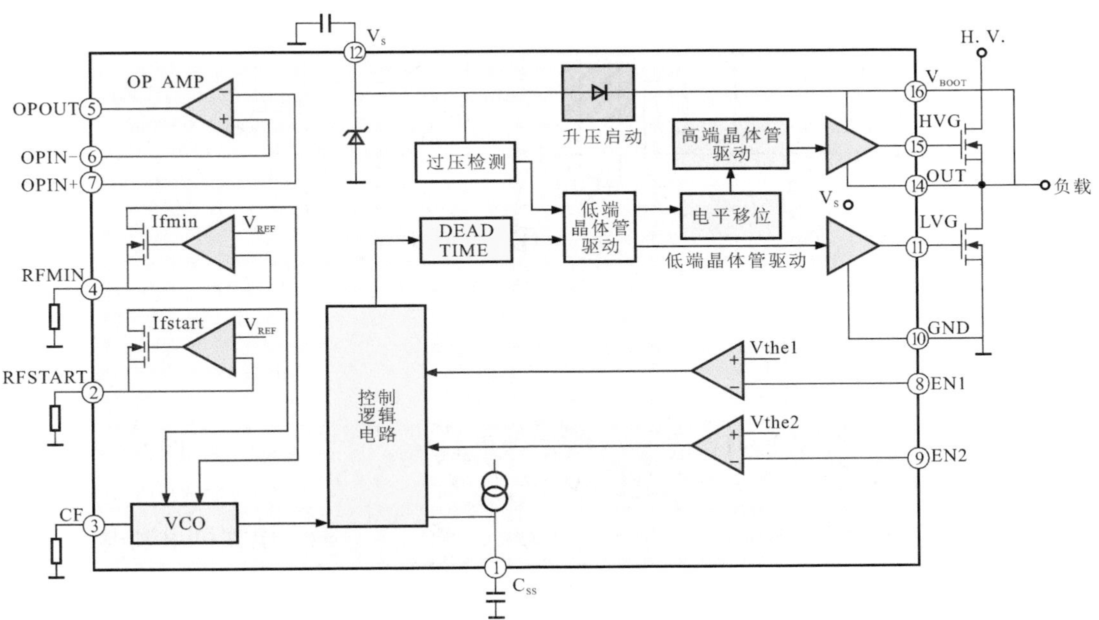

引脚号	名称	引脚功能	引脚号	名称	引脚功能
1	VCC	电源供电	5	DEM	去磁
2	GND	地	6	SENSE	电流检测输入
3	PROTECT	保护和定时输入	7	DRIVER	驱动输出
4	CTRL	控制输入	8	DRAIN	外接场效应管漏极

⑪ 误差检测放大器

图7-17　S358A误差检测放大器

如图7-17所示为电源电路中误差检测放大器（AS358A）的实物外形，它是一种双运放8引脚的运算放大器，主要用于各路保护检测。

对次级整流滤波电路输出的电压进行检测，当电压异常时，输出保护信号送到前级电路中

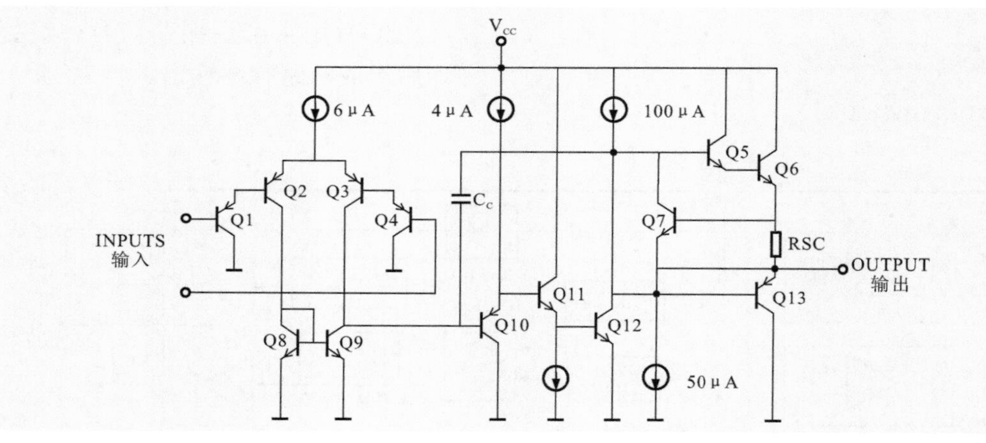

图7-18　TL431ACD误差检测放大器

如图7-18所示，TL431ACD也是液晶电视机电源电路中常用的误差检测放大器。其主要功能是对误差检测信号进行检测和放大。

7.1.2 液晶电视机开关电源电路的工作原理

开关电源电路主要是将交流220V电压经整流、滤波、降压和稳压后输出一路或多路低压直流电压，为液晶电视机其他功能电路提供所需的工作电压。

1 开关电源电路的基本原理

图7-19 典型液晶电视机中开关电源电路的工作过程

如图7-19所示为典型液晶电视机中开关电源电路的工作流程框图。当接通电源后，交流220V输入电压经交流输入电路滤除干扰，并由整流滤波电路整流滤波输出约300V的直流电压，然后再经有源功率调整电路（PFC）形成380V电压分别送入主、副开关电源电路中。

功率因数校正信号（PFC信号）送到开关晶体管1的栅极。开关晶体管1与电感器L形成振荡将300V电压变为+380V电压送往主开关变压器中

开关振荡集成电路将开关振荡信号送到开关晶体管2的栅极并驱动主开关变压器工作，主开关变压器正常工作后，由次级输出交流低压，该电压经次级整流滤波电路整流、滤波后，输出+24V和+12V电压送往其他电路中，满足了其他电路的工作条件

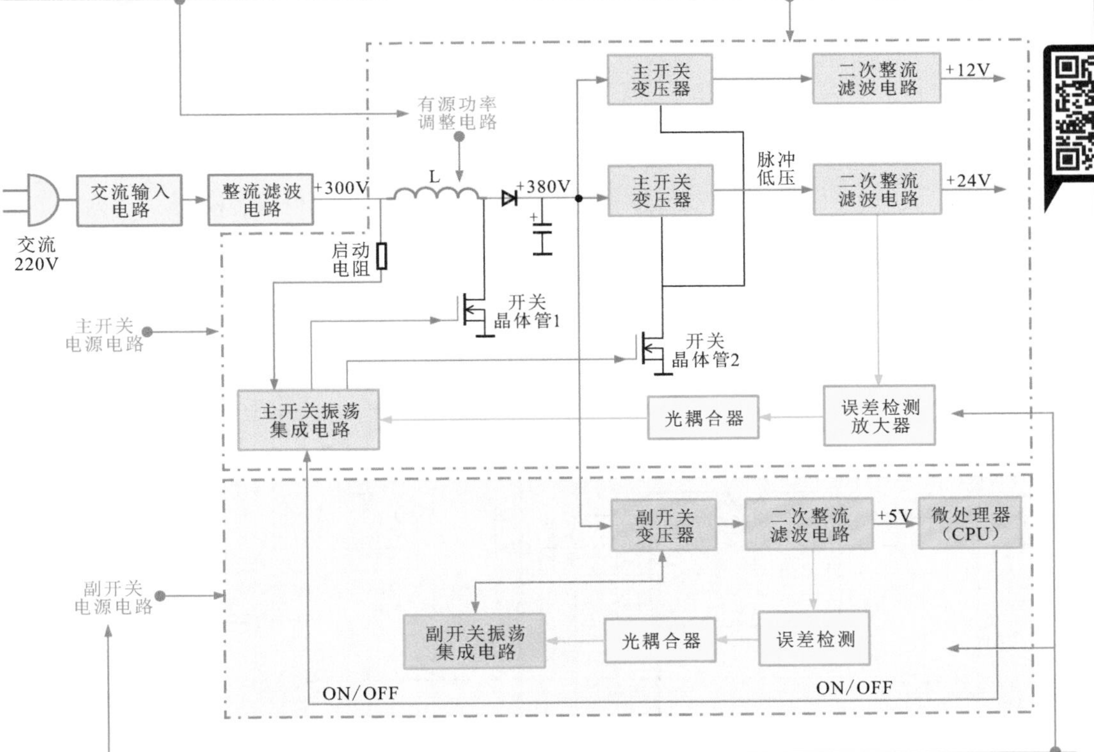

+380V电压送到副开关变压器的初级绕组，并由副开关变压器将电压送至副开关振荡集成电路中，同时开关振荡脉冲信号驱动副开关变压器工作，副开关变压器正常工作后，由副开关变压器的次级输出交流低压，送往次级整流滤波电路中，经整流滤波后，输出+5V电压为微处理器（CPU）提供工作条件

次级输出的直流电压经误差检测、光耦合器进行电压反馈送入开关振荡集成电路中，当输出电压升高或降低时，反馈到开关振荡集成电路中的电压会相应地降低或升高，从而使输出电压保持稳定

❷ 长虹LT3788型液晶电视机开关电源电路的电路分析

在对长虹LT3788型液晶电视机开关电源电路进行电路分析时，根据电路功能特点可将该电源电路划分成输入及有源功率调整电路、开关振荡电路、次级整流滤波输出电路和稳压控制电路四个单元电路模块。

如图7-20所示为长虹LT3788型液晶电视机开关电源电路中的输入及有源功率调整单元电路。交流220V电压经整流滤波后变为308V的直流，该电压与有源功率调整电路（PFC）输出电压叠加形成约380V电压输出。

图7-20 长虹LT3788型液晶电视机开关电源电路的输入及有源功率调整电路部分

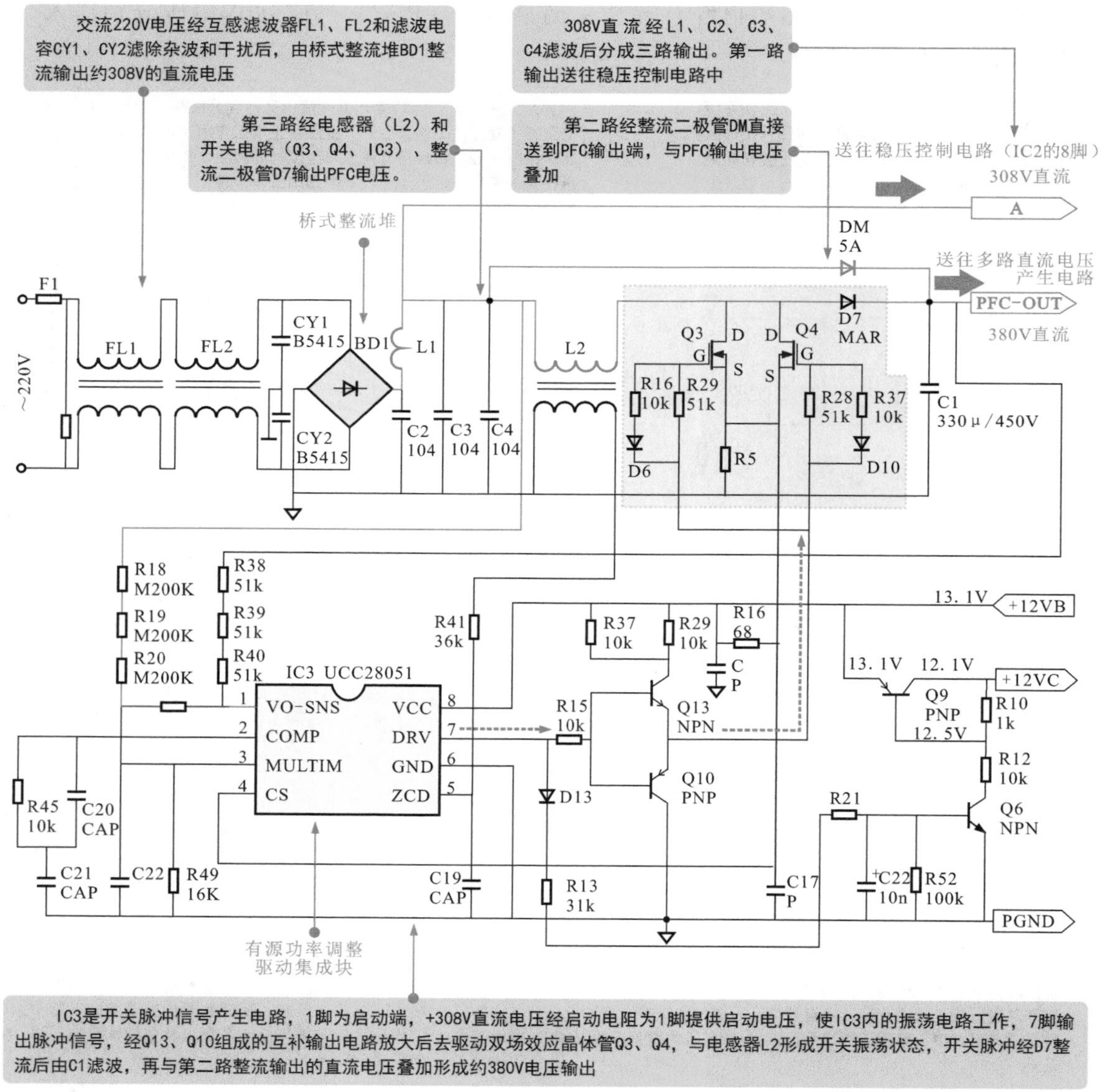

交流220V电压经互感滤波器FL1、FL2和滤波电容CY1、CY2滤除杂波和干扰后，由桥式整流堆BD1整流输出约308V的直流电压

308V直流经L1、C2、C3、C4滤波后分成三路输出。第一路输出送往稳压控制电路中

第三路经电感器（L2）和开关电路（Q3、Q4、IC3）、整流二极管D7输出PFC电压。

第二路经整流二极管DM直接送到PFC输出端，与PFC输出电压叠加

送往稳压控制电路（IC2的8脚）

308V直流

桥式整流堆

送往多路直流电压产生电路

380V直流

有源功率调整驱动集成块

IC3是开关脉冲信号产生电路，1脚为启动端，+308V直流电压经启动电阻为1脚提供启动电压，使IC3内的振荡电路工作，7脚输出脉冲信号，经Q13、Q10组成的互补输出电路放大后去驱动双场效应晶体管Q3、Q4，与电感器L2形成开关振荡状态，开关脉冲经D7整流后由C1滤波，再与第二路整流输出的直流电压叠加形成约380V电压输出

如图7-21所示为长虹LT3788型液晶电视机开关电源电路中的开关振荡单元电路。该电路主要是由电源调整输出驱动集成电路IC1（L6598）、开关场效应晶体管Q1、Q2、开关变压器T1和次级整流滤波电路构成的。

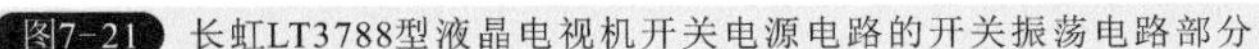

图7-21 长虹LT3788型液晶电视机开关电源电路的开关振荡电路部分

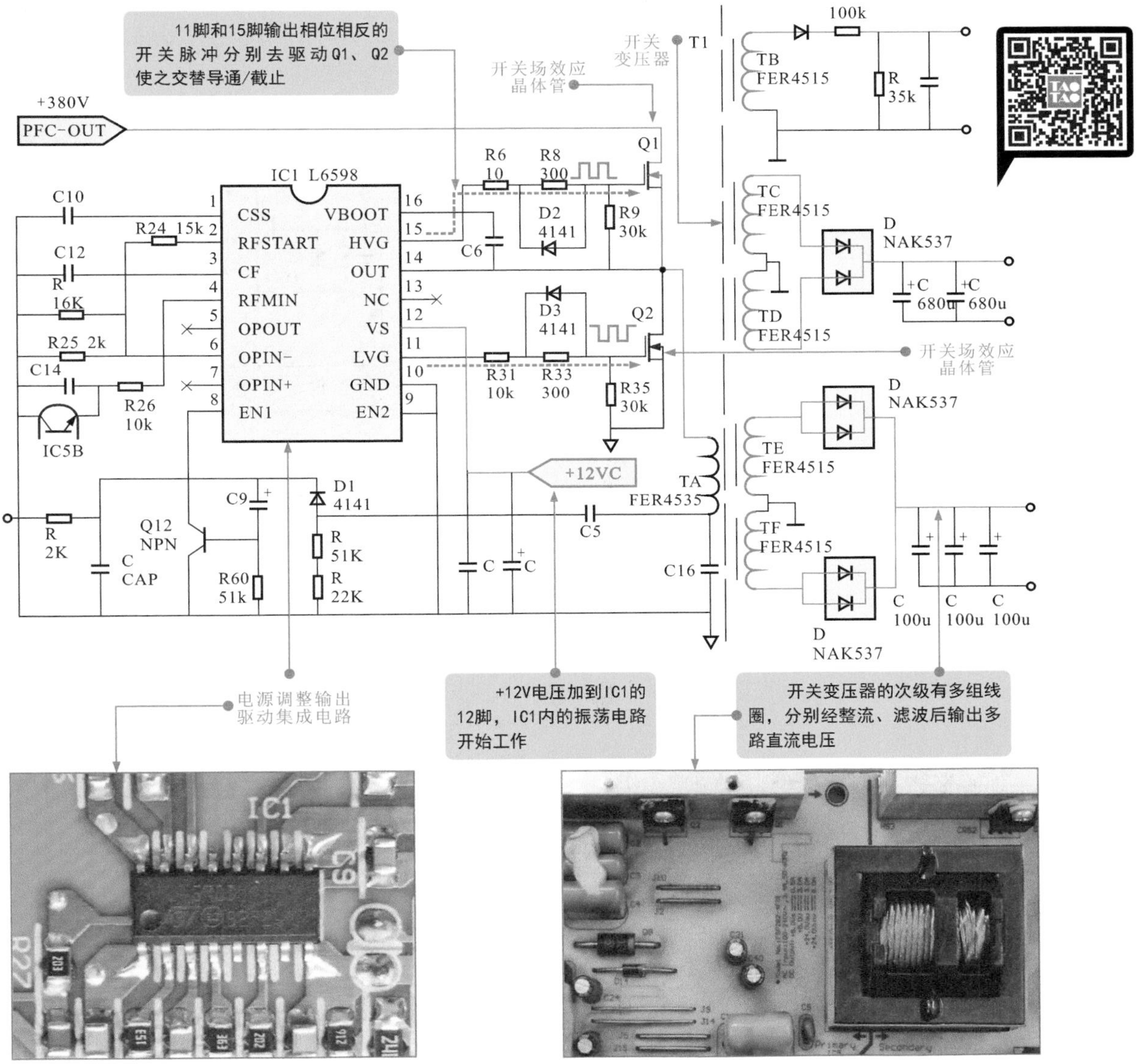

11脚和15脚输出相位相反的开关脉冲分别去驱动Q1、Q2使之交替导通/截止

电源调整输出驱动集成电路

+12V电压加到IC1的12脚，IC1内的振荡电路开始工作

开关变压器的次级有多组线圈，分别经整流、滤波后输出多路直流电压

+12 V电压加到IC1的12脚，IC1内的振荡电路工作，11脚和15脚输出相位相反的开关脉冲分别去驱动Q1、Q2使之交替导通/截止。Q1、Q2的输出信号加到开关变压器T1的初级绕组（TA）上，开关变压器的次级有多组线圈，分别经整流、滤波后输出多路直流电压。

图7-22 长虹LT3788型液晶电视机开关电源电路的次级整流滤波输出电路部分

如图7-22所示为长虹LT3788型液晶电视机开关电源电路中的次级整流滤波输出电路。该电路主要是由整流和滤波电路组成，其中D2～D4为双二极管，在输出端设有过流检测电路。其中，运算放大器ICS1B对12V供电电路的电流进行检测，运算放大器ICS1A对24V供电电路的电流进行检测，如果电流异常，运算放大器便会输出保护信号。

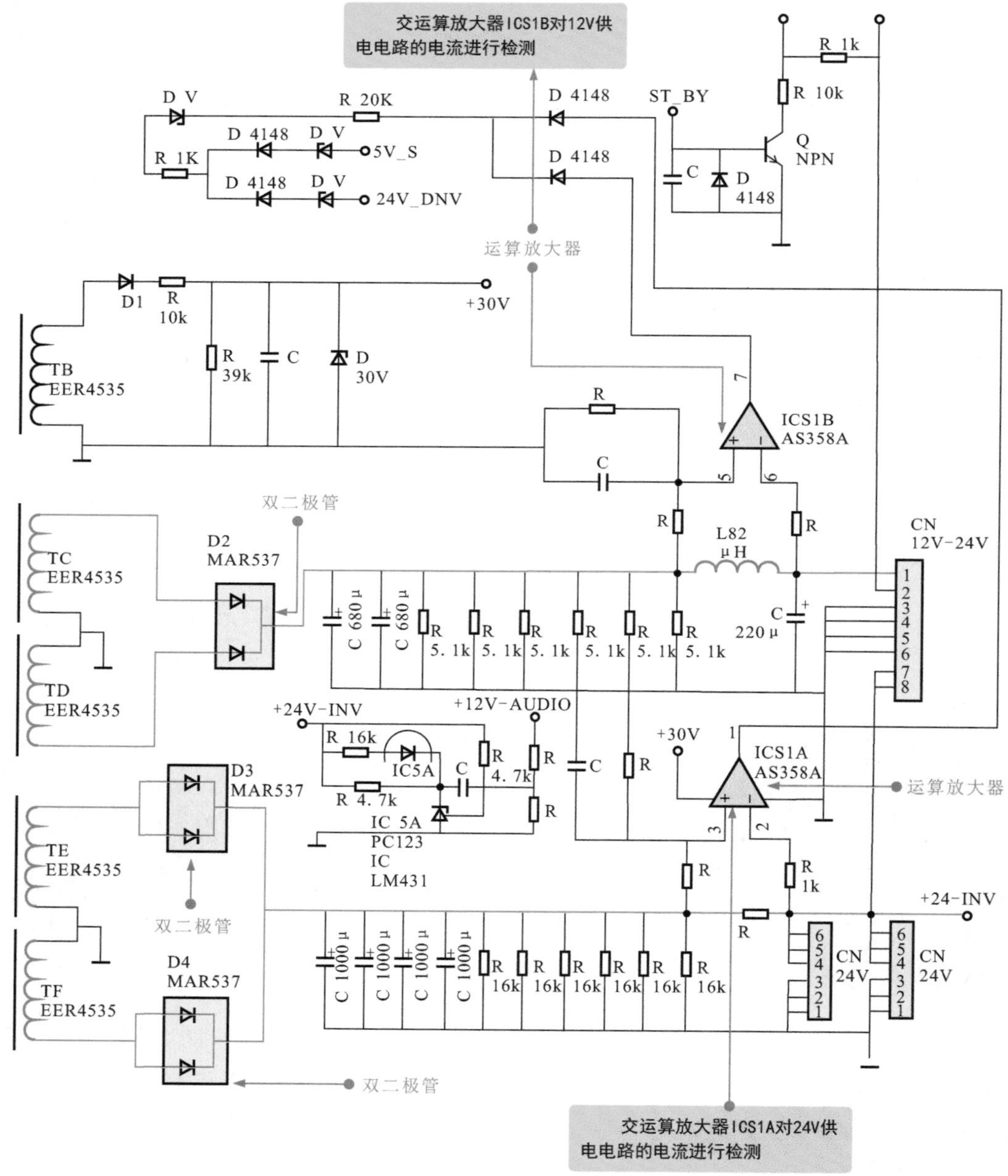

交运算放大器ICS1B对12V供电电路的电流进行检测

运算放大器

双二极管

运算放大器

双二极管

双二极管

交运算放大器ICS1A对24V供电电路的电流进行检测

图7-23为长虹LT3788型液晶电视机开关电源电路中的稳压控制电路。该电路中IC2是待机5V产生驱动集成电路，Q5为开关场效应晶体管、T2是开关变压器。

图7-23 长虹LT3788型液晶电视机开关电源电路的稳压控制电路部分

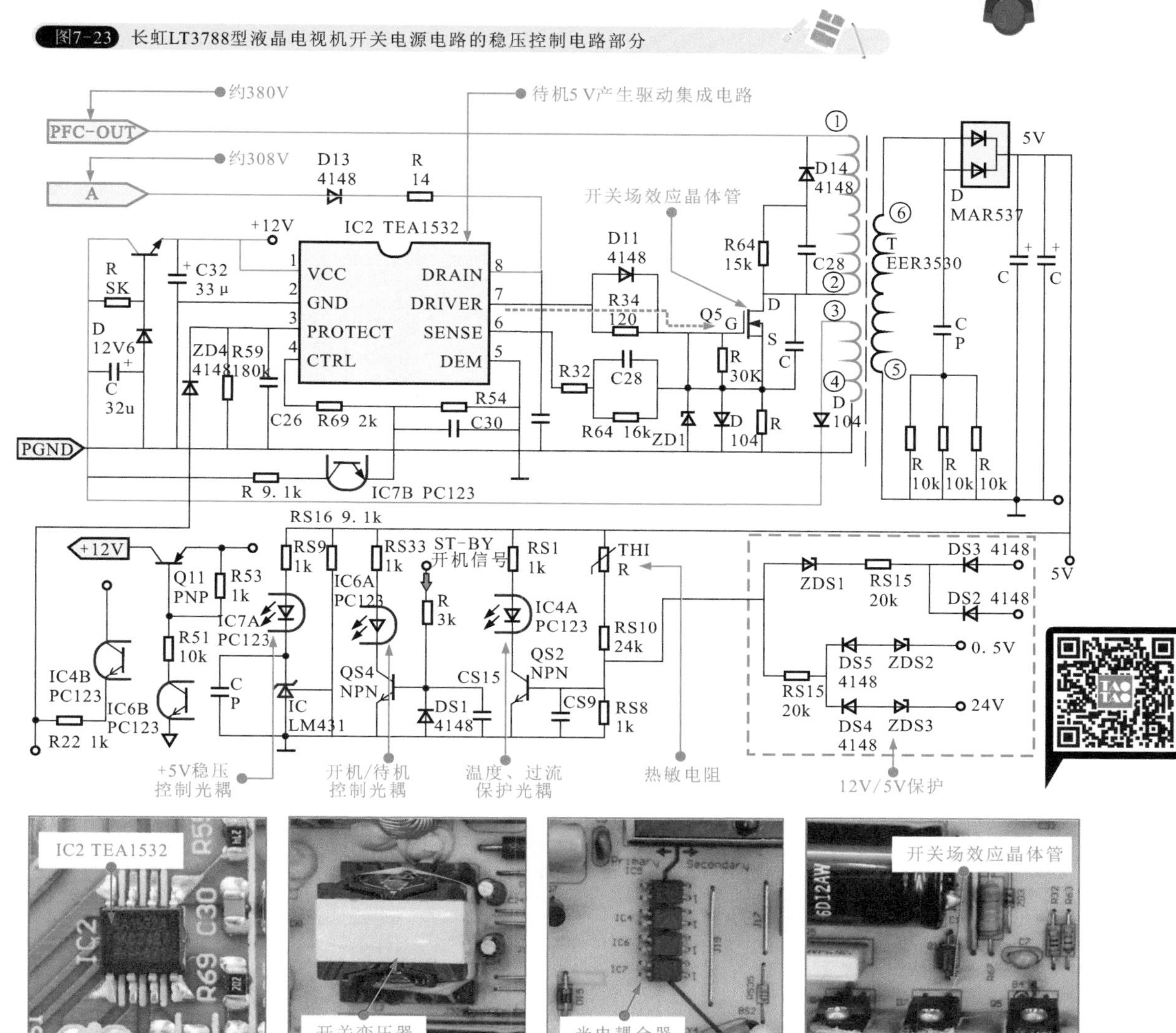

IC2的1脚为电源供电端，7脚输出开关脉冲，并去驱动开关管Q5的栅极，来自交流输入电路的PFC电压（380 V）加到开关变压器T2初级绕组的1脚、2脚，初级绕组接开关场效应晶体管漏极D，308V电压送入IC2的8脚，IC2开始工作，开关变压器T2的3～4绕组为正反馈绕组，反馈电压整流后加到IC2的1脚，用以维持IC2的工作。开关变压器T2次级5～6经整流滤波后输出+5V电压为液晶电视机的主电路板供电。图中IC4（A、B）为过热检测光耦，IC6（A、B）为开机/待机控制光耦，IC7（A、B）是+5V稳压控制光耦。

3 厦华LC-32U25型液晶电视机开关电源电路的电路分析

图7-24 厦华LC-32U25型液晶电视机开关电源电路的电路关系

如图7-24所示，在对厦华LC-32U25型液晶电视机开关电源电路进行电路分析时，根据电路功能特点可将该电源电路划分成交流输入及滤波电路、副开关电源电路、主开关电源电路三大单元电路模块。

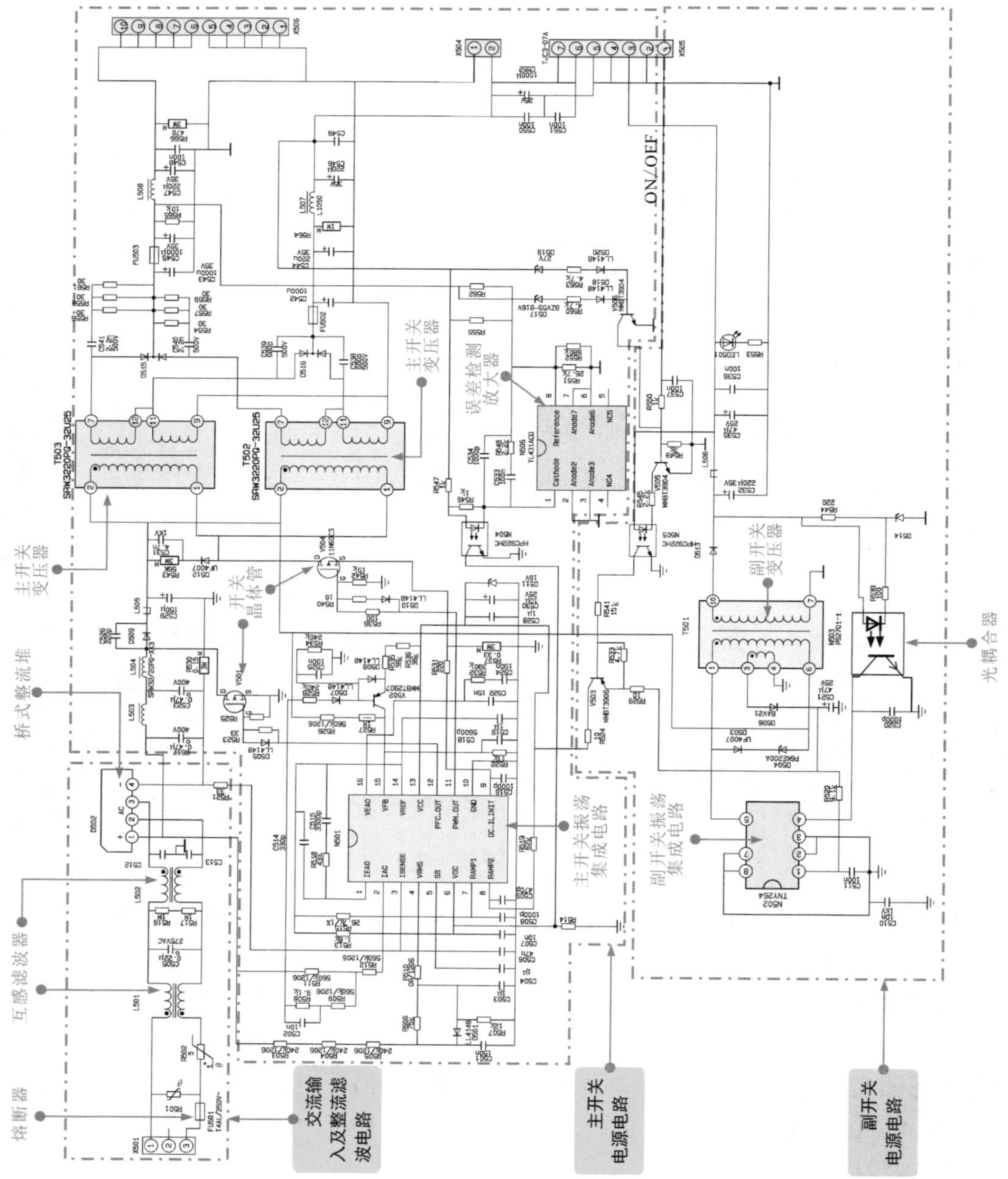

交流输入及整流滤波电路

主开关电源电路

副开关电源电路

如图7-25所示，交流220V电压由互感滤波器清除干扰、滤波电容滤波后，再经桥式整流堆和滤波电容整流滤波，输出+300V直流电压，分别送往副开关电源电路和主开关电源电路中。

图7-25 厦华LC-32U25型液晶电视机开关电源电路的交流输入及整流滤波电路部分

① 交流220V电压经输入插件X501送入液晶电视机的开关电源电路中
② 交流220V电压经熔断器FU501后，由互感滤波器L501、L502和电容C505、C512、C513组成的滤波电路滤波，再经过桥式整流堆D502整流，电容C529滤波，输出+300V直流电压
③ 直流300V电压分为两路，分别送往主开关电源电路和副开关电源电路中
D502
+300V
L501
L502
L503
L504
L505
C526 220p
D509
SRW32/20PQ-XX3
FU501 T4AL/250V~
R501
R502 5
R516 1M
R517 1M
C505 0.22μ 275VAC
C512
C513
C517 47μ 400V
C523 47μ 400V
C529 150μ
R530 0.15 3W
R521 33

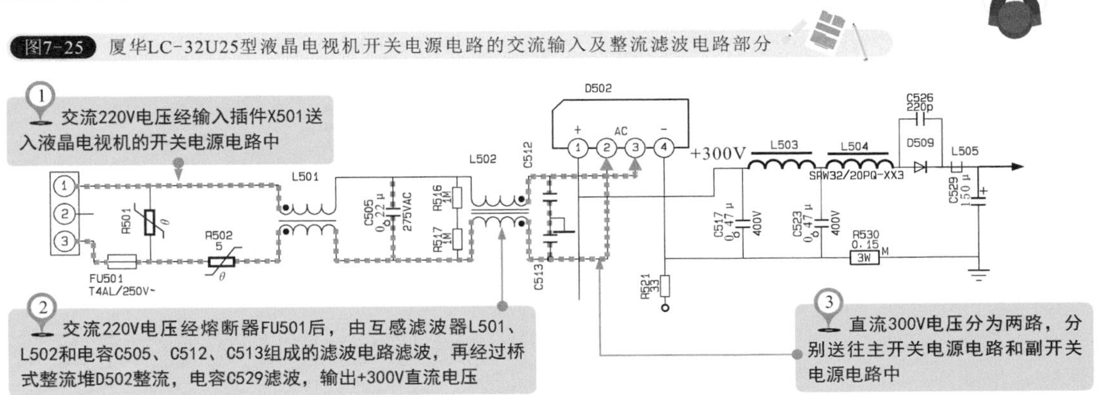

如图7-26所示，厦华LC-32U25型液晶电视机开关电源电路中的副开关电源电路部分主要由副开关集成电路TNY264、副开关变压器T501、光电耦合器N503构成。

图7-26 厦华LC-32U25型液晶电视机开关电源电路的副开关电源电路部分

① +300V直流电压直接送入副开关变压器T501中，经T501一次绕组6～1脚加到副开关振荡集成电路N502的5脚
副开关振荡集成电路5脚内为开关场效应晶体管的漏极
③ 副开关振荡集成电路N502开始工作，其5脚形成振荡信号，送到T501的一次绕组中，并由T501次级绕组感应出开关脉冲电压
④ T501次级绕组输出开关脉冲电压经一次电路中的D513、C532、C535等整流滤波后，输出5V直流电压，经连接插件X505送到系统控制电路中，同时电源指示灯LED501点亮
+300V
T501
D513
L506
X505
N502 TNY264
UF4007 D503
D504 P6KE200A
D506 BAV21
C532 220 35V
C535 47μ 25V
C536 100n
LED501
R553
R520 9.1k
C521 47μ 25V
C511 100n
C510 10n 1kV
C520 1000p
N503 PS2701-1
R539 100
R544 220
D514
电源指示灯 LED501
② 副开关振荡集成电路N502的1脚为正反馈信号输入端，启动时T501的二次绕组3～4脚感应出开关脉冲电压，经D506整流、C521滤波后形成正反馈信号叠加到N502的1脚，保持1脚有足够的直流电压以维持N502中的振荡，使副开关电路进入稳定的振荡状态
⑥ 发光二极管的强度变化经光耦合器内部光敏晶体管反馈到开关振荡集成电路N502的4脚，作为稳压负反馈信号，对N502产生的PWM信号进行稳压控制
⑤ 误差取样电路接在二次侧输出电路的+5V电压输出端，取样点的电压波动会使光耦合器N503中的发光二极管的强度有所变化

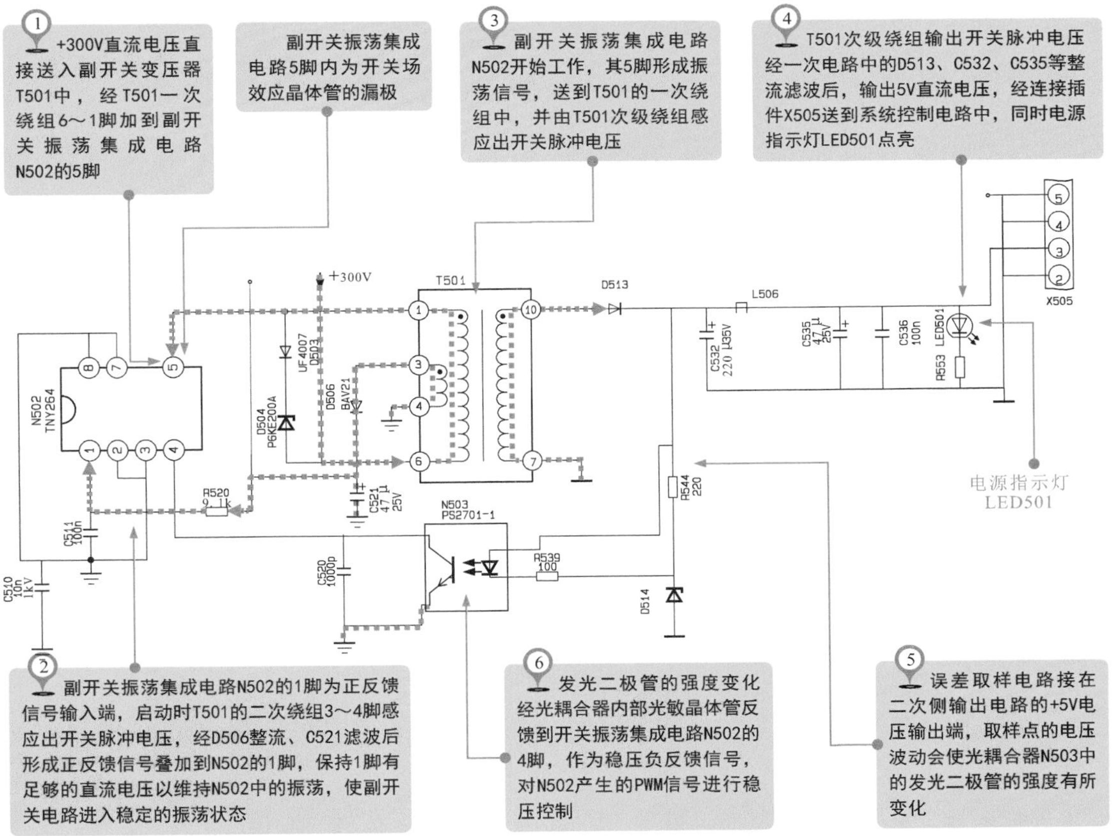

厦华LC-32U25型液晶电视机开关电源电路中的主开关电源电路部分相对较为复杂，可细分为开关振荡电路、次级输出电路和误差检测电路三个单元电路模块。

图7-27为厦华LC-32U25型液晶电视机主开关电源电路中的开关振荡电路。

图7-27 厦华LC-32U25型液晶电视机主开关电源电路中的开关振荡电路模块

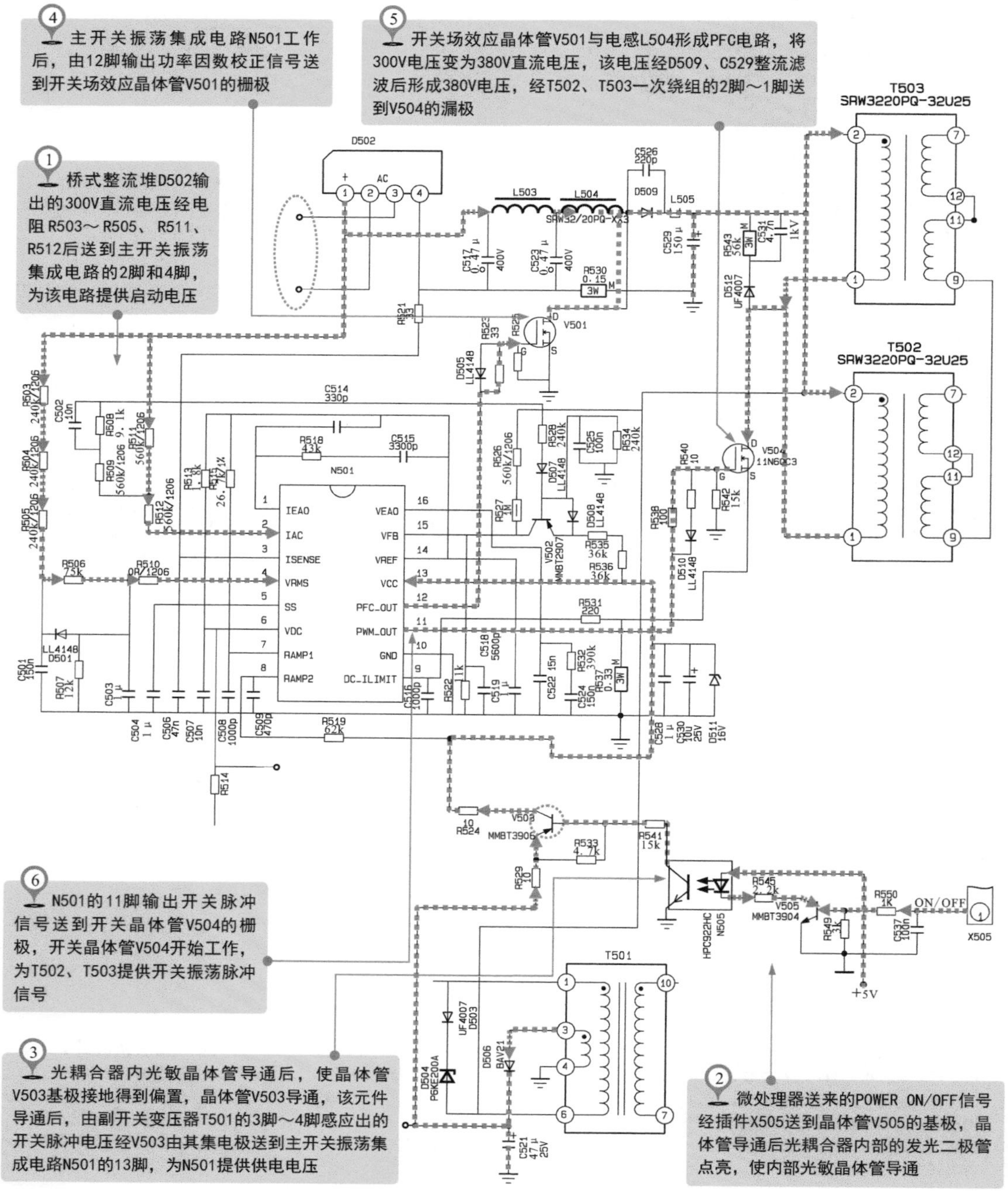

④ 主开关振荡集成电路N501工作后，由12脚输出功率因数校正信号送到开关场效应晶体管V501的栅极
⑤ 开关场效应晶体管V501与电感L504形成PFC电路，将300V电压变为380V直流电压，该电压经D509、C529整流滤波后形成380V电压，经T502、T503一次绕组的2脚～1脚送到V504的漏极
① 桥式整流堆D502输出的300V直流电压经电阻R503～R505、R511、R512后送到主开关振荡集成电路的2脚和4脚，为该电路提供启动电压
⑥ N501的11脚输出开关脉冲信号送到开关晶体管V504的栅极，开关晶体管V504开始工作，为T502、T503提供开关振荡脉冲信号
③ 光耦合器内光敏晶体管导通后，使晶体管V503基极接地得到偏置，晶体管V503导通，该元件导通后，由副开关变压器T501的3脚～4脚感应出的开关脉冲电压经V503由其集电极送到主开关振荡集成电路N501的13脚，为N501提供供电电压
② 微处理器送来的POWER ON/OFF信号经插件X505送到晶体管V505的基极，晶体管导通后光耦合器内部的发光二极管点亮，使内部光敏晶体管导通
T503
SRW3220PQ-32U25
T502
SRW3220PQ-32U25
T501
D502
L503
L504
SRW32/20PQ-X33
L505
D509
V501
V504
11N60C3
N501
IEAO
IAC
ISENSE
VRMS
SS
VDC
RAMP1
RAMP2
VEAO
VFB
VREF
VCC
PFC_OUT
PWM_OUT
GND
DC_ILIMIT
V502
MMBT2907
V503
MMBT3906
V505
MMBT3904
N505
HPC922HC
X505
ON/OFF
+5V

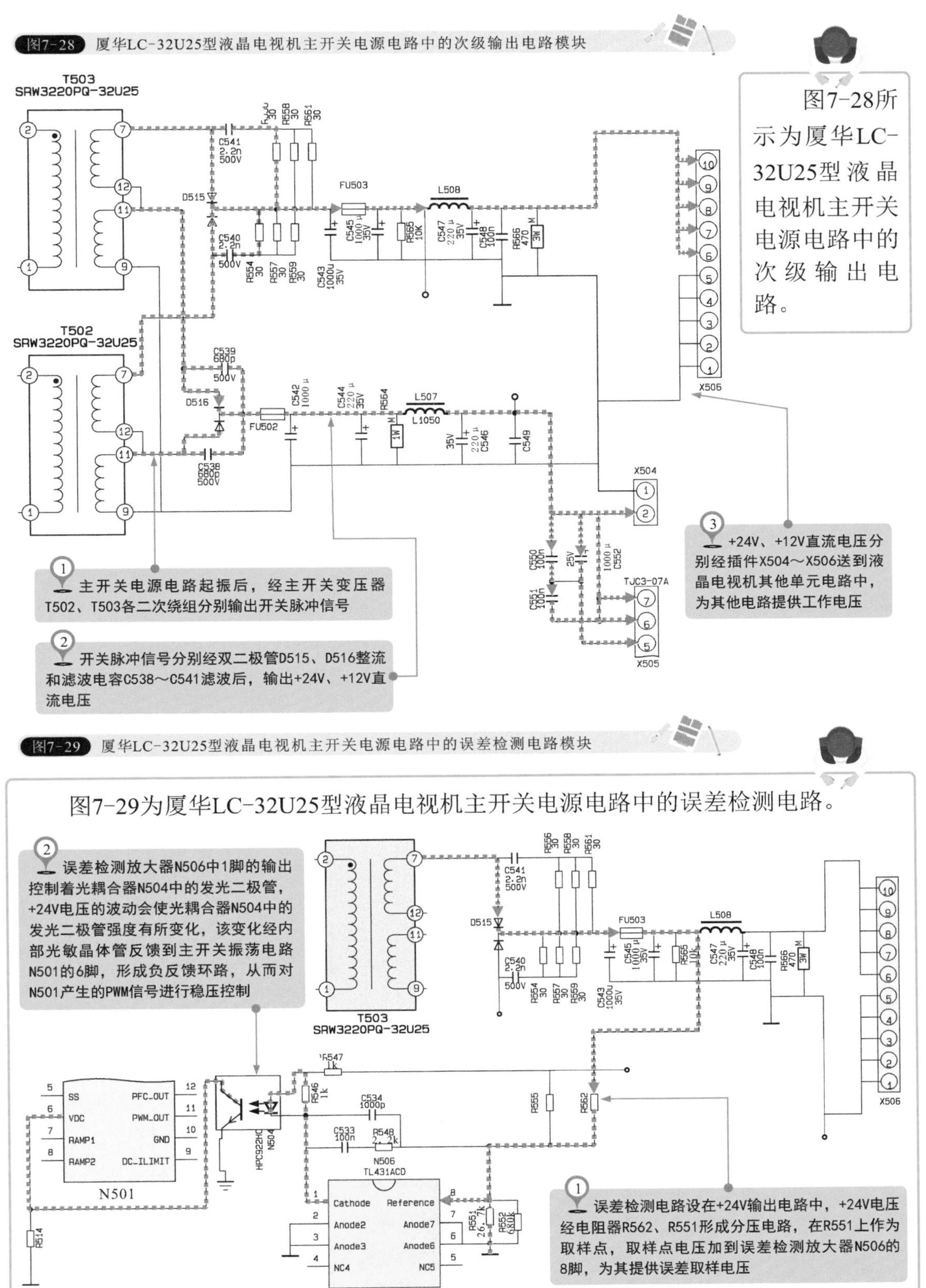

图7-28 厦华LC-32U25型液晶电视机主开关电源电路中的次级输出电路模块

图7-29 厦华LC-32U25型液晶电视机主开关电源电路中的误差检测电路模块

7.2 液晶电视机开关电源电路的故障检修

开关电源电路是为液晶电视机其他单元电路及功能部件供电的电路。一旦开关电源电路出现故障，会引起液晶电视机花屏、黑屏、屏幕有杂波、通电无反应、指示灯不亮等现象。

7.2.1 电视机开关电源电路的检修分析

如图7-30所示为液晶电视机开关电源电路的检测要点。对开关电源电路的检修可沿信号流程对电路中的主要功能部件进行检测。

图7-30 液晶电视机开关电源电路的检测要点

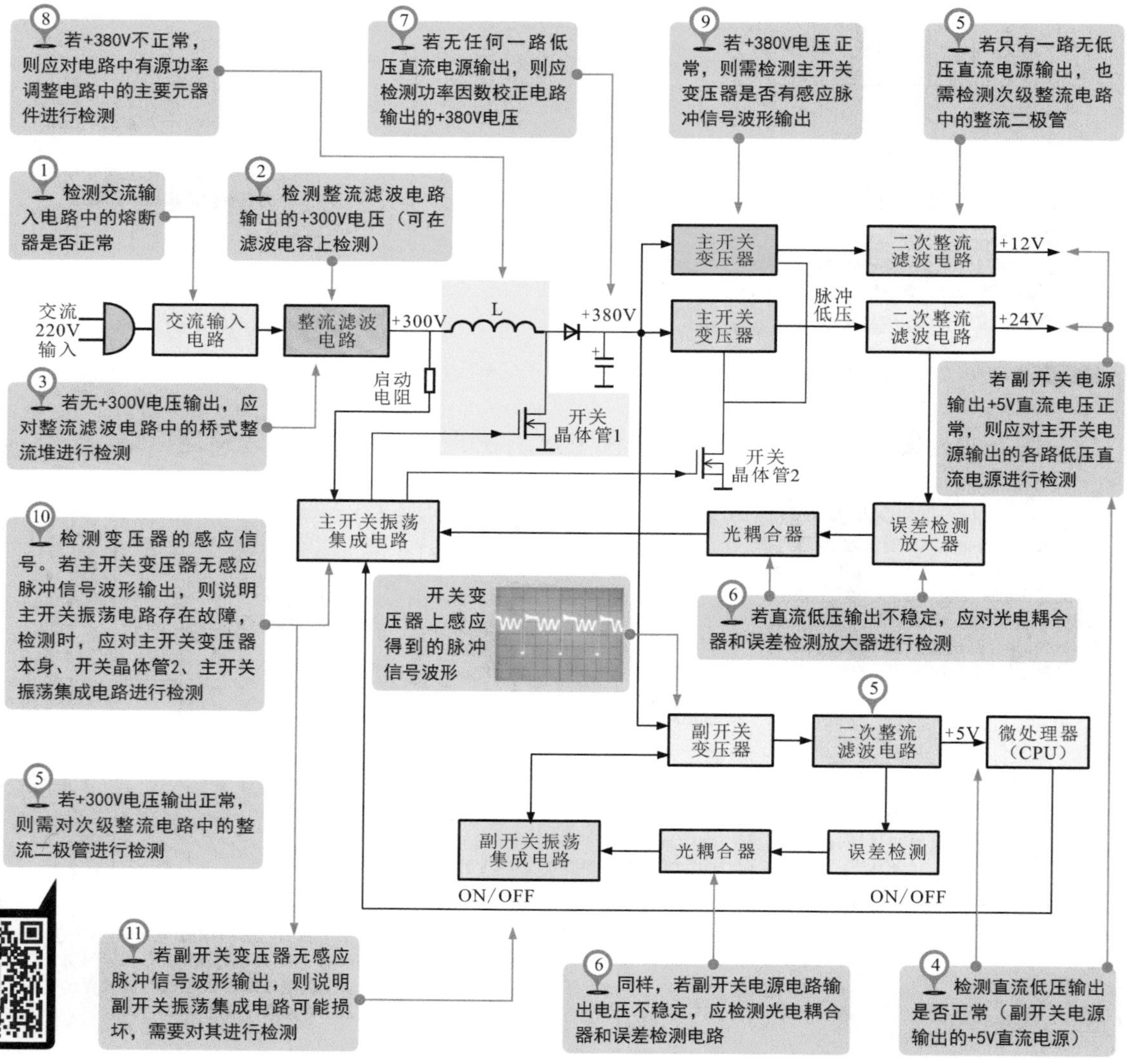

7.2.2 液晶电视机开关电源电路的检修方法

对液晶电视机开关电源电路的检修，可使用万用表或示波器对关键检测点的信号进行测量，然后依据测量结果，按信号流程重点检测被怀疑的电子元器件，从而最终锁定故障，完成故障检修。

❶ 熔断器的检测方法

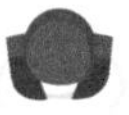

如图7-31所示为熔断器的检测方法。可使用万用表对熔断器的阻值进行测量。通常，很多时候观察熔断器的外观也可直接判断熔断器是否存在故障。

图7-31 熔断器的检测方法

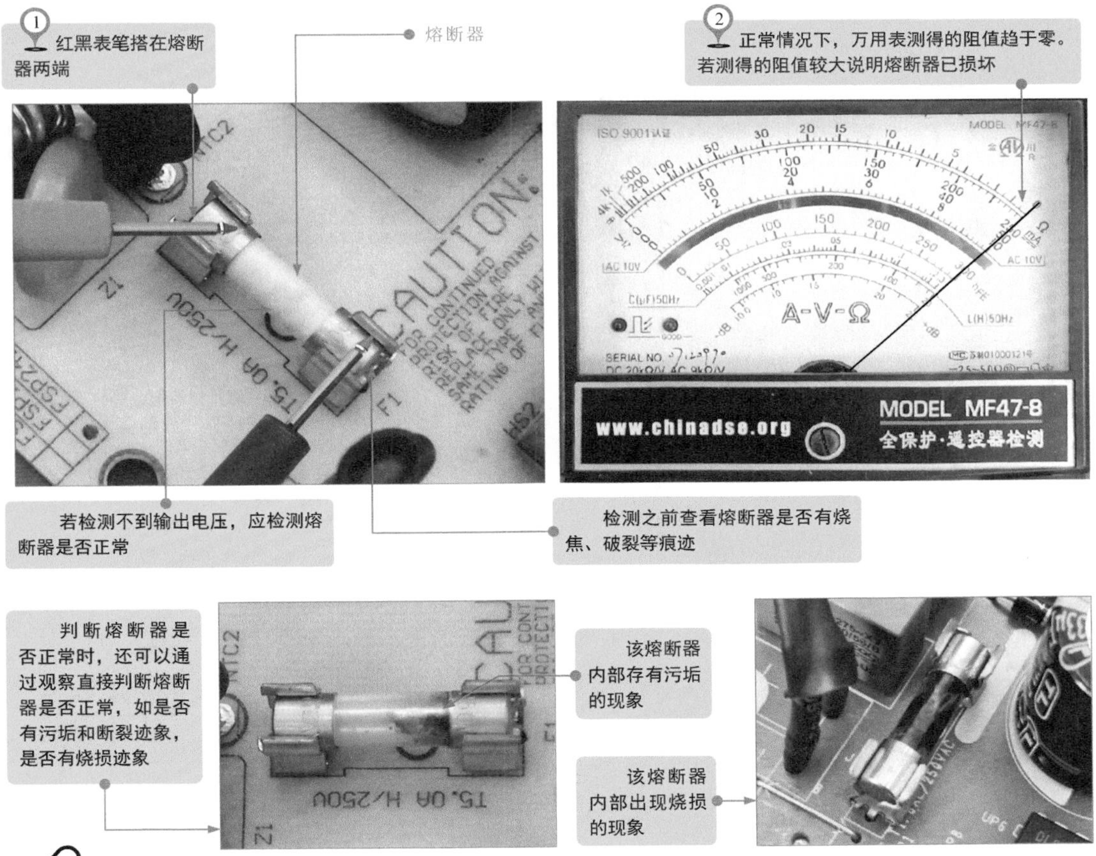
①红黑表笔搭在熔断器两端
熔断器
②正常情况下，万用表测得的阻值趋于零。若测得的阻值较大说明熔断器已损坏
若检测不到输出电压，应检测熔断器是否正常
检测之前查看熔断器是否有烧焦、破裂等痕迹
判断熔断器是否正常时，还可以通过观察直接判断熔断器是否正常，如是否有污垢和断裂迹象，是否有烧损迹象
该熔断器内部存有污垢的现象
该熔断器内部出现烧损的现象
CAUTION
T5.0A H/250V
MODEL MF47-8
www.chinadse.org
全保护·遥控器检测
A-V-Ω

引起熔断器损坏的原因很多，主要是由于电路过载或元器件短路引起的。因此，当发现熔断器损坏时，不仅要更换匹配的熔断器，而且还应对电路中其他部位进行检查。

一般来说：如果熔断器表面有黄黑色污垢，多为开关场效应晶体管或开关振荡集成电路被击穿短路引起的。如果熔断器严重爆裂，多为电源直接短路，需检查整个电路。如果熔断器内部模糊不清，多为桥式整流堆被击穿或+300V滤波电容短路损坏。

❷ +300V输出电压的检测方法

图7-32为+300V输出电压的检测方法。可使用万用表对桥式整流堆直流输出的引脚进行测量，也可检测后级电路滤波电容两引脚间的电压。

图7-32 +300V输出电压的检测方法

滤波电容正极

滤波电容负极

无300V电压输出时，在熔断器正常前提下，以桥式整流堆出现故障较为常见

正常情况下，万用表可测得300V的直流电压。若无300V电压，则应对前级电路进行检测

红表笔搭在滤波电容正极引脚上

黑表笔搭在滤波电容负极引脚上

检测+300V直流电压时，可检测桥式整流堆的直流输出引脚处的电压值是否为+300V；还可以对后级电路中的+300V滤波电容两引脚间的电压进行检测

④ 在正常情况下，可检测到300V的直流电压

① 将万用表挡位调整至“直流500V”电压挡

③ 将万用表的红表笔搭在桥式整流堆的+300V输出端

② 将万用表的黑表笔搭在开关电源电路板的接地端，即+300V滤波电容负极端

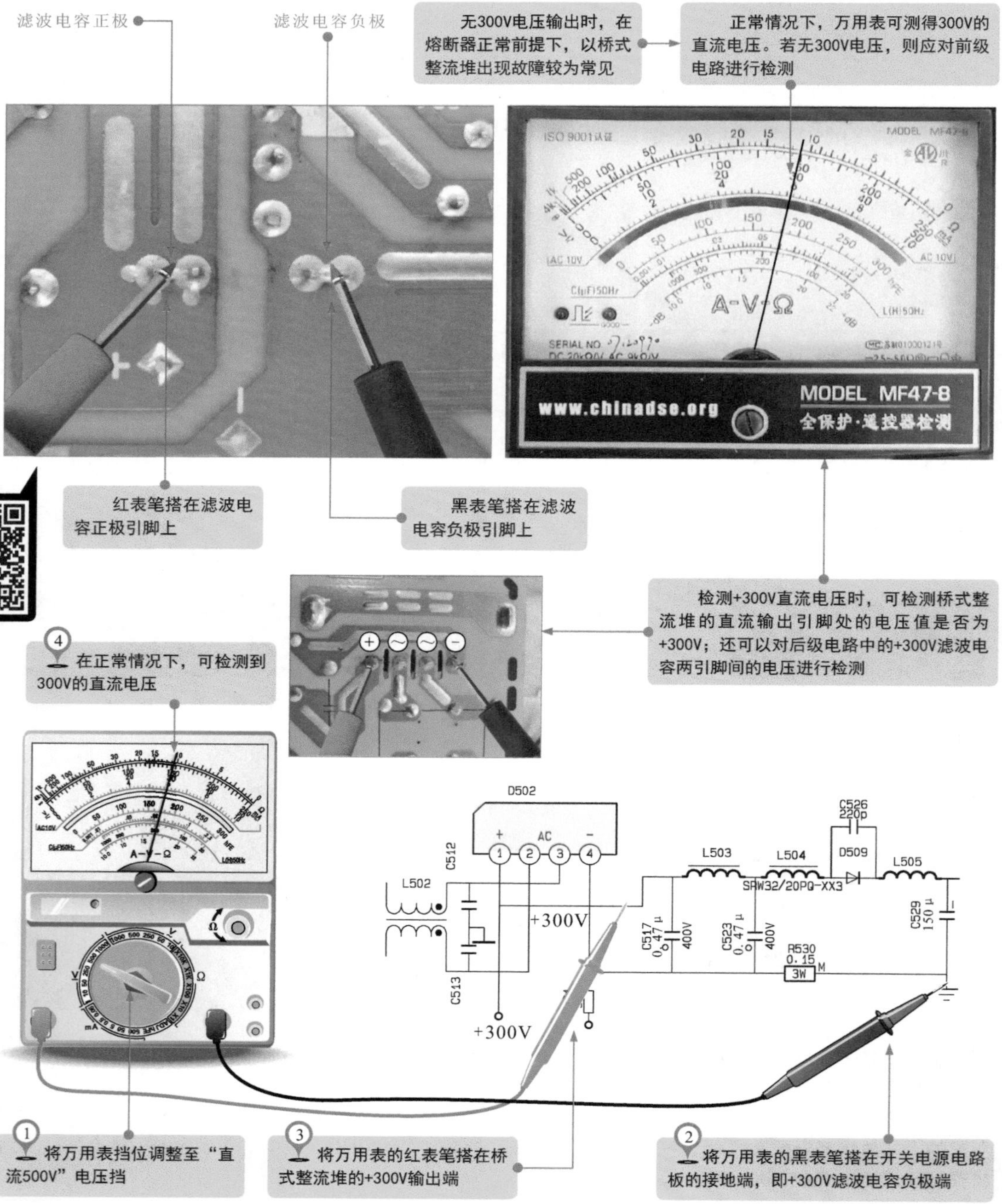

在开关电源电路检测中，对于无任何电压输出的情况，检测电路中+300V输出电压十分关键。

一般来说，若+300V电压正常，无输出时，故障多是由开关振荡电路部分引起的；若+300V电压不正常，故障多是由交流输入和整流滤波电路部分引起的，以此作为入手点可有效缩小故障范围。

3 桥式整流堆的检测方法

如图7-33所示为桥式整流堆的电压检测方法。检测时在正常通电状态下，使用万用表分别对桥式整流堆输出端的电压和输入端的电压进行测量，即可判别桥式整流堆的性能。

特别需要注意的是，在检测过程中，一定要严格按照操作规程进行，以免造成触电事故。

图7-33 桥式整流堆的电压检测方法（在路检测）

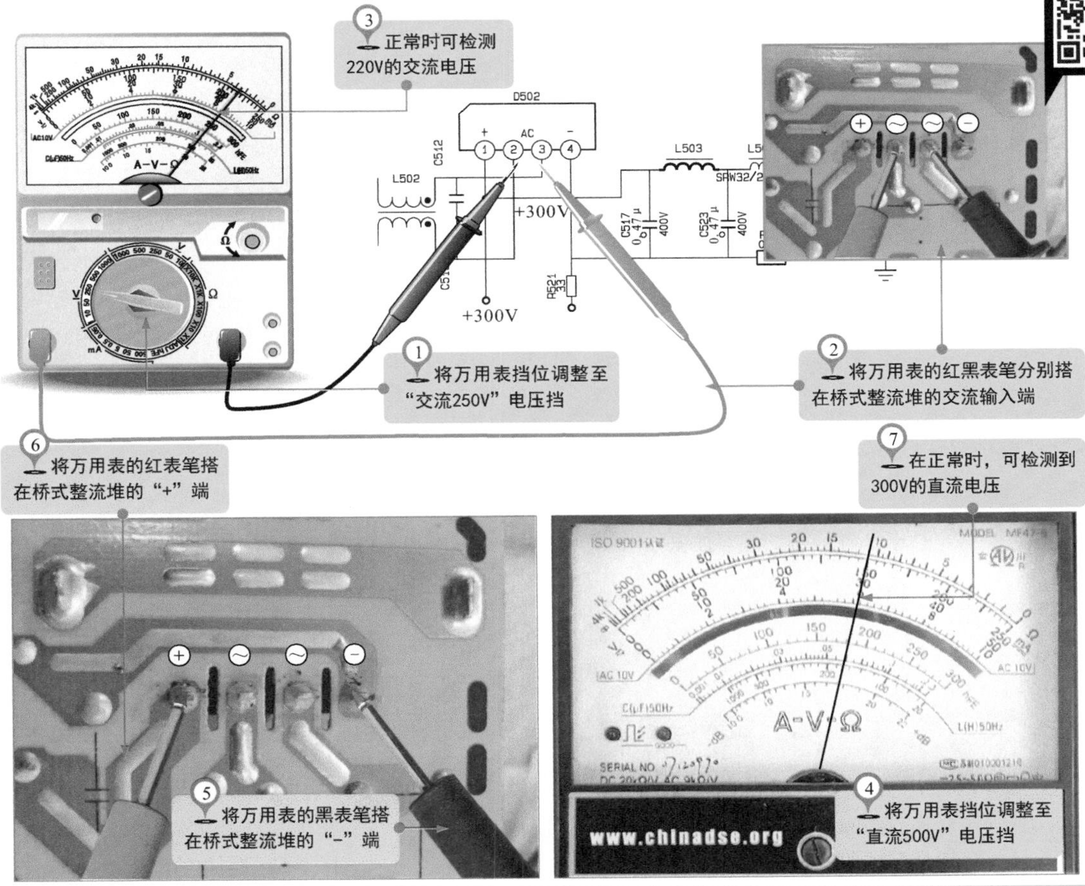

① 将万用表挡位调整至“交流250V”电压挡

② 将万用表的红黑表笔分别搭在桥式整流堆的交流输入端

③ 正常时可检测220V的交流电压

④ 将万用表挡位调整至“直流500V”电压挡

⑤ 将万用表的黑表笔搭在桥式整流堆的“-”端

⑥ 将万用表的红表笔搭在桥式整流堆的“+”端

⑦ 在正常时，可检测到300V的直流电压

正常时，交流输入端可检测到220V的电压，而直流输出端可检测到300V的电压，若交流输入端220V电压正常，而直流输出端无300V输出，则一般表明桥式整流堆损坏。

如图7-34所示为桥式整流堆的阻值检测方法。判断桥式整流堆的好坏，还可以采用电阻测量法进行判断。将桥式整流堆从电路上拆下，使用万用表对其进行检测，正常情况下，其交流输入端的正反向电阻值均为无穷大，输出端的正向阻抗可测得一定的电阻值，反向阻抗应趋于无穷大。若检测值与标准值偏差太大，则证明桥式整流堆已经损坏。

图7-34 桥式整流堆的阻值检测方法（开路检测）

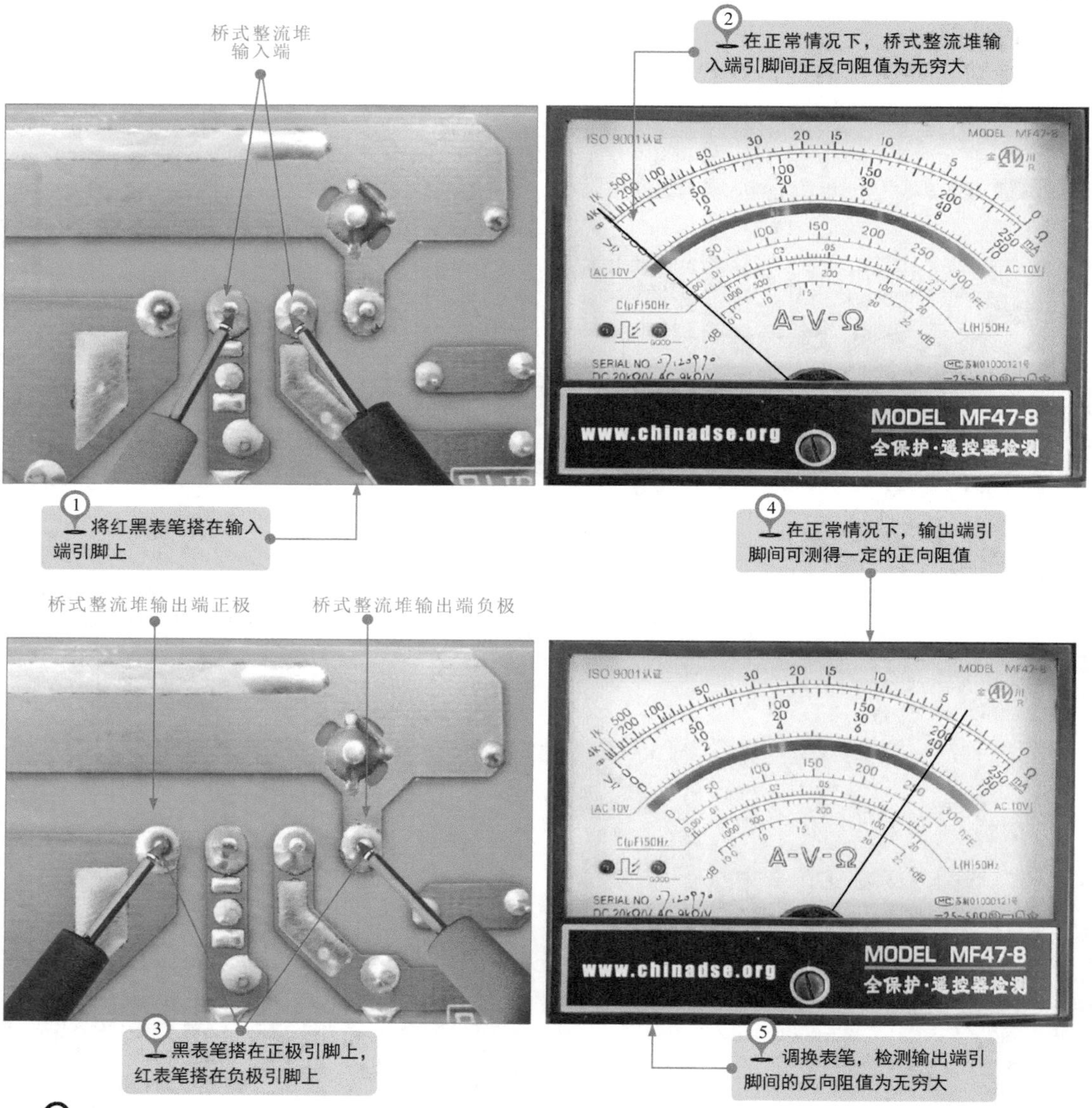

若测得+300V直流电压不正常，也有可能是300V滤波电容器损坏造成的。

因此，除了对桥式整流堆进行检测外，还需要对300V滤波电容进行测量。可在开路的状态下检测电容器阻值来确定其是否损坏。可使用万用表对滤波电容进行检测。

④ 输出直流低压的检测方法

如果交流输入及整流滤波电路部分有+300V的电压，可继续对开关电源电路输出的低压直流电压进行检测。

图7-35 厦华LC-32U25型液晶电视机副开关电源电路输出直流低压的检测方法

如图7-35所示，检测厦华LC-32U25型液晶电视机副开关电源电路的直流低压。

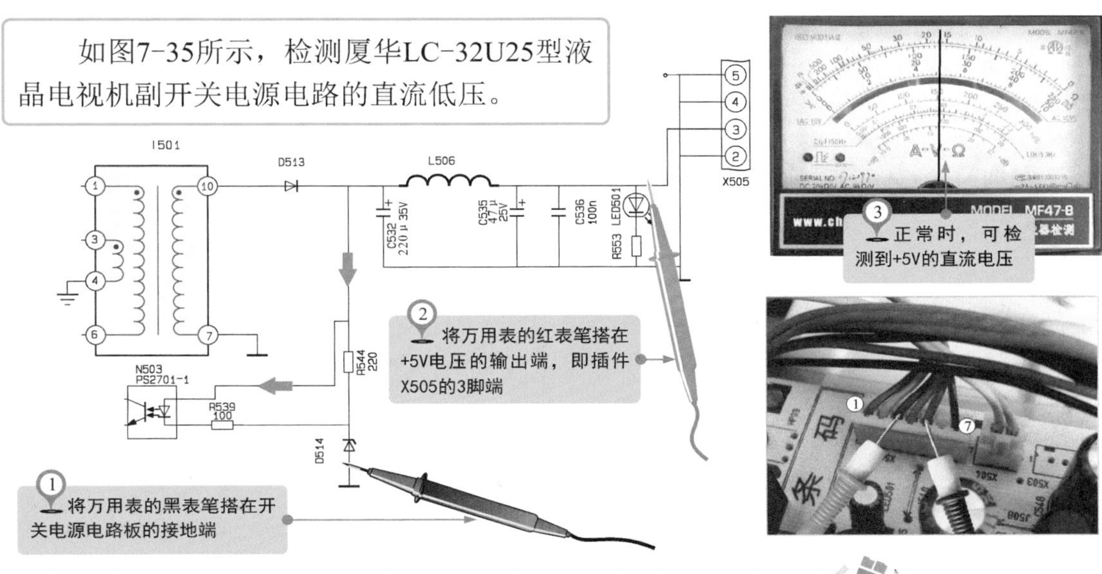

图7-36 长虹LT3788型液晶电视机副开关电源电路输出直流低压的检测方法

如图7-36所示为检测长虹LT3788型液晶电视机开关电源电路输出的直流低压。

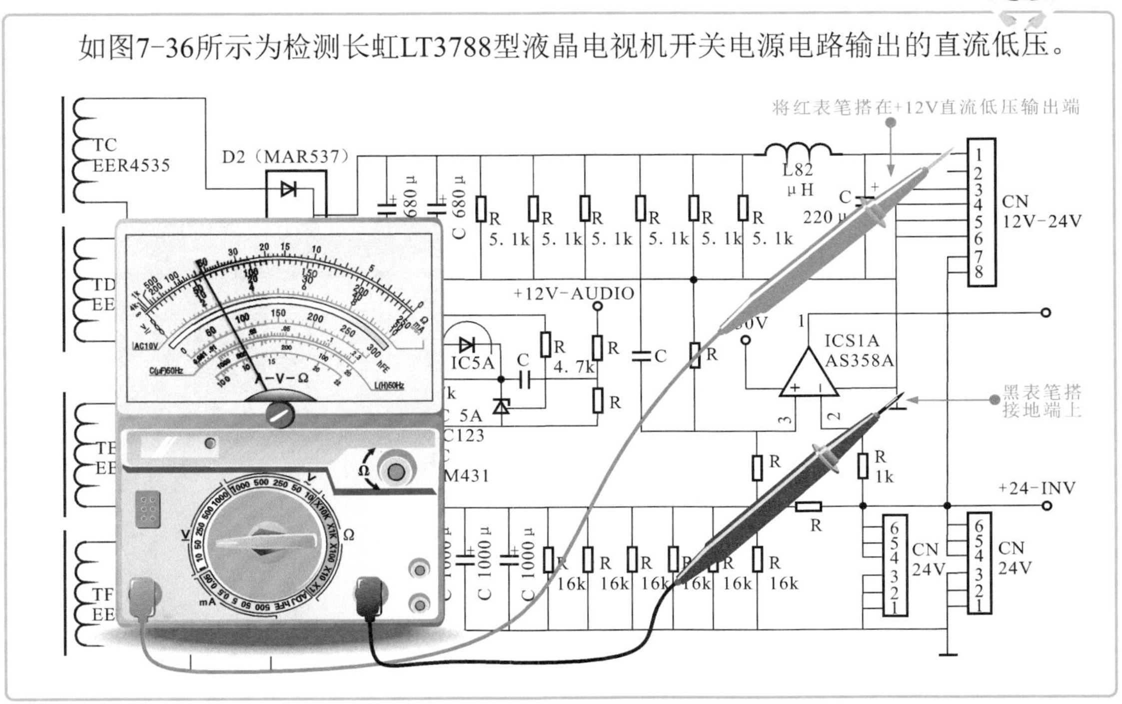

5 整流二极管的检测方法

若在检测开关电源输出的直流低压时，发现无低压直流输出，则需对次级整流电路中的整流二极管进行检测。

图7-37 厦华LC-32U25型液晶电视机副开关电源电路中整流二极管的检测方法

如图7-37所示为厦华LC-32U25型液晶电视机副开关电源电路中的整流二极管的实际检测方法。

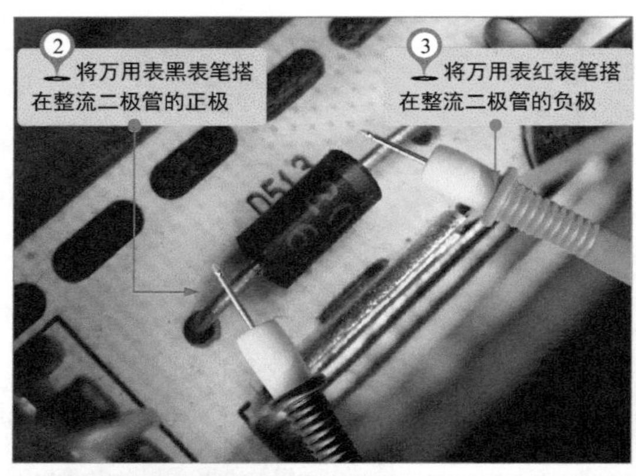

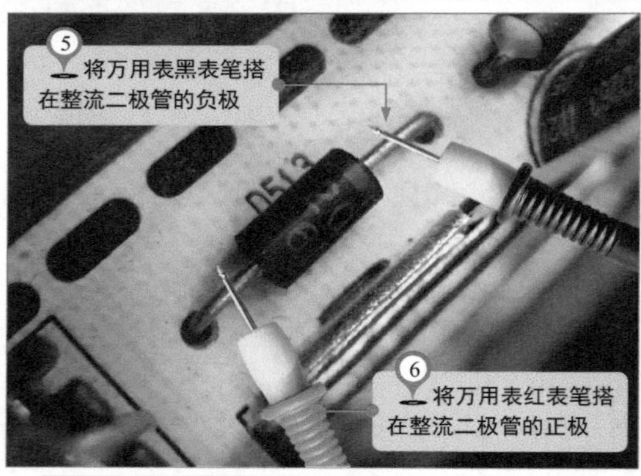

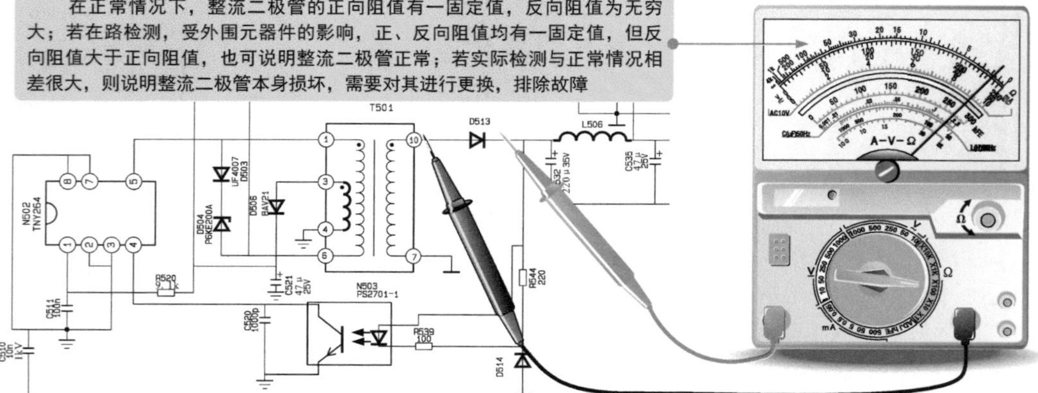

6 光电耦合器的检测方法

若开关电源输出的直流低压不稳定，应对光电耦合器进行检测。光电耦合器是将开关电源输出的误差反馈到开关振荡集成电路中，光电耦合器损坏，将直接影响稳压效果。

图7-38 光电耦合器的检测方法

如图7-38所示，光电耦合器内部是由一个发光二极管和一个光敏晶体管构成，检测时需分别检测内部的发光二极管和光敏晶体管。

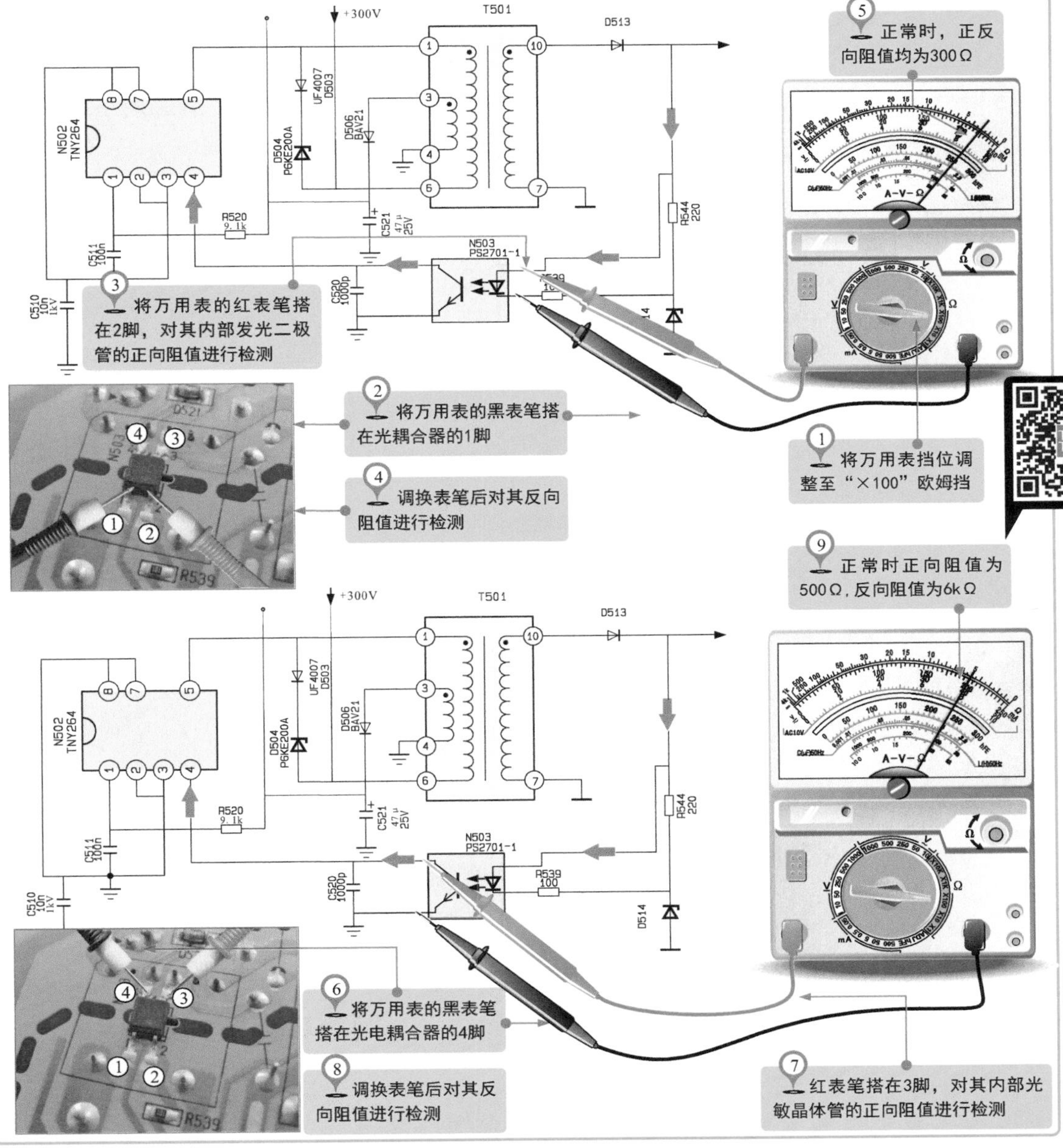

7 +380V输出电压的检测方法

若检测开关电源电路没有任何低压直流电压输出，则需对有源功率调整电路输出的+380V直流电压进行检测。

如图7-39所示为厦华LC-32U25型液晶电视机开关电源电路+380V直流输出电压的检测方法。

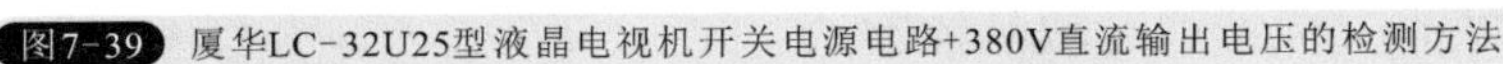
图7-39 厦华LC-32U25型液晶电视机开关电源电路+380V直流输出电压的检测方法

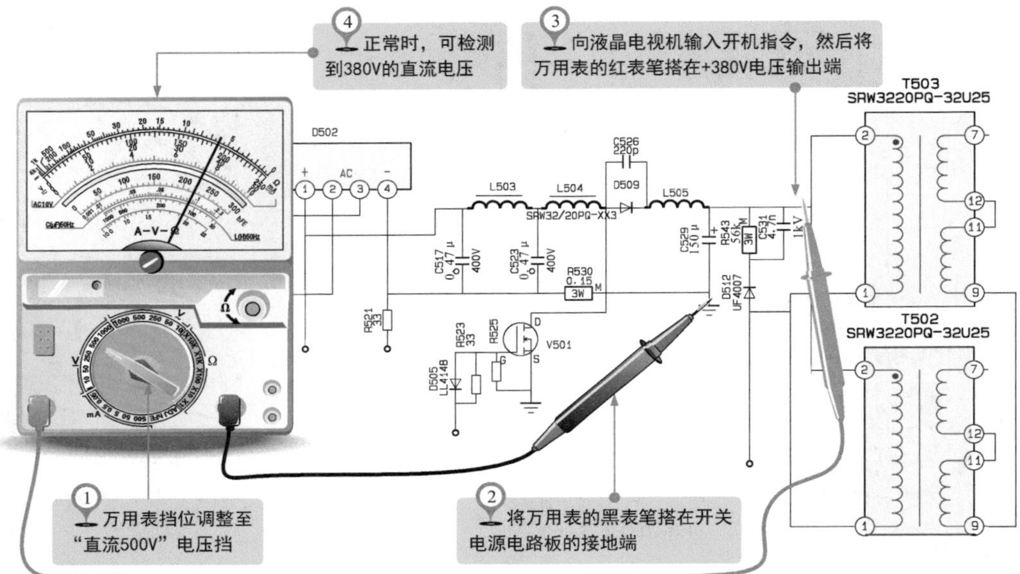

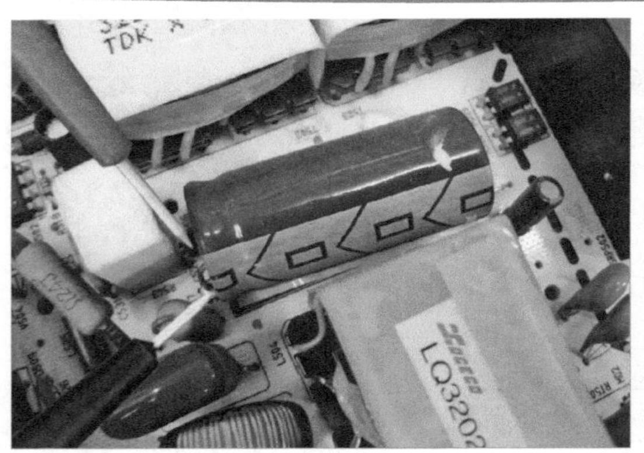

检测+380V输出电压时，应向液晶电视机输入开机指令，若检测主开关电源电路输出的+380V电压正常，则说明有源功率调整电路（功率因数校正电路）正常；若检测不到+380V输出电压，则说明功率因数校正电路中存在故障元器件，需要进行下一步的检修。

8 有源功率调整电路的检测方法

如图7-40所示，若有源功率调整电路（功率因数校正电路）输出的+380V直流电压不正常，则需要对有源功率调整电路中的电感器和开关晶体管进行检测。

图7-40 厦华LC-32U25型液晶电视机有源功率调整电路的检测方法

① 将万用表挡位调整至“×100”欧姆挡

② 将万用表的红、黑表笔分别搭在电感L504线圈两端引脚处

③ 在正常情况下，可检测到0Ω的阻值

检测功率因数校正电路时可对其中的电感器、开关晶体管分别进行检测

④ 将万用表挡位调整至“×1k”欧姆挡

⑤ 将万用表的黑表笔搭在开关晶体管的栅极（G）引脚端

⑥ 将万用表的红表笔分别搭在开关晶体管的源极（S）和漏极（D）引脚端

⑦ 在正常情况下G-D之间的正向阻值为20kΩ；反向阻值为无穷大

⑧ 将万用表的黑、红表笔分别搭在开关晶体管的源极（S）和漏极（D）引脚端

⑨ 将黑、红表笔位置对换再进行检测

⑩ 正常时D-S之间的正向阻值为3kΩ；反向阻值为无穷大

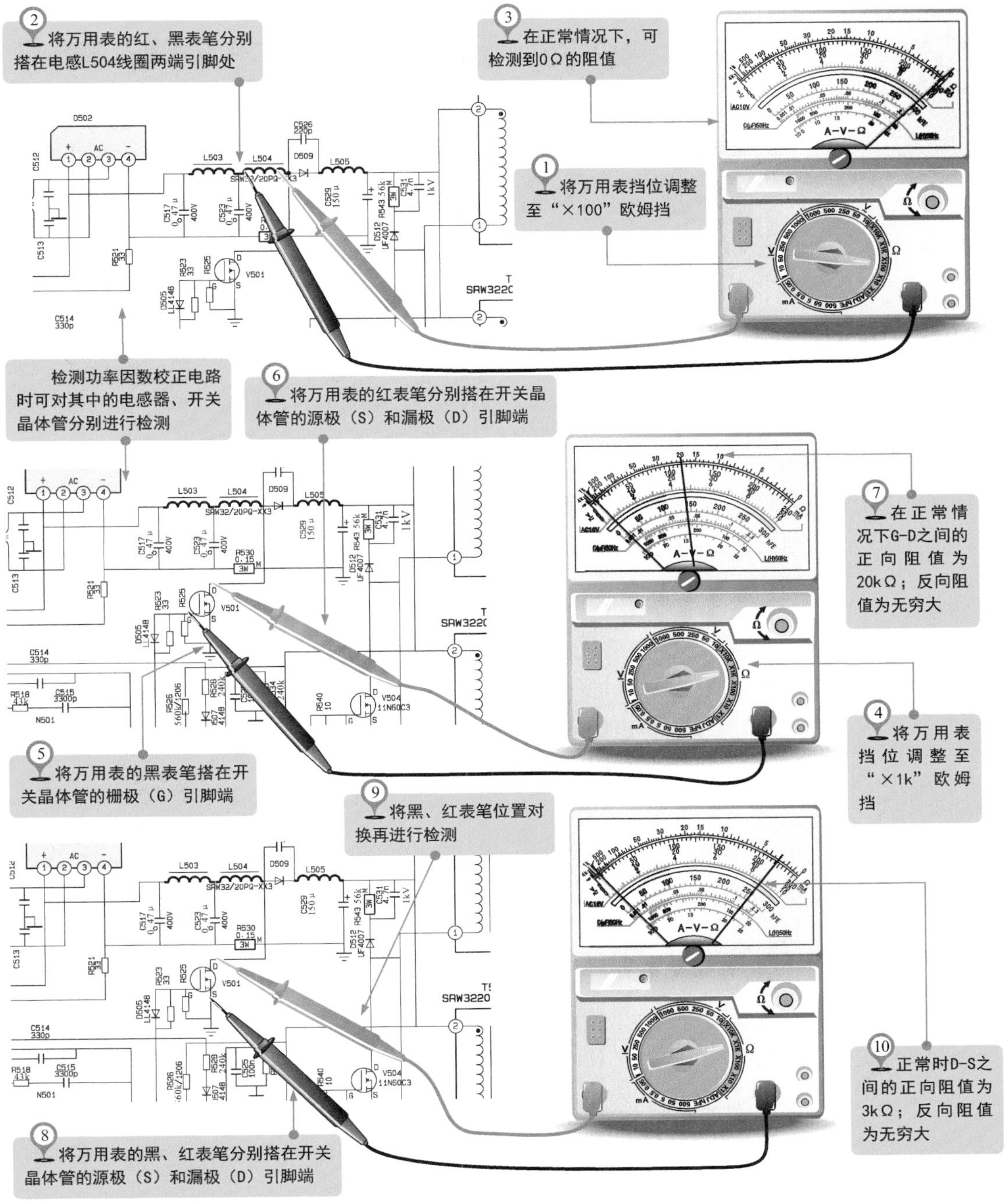

⑨ 开关变压器脉冲信号的检测方法

如图7-41所示，由于开关变压器输出的脉冲电压很高，所以采用感应法进行测量。若检测时有感应脉冲信号，则说明开关变压器本身和开关振荡集成电路工作正常，否则说明开关变压器本身或开关振荡集成电路损坏。

图7-41 开关变压器脉冲信号的检测方法

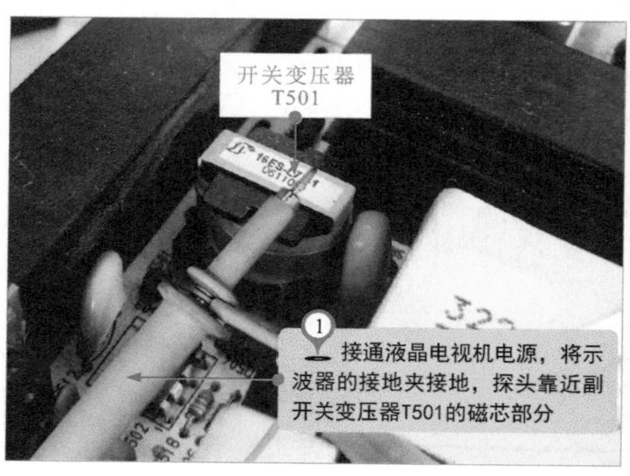

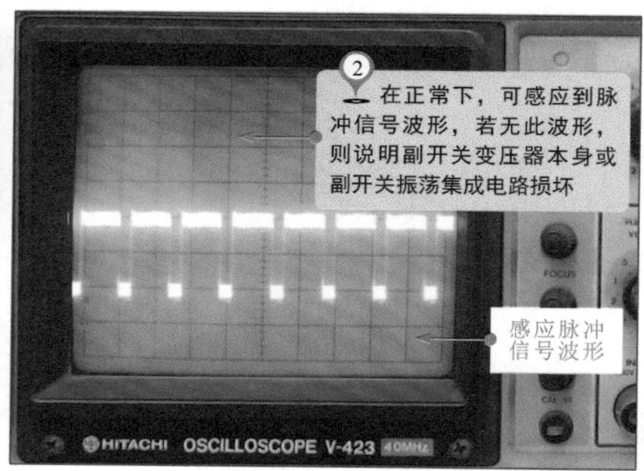

⑩ 开关振荡集成电路的检测方法

如图7-42所示，若副开关变压器无感应脉冲信号波形输出，且输出的+300 V直流电压也正常，则需重点检测开关振荡集成电路。

图7-42 开关振荡集成电路的检测方法

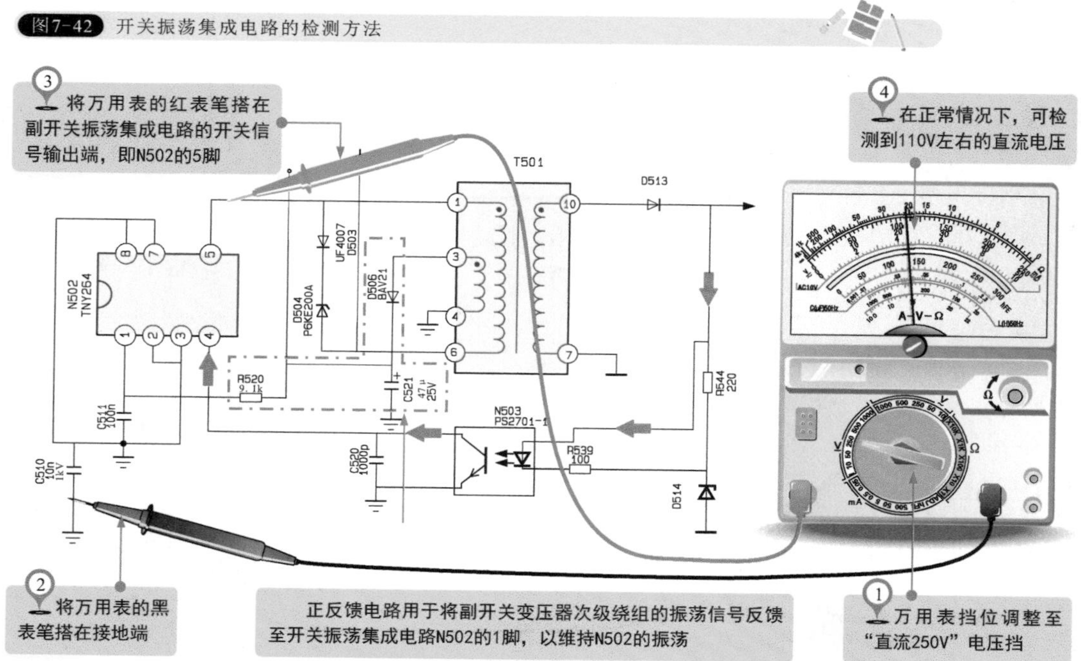

第8章 液晶电视机接口电路的故障检修

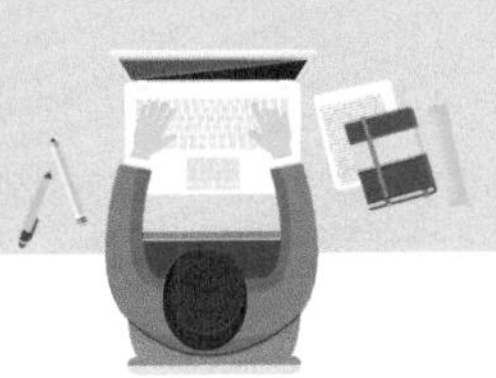

8.1 液晶电视机接口电路的结构原理

液晶电视机中的接口电路主要用于液晶电视机与各种外部设备之间连接，进而实现数据或信号的接收和发送。

8.1.1 液晶电视机接口电路的结构

图8-1 典型液晶电视机中的输入、输出接口（长虹LT3788型液晶电视机）

如图8-1所示为典型液晶电视机中的输入、输出接口（长虹LT3788型液晶电视机）。接口电路实际上是由各种输入、输出接口及相关外围电路等构成的数据传输电路。由于不同品牌液晶电视机的具体功能或配置不同，所设计接口的数量和种类也不同。接口电路一般安装于液晶电视机的背部，各输入、输出接口通过液晶电视机机壳上预留的缺口处露出，方便连接。

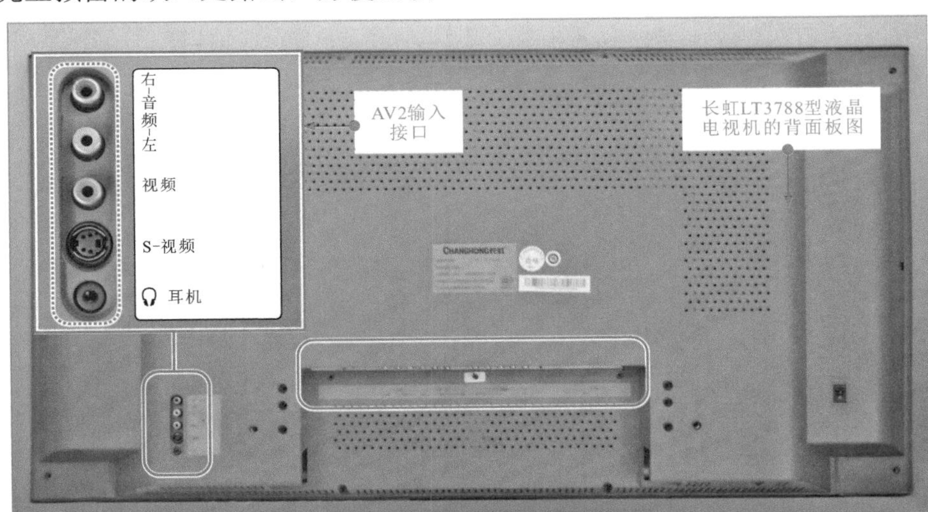

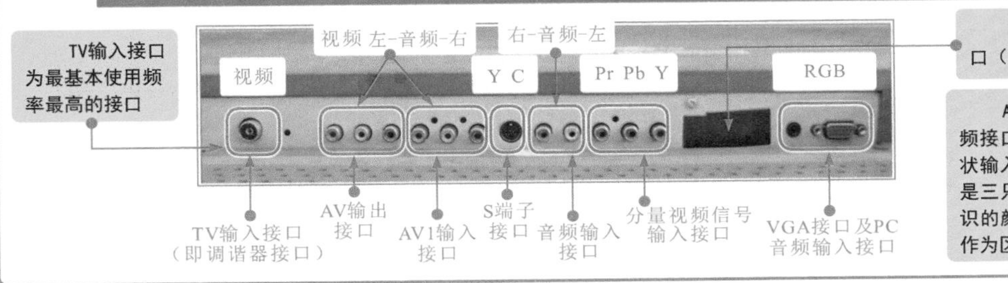

如图8-2所示，液晶电视机的接口电路通常位于电路板的边缘。液晶电视机的接口类型主要包括TV接口（调谐器接口）、AV接口、S端子接口、分量视频接口、VGA接口、HDMI接口接口等。

图8-2 典型液晶电视机中的输入、输出接口（厦华LC-32U25型液晶电视机）

厦华LC32U25型液晶电视机的主电路板

接口电路位于液晶电视机主电路板的边缘部分

HDMI接口

VGA接口及PC音频输入接口

分量视频信号输入接口和音频信号输入接口

TV输入接口（即调谐器接口）

S端子接口

AV1输入接口

VGA接口

红 Pr　蓝 Pb　绿 Y

XS3A Cin　Yin　Yout　Cout　GND　S端子接口

红 音频右　白 音频左　黄 视频

HDMI接口为黑色扁平状

VGA接口为D型接口

分量视频信号输入接口颜色为红、蓝、绿三个接口

分S端子接口为圆形黑色接口

AV1输入接口颜色为红、白、黄三个接口

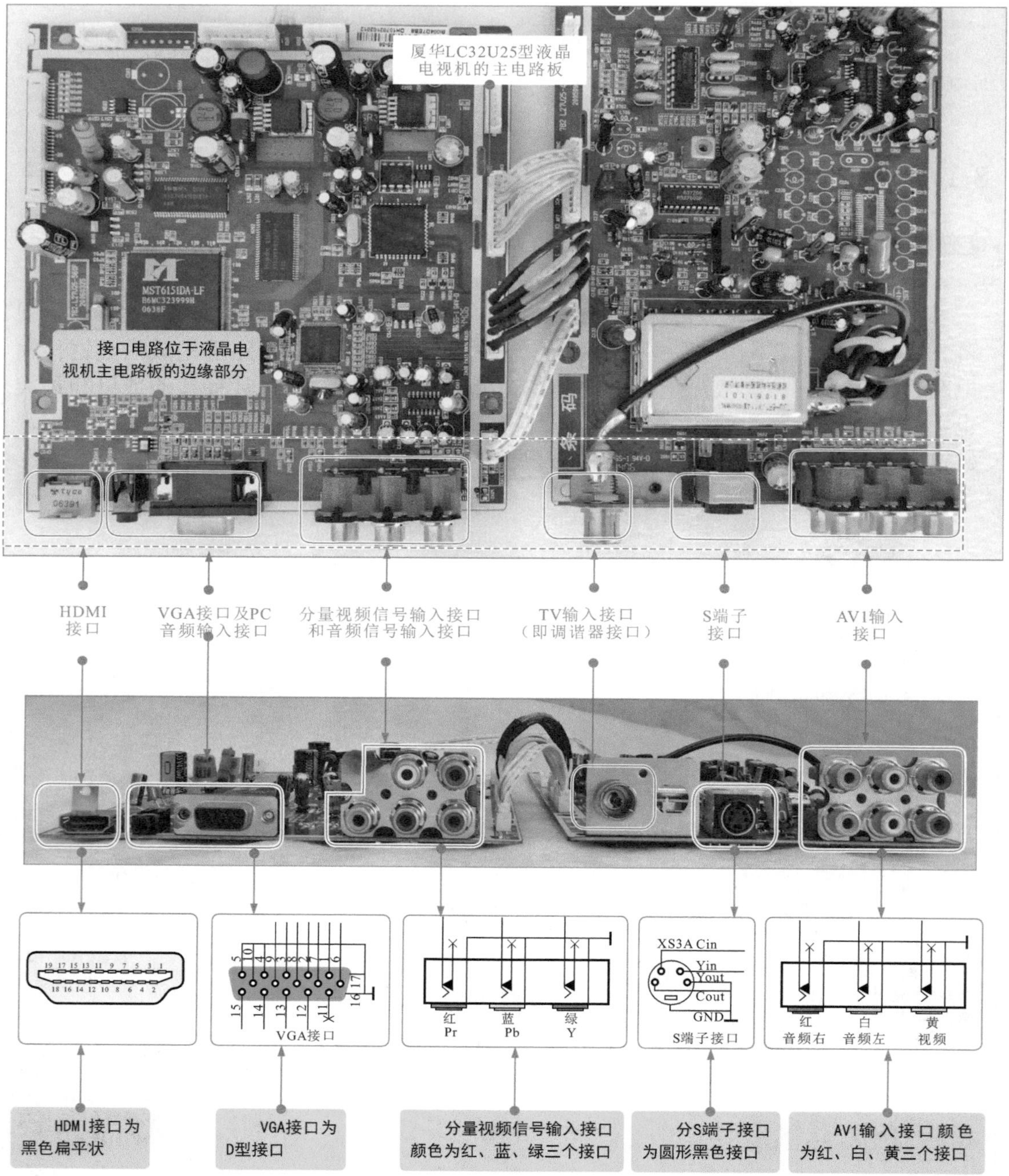

❶ TV接口

图8-3 TV接口

如图8-3所示，TV接口也称为RF射频输入接口，是液晶电视机最基本的信号输入接口。由电视天线所接收的信号及有线电视信号均通过该接口送入。

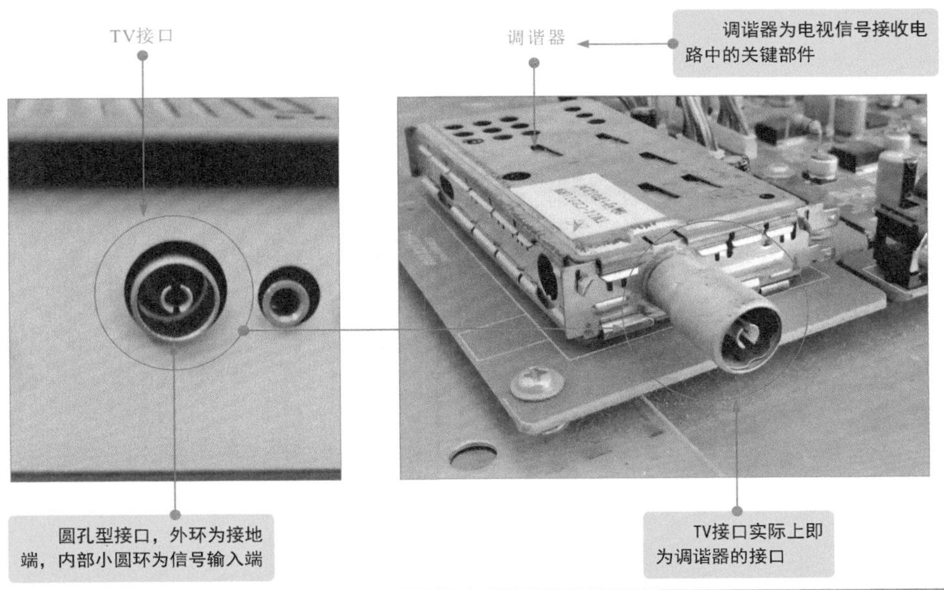

❷ AV接口

图8-4 AV接口

如图8-4所示为典型液晶电视机的AV输入、输出接口。AV接口是实现普通模拟音频和视频信号输入或输出的接口，常用于与影碟机等视频播放设备连接。

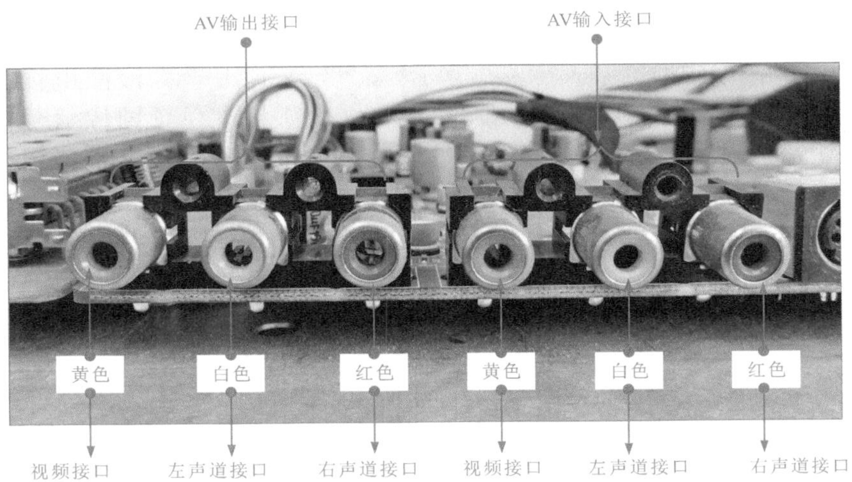

③ S端子接口

如图8-5所示，液晶电视机的S端子接口是一种视频的专业标准接口（与音频无关），也是一种电视机中比较常见的连接端子。液晶电视机可以通过S端子接口与带有该接口的DVD、PS2、XBOX、NGC等视频和游戏设备进行相互连接。

图8-5 S端子接口

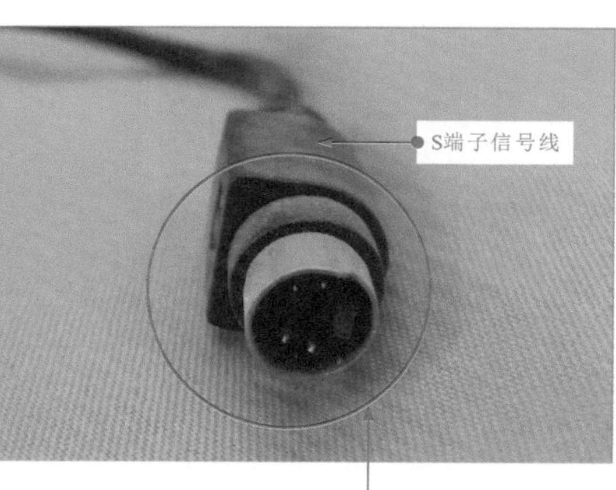

S端子接口是一种五芯接口，其中包含两路视频亮度信号、两路视频色度信号和一路公共屏蔽地线

液晶电视机的S端子接口通过专用的S端子信号线与外部设备连接

④ 分量视频信号接口

图8-6 分量视频信号接口

圆孔状接口，外圆环金属层为接地端；内圆环金属层为信号端

分量视频接口与AV接口从外形、数量上都相同，不同的是三个接口的颜色，这是区分这两种接口的最明显标志

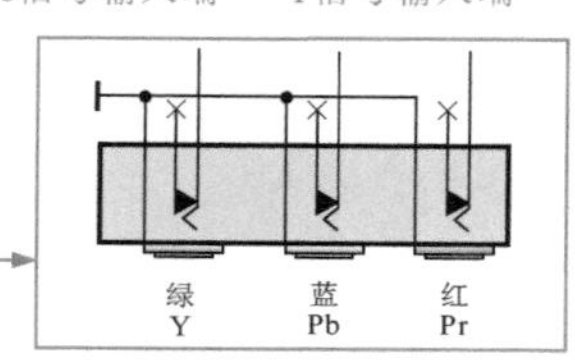

如图8-6所示，液晶电视机的分量视频信号接口用于为液晶电视机输入高清视频图像信号，也称其为色差分量接口。该接口用三个通道进行传输，即亮度信号（Y）、Pr/Cr色差信号（R-Y）和Pb/Cb色差信号（B-Y）。

分量视频接口可与带有该接口的DVD、PS2、XBOX、NGC等设备连接。

5 VGA接口及PC音频输入接口

如图8-7所示为典型液晶电视机的VAG接口及PC音频输入接口实物外形。目前，很多液晶电视机也可以作为电脑显示器使用，由此通常设有可以与计算机主机直接连接的VGA接口及PC音频输入接口。

图8-7 VAG接口及PC音频输入接口

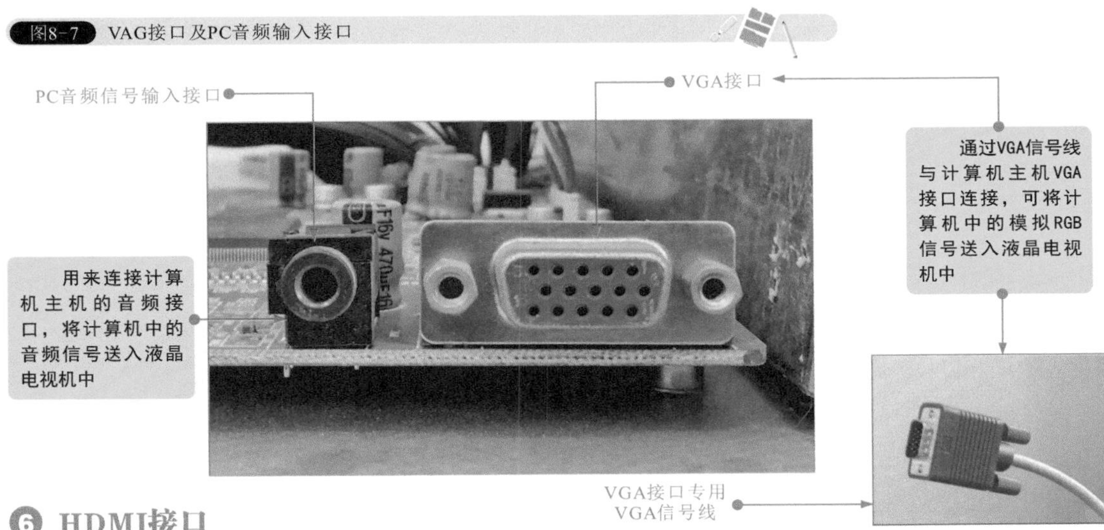

6 HDMI接口

如图8-8所示为典型液晶电视机中的HDMI接口及其各引脚排列。HDMI即高清晰度多媒体接口（High Definition Multimedia Interface）是一种全数字化视频和音频传送接口，可以传送无压缩的数字音频信号及视频信号。

液晶电视机中的HDMI接口一般可用于与带有HDMI接口的数字机顶盒、DVD播放机、计算机、电视游戏机、数码音响等设备进行连接。

图8-8 HDMI接口

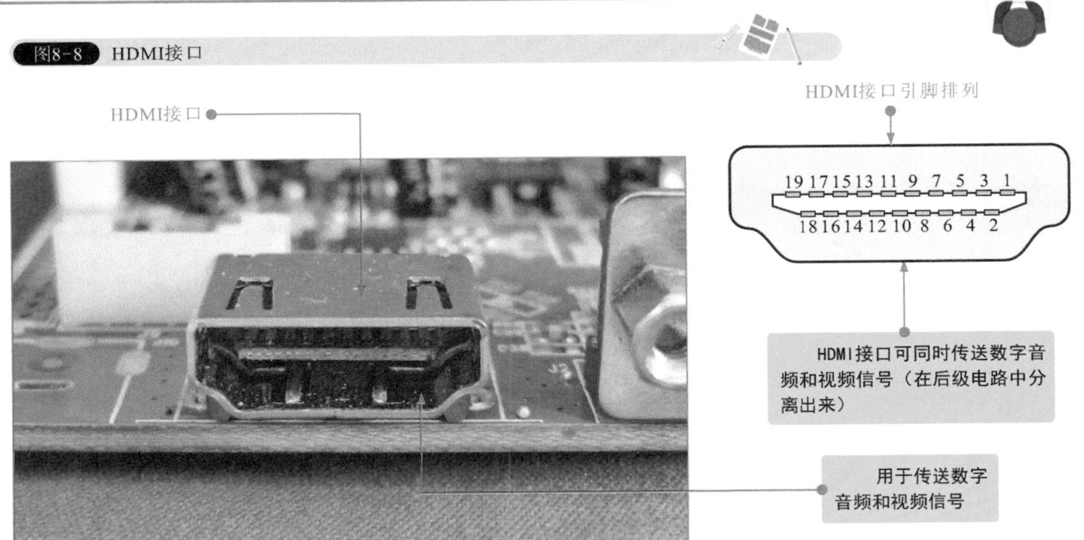

8.1.2 液晶电视机接口电路的工作原理

液晶电视机中接口电路的主要工作是完成液晶电视机与其他相连外设之间的信号传输，实现数据或信号的接收与发送。

❶ 接口电路的基本原理

如图8-9所示为典型液晶电视机接口电路的工作流程图。不同信号源通过不同类型的接口将信号传入液晶电视机中，经印制线路和电路中间环节传输到后级电路中进行处理。

图8-9 典型液晶电视机接口电路的工作过程

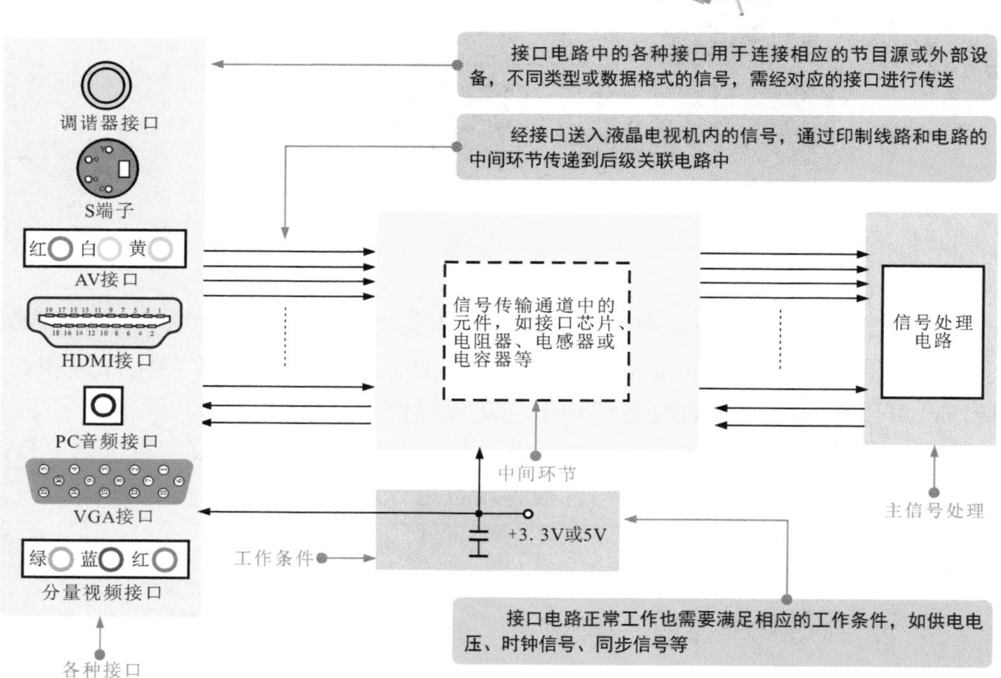

图8-10 液晶电视机工作状态的接口选择

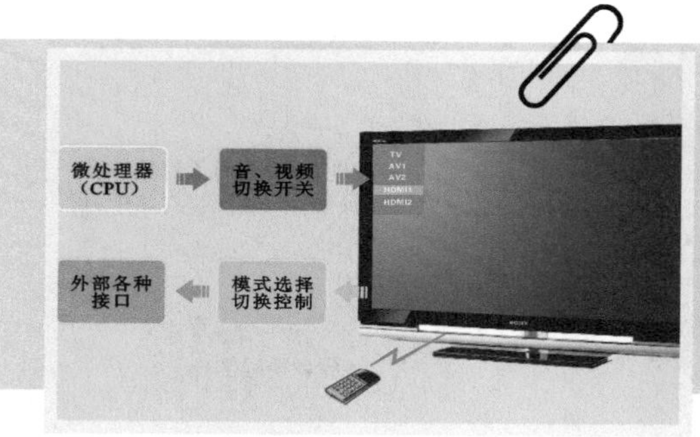

如图8-10所示，液晶电视机虽然设有数量较多的接口，用于连接不同类型的设备，但在实际收看电视节目时，只能选择其中一个通道为液晶电视机输入信号，这一过程可通过遥控器上的"模式"键进行选择，当按下"模式"键时，液晶电视机显示"模式"菜单，选择菜单中的一项，即可选择所对应的接口，这一过程由液晶电视机中的微处理器和切换电路实现。

图8-11 典型液晶电视机接口电路的信号关系

如图8-11所示为典型液晶电视机接口电路的信号关系。信号经接口电路送入后，视频信号会经视频信号处理通道处理后输出液晶显示屏驱动信号。音频信号会经音频信号处理通道处理后驱动扬声器发声。

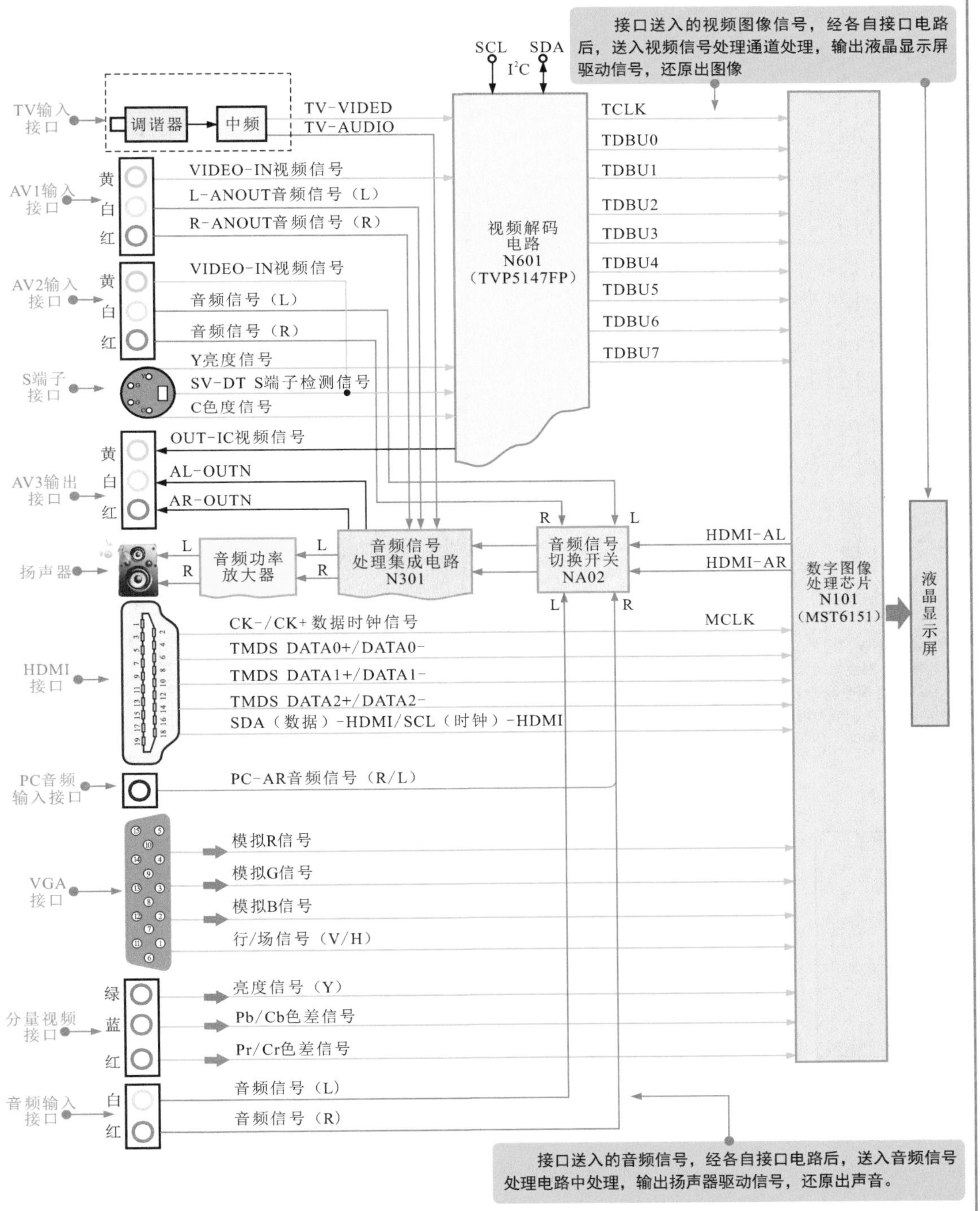

接口送入的视频图像信号，经各自接口电路后，送入视频信号处理通道处理，输出液晶显示屏驱动信号，还原出图像

SCL SDA
I^2C
TV输入接口
调谐器
中频
TV-VIDED
TV-AUDIO
AV1输入接口
黄 白 红
VIDEO-IN视频信号
L-ANOUT音频信号（L）
R-ANOUT音频信号（R）
AV2输入接口
黄 白 红
VIDEO-IN视频信号
音频信号（L）
音频信号（R）
S端子接口
Y亮度信号
SV-DT S端子检测信号
C色度信号
AV3输出接口
黄 白 红
OUT-IC视频信号
AL-OUTN
AR-OUTN
视频解码电路 N601（TVP5147FP）
TCLK
TDBU0
TDBU1
TDBU2
TDBU3
TDBU4
TDBU5
TDBU6
TDBU7
扬声器
L R
音频功率放大器
L R
音频信号处理集成电路 N301
R L
音频信号切换开关 NA02
L R
HDMI-AL
HDMI-AR
MCLK
数字图像处理芯片 N101（MST6151）
液晶显示屏
HDMI接口
CK-/CK+数据时钟信号
TMDS DATA0+/DATA0-
TMDS DATA1+/DATA1-
TMDS DATA2+/DATA2-
SDA（数据）-HDMI/SCL（时钟）-HDMI
PC音频输入接口
PC-AR音频信号（R/L）
VGA接口
模拟R信号
模拟G信号
模拟B信号
行/场信号（V/H）
分量视频接口
绿 蓝 红
亮度信号（Y）
Pb/Cb色差信号
Pr/Cr色差信号
音频输入接口
白 红
音频信号（L）
音频信号（R）

接口送入的音频信号，经各自接口电路后，送入音频信号处理电路中处理，输出扬声器驱动信号，还原出声音。

❷ 典型液晶电视机接口电路的电路分析

如图8-12所示为典型液晶电视机中的AV输入接口电路原理图。AV接口电路主要用以接收影碟机等视频播放设备送来的AV视频和AV音频信号。

图8-12 AV输入接口电路原理图

③ 液晶电视机中的音视频信号也可由AV输出接口输出，送入外部设备（如监视器、扬声器）。由液晶电视机内部音视频电路部分输出的音视频信号经接口插件X6、X2后，送入AV输出接口电路，经接口电路放大、耦合、滤波后输出

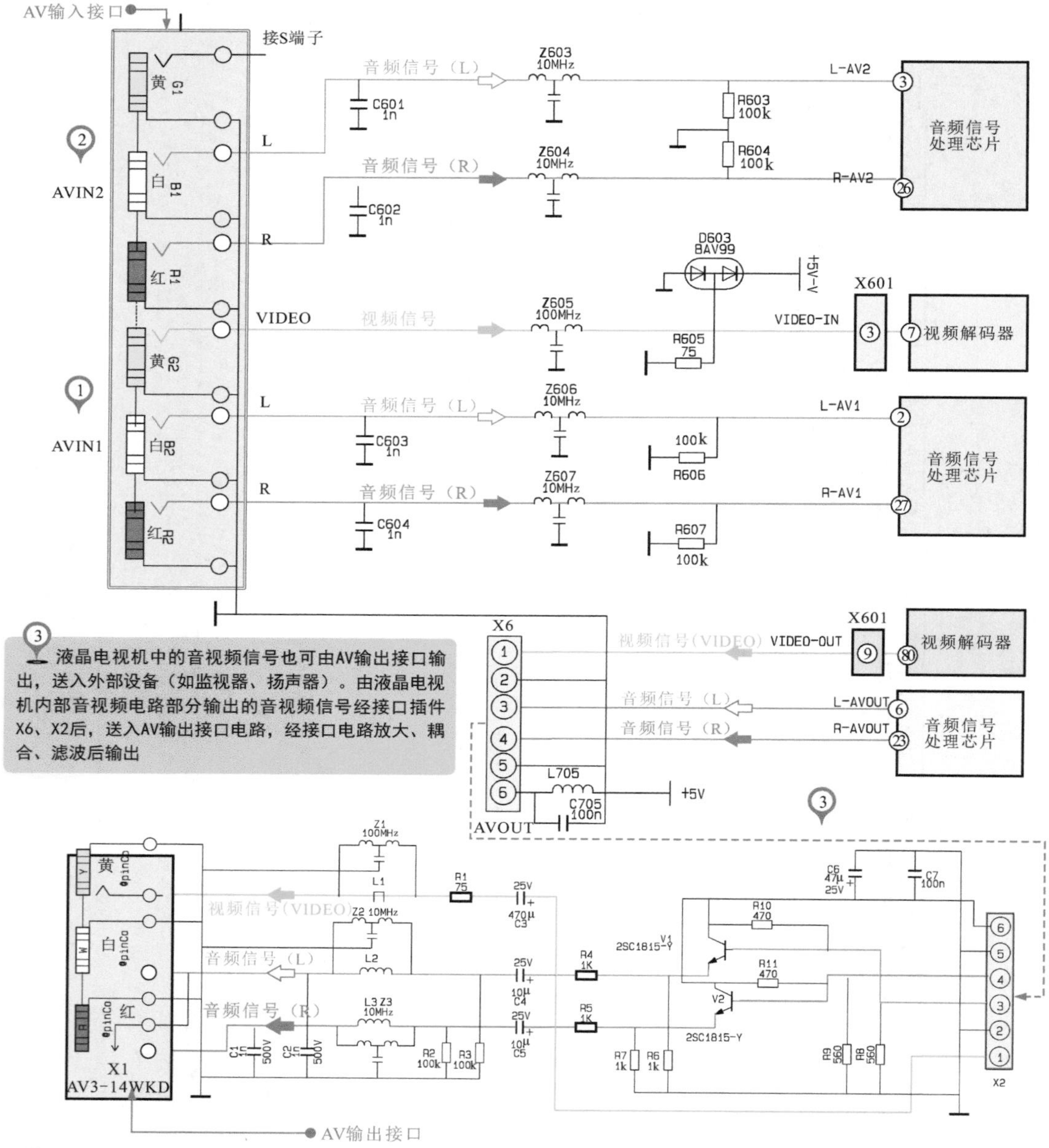

① 当AVIN1接口连接外部设备时，AVIN1接口电路送入音视频信号，其中音频信号（L、R左右声道）分别经LC滤波器Z606、Z607后送入音频信号处理芯片中；视频信号（VIOED）经LC滤波器Z605、接口插件X601后送入视频解码器中

② 当AVIN2接口连接外部设备时，AVIN2接口电路送入音视频信号，音频信号（L、R左右声道）分别经LC滤波器Z603、Z604后送入音频信号处理芯片中；视频信号（VIOED）送往S端子接口

如图8-13所示为典型液晶电视机的S端子接口电路原理图。S端子接口电路主要用于向液晶电视机中直接输入亮度信号（Y）和色度信号（C）。

图8-13 S端子接口电路原理图

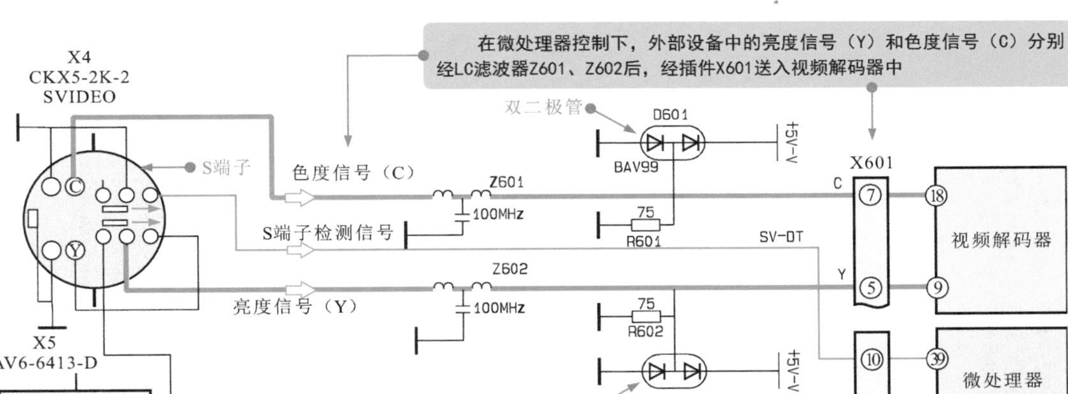

图8-14 分量视频信号接口电路原理图

图8-14所示为分量视频信号接口电路原理图，该电路主要是由分量视频接口和接口外接元件构成的。

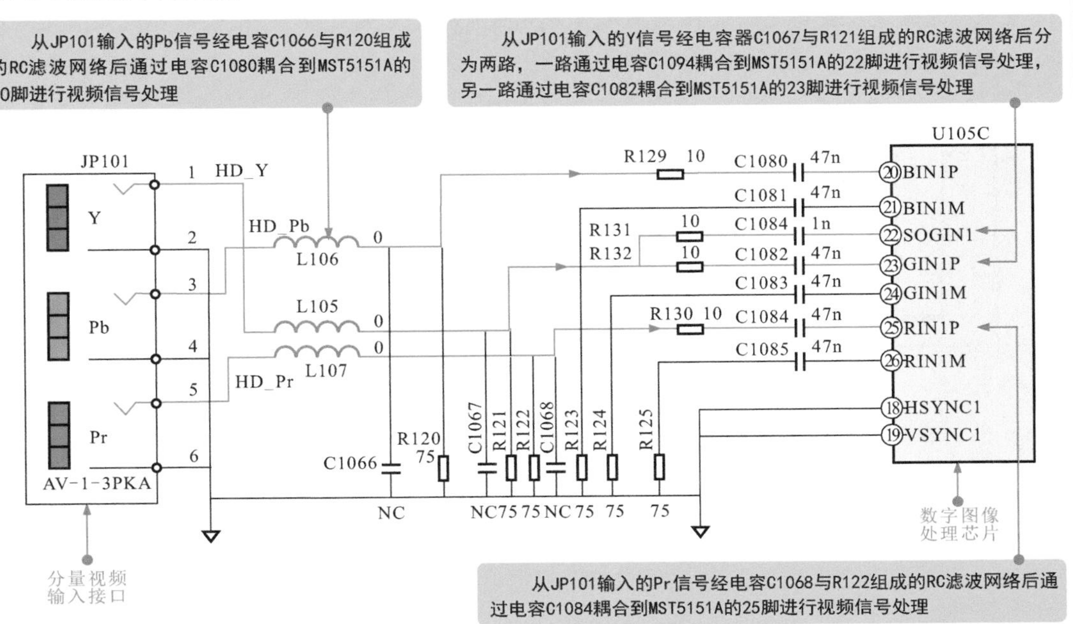

图8-15 VGA接口及PC音频信号输入接口电路原理图

如图8-15所示为VGA接口及PC音频信号输入接口电路原理图。

当液晶电视机通过VGA接口及PC音频输入接口与计算机主机连接时，由VGA接口及PC音频输入接口XD01、XA01及接口电路部分将RGB视频信号和PC音频信号送入液晶电视机内部

② 行、场同步信号由VGA接口XD01的13、14脚输入，经电阻器RD03、RD04后送往数字图像处理芯片N101（MST6151）的18、19脚中

RGB三基色分别送往数字图像处理芯片N101中

① 来自计算机显卡的模拟RGB视频信号经VGA接口的1、2、3脚后送入液晶电视机电路中，分别经电容器耦合后，送往数字图像处理芯片N101（MST6151）的20、23、25脚

送往微处理器N801（MYTV412）的41脚

④ 当计算机主机VGA 接口与液晶电视相连时，主机通过总线DDDA、DDCK（XD01接口的12、15脚）直接与ND01的5、6脚接通，从该存储器中读取液晶电视机显示器件的配置信息

存储器ND01（M24C04）存储的是液晶电视机显示器件硬件配置信息

③ 由PC音频信号输入接口送入的左右声道音频信号，经电感器、电容器后送入后级音频切换开关NA02（HEF4052BT）中（2、15脚）

音频信号送往脉冲干扰吸收电路NA03的4脚、6脚

XD01 HD-F5S-2
VGA接口
VGA接口 5V供电端
模拟R信号
模拟G信号
模拟B信号
行同步信号（HS）
场同步信号（VS）
I²C总线控制信号
I²C总线串行数据信号
I²C总线串行时钟信号
存储器ND01 5V供电端
音频输入接口
VGA接口的供电端
VGA接口检测信号
MST6151 N101
ND01 M24C04 存储器
ND02 CM1218-04SC
ND03 CM1218-04SC
XA01 JY-3541L-01-030

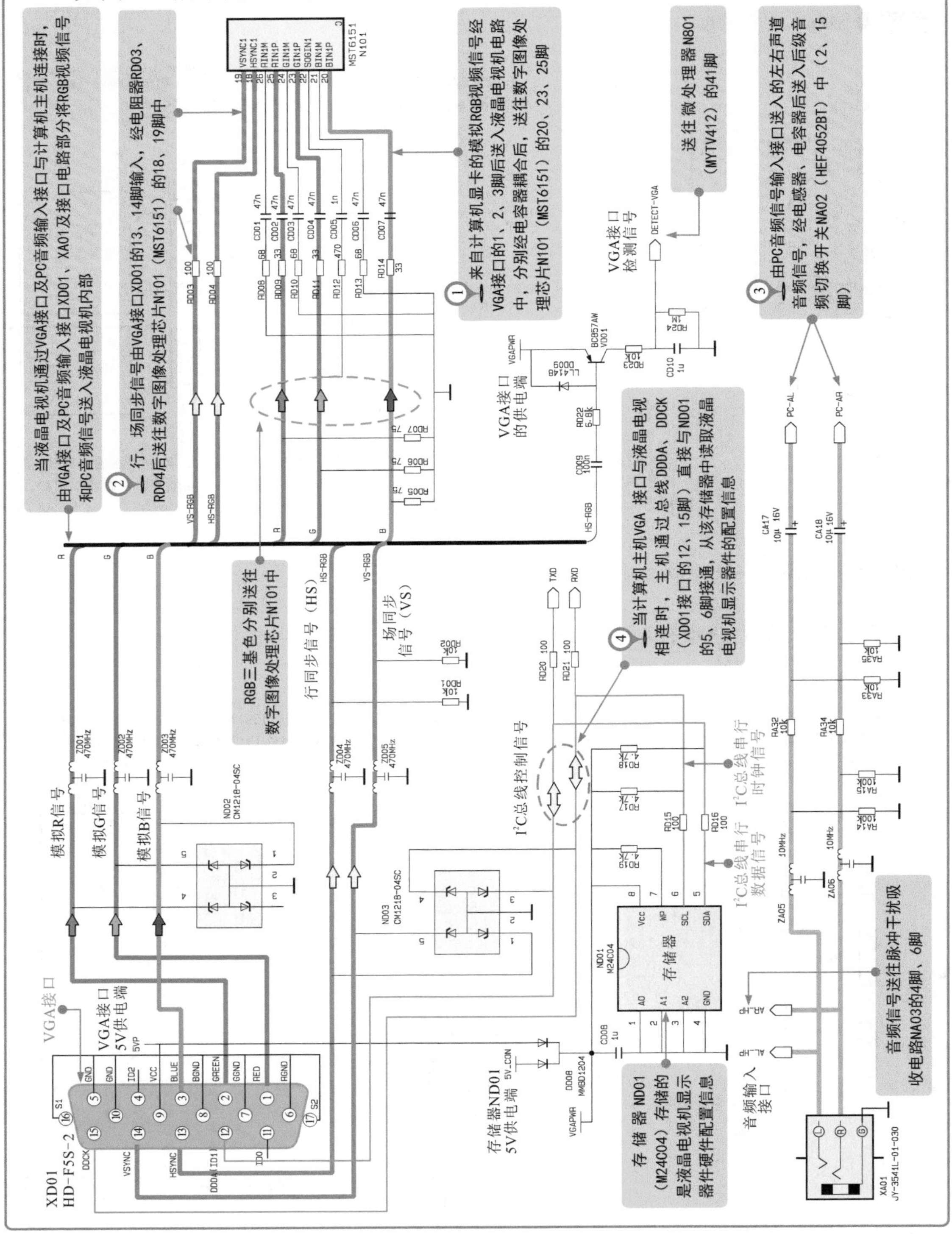

图8-16 典型液晶电视机中的HDMI接口电路原理图

如图8-16所示为典型液晶电视机的HDMI接口电路原理图。该接口主要是将外部高清设备送来音视频信号送入电视机中。

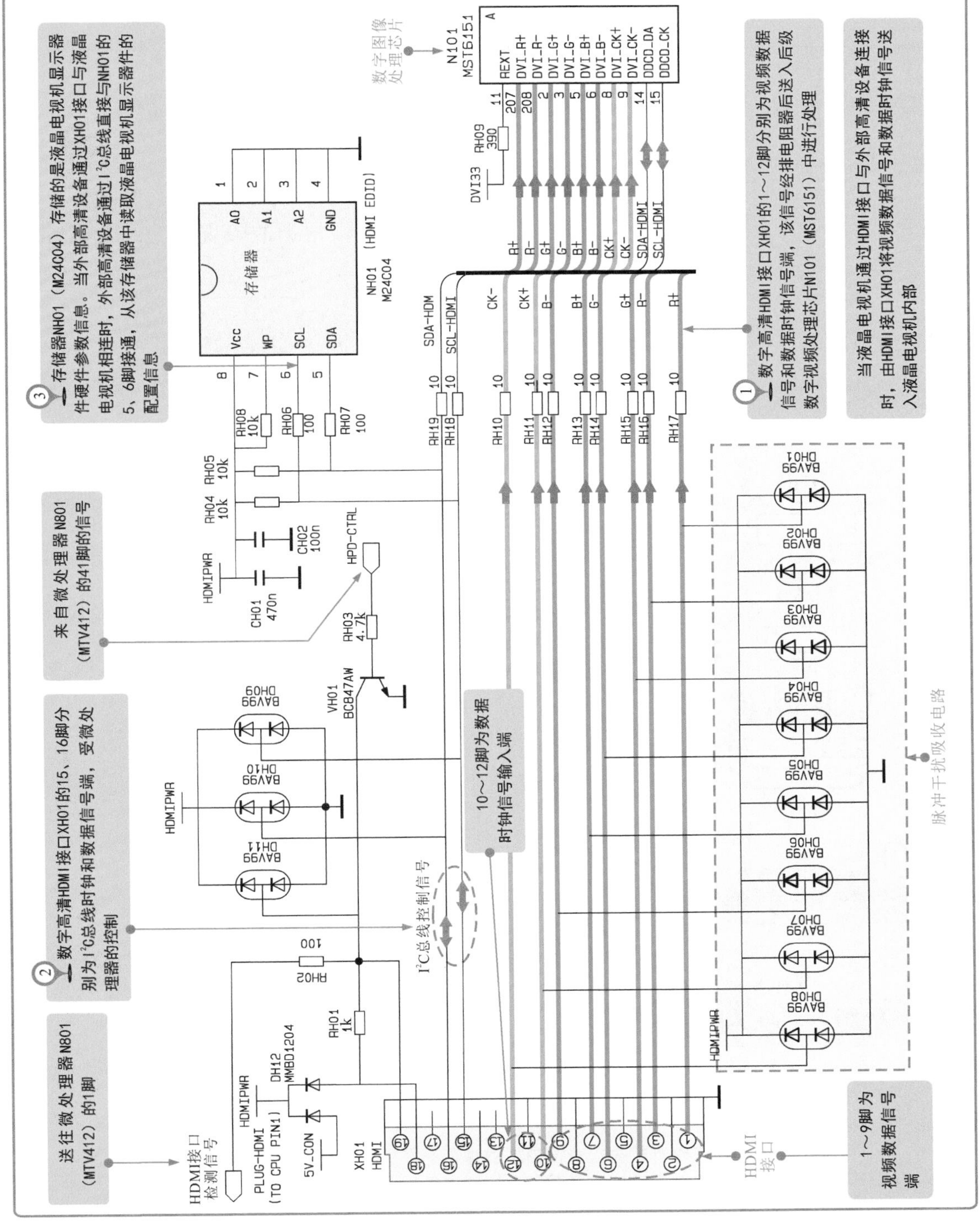

③ 存储器NH01（M24C04）存储的是液晶电视机显示器件硬件参数信息。当外部高清设备通过XH01接口与液晶电视机相连时，外部高清设备通过I²C总线直接与NH01的5、6脚接通，从该存储器中读取液晶电视机显示器件的配置信息

来自微处理器N801（MTV412）的41脚的信号

② 数字高清HDMI接口XH01的15、16脚分别为I²C总线时钟和数据信号端，受微处理器的控制

送往微处理器N801（MTV412）的1脚

HDMI接口检测信号

I²C总线控制信号

10～12脚为数据时钟信号输入端

数字图像处理芯片

① 数字高清HDMI接口XH01的1～12脚分别为视频数据信号和数据时钟信号端，该信号经排电阻器后送入后级数字视频处理芯片N101（MST6151）中进行处理

当液晶电视机通过HDMI接口与外部高清设备连接时，由HDMI接口XH01将视频数据信号和数据时钟信号送入液晶电视机内部

脉冲干扰吸收电路

HDMI接口

1～9脚为视频数据信号端

8.2 液晶电视机接口电路的故障检修

接口电路是液晶电视机中的重要功能电路。液晶电视机与外部设备或电视信号源直接的信号通信主要依靠接口电路实现。若接口电路出现故障，将直接导致信号传输功能失常。

8.2.1 液晶电视机接口电路的检修分析

如图8-17所示，接口电路的故障特征比较明显。通常哪部分接口电路损坏，相应的外设便会出现无法连接或信号异常的现象。因此，根据故障现象，结合具体的电路结构即可沿信号流程对电路进行检修。

图8-17 液晶电视机接口电路的基本检修流程

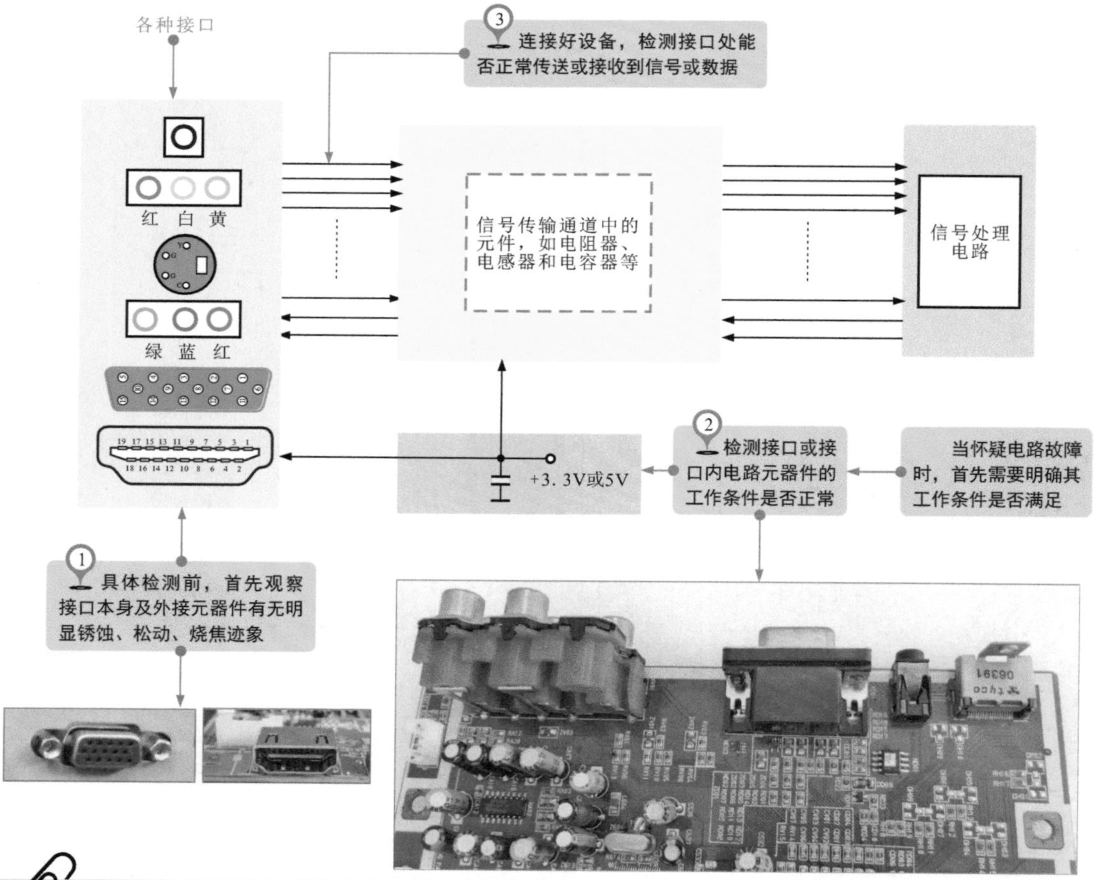

对接口电路进行故障检修时，首先检查接口本身是否存在插接不良或接口损坏的故障，然后再对接口电路的工作条件进行核查，最后可与信号源配合检测信号的传送和接收功能。

图8-18 液晶电视机接口电路的检测要点

如图8-18所示，检测接口电路可使用信号源通过相应接口与液晶电视机进行信号传输，然后使用示波器对传输信号进行检测即可发现故障。

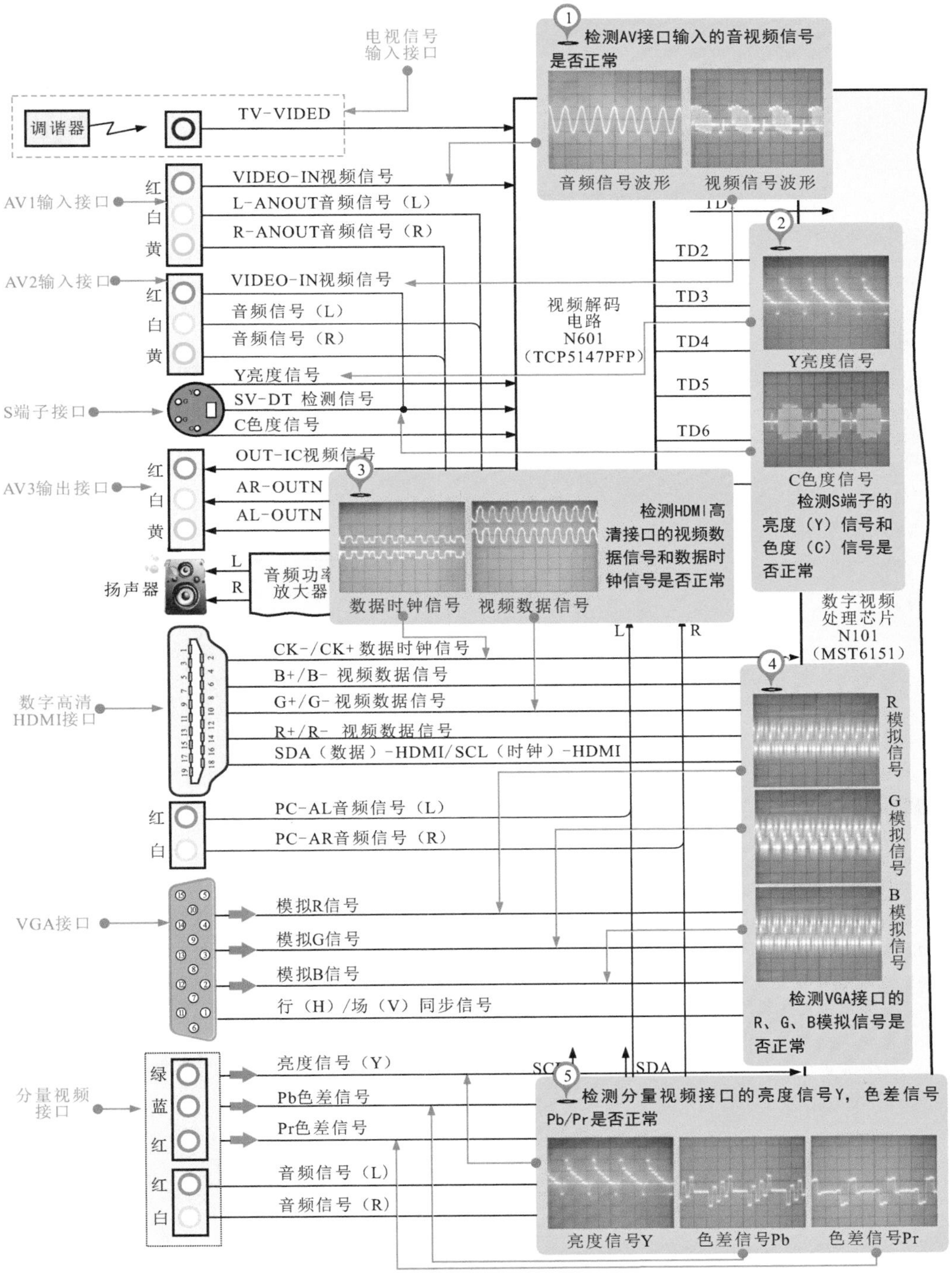

8.2.2 液晶电视机接口电路的检修方法

怀疑接口电路存在异常，可先观察接口电路中的主要元器件是否有损坏迹象。若从表面无法判别，可借助检测仪表逐级检测接口电路的工作条件和传输信号。

❶ 接口自身的外观检查

如图8-19所示，接口常常会出现引脚锈蚀、松脱、断裂等情况。因此，在进行接口电路检修之前首先要观察接口自身是否存在故障。

图8-19 接口自身的外观检查

❷ 接口供电电压的检测

图8-20 接口供电电压的检测

如图8-20所示，若接口外观无异常，应对接口部分的直流供电条件进行检测。

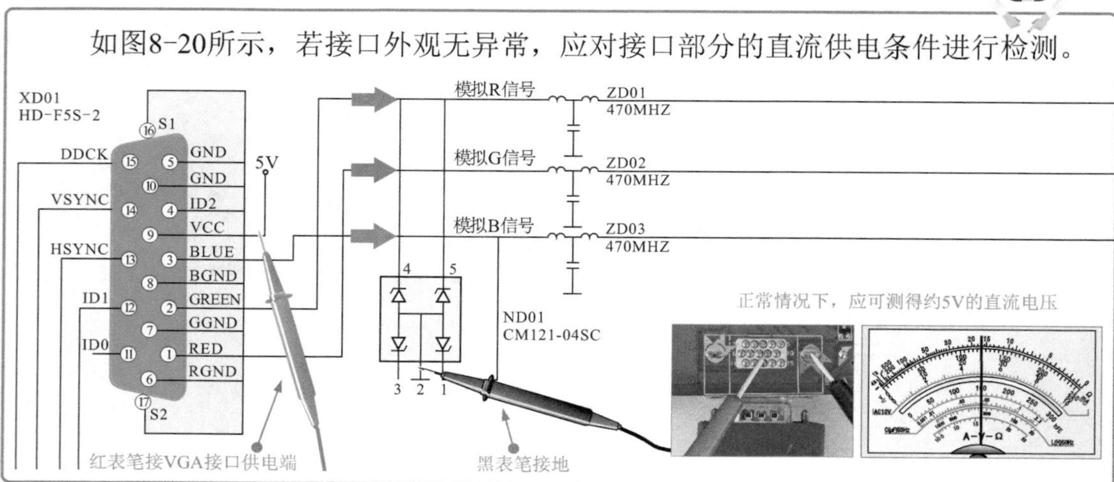

❸ S端子接口电路的检测方法

使用带S端子接口的视频播放设备（录像机）作为信号源，通过S端子接口为液晶电视机输入亮度和色度信号。

然后，使用示波器分别对S端子接口输入的亮度信号和色度信号进行检测。若S端子接口无信号波形输出，则说明分量视频信号接口可能损坏。

如图8-21所示为检测S端子接口电路亮度（Y）输入信号的检测方法。

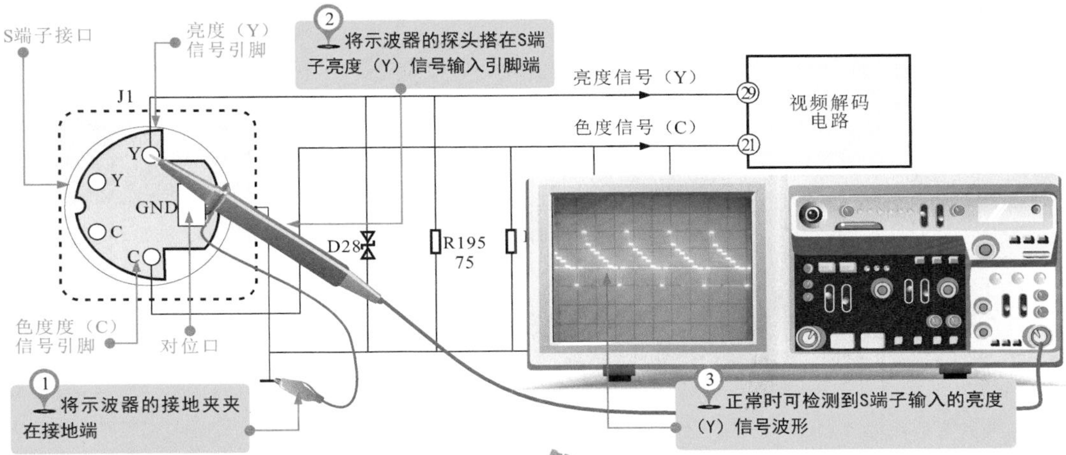

图8-21 S端子接口电路亮度（Y）信号的检测方法

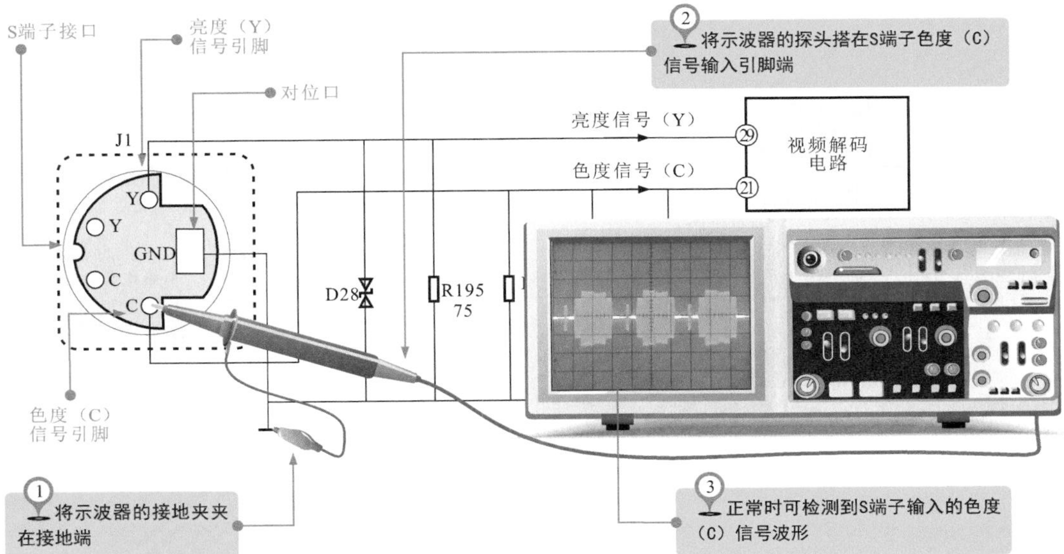

图8-22 S端子接口电路色度（C）信号的检测方法

如图8-22所示为检测S端子接口电路色度（C）输入信号的检测方法。

❹ 分量视频接口电路的检测方法

如图8-23示，使用带分量视频接口的视频播放设备（影碟机）作为信号源，通过分量视频接口为液晶电视机输入分量视频信号。然后，使用示波器对分量视频信号接口输入的的亮度Y（绿色）信号和色差Pb（蓝色）、Pr（红色）信号进行检测。若分量视频信号接口无信号波形输出，则说明分量视频信号接口可能损坏。

图8-23 分量视频接口电路的检测方法

① 将外部设备的分量视频接口与液晶电视机的分量视频接口通过分量视频数据线进行连接，并由外部设备向液晶电视机送入电视节目信号

示波器接地夹接地

② 将示波器的接地夹接地（夹在调谐器外壳上），探头搭在分量视频接口Y信号输入端

XV01
HJR-613/PB-3
绿 G1 蓝 B1 红 R1 白 W2 红 R2
Y Pb Pr
ZV01 470MHz
ZV02 470MHz
ZV03 470MHz
BAV99 DV01
BAV99 DV02
BAV99 DV03
GND-D

③ 正常时可检测到分量视频接口送入的Y信号波形

④ 使用同样的方法检测分量视频信号接口色差（Pb）信号输入端

⑤ 正常时可检测到分量视频信号接口输出的色差（Pb）信号波形

⑥ 使用同样的方法检测分量视频信号接口色差（Pr）信号输入端

⑦ 正常时可检测到分量视频信号接口输出的色差（Pr）信号波形

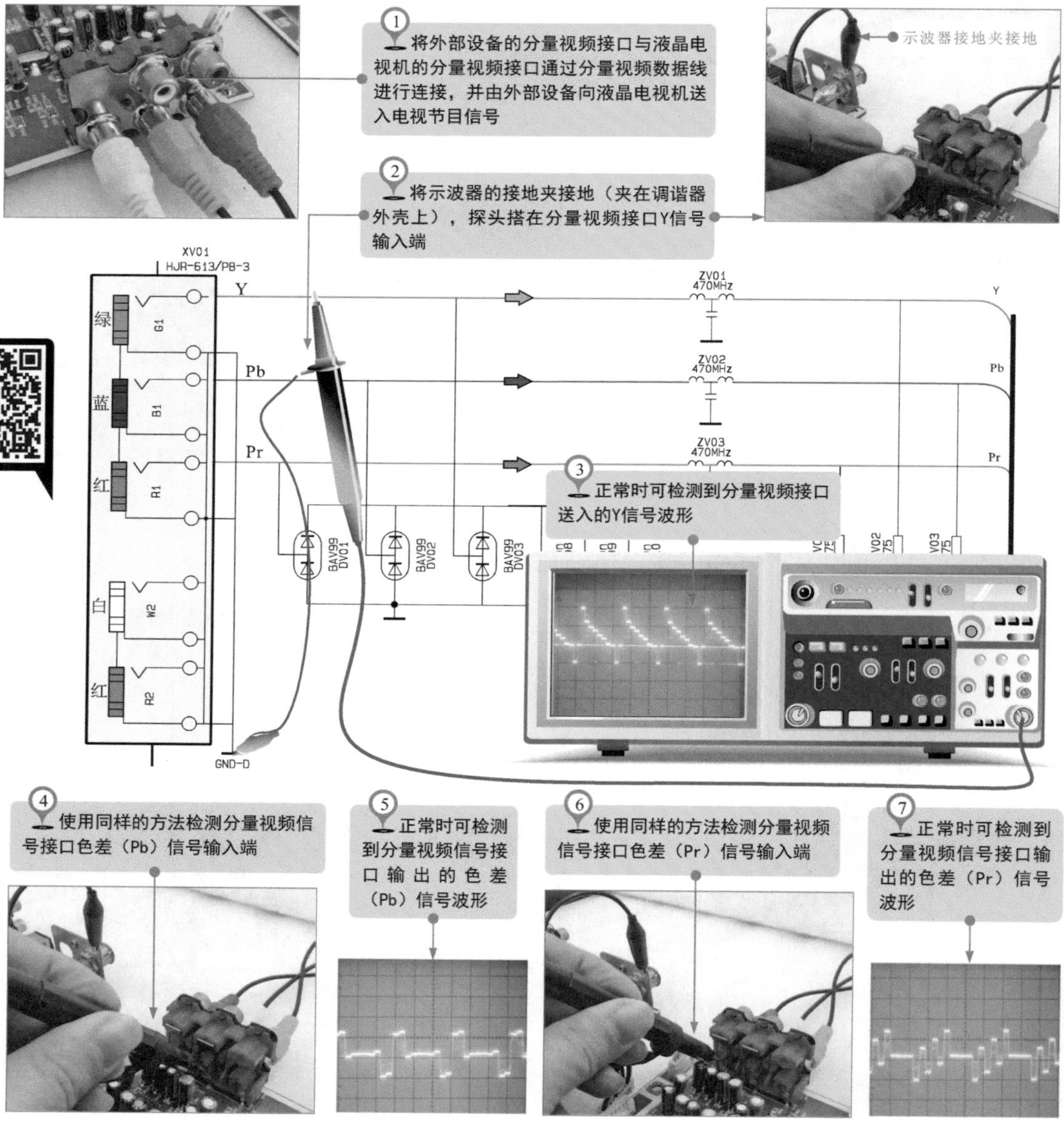

❺ VGA接口电路的检测方法

如图8-24所示，先将液晶电视机与计算机主机通过VGA接口进行连接。然后使用示波器对VGA接口输入的R、G、B信号机行、场同步信号进行检测。若VGA接口无信号输出，则说明VGA接口可能损坏。

图8-24 VGA接口电路的检测方法

① 将计算机主机的VGA接口与液晶电视机的VGA接口通过VGA数据线进行连接，并由计算机主机向液晶电视机送入信号

② 将示波器的接地夹接地（夹在调谐器外壳上），探头搭在S端子接口色度信号输入端

③ 正常时可检测到VGA接口送入的B信号波形

④ 采用同样的方法，正常情况下可在VGA接口处测得G信号、R信号以及行、场同步信号（HS、VS）

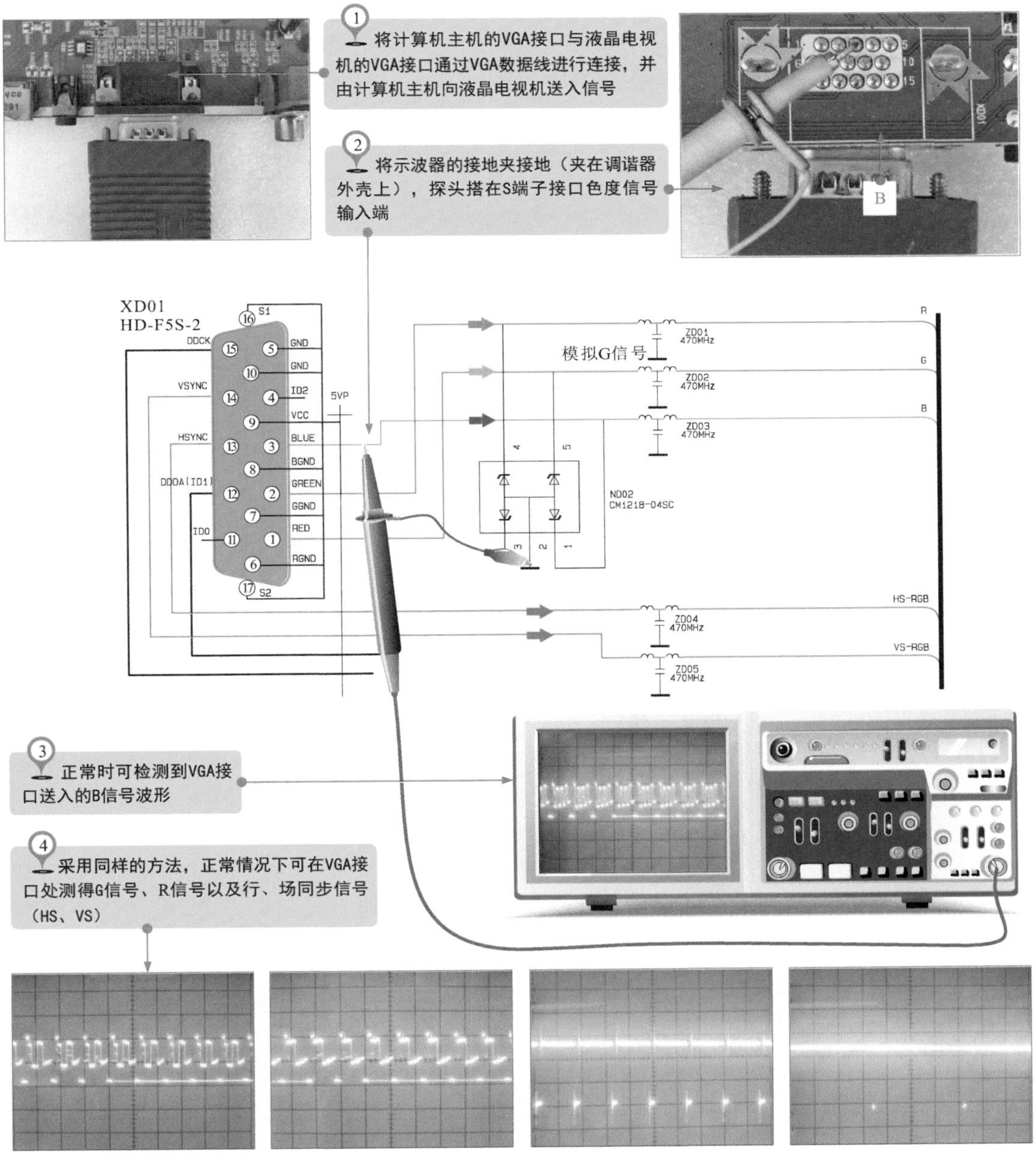

VGA接口1脚R信号波形　VGA接口2脚G信号波形　VGA接口13脚HS信号波形　VGA接口14脚VS信号波形

⑥ PC音频输入接口电路的检测方法

如果使用PC音频输入接口输入信号时，若液晶电视机出现声音异常、无音，则可能是PC音频输入接口存在故障。

如图8-25所示，使用PC音频输入接口为液晶电视机输入音频信号，然后对PC音频输入接口的左、右声道音频信号进行检测。若无信号输出，说明PC接口故障。

图8-25 PC输入接口电路的检测方法

① 将计算机主机的音频输出接口与液晶电视机的PC音频输入接口数据线进行连接，并由计算机主机向液晶电视机送入音频信号

L端

② 将示波器的接地夹接地（夹在调谐器外壳上），探头搭在PC音频输入接口的引脚上

AL-HP
AR-HP
ZA05
10MHz
RA32
10k
CA17
10μ 16V
PC-AL
ZA06
10MHz
RA34
10k
CA18
10μ 16V
PC-AR
RA14 100k
RA15 100k
RA33 10k
RA35 10k
XA01
JY-3541L-01-030

③ 正常时可检测到PC音频输入接口处的音频信号波形

④ 使用同样的方法检测PC音频另一个引脚处的信号

R端

⑤ 正常时可检测到PC音频输入接口处的音频信号波形

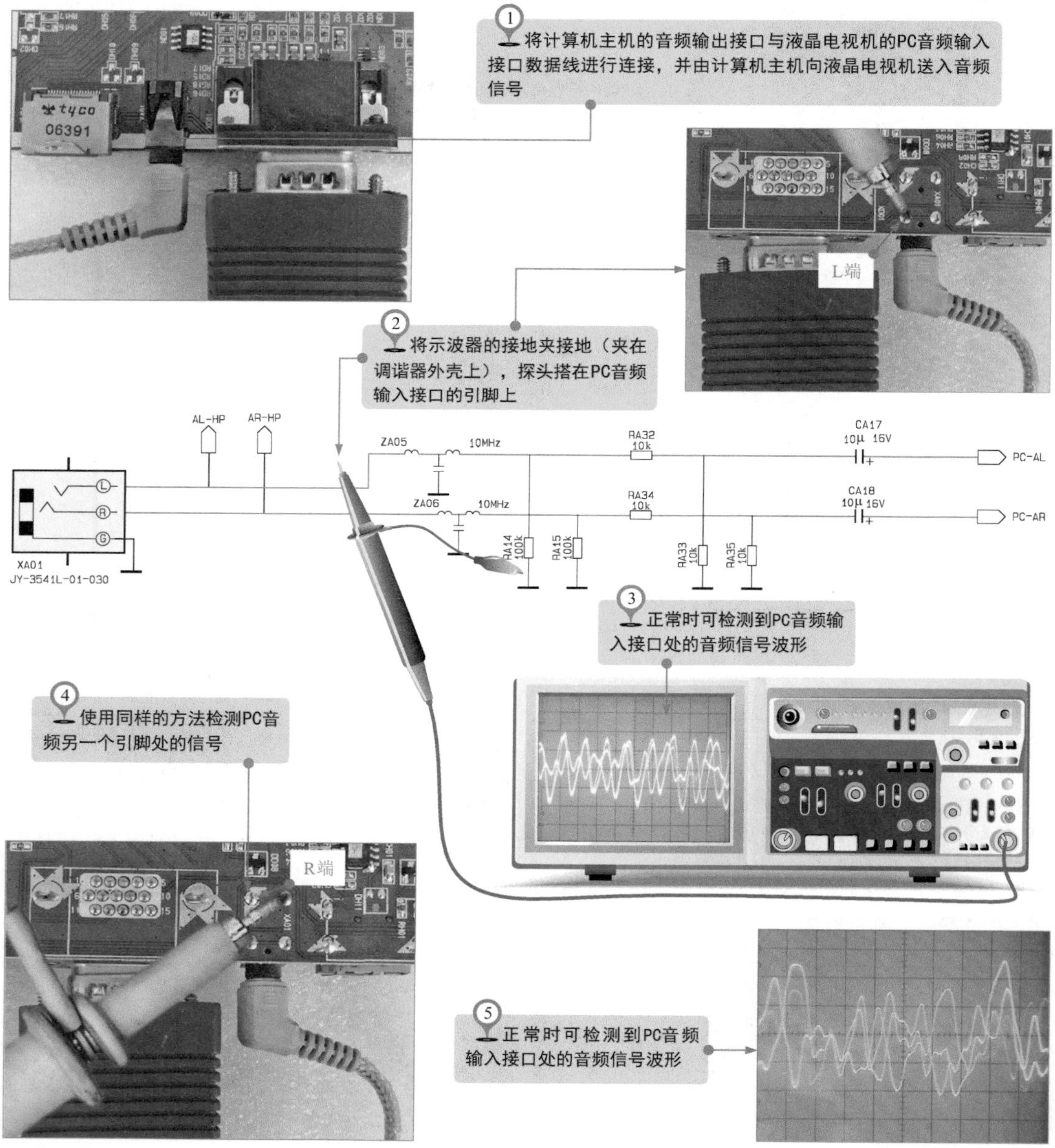

❼ HDMI接口电路的检测方法

如果使用HDMI接口输入信号时，液晶电视机屏幕无显示或出现花屏的情况，则可能是HDMI接口存在故障。

如图8-26所示，通过HDMI接口为液晶电视机输入数字高清信号。然后使用示波器对HDMI接口输入的视频数据信号、数据时钟信号等信号波形进行检测。

图8-26 HDMI接口电路的检测方法

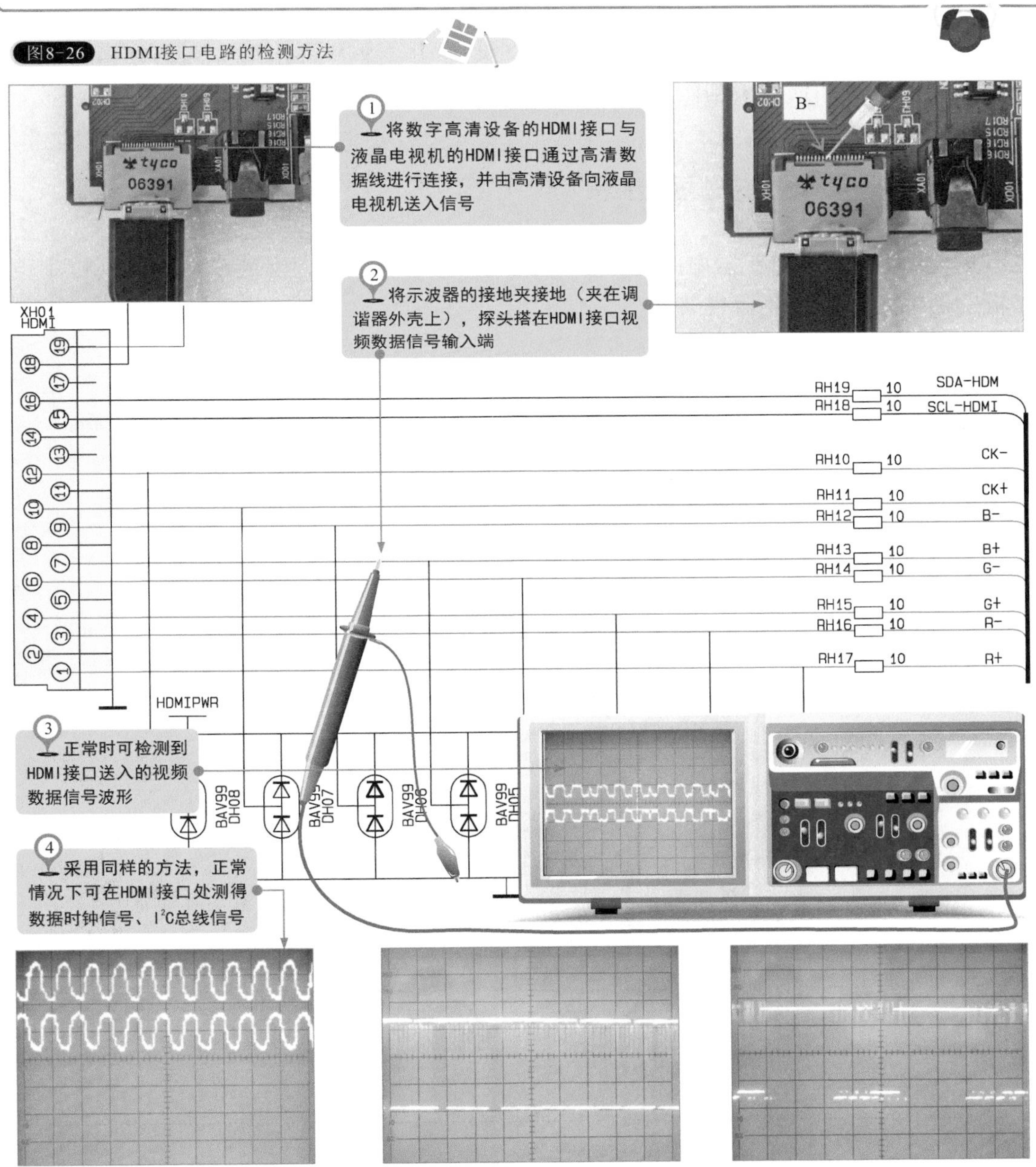

HDMI接口10、12脚数据时钟信号波形

HDMI接口16脚I²C总线数据信号波形

HDMI接口15脚I²C总线时钟信号波形

第9章 液晶电视机逆变器电路的故障检修

9.1 液晶电视机逆变器电路的结构原理

液晶电视机中的液晶屏面板本身不能发光，通常采用一种冷阴极荧光灯管作为其光源。这种灯管正常工作，通常需要几百至几千伏的脉冲电压，而这种电压通常是由液晶电视机的逆变器电路提供的。

9.1.1 液晶电视机逆变器电路的结构

如图9-1所示，逆变器电路通常设计在独立的电路板上，安装在液晶电视机主电路板的两侧，并用金属罩封装。

图9-1 液晶电视机逆变器电路板的安装位置

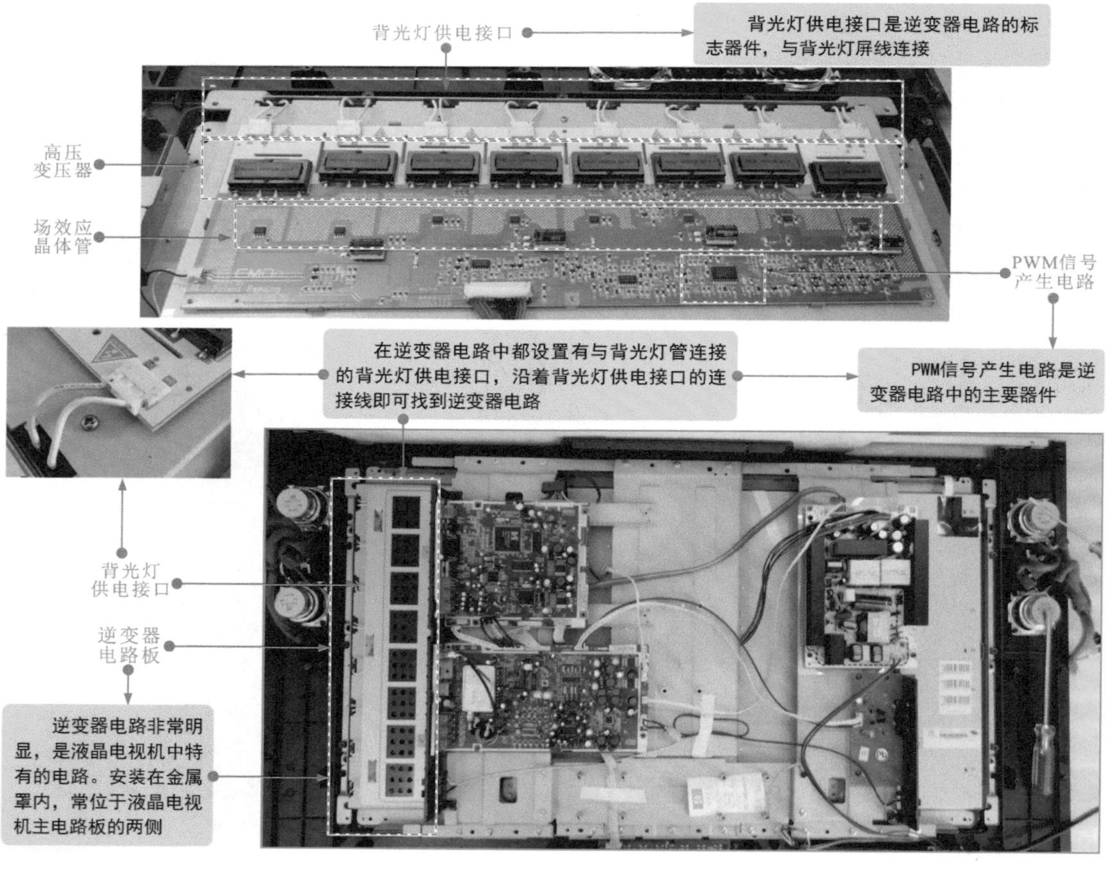

背光灯供电接口

背光灯供电接口是逆变器电路的标志器件，与背光灯屏线连接

高压变压器

场效应晶体管

PWM信号产生电路

在逆变器电路中都设置有与背光灯管连接的背光灯供电接口，沿着背光灯供电接口的连接线即可找到逆变器电路

PWM信号产生电路是逆变器电路中的主要器件

背光灯供电接口

逆变器电路板

逆变器电路非常明显，是液晶电视机中特有的电路。安装在金属罩内，常位于液晶电视机主电路板的两侧

图9-2 液晶电视机逆变器电路的结构

如图9-2所示，液晶电视机的逆变器电路主要是由PWM信号产生电路、场效应晶体管、升压变压器及背光灯供电接口等构成。

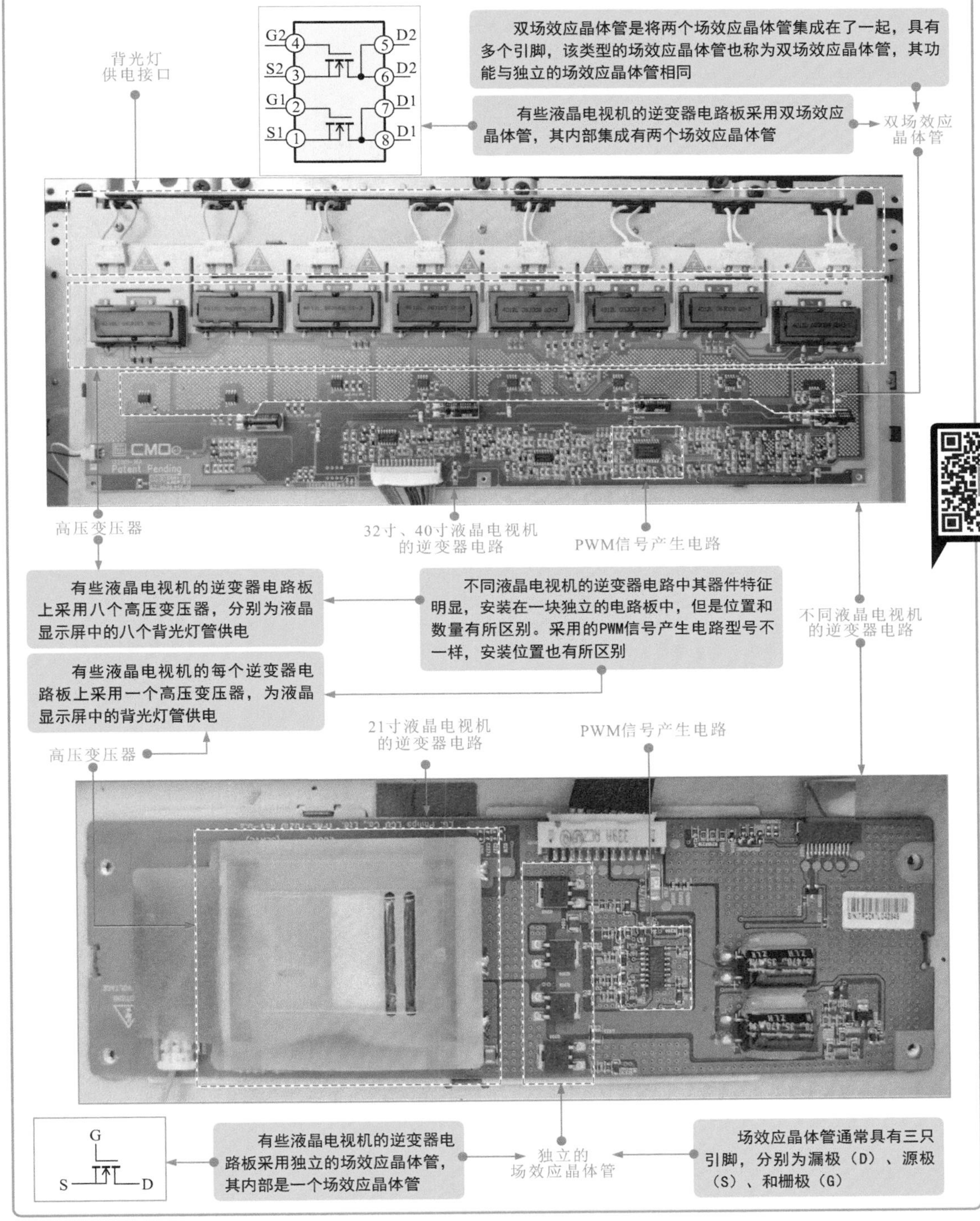

G2 ④ ⑤ D2
S2 ③ ⑥ D2
G1 ② ⑦ D1
S1 ① ⑧ D1

双场效应晶体管是将两个场效应晶体管集成在了一起，具有多个引脚，该类型的场效应晶体管也称为双场效应晶体管，其功能与独立的场效应晶体管相同

有些液晶电视机的逆变器电路板采用双场效应晶体管，其内部集成有两个场效应晶体管

双场效应晶体管

背光灯供电接口

高压变压器

32寸、40寸液晶电视机的逆变器电路

PWM信号产生电路

有些液晶电视机的逆变器电路板上采用八个高压变压器，分别为液晶显示屏中的八个背光灯管供电

不同液晶电视机的逆变器电路中其器件特征明显，安装在一块独立的电路板中，但是位置和数量有所区别。采用的PWM信号产生电路型号不一样，安装位置也有所区别

不同液晶电视机的逆变器电路

有些液晶电视机的每个逆变器电路板上采用一个高压变压器，为液晶显示屏中的背光灯管供电

高压变压器

21寸液晶电视机的逆变器电路

PWM信号产生电路

G
S — D

有些液晶电视机的逆变器电路板采用独立的场效应晶体管，其内部是一个场效应晶体管

独立的场效应晶体管

场效应晶体管通常具有三只引脚，分别为漏极（D）、源极（S）、和栅极（G）

❶ PWM信号产生电路

图9-3 脉宽信号产生集成电路的实物外形

如图9-3所示为液晶电视机PWM信号产生电路的实物外形。

PWM信号产生电路的主要作用是产生脉宽驱动信号。该信号经场效应管进行放大后，去驱动升压变压器产生背光灯所需的交流高压。

❷ 场效应晶体管

图9-4 逆变器中场效应晶体管的实物外形

如图9-4所示为逆变器中场效应晶体管的实物外形。

场效应晶体管的主要作用是将PWM信号产生电路产生的脉宽驱动信号放大，然后输出放大后的信号，驱动升压变压器工作。

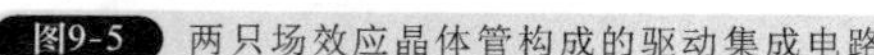
图9-5 两只场效应晶体管构成的驱动集成电路

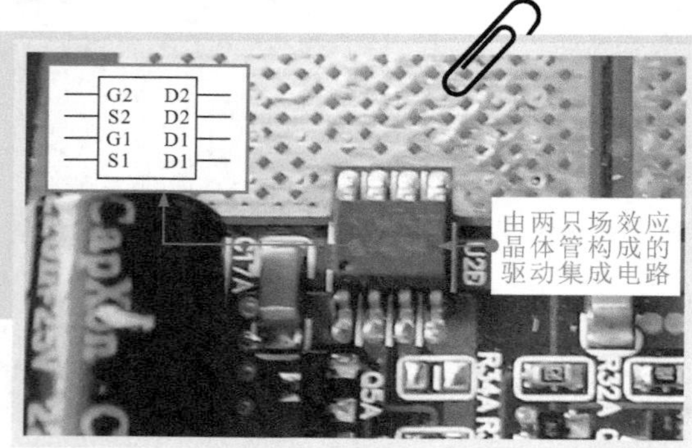

如图9-5所示，某些逆变器电路中，采用了8只引脚的驱动集成电路对脉宽驱动信号进行放大处理。

该驱动集成电路实际上是将两个场效应晶体管集成在一起构成的，其功能与单独使用场效应晶体管的电路相同。

③ 升压变压器

如图9-6所示为逆变器电路中升压变压器的实物外形。升压变压器在PWM信号的驱动下对振荡信号电压进行提升，从而达到背光灯所需要的电压。

图9-6 升压变压器的实物外形

高压变压器内部的线圈和铁氧体磁芯

④ 背光灯接口

图9-7 背光灯接口的实物外形

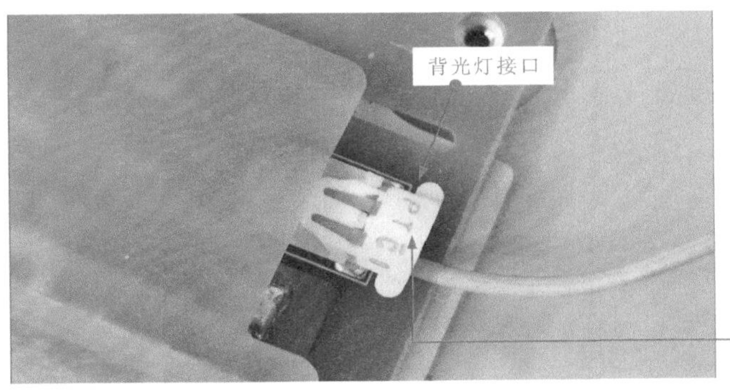

如图9-7所示为背光灯接口的实物外形。逆变器输出的高压信号就是通过背光灯接口输入到背光灯中。

升压变压器输出的高压经背光灯接口送入到背光灯中

图9-8 升压变压器与背光灯接口

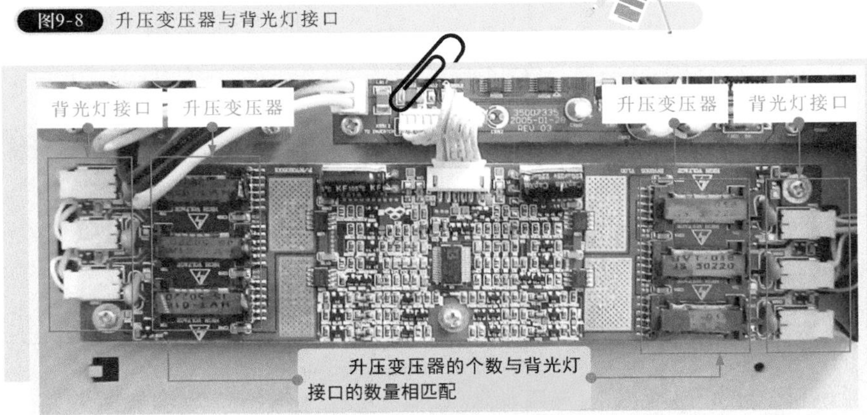

如图9-8所示，逆变器中升压变压器的个数与背光灯的数量是相匹配的。

也就是说，背光灯的数量决定了背光灯接口的数量，也决定了升压变压器的数量。

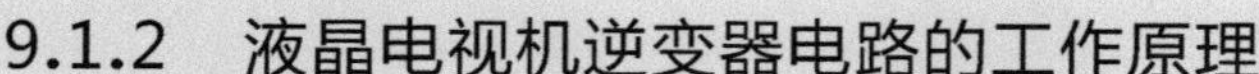

9.1.2 液晶电视机逆变器电路的工作原理

逆变器电路是液晶电视机背光源的供电电路。液晶电视机工作时，逆变器电路为背光灯提供交流高压，为背光灯管供电。

❶ 逆变器电路的基本原理

图9-9 典型逆变器电路的工作原理方框图

如图9-9所示，PWM信号产生电路产生的PWM信号经场效应晶体管放大后再经升压变压器升压为背光灯管供电。

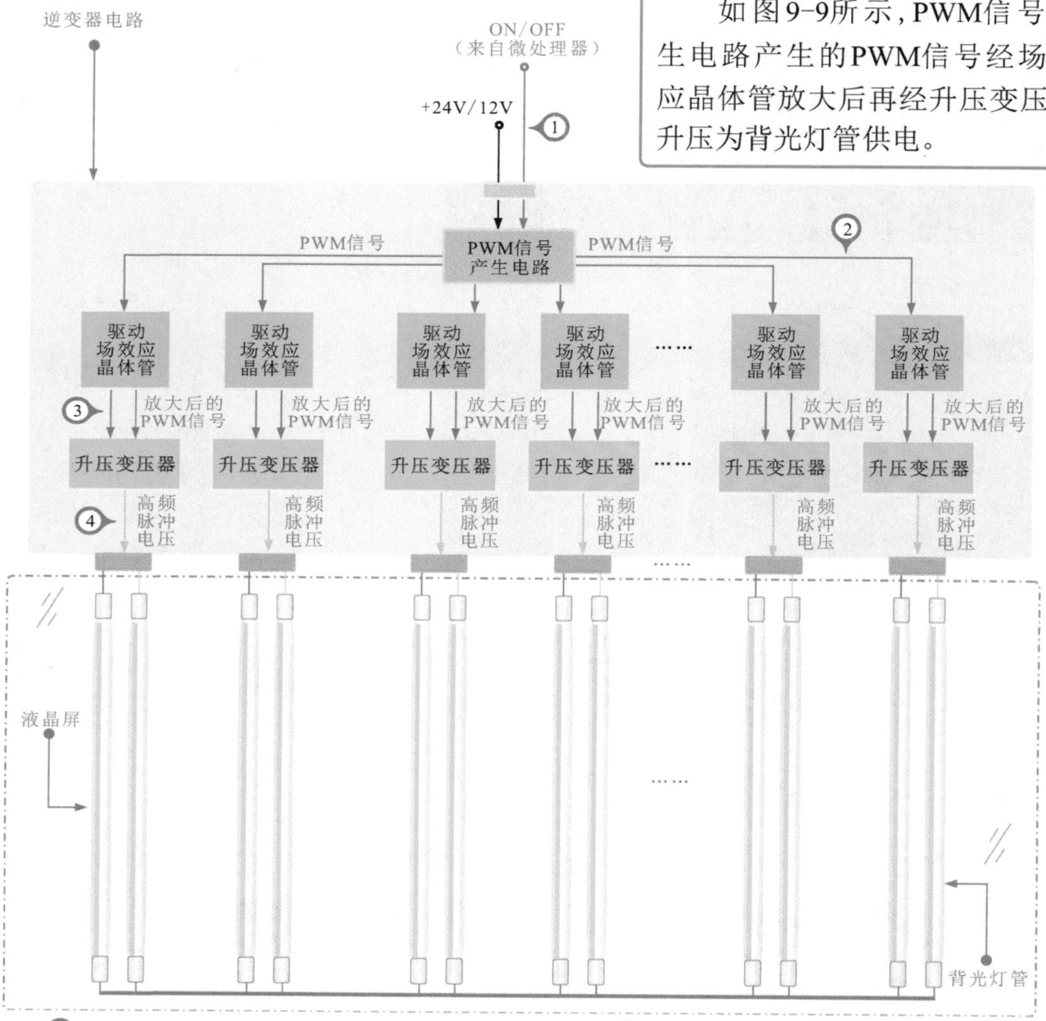

① 液晶电视机开机瞬间，CPU会向逆变器电路输送启动信号，使逆变器控制芯片开始工作

② PWM信号产生电路工作后，开始向场效应晶体管输送PWM驱动信号

③ PWM驱动信号经场效应晶体管放大后，送入高压变压器中，进行升压变换

④ 高压变压器次级输出交流高压（800～1000V），为背光灯管供电

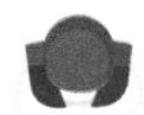

图9-10 典型逆变器电路的工作关系

如图9-10所示为典型逆变器电路的工作关系。

① 由开关电源电路送来的+5V电压经液晶屏屏线接口送入逆变器电路中
② 在液晶电视机开机瞬间，由微处理器送来的开关控制信号经液晶屏屏线接口送入逆变器电路中
④ PWM驱动信号送入场效应晶体管，由场效应晶体管进行放大后送入高压变压器
⑤ 高压变压器对输入的PWM驱动信号进行提升，产生几十千赫兹的脉冲电压
③ 逆变器电路工作后，PWM信号产生电路工作，产生PWM驱动信号
开关电源电路送来的+5V电压
微处理器送来的开关控制信号
驱动场效应晶体管
高压变压器
PWM信号产生电路
D
G
S
高压变压器
背光灯供电接口
液晶屏屏线接口
逆变器电路板
背光灯管
⑦ 背光灯管正常发光
⑥ 由高压变压器输出的几十千赫兹的脉冲电压经背光灯供电接口为背光灯管供电

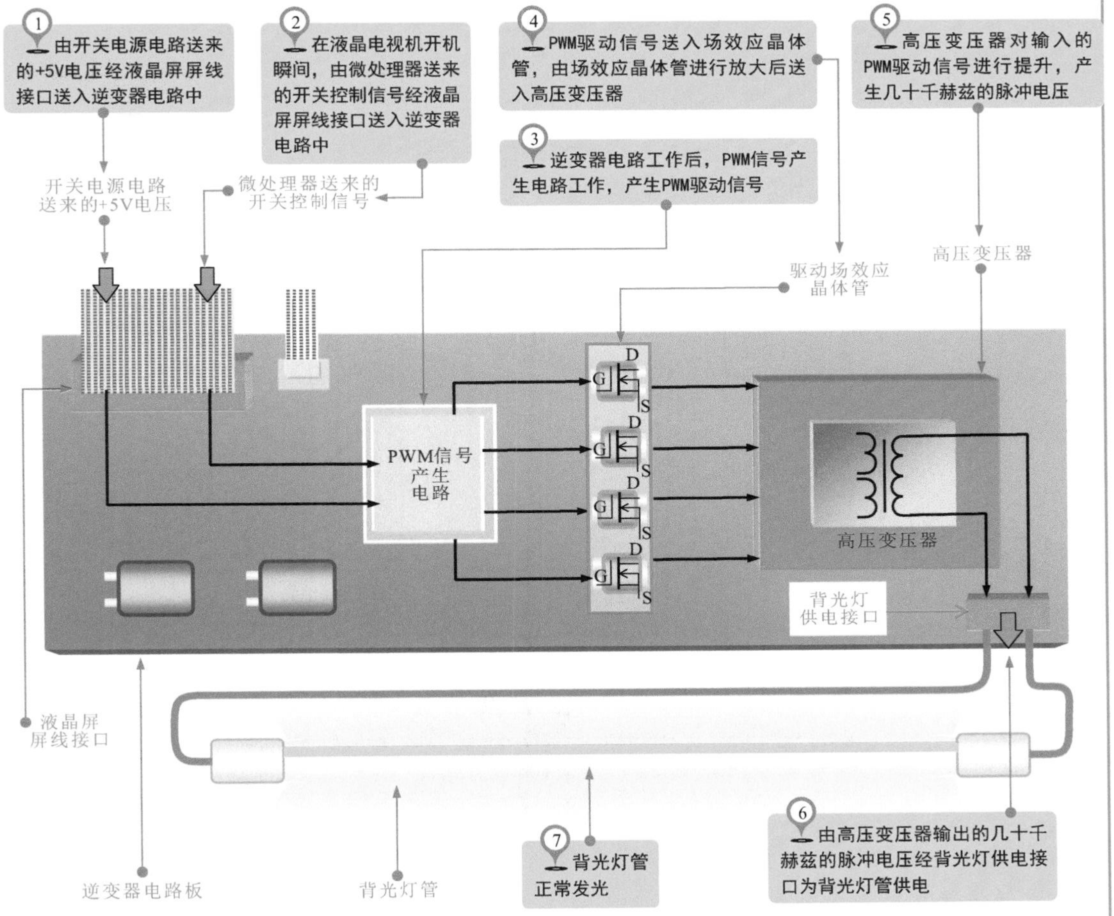

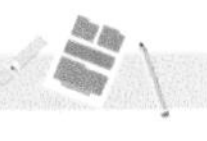

图9-11 液晶电视机背光灯管的工作原理

背光灯管
电极
紫外线
可见光
电极
Hg
交流高压
玻璃壳体
汞原子
电子
荧光粉

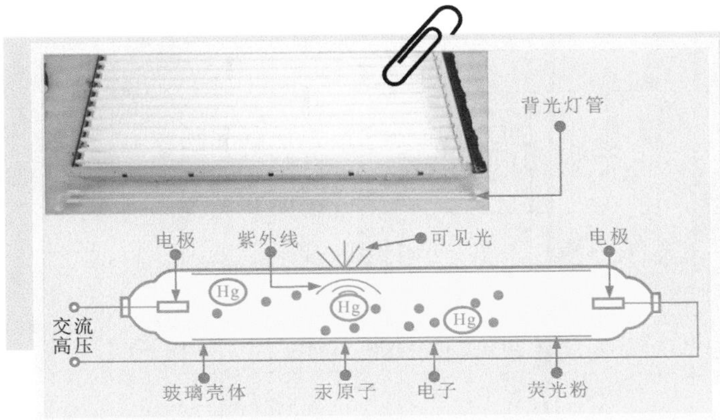

如图9-11所示，背光灯管是一种冷阴极荧光灯，内壁涂有高光效三基色荧光粉，两端各有一个电极，灯管内充有水银和惰性气体。当灯管两端加800～1000V高压后，管内水银受电子撞击后，产生波长为253.7nm的紫外光，紫外光激发涂在管内壁上的荧光粉产生可见光。

❷ 创维19S19IZW型液晶电视机逆变器电路的电路分析

如图9-12所示为创维19S19IW型液晶电视机逆变器电路的工作原理。

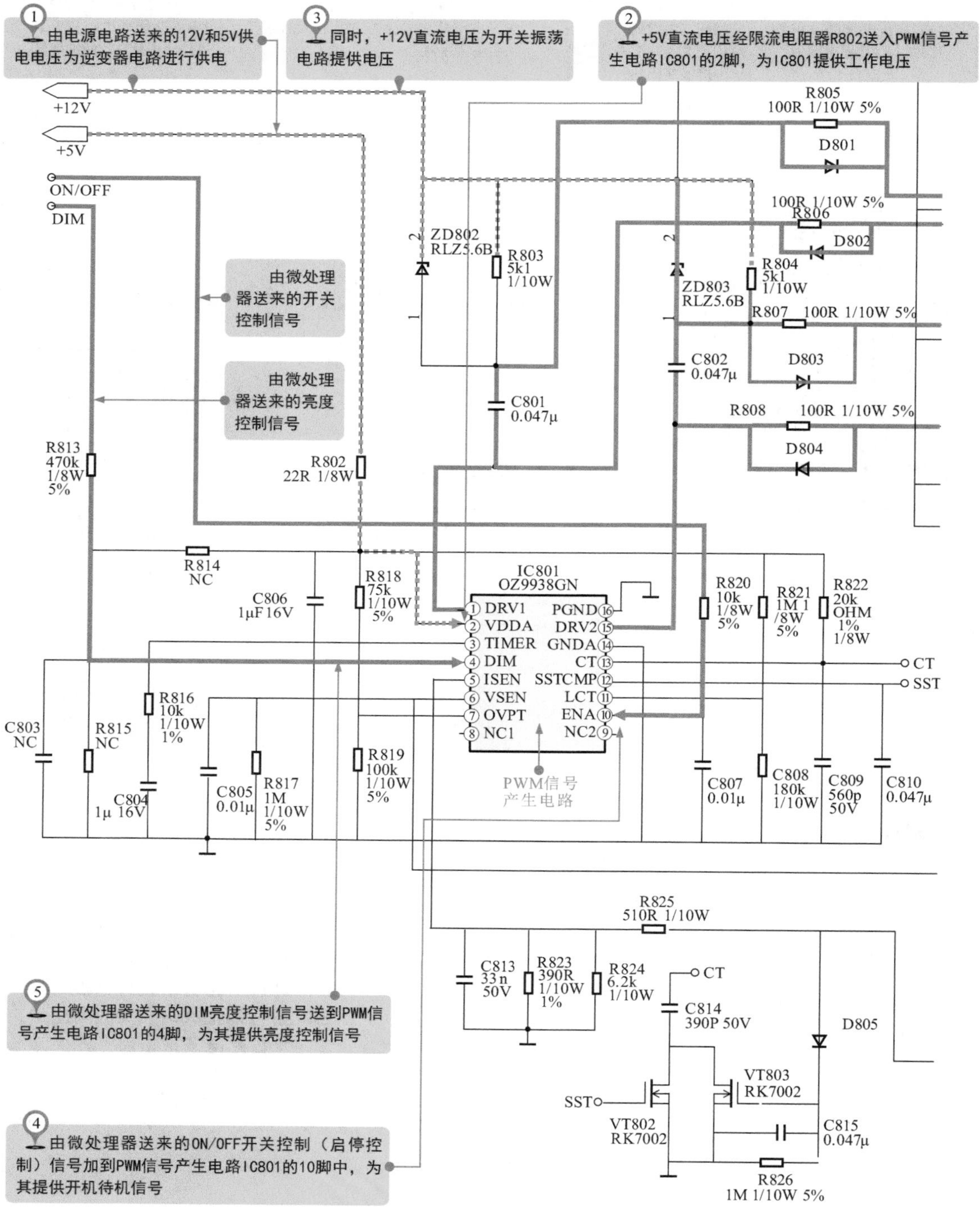

图9-12 创维19S19IW型液晶电视机逆变器电路的工作原理

① 由电源电路送来的12V和5V供电电压为逆变器电路进行供电

③ 同时，+12V直流电压为开关振荡电路提供电压

② +5V直流电压经限流电阻器R802送入PWM信号产生电路IC801的2脚，为IC801提供工作电压

由微处理器送来的开关控制信号

由微处理器送来的亮度控制信号

PWM信号产生电路

⑤ 由微处理器送来的DIM亮度控制信号送到PWM信号产生电路IC801的4脚，为其提供亮度控制信号

④ 由微处理器送来的ON/OFF开关控制（启停控制）信号加到PWM信号产生电路IC801的10脚中，为其提供开机待机信号

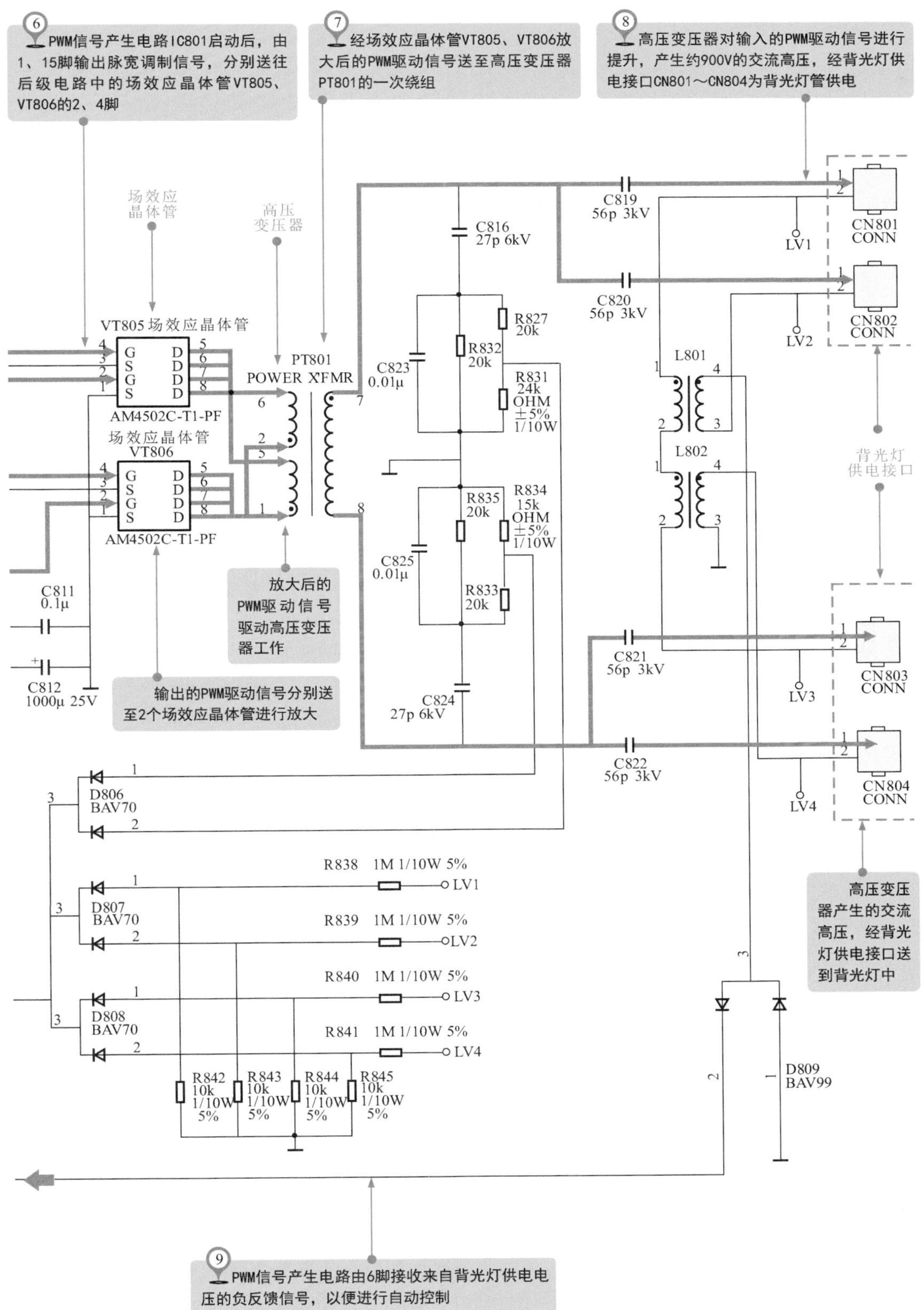
⑥ PWM信号产生电路IC801启动后，由1、15脚输出脉宽调制信号，分别送往后级电路中的场效应晶体管VT805、VT806的2、4脚
⑦ 经场效应晶体管VT805、VT806放大后的PWM驱动信号送至高压变压器PT801的一次绕组
⑧ 高压变压器对输入的PWM驱动信号进行提升，产生约900V的交流高压，经背光灯供电接口CN801～CN804为背光灯管供电
场效应晶体管
高压变压器
VT805 场效应晶体管
AM4502C-T1-PF
场效应晶体管
VT806
AM4502C-T1-PF
PT801
POWER XFMR
C816 27p 6kV
R827 20k
R832 20k
C823 0.01μ
R831 24k OHM ±5% 1/10W
R835 20k
R834 15k OHM ±5% 1/10W
C825 0.01μ
R833 20k
C824 27p 6kV
C819 56p 3kV
C820 56p 3kV
C821 56p 3kV
C822 56p 3kV
CN801 CONN
CN802 CONN
CN803 CONN
CN804 CONN
LV1
LV2
LV3
LV4
L801
L802
背光灯供电接口
C811 0.1μ
C812 1000μ 25V
放大后的PWM驱动信号驱动高压变压器工作
输出的PWM驱动信号分别送至2个场效应晶体管进行放大
D806 BAV70
D807 BAV70
D808 BAV70
R838 1M 1/10W 5%
R839 1M 1/10W 5%
R840 1M 1/10W 5%
R841 1M 1/10W 5%
R842 10k 1/10W 5%
R843 10k 1/10W 5%
R844 10k 1/10W 5%
R845 10k 1/10W 5%
D809 BAV99
高压变压器产生的交流高压，经背光灯供电接口送到背光灯中
⑨ PWM信号产生电路由6脚接收来自背光灯供电电压的负反馈信号，以便进行自动控制

③ 长虹LT2059型液晶电视机逆变器电路的电路分析

图9-13 长虹LT2059型液晶电视机逆变器电路的工作原理

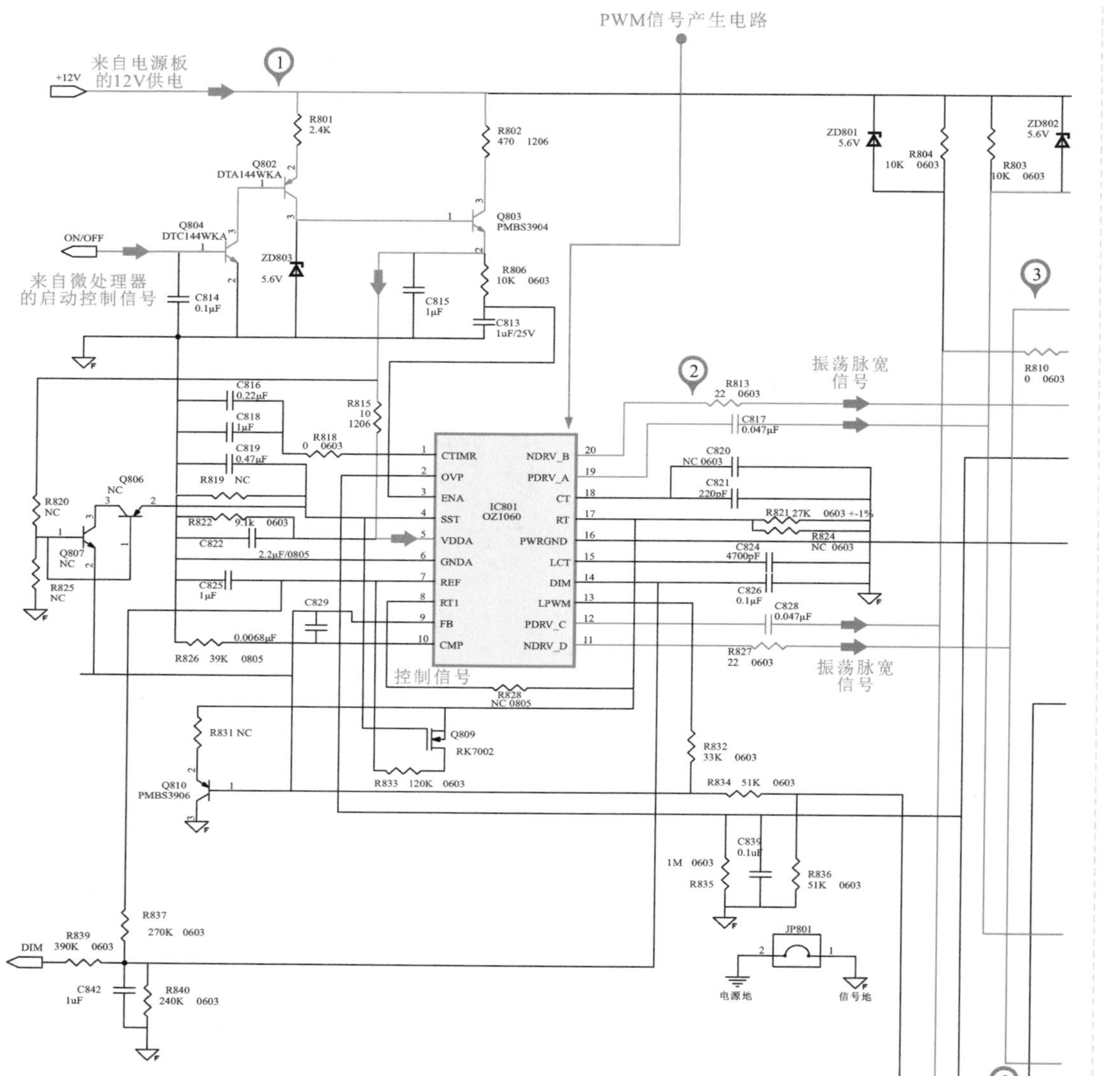

① 由电源板送来的直流12V供电电压为逆变器电路供电，同时，由微处理器送来的启动控制信号（ON/OFF）加到Q804的基极，高电平启动信号使Q804导通，进而使Q802和Q803导通，此时12V电源经Q803加到IC801的5脚

② PWM信号产生电路IC801启动后，由12、11、19脚及20脚输出脉宽调制信号，送往后级电路中的场效应晶体管

③ 由脉宽信号产生电路送来的驱动信号分别送往场效应晶体管Q801、Q805、Q811及Q812的栅极，场效应晶体管对振荡脉宽驱动信号放大后输出，为升压变压器T801和T802提供驱动脉冲信号

④ 升压变压器对电压进行提升后，通过连接插件送给背光灯

如图9-13所示为长虹LT2059型液晶电视机逆变器电路的工作原理。

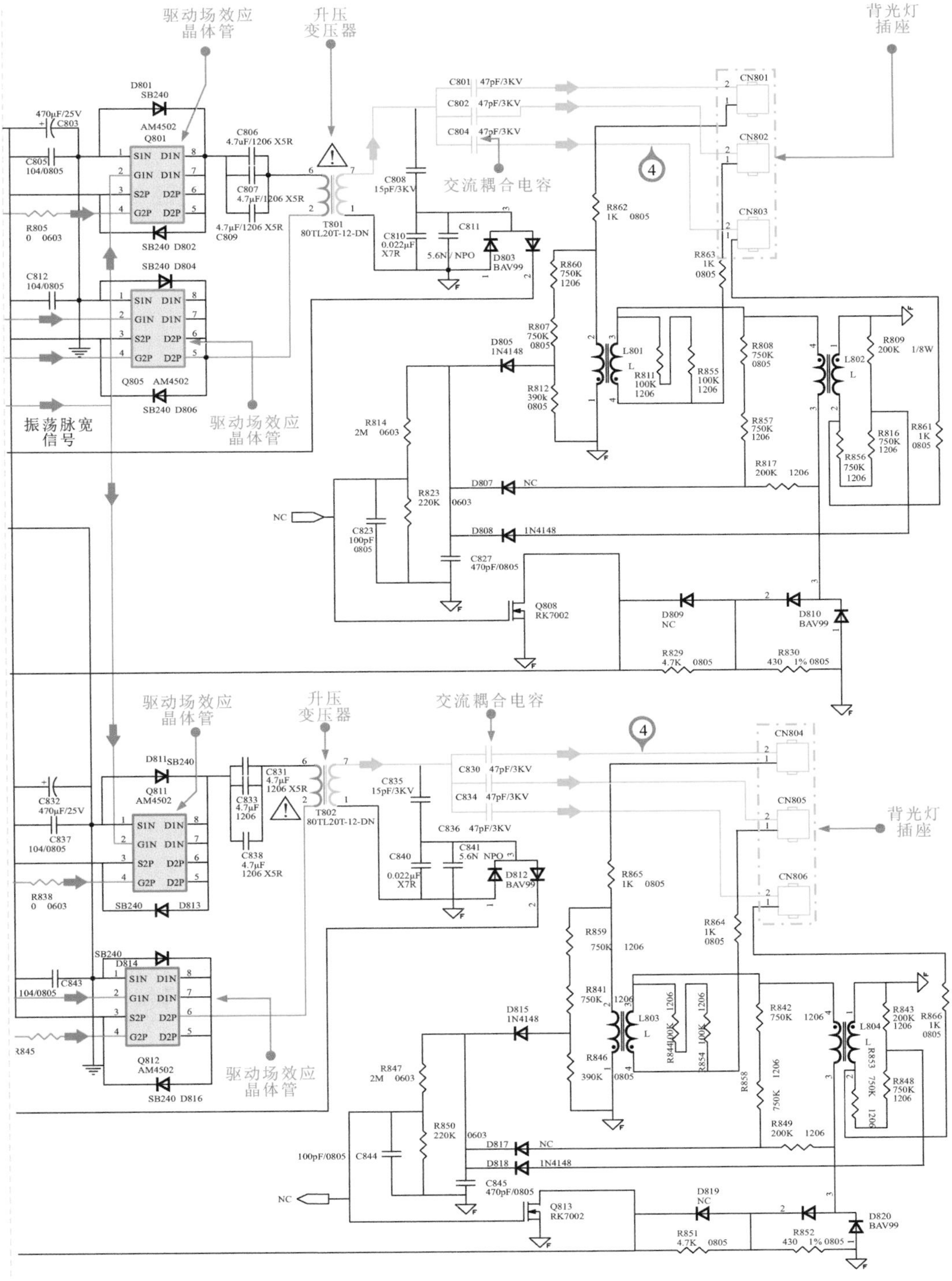

9.2 液晶电视机逆变器电路的故障检修

逆变器电路是液晶电视机中的关键电路，若逆变器电路出现故障，会影响液晶显示屏的图像显示。常见的故障表现有黑屏、屏幕闪烁、有干扰波纹等。

9.2.1 液晶电视机逆变器电路的检修分析

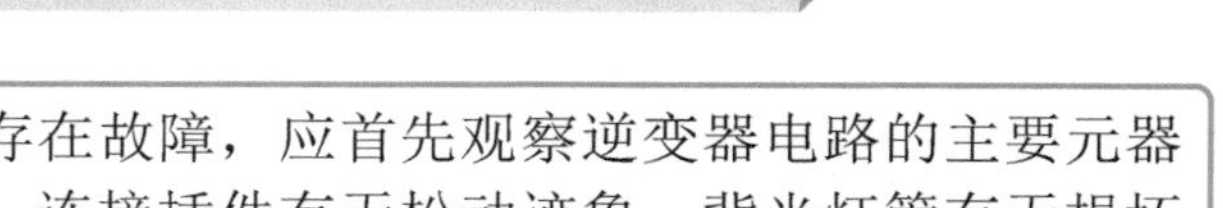

一旦怀疑液晶电视机逆变器电路存在故障，应首先观察逆变器电路的主要元器件有无明显烧损、虚焊、脱焊的情况、连接插件有无松动迹象、背光灯管有无损坏的情况。确认电路及线路连接没有异常，再根据电路工作情况做好检修分析。

图9-14 液晶电视机逆变器电路的检修流程图

如图9-14所示，对液晶电视机逆变器电路的检修可逆信号流程从输出部分作为入手点逐级向前排查。分别对逆变器电路中的输出信号、工作电压、PWM信号等进行检测即可很快找到故障线索。

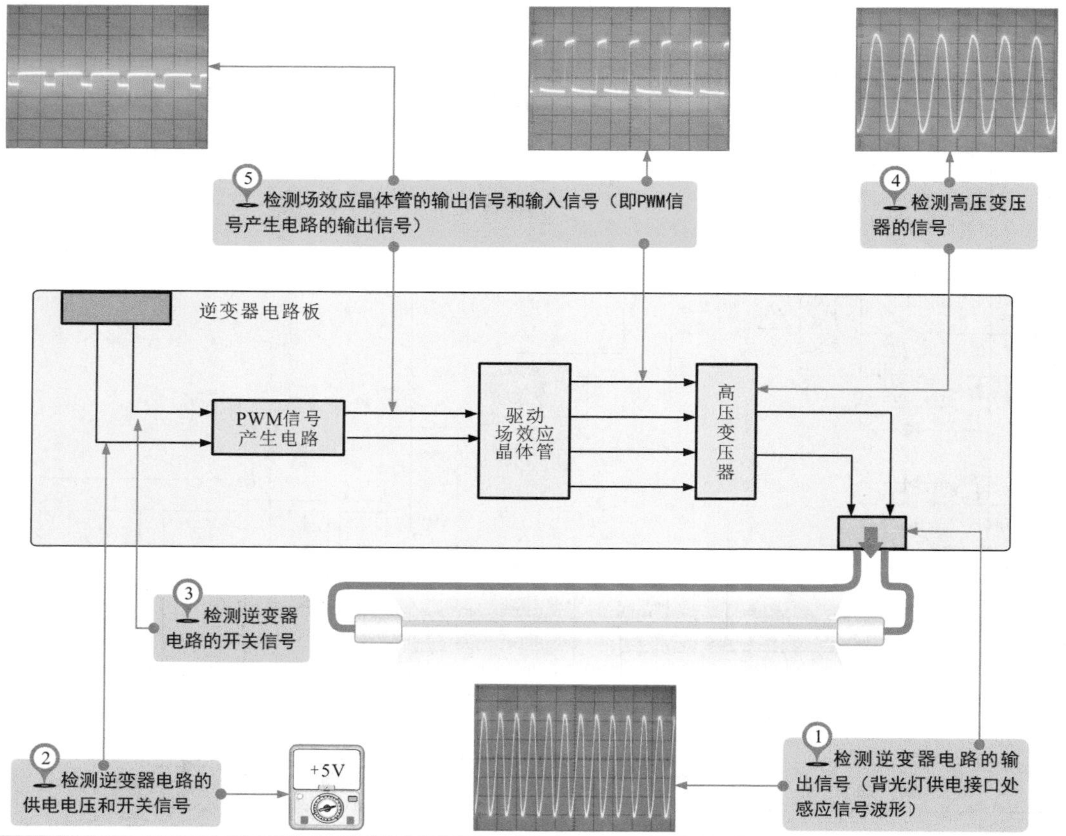

⑤ 检测场效应晶体管的输出信号和输入信号（即PWM信号产生电路的输出信号）

④ 检测高压变压器的信号

逆变器电路板

PWM信号产生电路

驱动场效应晶体管

高压变压器

③ 检测逆变器电路的开关信号

② 检测逆变器电路的供电电压和开关信号

+5V

① 检测逆变器电路的输出信号（背光灯供电接口处感应信号波形）

9.2.2 液晶电视机逆变器电路的检修方法

在对液晶电视机逆变器电路进行检修时，可使用万用表或示波器对背光灯接口处的输出信号、逆变器电路的工作条件、升压变压器的交流信号及场效应晶体管的输入和输出信号进行检测，即可快速锁定故障，完成检修。

❶ 逆变器电路输出信号的检测方法

图9-15 逆变器电路输出信号的检测方法

如图9-15所示，当逆变器电路出现故障时，应首先判断该电路有无输出，即在通电开机的状态下，对逆变器电路输出的信号波形进行检测，该信号波形可在背光灯供电接口处测得。

若逆变器电路输出的信号正常，则说明逆变器电路基本正常；若无信号输出，则说明该电路可能出现故障，需要进行下一步的检测。

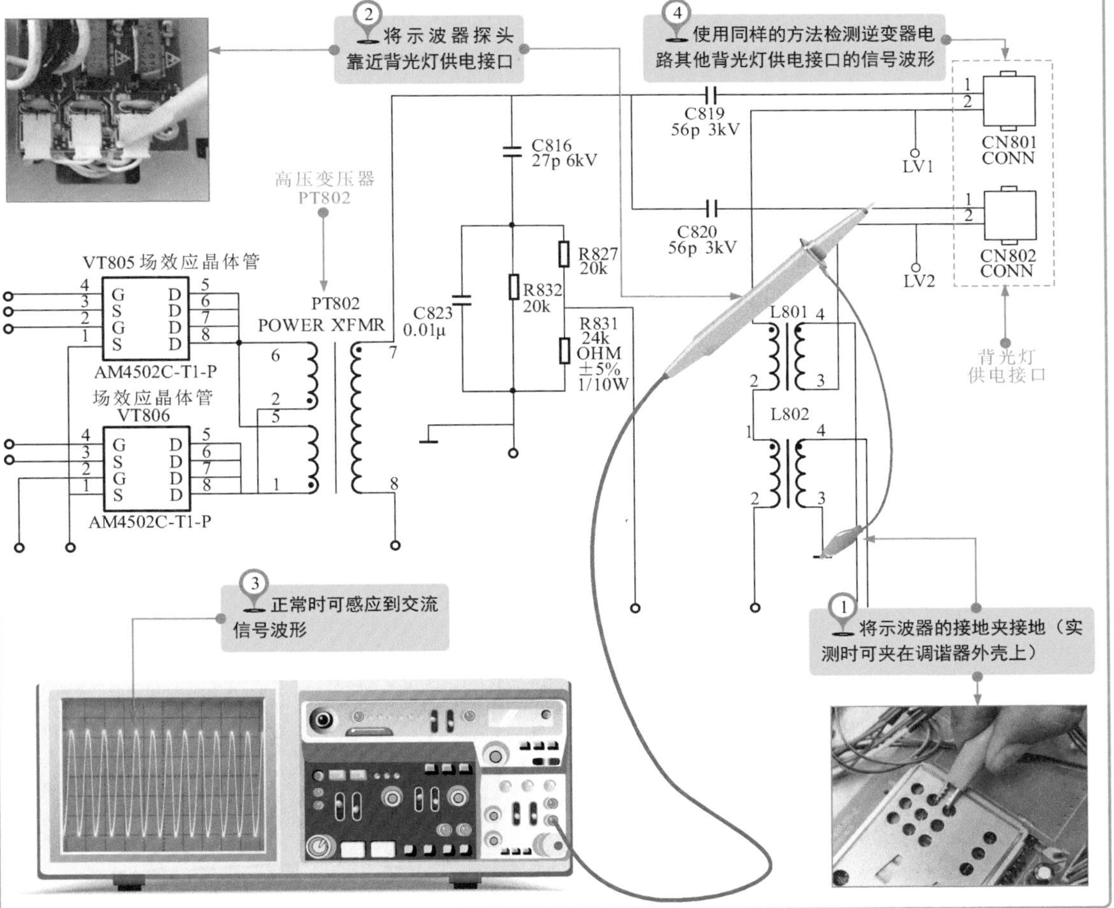

① 将示波器的接地夹接地（实测时可夹在调谐器外壳上）

② 将示波器探头靠近背光灯供电接口

③ 正常时可感应到交流信号波形

④ 使用同样的方法检测逆变器电路其他背光灯供电接口的信号波形

VT805 场效应晶体管
AM4502C-T1-P
场效应晶体管
VT806
AM4502C-T1-P
高压变压器
PT802
PT802
POWER XFMR
C816
27p 6kV
C823
0.01μ
R827
20k
R832
20k
R831
24k
OHM
±5%
1/10W
C819
56p 3kV
C820
56p 3kV
LV1
LV2
CN801
CONN
CN802
CONN
L801
L802
背光灯
供电接口

2 逆变器电路直流供电电压的检测方法

如图9-16所示，直流供电电压是逆变器电路正常工作的最基本条件。

若经检测逆变器电路的直流供电电压正常，则表明前级供电电路部分正常，应进一步检测逆变器电路的其他工作条件；若经检测无直流供电或直流供电异常，则应对前级供电电路中的相关部件进行检查。

图9-16 逆变器电路直流供电电压的检测方法

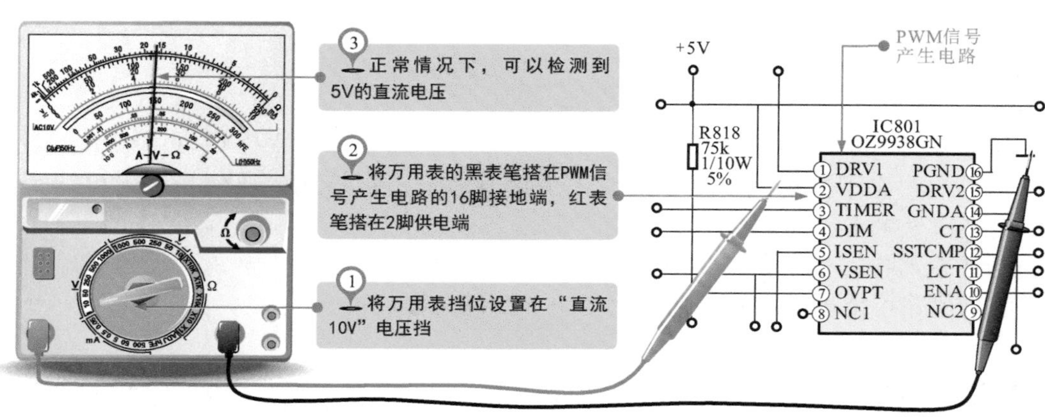

3 逆变器电路开关控制信号的检测方法

图9-17 逆变器电路开关控制信号的检测方法

如图9-17所示，逆变器电路的工作条件除了需要供电电压外，还需要微处理器提供的开关控制信号才可以正常工作，因此，当逆变器电路无信号输出时还应对开关控制信号进行检测。

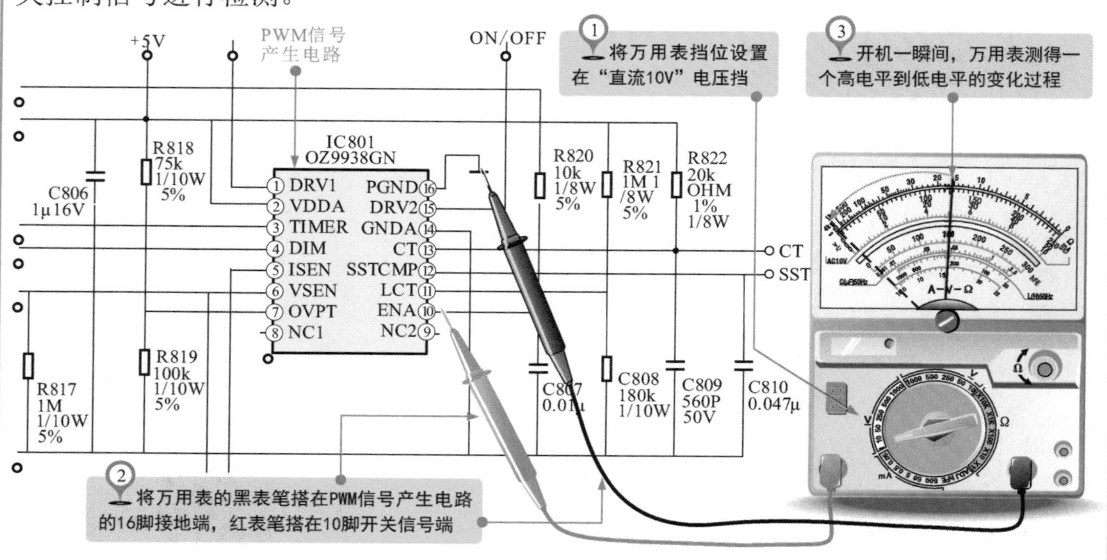

④ 升压变压器交流信号的检测方法

图9-18 升压变压器交流信号的检测方法 

如图9-18所示，若逆变器电路的供电电压、开关控制信号均正常，而背光灯供电接口处仍无信号，则应继续对升压变压器的信号波形进行检测。

若升压变压器的信号波形正常，则说明背光灯供电接口可能损坏；若无法感应到升压变压器的信号波形，则应继续对其前级电路进行检测。

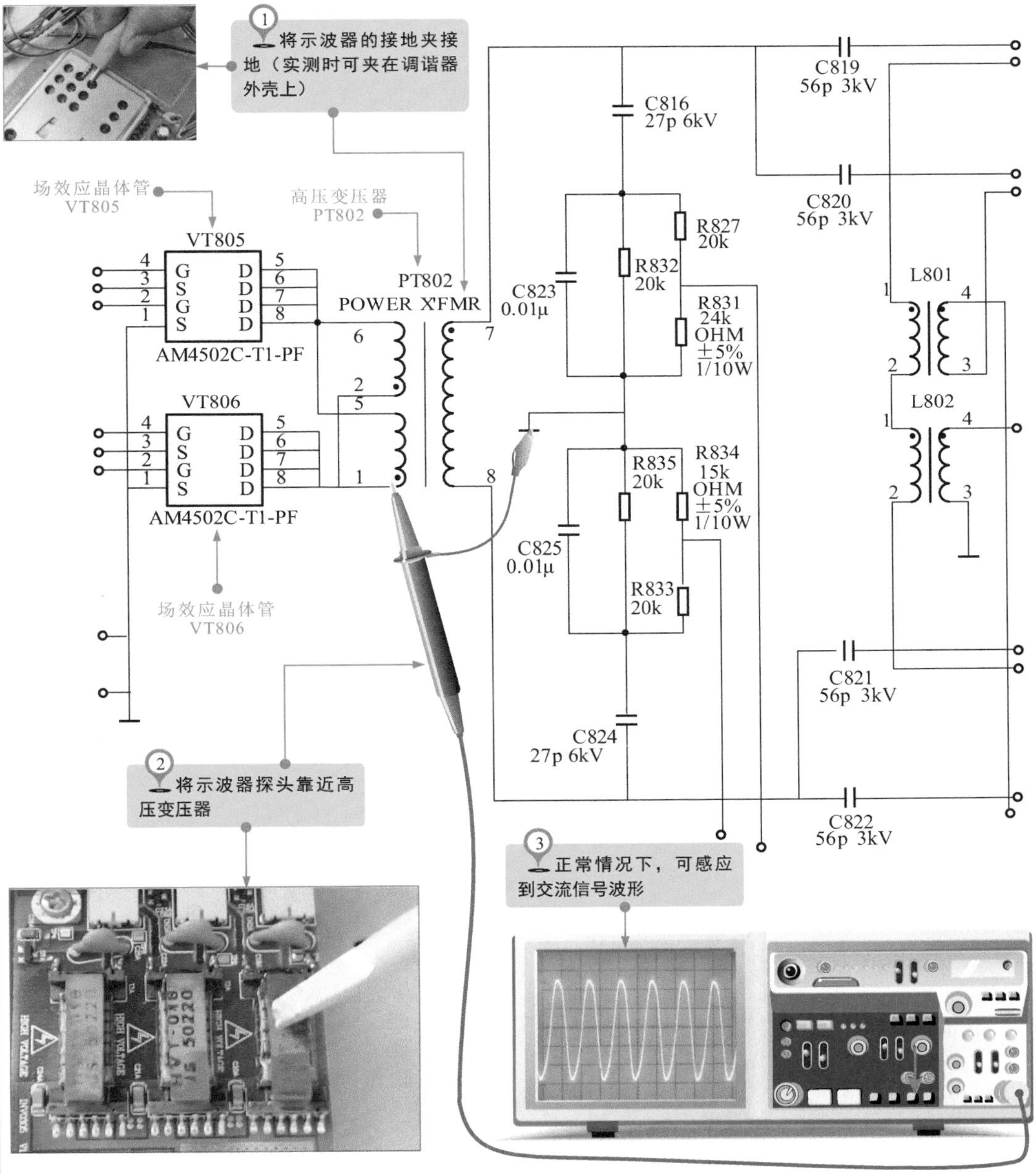

① 将示波器的接地夹接地（实测时可夹在调谐器外壳上）

场效应晶体管 VT805

高压变压器 PT802

VT805 AM4502C-T1-PF

VT806 AM4502C-T1-PF

PT802 POWER X'FMR

场效应晶体管 VT806

C816 27p 6kV

C819 56p 3kV

C820 56p 3kV

R827 20k

R832 20k

C823 0.01μ

R831 24k OHM ±5% 1/10W

L801

L802

R835 20k

R834 15k OHM ±5% 1/10W

C825 0.01μ

R833 20k

C821 56p 3kV

C824 27p 6kV

C822 56p 3kV

② 将示波器探头靠近高压变压器

③ 正常情况下，可感应到交流信号波形

⑤ 场效应晶体管输入输出信号的检测方法

图9-19 场效应晶体管输入输出信号的检测方法

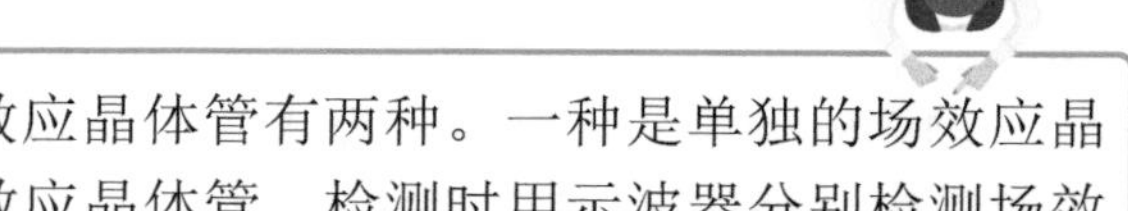

如图9-19所示，逆变器电路中的场效应晶体管有两种。一种是单独的场效应晶体管；另一种是由两个晶体管集成的场效应晶体管。检测时用示波器分别检测场效应晶体管的输入和输出引脚端即可。

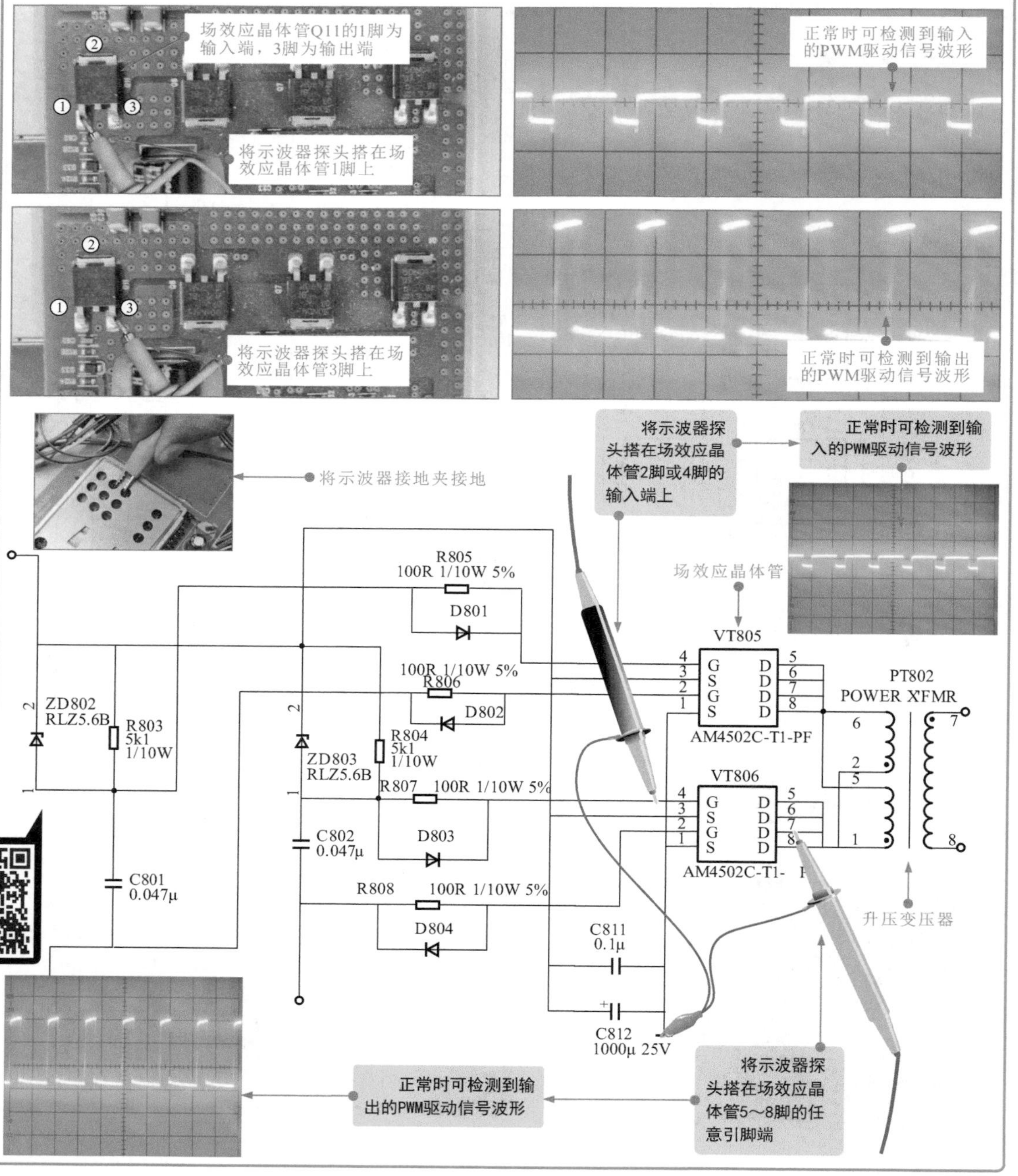

场效应晶体管Q11的1脚为输入端，3脚为输出端

将示波器探头搭在场效应晶体管1脚上

正常时可检测到输入的PWM驱动信号波形

将示波器探头搭在场效应晶体管3脚上

正常时可检测到输出的PWM驱动信号波形

将示波器接地夹接地

将示波器探头搭在场效应晶体管2脚或4脚的输入端上

正常时可检测到输入的PWM驱动信号波形

场效应晶体管

升压变压器

将示波器探头搭在场效应晶体管5～8脚的任意引脚端

正常时可检测到输出的PWM驱动信号波形

R805 100R 1/10W 5%
D801
100R 1/10W 5% R806
D802
ZD802 RLZ5.6B
R803 5k1 1/10W
R804 5k1 1/10W
ZD803 RLZ5.6B
R807 100R 1/10W 5%
C802 0.047μ
D803
C801 0.047μ
R808 100R 1/10W 5%
D804
C811 0.1μ
C812 1000μ 25V
VT805 AM4502C-T1-PF
VT806 AM4502C-T1-PF
PT802 POWER XFMR

第10章 液晶电视机的综合维修技能

10.1 调谐器电路的故障检修案例（TCL-L42E75型）

图10-1 TCL-L42E75型液晶电视机调谐器电路的故障检修案例

如图10-1所示，TCL-L42E75型液晶电视机采用一体化调谐器，该调谐器损坏会引起无伴音无图像，或伴音、图像质量都比较差故障。

① 调谐器电路正常工作时，首先要满足有5V的供电电压

② 由微处理器送来的数据和时钟信号控制调谐器正常工作。可通过调谐器的7、8脚检测到该信号波形。

③ 由天线送来的信号经一体化调谐器处理后，分别由9脚输出第二伴音信号、10脚输出视频图像信号，送往后级电路中进行再次处理

2-1 时钟信号波形

3-2 视频图像信号波形

3-1 第二伴音信号波形

2-2 数据信号波形

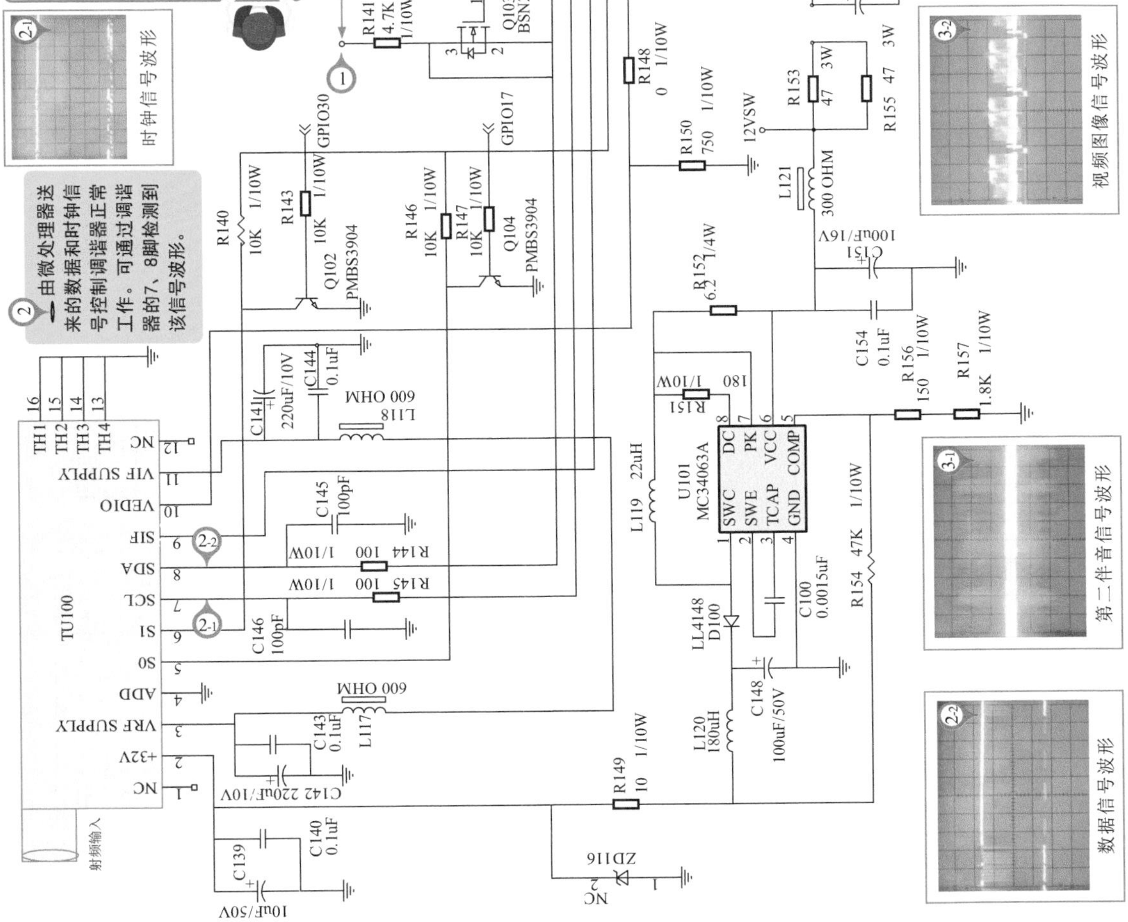

10.2 音频信号处理电路的故障检修案例（康佳TM2018型）

如图10-2所示，康佳LC-TM2018型液晶电视机的音频信号处理电路，主要由数字音频信号处理电路（MSP3463G）、音频功率放大器（TDA1517）及外围电路构成。在检修时，可从以上两个电路入手，进行重点检测。

图10-2 康佳TM2018型液晶电视机音频信号处理电路的故障检修案例

⑥ 当液晶电视机的音频信号处理集成电路部分无输出或音频功率放大器部分无输入、但各工作均正常时，接下来就需要对音频信号处理集成电路输入端L、R音频信号进行检测

④ 直流供电是音频信号处理集成电路的基本工作条件之一。若无供电电压，即使音频信号处理集成电路本身正常，也将无法工作，应对供电部分进行检修；若供电电压正常，而仍无输出，则应进行下一步检修

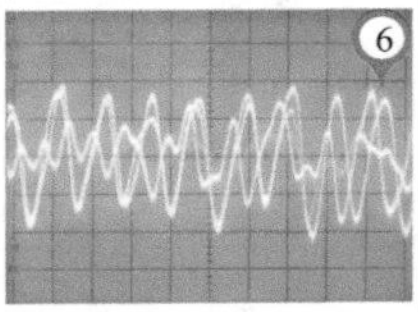

音频信号处理集成电路20、21脚输入的音频信号波形

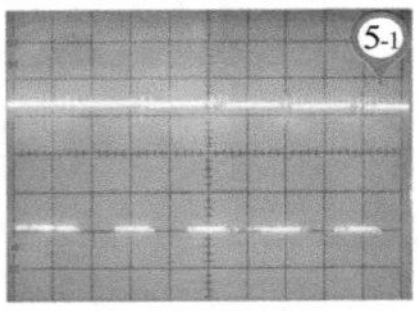

1脚时钟信号波形

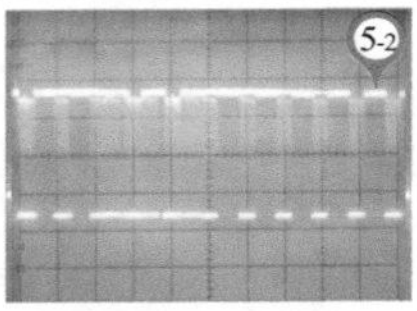

2脚数据信号波形

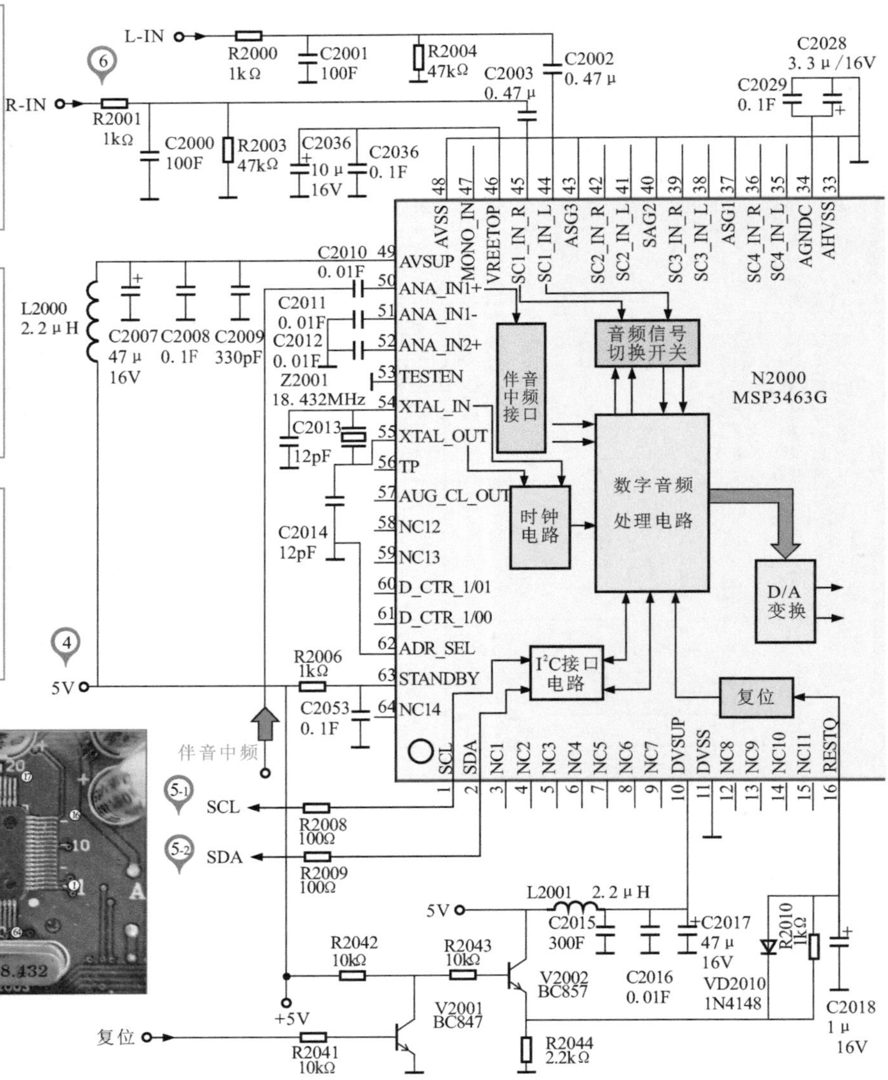

音频处理电路

晶振

L-IN R-IN R2000 1kΩ C2001 100F R2004 47kΩ C2003 0.47μ C2002 0.47μ C2028 3.3μ/16V C2029 0.1F R2001 1kΩ C2000 100F R2003 47kΩ C2036 10μ 16V C2036 0.1F

AVSS MONO_IN VREETOP SC1_IN_R SC1_IN_L ASG3 SC2_IN_R SC2_IN_L SAG2 SC3_IN_R SC3_IN_L ASG1 SC4_IN_R SC4_IN_L AGNDC AHVSS

C2010 0.01F AVSUP ANA_IN1+ C2011 0.01F ANA_IN1- C2012 0.01F ANA_IN2+ TESTEN Z2001 18.432MHz XTAL_IN C2013 12pF XTAL_OUT TP AUG_CL_OUT C2014 12pF NC12 NC13 D_CTR_1/01 D_CTR_1/00 ADR_SEL R2006 1kΩ STANDBY C2053 0.1F NC14

L2000 2.2μH C2007 47μ 16V C2008 0.1F C2009 330pF 5V

伴音中频接口 音频信号切换开关 N2000 MSP3463G 数字音频处理电路 时钟电路 D/A变换 I²C接口电路 复位 伴音中频

SCL SDA NC1 NC2 NC3 NC4 NC5 NC6 NC7 DVSUP DVSS NC8 NC9 NC10 NC11 RESTQ

SCL R2008 100Ω SDA R2009 100Ω

5V L2001 2.2μH C2015 300F C2016 0.01F C2017 47μ 16V VD2010 1N4148 R2010 1kΩ C2018 1μ 16V R2042 10kΩ R2043 10kΩ V2002 BC857 +5V V2001 BC847 R2044 2.2kΩ 复位 R2041 10kΩ

① 若液晶电视机出现无伴音故障时，首先判断其音频信号处理电路部分有无输出，即在通电状态下，对音频信号处理电路的输出音频信号进行检测。若检测无音频信号输出或某一路无输出，则说明该电路前级电路可能出现故障，需要进行下一步检测。若检测音频信号输出电路输出信号正常，则应继续检查音频功率放大器

③ 若当液晶电视机的音频功率放大器部分无输出、但各工作均正常时，接下来就需要对音频功率放大器的输入端的音频信号或音频信号处理集成电路输出端进行检测。若音频功率放大器输入端信号正常，而无输出则多为音频功率放大器部分故障；若输入信号不正常，则应对前级音频信号处理集成电路部分进行检查

⑤ I^2C总线信号正常也是满足音频信号处理集成电路正常工作的重要条件。音频信号处理集成电路通过I^2C总线与微处理器间进行数据传输，接受微处理器控制

② 若音频功率放大器无音频信号输出，则接下来需对该电路的工作条件（工作电压）进行检测。

直流供电是音频功率放大器部分的基本工作条件之一。若无供电电压，即使音频功率放大器部分本身正常，也将无法工作，因此检修时应对音频功率放大器供电部分进行检测；若音频功率放大器供电正常，而仍无输出，则应对该电路进行下一步检测

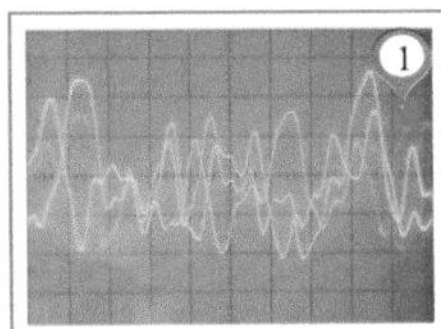

音频功率放大器4、6脚输出的音频信号波形

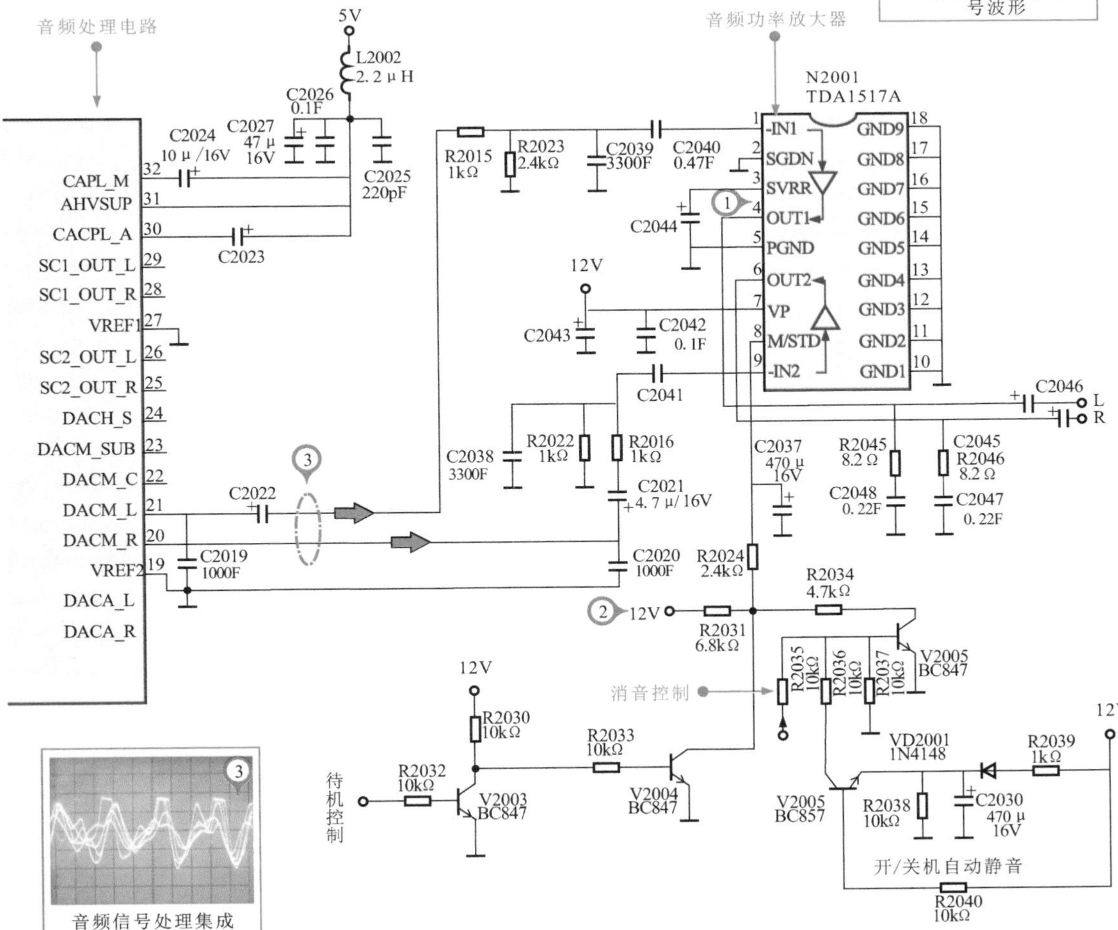

音频处理电路 音频功率放大器 N2001 TDA1517A 5V L2002 2.2μH C2026 0.1F C2024 10μ/16V C2027 47μ 16V C2025 220pF C2023 CAPL_M AHVSUP CACPL_A SC1_OUT_L SC1_OUT_R VREF1 SC2_OUT_L SC2_OUT_R DACH_S DACM_SUB DACM_C DACM_L DACM_R VREF2 DACA_L DACA_R R2015 1kΩ R2023 2.4kΩ C2039 3300F C2040 0.47F -IN1 SGDN SVRR OUT1 PGND OUT2 VP M/STD -IN2 GND1–GND9 C2044 12V C2043 C2042 0.1F C2041 C2046 L R C2038 3300F R2022 1kΩ R2016 1kΩ C2021 4.7μ/16V C2037 470μ 16V R2045 8.2Ω C2045 R2046 8.2Ω C2048 0.22F C2047 0.22F C2022 C2019 1000F C2020 1000F R2024 2.4kΩ R2034 4.7kΩ 12V R2031 6.8kΩ R2035 10kΩ R2036 10kΩ R2037 10kΩ V2005 BC847 消音控制 12V R2030 10kΩ R2033 10kΩ R2032 10kΩ 待机控制 V2003 BC847 V2004 BC847 VD2001 1N4148 R2039 1kΩ V2005 BC857 R2038 10kΩ C2030 470μ 16V 开/关机自动静音 R2040 10kΩ

音频信号处理集成电路20、21脚输出的音频信号波形

10.3 A/D转换电路的故障检修案例（TCL-LCD40V8型）

如图10-3所示，TCL-LCD40V8型液晶电视机A/D转换电路AD9883内部包含有视频图像信号的切换电路和亮度、色度处理电路，用于对送入的模拟视频图像信号进行切换、A/D转换、亮度、色度等处理。

图10-3 TCL-LCD40V8型液晶电视机A/D转换电路的故障检修案例

③ A/D转换电路的56、57脚为I²C总线信号端，正常情况下在该引脚处可测得I²C时钟、数据信号波形

②-1 行同步信号

②-2 场同步信号

④-1 色差信号

④-2 亮度信号

④-3 色差信号

③-1 ③-2 I²C总线信号

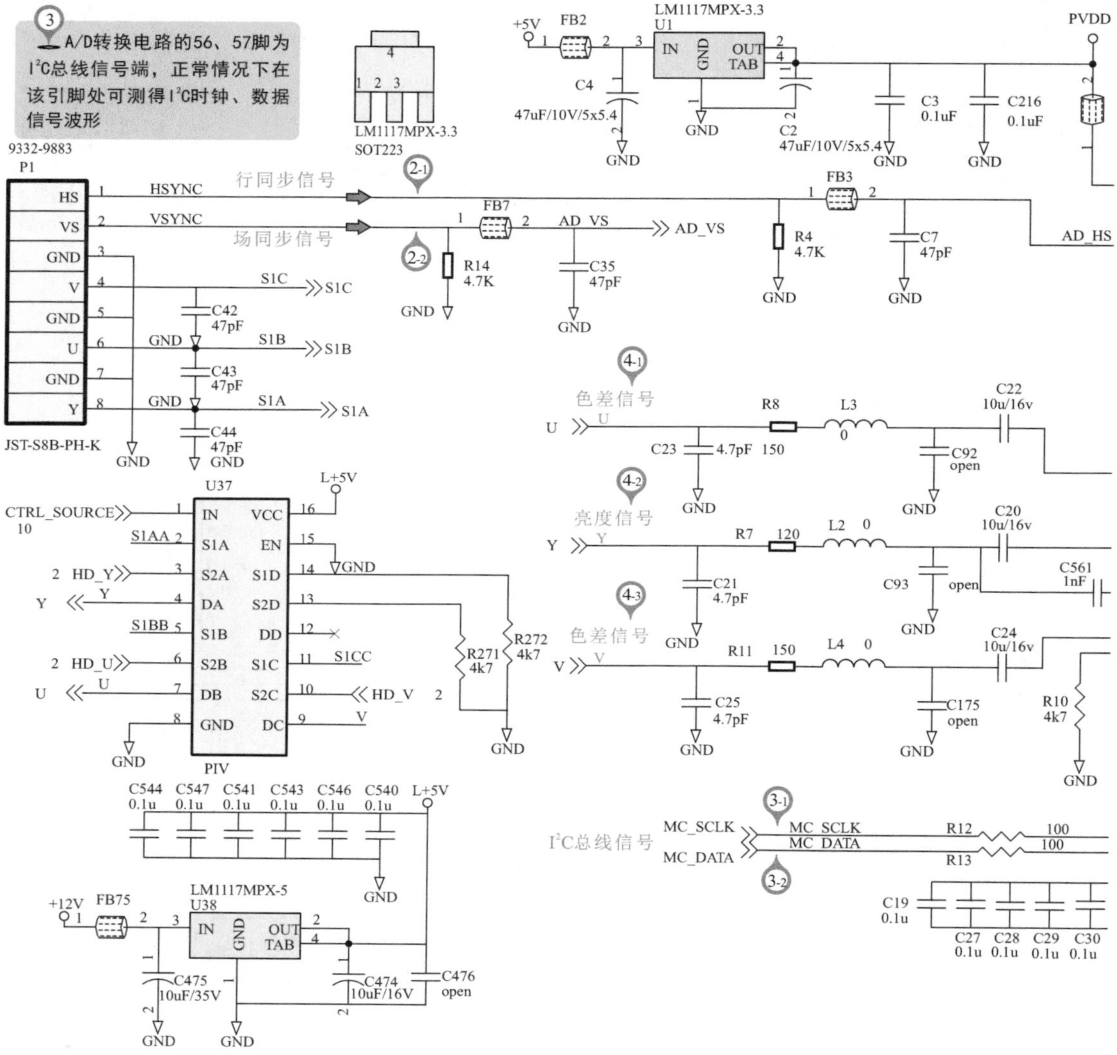

④ A/D转换电路的54、43、48脚输入亮度Y信号、色差U/V信号，正常情况下，在该引脚处可测得亮度Y信号波形、色差U/V信号波形

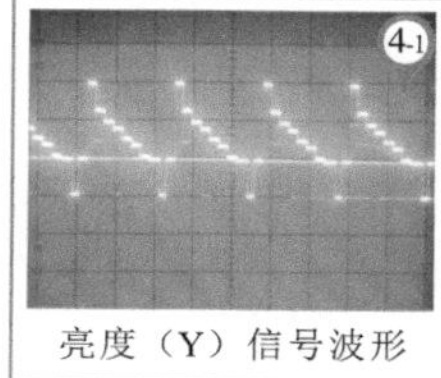

亮度（Y）信号波形

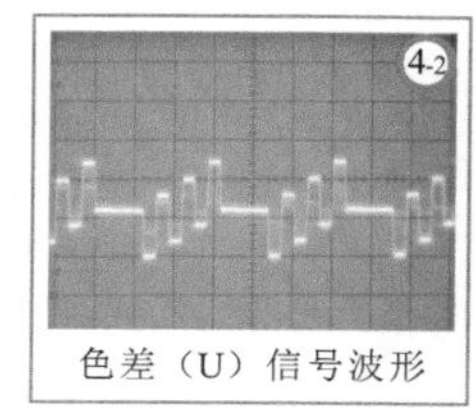

色差（U）信号波形

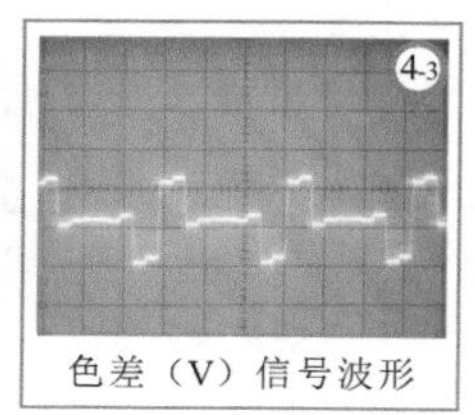

色差（V）信号波形

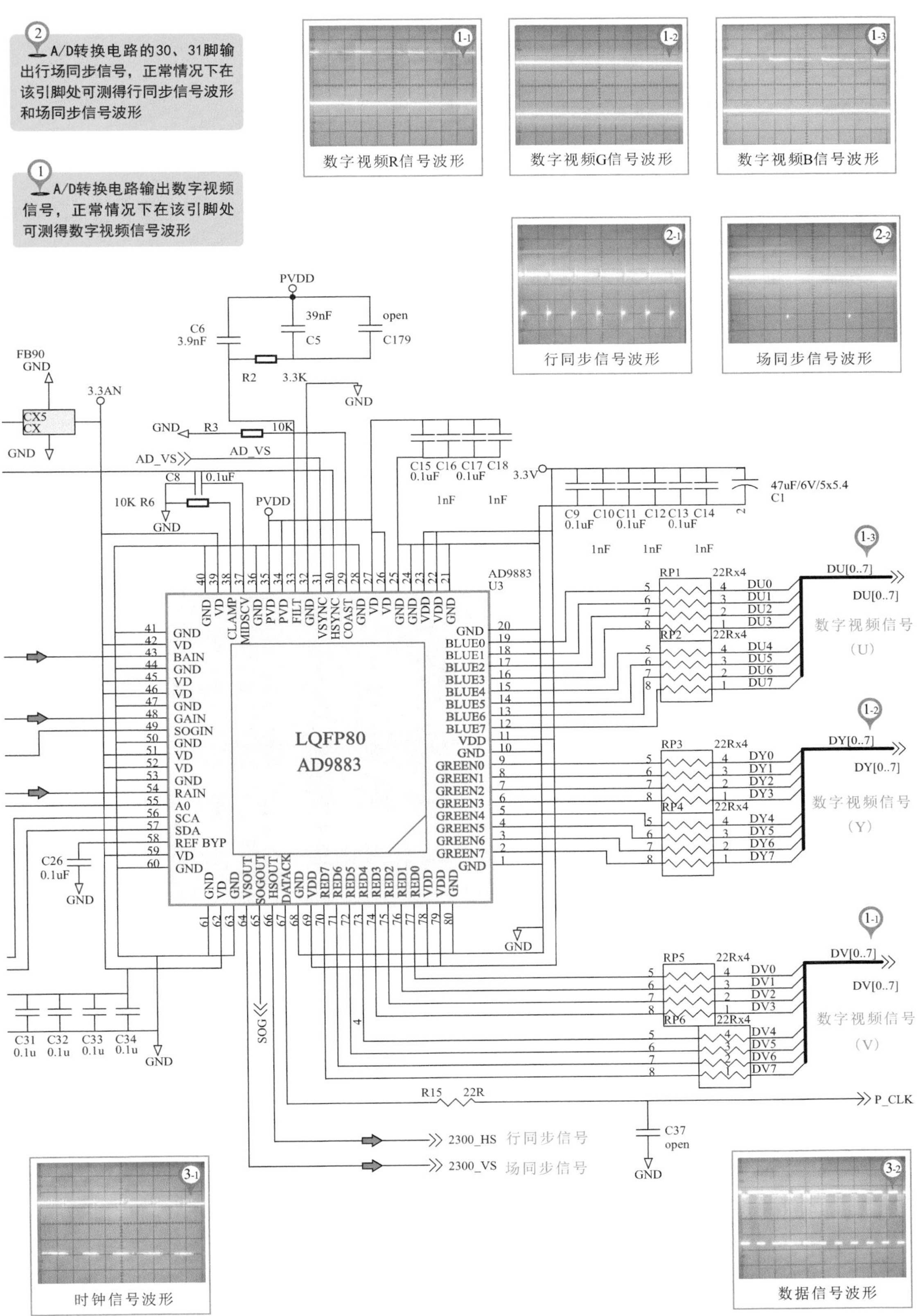
2 A/D转换电路的30、31脚输出行场同步信号，正常情况下在该引脚处可测得行同步信号波形和场同步信号波形
1 A/D转换电路输出数字视频信号，正常情况下在该引脚处可测得数字视频信号波形
数字视频R信号波形
数字视频G信号波形
数字视频B信号波形
行同步信号波形
场同步信号波形
LQFP80
AD9883
数字视频信号(U)
数字视频信号(Y)
数字视频信号(V)
P_CLK
2300_HS 行同步信号
2300_VS 场同步信号
时钟信号波形
数据信号波形

10.4 主芯片电路的故障检修案例（海信TLM52E29P型）

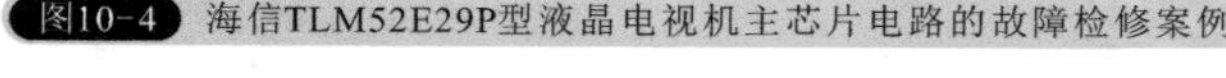

图10-4 海信TLM52E29P型液晶电视机主芯片电路的故障检修案例

① 视频信号，如CVBS、S-Video、YPbPr、RGB以及HDMI等图像信号，直接送入主芯片MST6X89BL中进行解码、处理，并通过LVDS端口输出高清图像数据到LCD驱动板上。

若该液晶电视机出现无图像或图像异常时，除了检测前级电视信号接收及接口电路外，主要检测主芯片输入端各视频信号及输出端的LVDS信号

② 视音频信号，如SIF、PC Video、左右声道音频信号（L/R）等，直接送入主芯片MST6X89BL中进行音频解码、声音处理，然后输出左右声道音频信号到后级音频电路部分。

若该液晶电视机出现无声音或声音异常时，除了检测前级电视信号接收及接口电路、音频运算放大、功率放大器电路外，主要还应检测主芯片音频信号的输入及输出端口上的音频信号

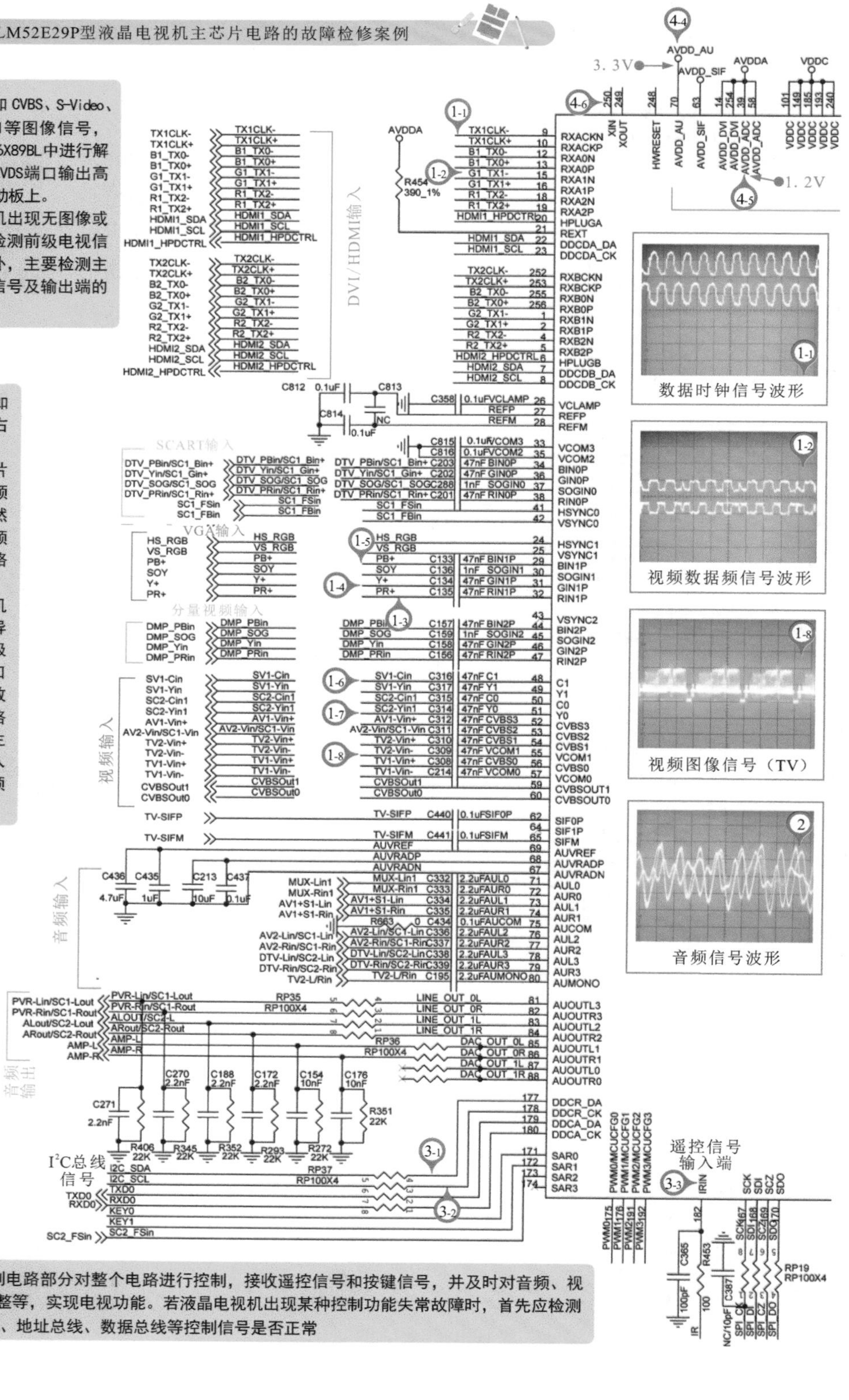

数据时钟信号波形

视频数据频信号波形

视频图像信号（TV）

音频信号波形

③ 主芯片U41的控制电路部分对整个电路进行控制，接收遥控信号和按键信号，并及时对音频、视频信号进行切换、调整等，实现电视功能。若液晶电视机出现某种控制功能失常故障时，首先应检测主芯片输出的I^2C总线、地址总线、数据总线等控制信号是否正常

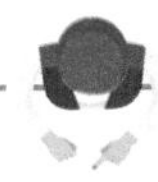

如图10-4所示为海信TLM52E29P型液晶电视机主芯片电路的检修方法。

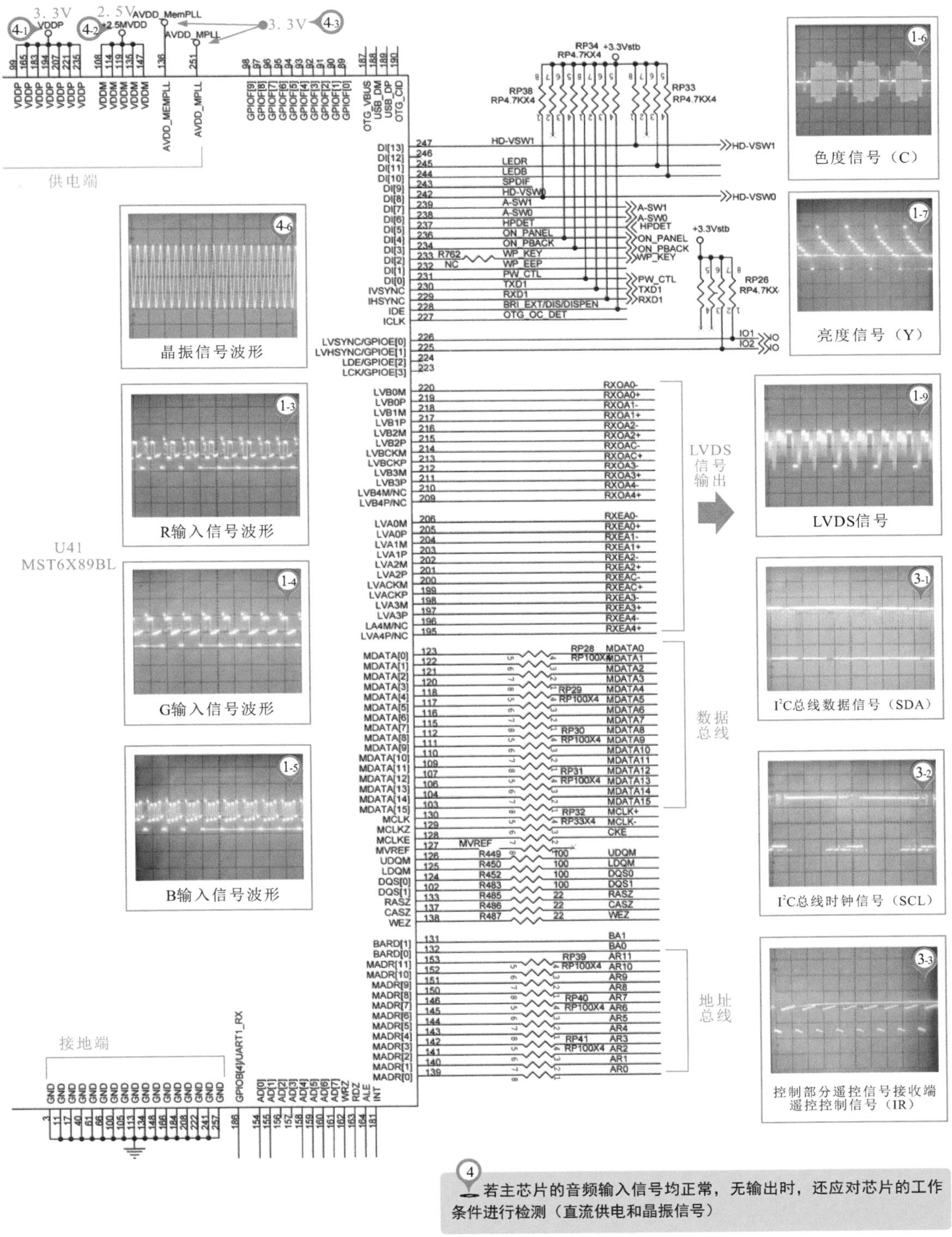

3.3V VDDP 2.5V +2.5MVDD AVDD_MemPLL AVDD_MPLL 3.3V

供电端

U41
MST6X89BL

晶振信号波形

R输入信号波形

G输入信号波形

B输入信号波形

色度信号（C）

亮度信号（Y）

LVDS信号输出

LVDS信号

数据总线

I²C总线数据信号（SDA）

I²C总线时钟信号（SCL）

地址总线

控制部分遥控信号接收端遥控控制信号（IR）

接地端

4 若主芯片的音频输入信号均正常，无输出时，还应对芯片的工作条件进行检测（直流供电和晶振信号）

10.5 格式变换电路的故障检修案例（厦华LC-42ZFT18型）

图10-5 厦华LC-42ZFT18型液晶电视机格式变换电路的故障检修案例

如图10-5所示，厦华LC-42FT18型液晶电视机内部的格式变换器用于完成数字HDMI设备输出的LVDS差分信号转换成数字YUV和数字音频信号。

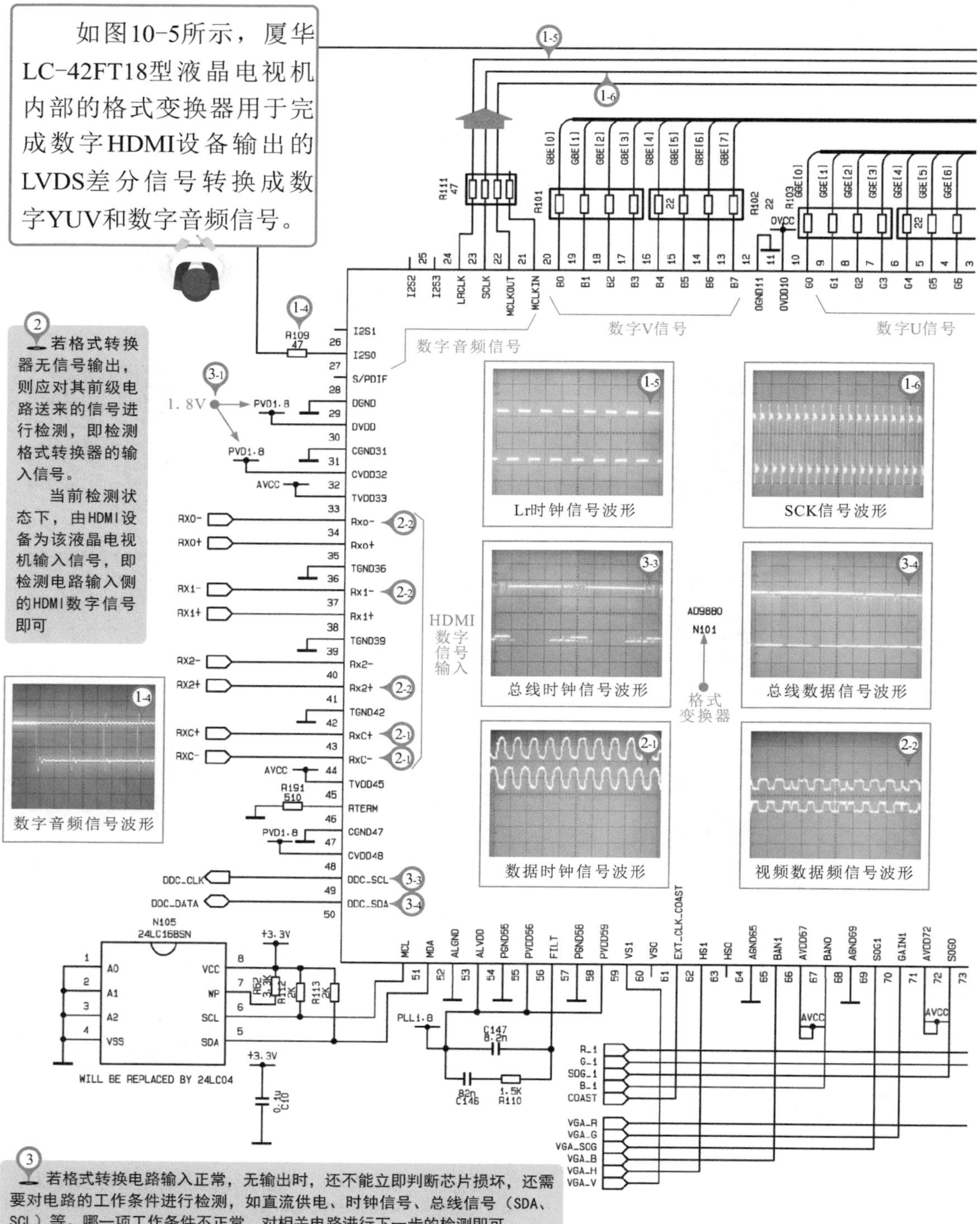

② 若格式转换器无信号输出，则应对其前级电路送来的信号进行检测，即检测格式转换器的输入信号。

当前检测状态下，由HDMI设备为该液晶电视机输入信号，即检测电路输入侧的HDMI数字信号即可

数字音频信号波形

Lr时钟信号波形

SCK信号波形

总线时钟信号波形

总线数据信号波形

数据时钟信号波形

视频数据频信号波形

AD9880 N101 格式变换器

HDMI数字信号输入

数字音频信号

数字V信号

数字U信号

③ 若格式转换电路输入正常，无输出时，还不能立即判断芯片损坏，还需要对电路的工作条件进行检测，如直流供电、时钟信号、总线信号（SDA、SCL）等。哪一项工作条件不正常，对相关电路进行下一步的检测即可

① 该格式转换电路作为一个以处理信号为主的电路，我们一般将检测输出端信号作为测量入手点。若检测输出的信号正常，则说明该电路及前级电路均正常，无需再对这部分进行检测；若检测无信号输出，则说明该电路未工作或前级电路存在现故障，需要对其输入端信号及工作条件进行检测

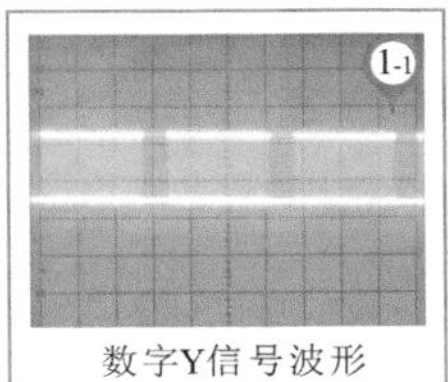
数字Y信号波形

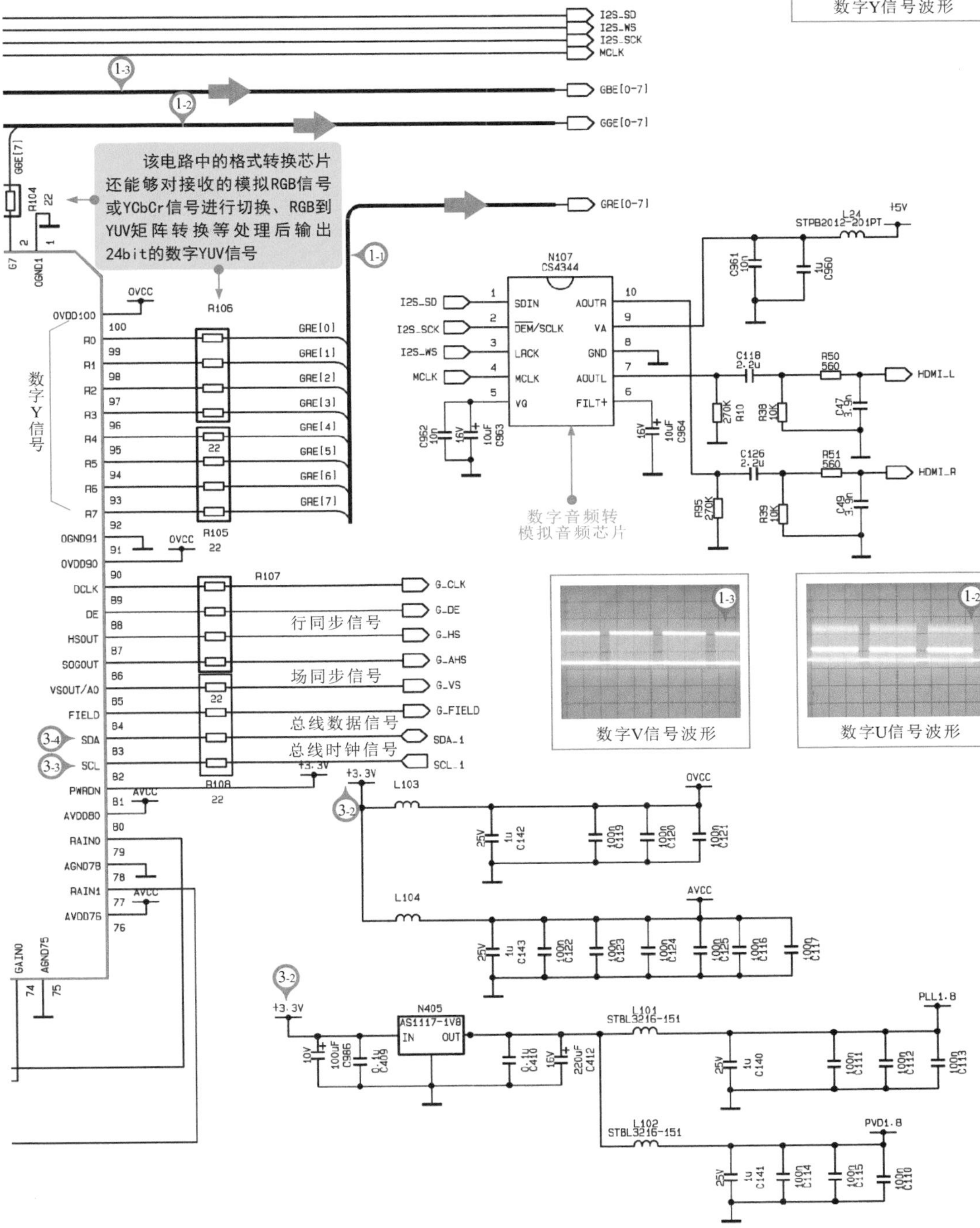

该电路中的格式转换芯片还能够对接收的模拟RGB信号或YCbCr信号进行切换、RGB到YUV矩阵转换等处理后输出24bit的数字YUV信号

数字Y信号

行同步信号

场同步信号

总线数据信号

总线时钟信号

数字音频转模拟音频芯片

数字V信号波形

数字U信号波形

10.6 TMDS信号解码电路的故障检修案例（TCL-LCD40V8型）

图10-6 TCL-LCD40V8型液晶电视机TMDS信号解码电路的故障检修案例

2-1 数据时钟信号波形

2-2 视频数据频信号波形

DVI接口

① TMDS信号解码芯片正常工作需要满足基本的直流供电、总线控制等条件，因此，当怀疑该电路异常时，应首先检测这些工作条件。只有芯片工作条件正常，电路才有可能正常工作

DVI CONNECTOR P10

I^2C总线信号

DVI接口送入的数字信号

存储器

1-7 SDA信号波形

1-6 SCL信号波形

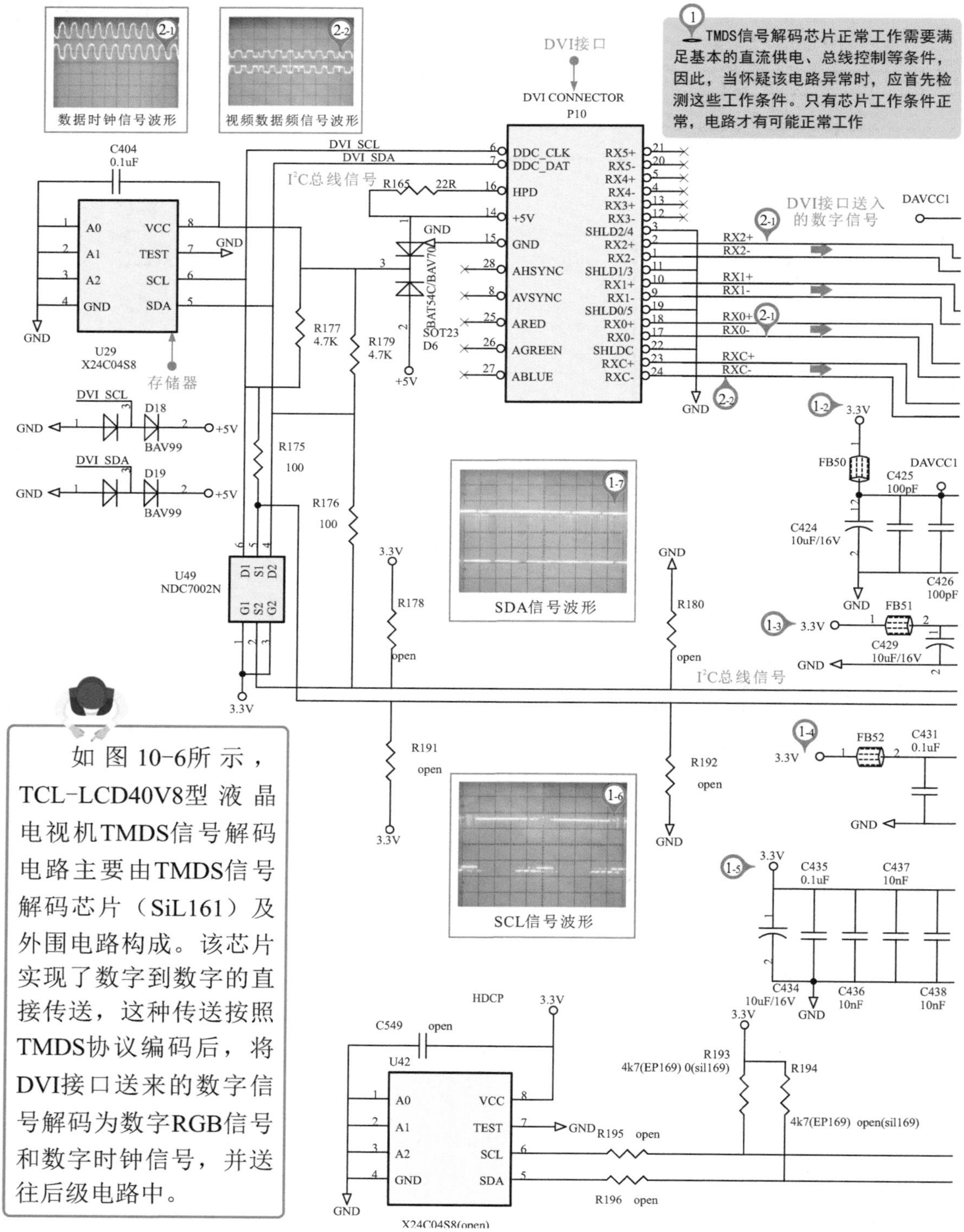

如图10-6所示，TCL-LCD40V8型液晶电视机TMDS信号解码电路主要由TMDS信号解码芯片（SiL161）及外围电路构成。该芯片实现了数字到数字的直接传送，这种传送按照TMDS协议编码后，将DVI接口送来的数字信号解码为数字RGB信号和数字时钟信号，并送往后级电路中。

② 明确芯片工作条件正确时，接着便可检测芯片输入和输出引脚的信号波形。若输入信号正常，说明该芯片前级的DVI接口及信号传输线路均正常；若无输入信号，则应顺信号流程逐级检测前级接口电路部分；若输入信号正常，工作条件也正常，但无输出，则说明所测芯片已经损坏

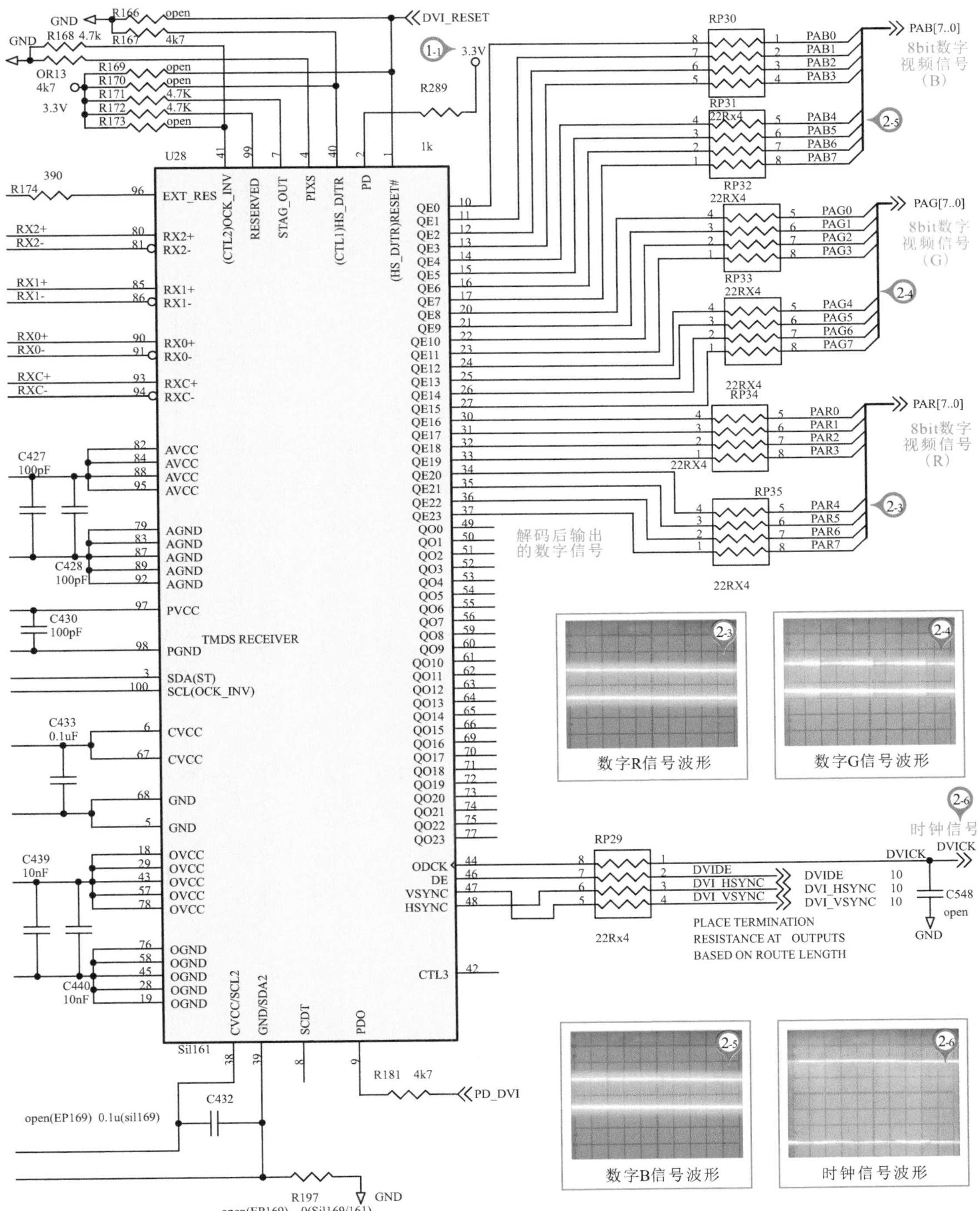

10.7 系统控制电路的故障检修案例（飞利浦42PFL7962D型）

图10-7 飞利浦42PFL7962D型液晶电视机系统控制电路的故障检修案例

对液晶电视机系统控制电路进行检测时，可使用万用表或示波器测量待测液晶电视机系统控制电路中的各关键点的参数，然后将实测电压值或波形与正常的数值或波形进行比较，即可判断出系统控制电路的故障部位

① 微处理器正常工作需要满足一定的工作条件，其中包括直流供电电压、复位信号和时钟信号等。当怀疑液晶电视机控制功能异常时，可首先对微处理器的工作条件进行检测，判断微处理器的工作条件是否满足需求

② 微处理器可接收的指令信号包括遥控信号和键控信号两种。当用户操作遥控器或液晶电视机面板上的操作按键无效时，可检测微处理器指令信号输入端信号是否正常

⑤ 微处理器的逆变器开关控制信号是微处理器控制液晶电视机逆变器进入工作状态的关键信号。一般可在开机瞬间，用万用表监测微处理器的逆变器开关控制信号端电平有无变化来判断该控制信号是否正常。

若经检测微处理器输出的逆变器开关控制信号正常，则表明微处理器工作正常；若无信号，则在微处理器工作条件等正常的前提下，多为微处理器本身损坏

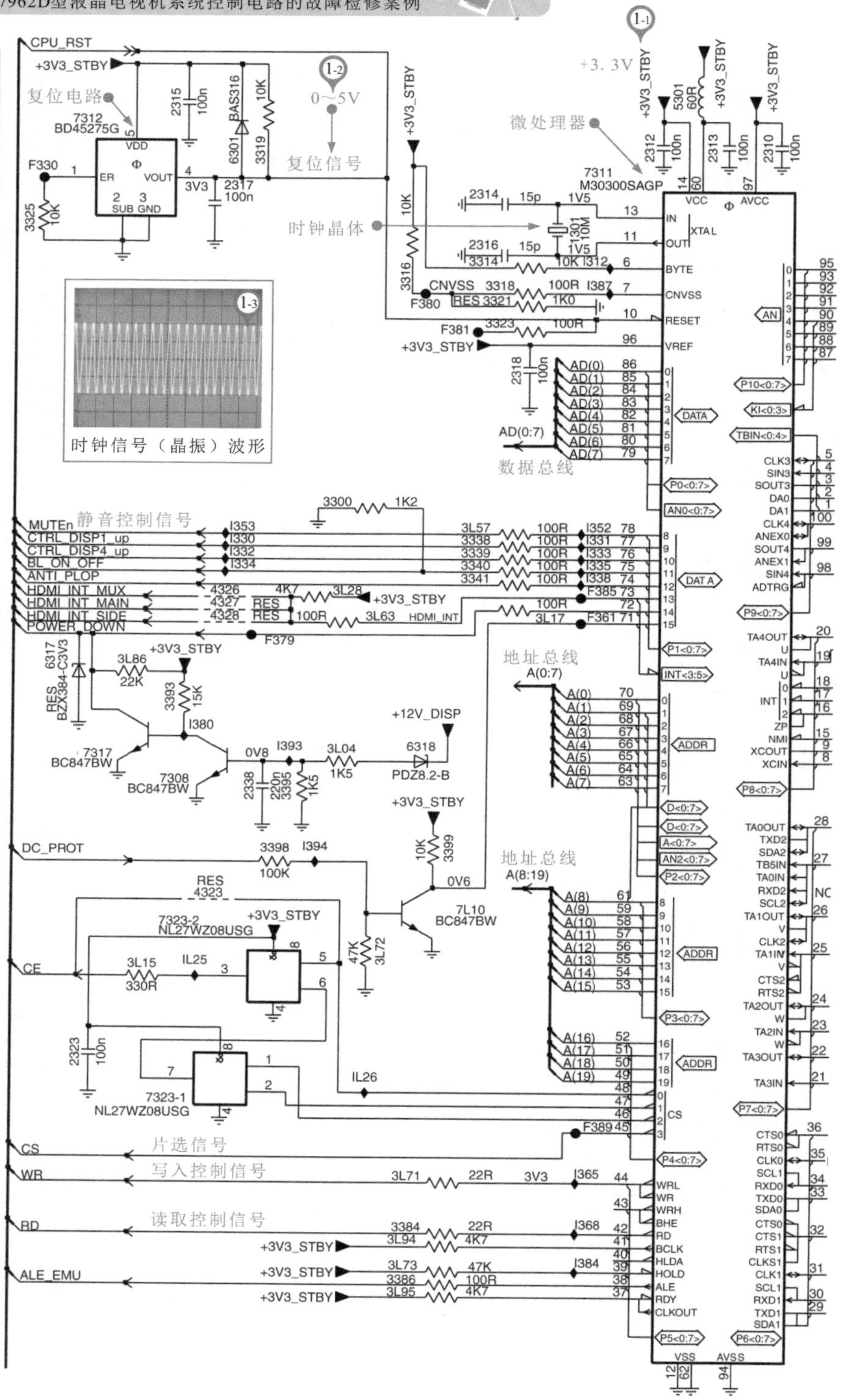

复位电路

复位信号 0～5V

时钟晶体

+3.3V

微处理器

时钟信号（晶振）波形

数据总线

静音控制信号

地址总线

片选信号

写入控制信号

读取控制信号

如图10-7所示，飞利浦42PFL7962D型液晶电视机的系统控制电路以微处理器7311为控制核心，实现整机控制，如进行电视节目的播放、声音的输出、调台、搜台、调整音量、亮度设置等都是由该电路进行控制的。若该电路出现故障通常会引起不开机、无规律死机、操作控制失常、调节失灵、不能记忆频道等现象。

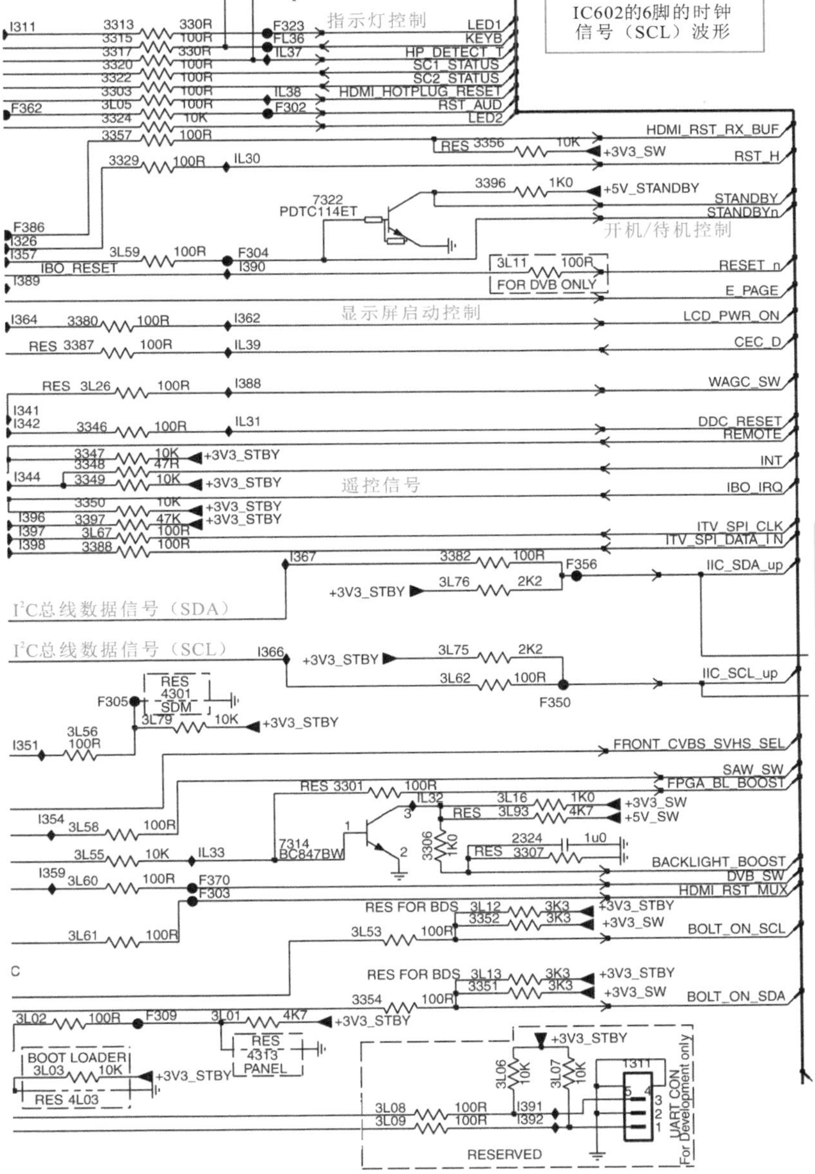

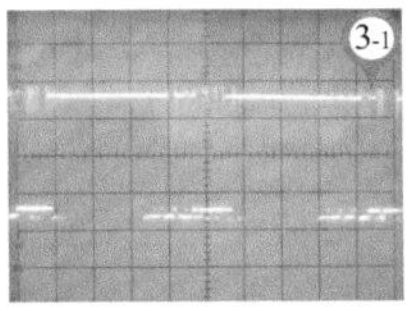

IC602的6脚的时钟信号（SCL）波形

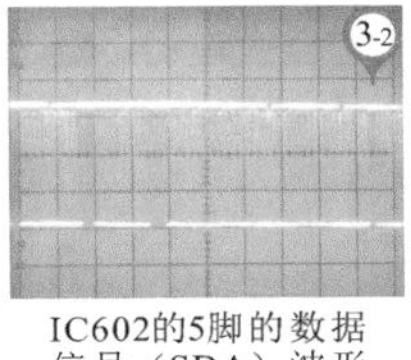

IC602的5脚的数据信号（SDA）波形

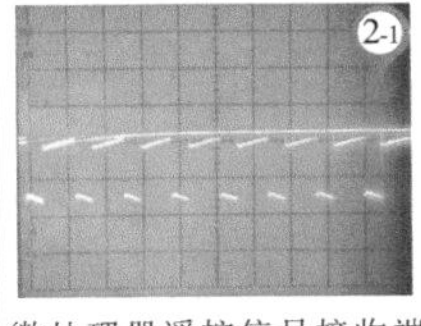

微处理器遥控信号接收端遥控控制信号（IR）

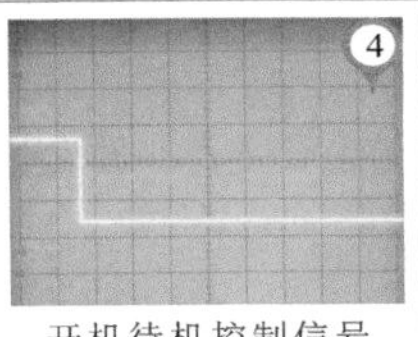

开机待机控制信号

4 微处理器的开机/待机控制信号是微处理器控制液晶电视机进行开机和待机状态转换的控制信号。一般可在开机瞬间，用万用表监测微处理器开机/待机控制端电平有无变化，或用示波器检测开机/待机信号波形来判断该控制信号是否正常。

若经检测微处理器输出的开机/待机控制信号正常，则表明微处理器工作正常

3 微处理器的I^2C总线信号是系统控制电路中的关键信号。液晶电视机中的几个主要芯片几乎都通过I^2C总线受微处理器的控制，并与之进行信号传输。

若微处理器I^2C总线信号正常，则表明微处理器已进入工作状态，在该状态下，个别控制功能失常时，应重点检测微处理器相关控制功能引脚外围元件；若无I^2C总线信号，多为处理器损坏或未工作

10.8 存储器电路的故障检修案例（飞利浦42PFL7962D型）

图10-8 飞利浦42PFL7962D型液晶电视机存储器电路的故障检修案例

如图10-8所示，飞利浦42PFL7962D型液晶电视机的存储器电路包括图像存储器7H02（K4S281632I）、程序存储器7H00（M29W320ET70N）和用户存储器由7H03（M24C64-WMN6）三部分。

① 图像存储器又称为外部数据存储器或帧存储器，用于与图像数字处理芯片相配合，通过多根数据总线和地址总线来实现图像信息的存储与调用。若图像存储器不良或传输线路故障，可能会引起液晶电视机出现花屏、雨状干扰、满屏竖线等故障。

如果怀疑图像存储器有故障，一般应查供电、控制信号端及地址、数据总线信号

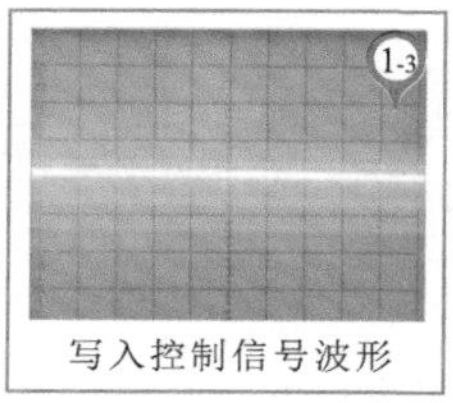

1-1 3.3V +3V3 5H01 100MHz 2H06 10u 16V

1-2 片选控制信号波形

1-3 写入控制信号波形

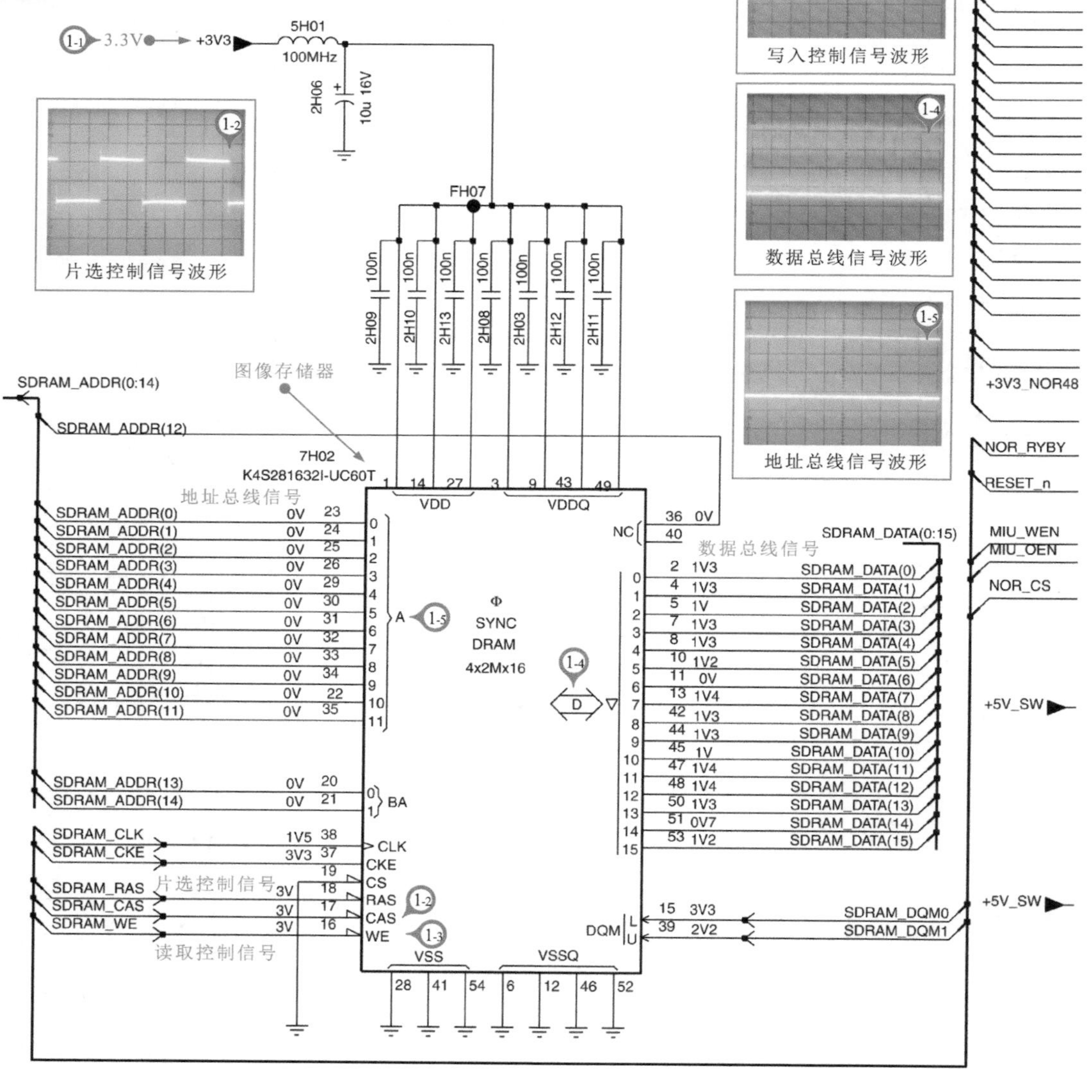

1-4 数据总线信号波形

1-5 地址总线信号波形

FH07 2H09 2H10 2H13 2H08 2H03 2H12 2H11 100n

图像存储器 7H02 K4S281632I-UC60T

SDRAM_ADDR(0:14) SDRAM_ADDR(12)

地址总线信号

SDRAM_ADDR(0)～SDRAM_ADDR(11) 0V

SDRAM_ADDR(13) 0V 20，SDRAM_ADDR(14) 0V 21 BA

SDRAM_CLK 1V5 38 CLK，SDRAM_CKE 3V3 37 CKE，19 CS

片选控制信号 SDRAM_RAS 3V 18 RAS，SDRAM_CAS 3V 17 CAS，SDRAM_WE 3V 16 WE

读取控制信号

VDD VDDQ Φ SYNC DRAM 4x2Mx16 VSS VSSQ NC 36 0V 40

数据总线信号 SDRAM_DATA(0:15)

SDRAM_DATA(0)～SDRAM_DATA(15)

DQM 15 3V3 SDRAM_DQM0，39 2V2 SDRAM_DQM1

+3V3_NOR48 NOR_RYBY RESET_n MIU_WEN MIU_OEN NOR_CS +5V_SW

② 程序存储器即FLASH存储器，用于存储CPU工作时的程序，该程序不可改写，通过多根数据总线和地址总线与CPU连接。程序存储器异常或总线传输线路不良，均会导致线路通信故障，表现为液晶电视机不开机、程序丢失等故障。检测程序存储器与图像存储器类似，即查供电、控制信号端及地址、数据总线信号

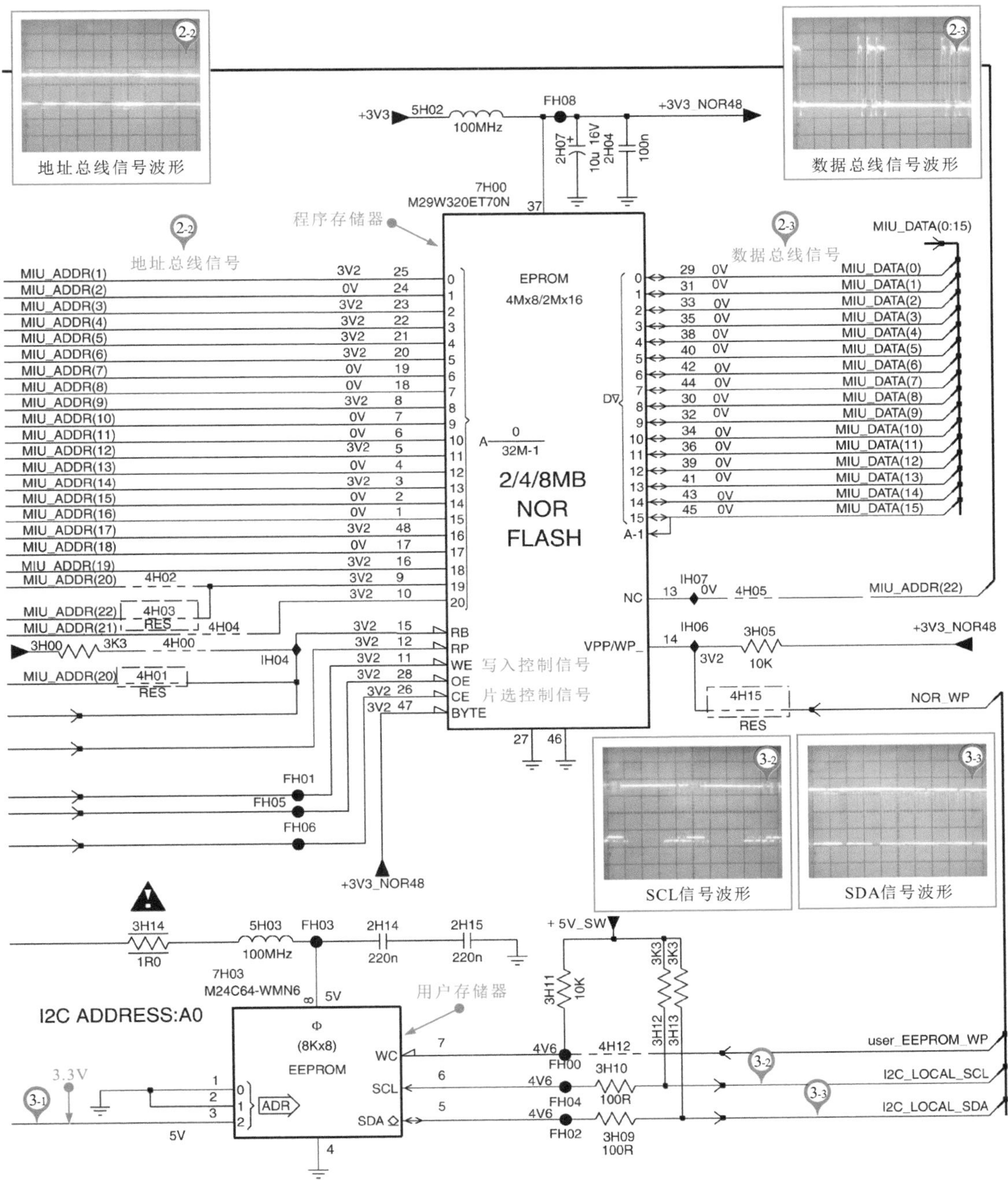

③ 用户存储器（EEPROM，电可改存储器），通常位于微处理器旁边，常见型号有24C16R、24C32R、24C64R几种，用于存储用户数据，如亮度、音量、频道等信息。用户存储器与微处理器之间通过I²C总线进行连接。怀疑异常时，可查供电、I²C总线，信号异常部位即为主要故障点

10.9 开关电源电路的故障检修案例（厦华LC-47T17型）

图10-9 厦华LC-47T17型液晶电视机开关电源电路的故障检修案例

② 交流220V电压经熔断器、互感滤波器后，送入桥式整流堆中进行整流，输出约300V直流电压，再经滤波电容滤波后，送往开关变压器的初级绕组。若300V电压异常，将导致开关电源不起振、无输出的情况

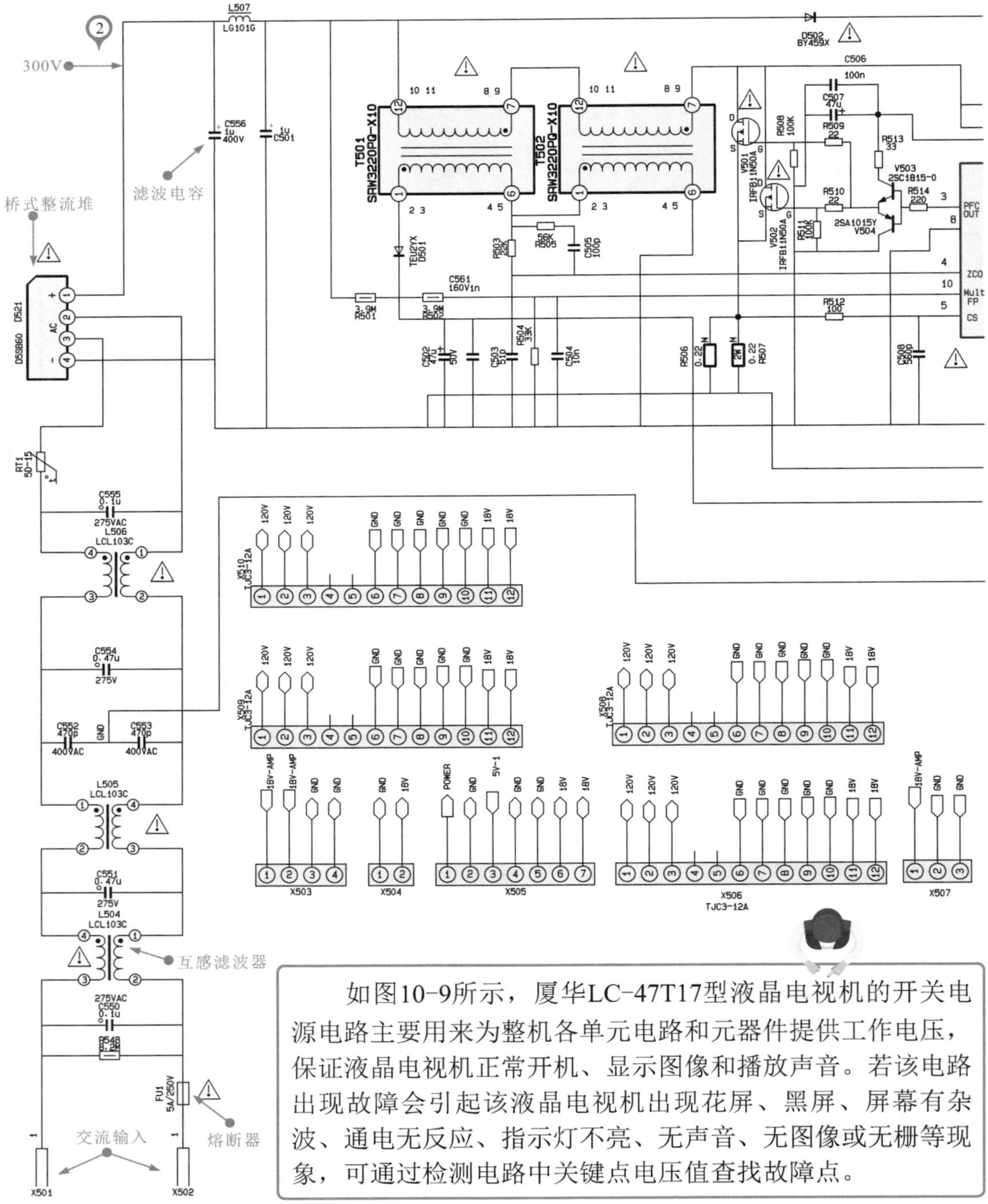

②

300V

桥式整流堆

滤波电容

互感滤波器

交流输入

熔断器

如图10-9所示，厦华LC-47T17型液晶电视机的开关电源电路主要用来为整机各单元电路和元器件提供工作电压，保证液晶电视机正常开机、显示图像和播放声音。若该电路出现故障会引起该液晶电视机出现花屏、黑屏、屏幕有杂波、通电无反应、指示灯不亮、无声音、无图像或无栅等现象，可通过检测电路中关键点电压值查找故障点。

③ 用示波器感应开关变压器的脉冲信号是判断开关电源是否起振的最安全有效的方法。只需将示波器探头靠近变压器铁芯部分即可(测试点3)。若此处波形正常则表明开关变压器、开关振荡部分及前级电路均正常

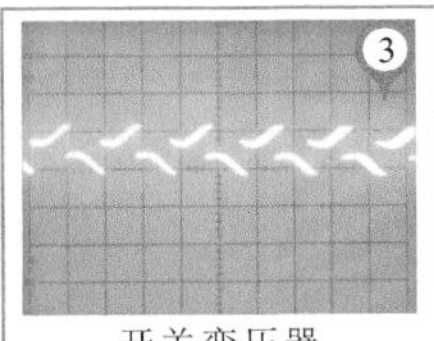
开关变压器
感应信号波形

① 怀疑开关电源电路工作异常时，一般首先检测电路输出端的直流电压是否正常（测试点1-1、1-2）。

若无输出，则表明开关电源损坏；若输出几路均偏低则说明液晶电视机进入待机状态，可根据具体的故障表现顺信号流程逐步排查，解决故障

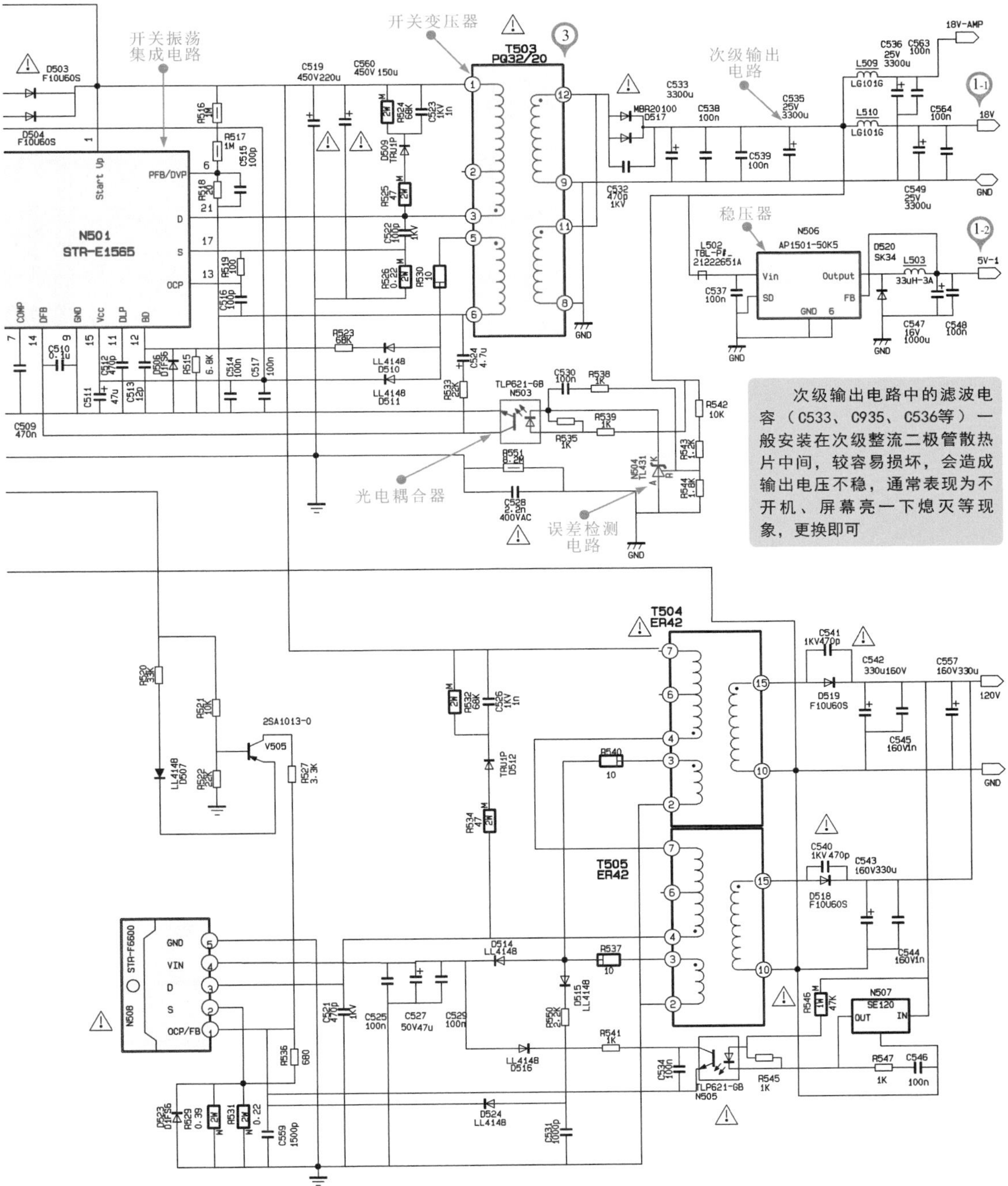

开关振荡集成电路

开关变压器

次级输出电路

稳压器

光电耦合器

误差检测电路

次级输出电路中的滤波电容（C533、C935、C536等）一般安装在次级整流二极管散热片中间，较容易损坏，会造成输出电压不稳，通常表现为不开机、屏幕亮一下熄灭等现象，更换即可